# 모아 전기기사

# 회로이론 및 제어공학

**필기** 이론+과년도 8개년

모아합격전략연구소

#  전기기사 자격시험 알아보기

## 01 전기기사는 어떤 업무를 담당하는가?

A. 전기기사는 전기 설비의 설계, 시공, 유지 보수, 안전 관리 및 연구 개발을 담당합니다. 주요 취업 분야는 한국전력공사, 전기기기 제조업체, 전기공사업체, 전기 설계 전문업체 등 다양하며, 전기부품과 장비의 설계, 제조, 실험을 담당하는 연구실에서도 근무할 수 있습니다. 특히 신기술의 급격한 발전과 에너지 절약형 기기의 개발로 인해 전기 전문가의 수요가 꾸준히 증가할 전망입니다.

## 02 전기기사 자격시험은 어떻게 시행되는가?

**시행기관**
한국산업인력공단

**시험과목(필기)**
전기자기학
전력공학
전기기기
회로이론 및 제어공학
전기설비기술기준

**시행과목(실기)**
전기설비설계 및 관리

**검정방법(필기)**
객관식 과목당 20문항
(과목당 20분)
※ 2025년부터 시험시간 단축

**검정방법(실기)**
필답형 2시간 30분

**합격기준**
필기 : 100점 만점에 과목당 40점 이상
전과목 평균 60점 이상
실기 : 100점 만점에 60점 이상

## 03 전기기사 자격시험은 언제 시행되는가?

| 구분 | 필기원서접수 | 필기시험 | 필기 합격자 발표 (예정자) | 실기 원서접수 | 실기 시험 | 최종 합격자 발표일 |
|---|---|---|---|---|---|---|
| 2024년 제1회 | 01.23 ~ 01.26 | 02.15 ~ 03.07 | 03.13(수) | 03.26 ~ 03.29 | 04.27 ~ 05.12 | 1차 : 05.29(수)<br>2차 : 06.18(화) |
| 2024년 제2회 | 04.16 ~ 04.19 | 05.09 ~ 05.28 | 06.05(수) | 06.25 ~ 06.28 | 07.28 ~ 08.14 | 1차 : 08.28(수)<br>2차 : 09.10(화) |
| 2024년 제3회 | 06.18 ~ 06.21 | 07.05 ~ 07.27 | 08.07(수) | 09.10 ~ 09.13 | 10.19 ~ 11.08 | 1차 : 11.20(수)<br>2차 : 12.11(수) |

2025년 시험일정과 자세한 정보는 큐넷(https://www.q-net.or.kr)을 참고 바랍니다.

## 04 전기기사 최근 합격률은 어떠한가?

| 연도 | 필기 | | | 실기 | | |
|---|---|---|---|---|---|---|
| | 응시 | 합격 | 합격률 | 응시 | 합격 | 합격률 |
| 2023 | 51,630명 | 11,477명 | 22.2% | 23,643명 | 8,774명 | 37.1% |
| 2022 | 52,187명 | 11,611명 | 22.2% | 32,640명 | 12,901명 | 39.5% |
| 2021 | 60,500명 | 13,365명 | 22.1% | 33,816명 | 9,916명 | 29.3% |
| 2020 | 56,376명 | 15,970명 | 28.3% | 42,416명 | 7,151명 | 16.9% |
| 2019 | 49,815명 | 14,512명 | 29.1% | 31,476명 | 12,760명 | 40.5% |
| 2018 | 44,920명 | 12,329명 | 27.4% | 30,849명 | 4,412명 | 14.3% |
| 2017 | 43,104명 | 10,831명 | 25.1% | 25,309명 | 9,457명 | 37.4% |

## 05 전기기사 자격시험 응시 사이트는 어디인가?

A. 큐넷(http://www.q-net.or.kr) 원서 접수는 온라인(인터넷, 모바일앱)에서만 가능합니다. 스마트폰, 태블릿PC 사용자는 모바일앱 프로그램을 설치한 후 접수 및 취소, 환불서비스를 이용하시기 바랍니다.

# 참 잘 만들어서 참 공부하기 쉬운
# 모아 전기기사 회로이론 및 제어공학 필기

## 이 책의 특징 살짝 엿보기

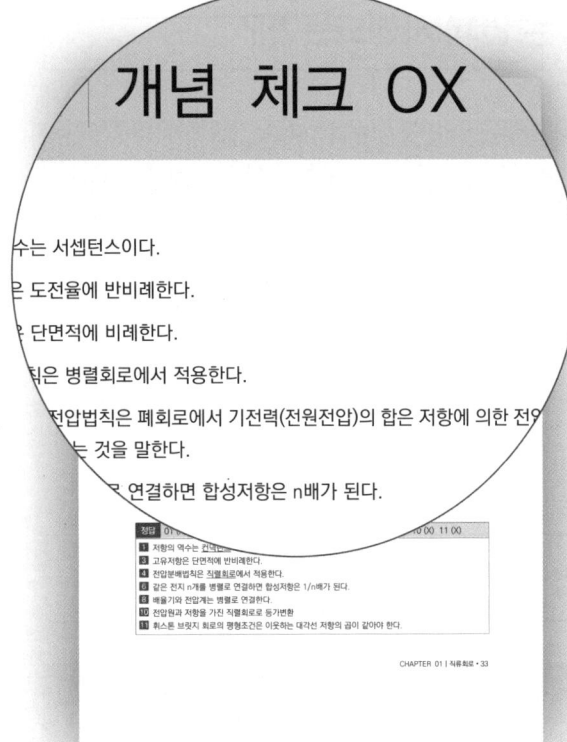

### 예제 및 개념 체크 OX문제로 ONE-STEP 정리하기

이론을 학습한 후
예제와 개념 체크 OX문제를 통해
**개념을 확실히 체크**하고
**문제에 바로 적용**할 수 있습니다.
이론 이해와 문제 적용을
**ONE-STEP으로 해결**하세요.

### 최다빈출 N제로 유형 파악하기

과년도 **15개년을 분석**하여
최다 빈출 유형을
**단계별 난이도로 분류**하였습니다.

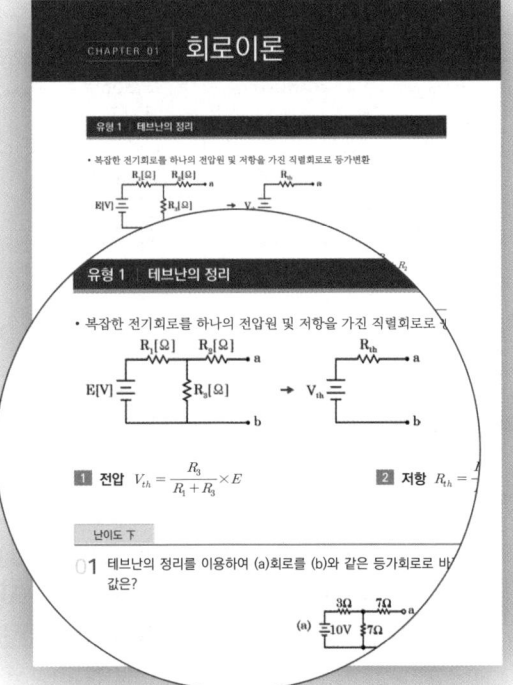

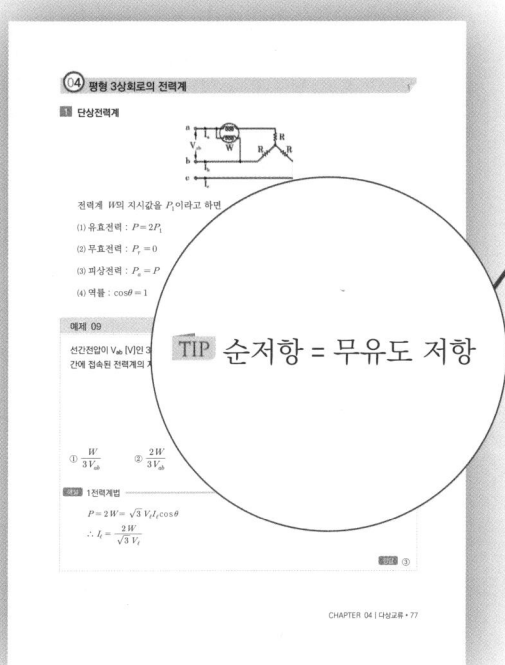

**TIP으로 확실히 다지기**

막히거나 **놓치기 쉬운 부분**도 잊지 않고 팁으로 안내해 드립니다.

**8개년 기출로 시험 정복하기**

기출 정복이 곧 합격 정복입니다.
**2024년 최신 기출 복원문제**부터
**2017년 기출문제까지 모두 수록**하여
충분한 연습이 가능하도록 하였습니다.
또한 **풍부한 해설을 포함**하여
어려움 없이 문제를 해결할 수 있습니다.

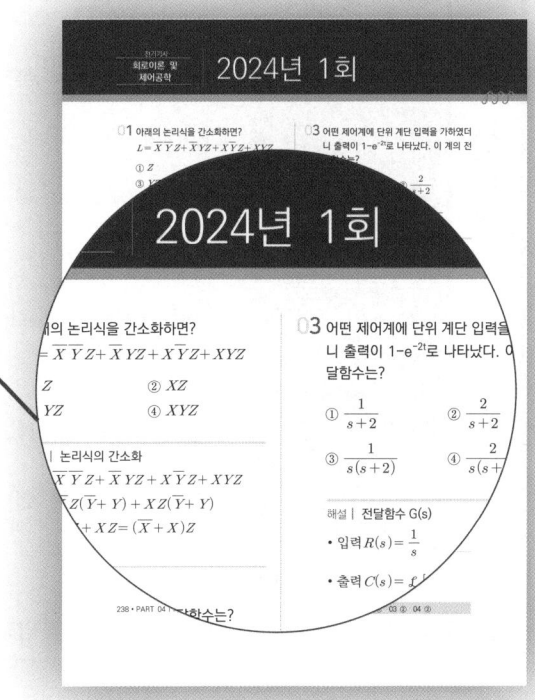

## 전기기사 회로이론 및 제어공학 필기
# 13일 만에 완성하기

**하루 소요 공부예정시간** 대략 평균 3시간

## 📝 모아 전기기사 회로이론 및 제어공학 **필기**

✏️ 학습 Comment

### 회로이론

| | | |
|---|---|---|
| **DAY 1** | Chapter 01 전선로 | 전기의 기본이 되는 이론으로 원리를 이해하려고 노력할 것 |
| **DAY 2** | Chapter 02 교류회로 | 출제가 많이 되는 부분으로 꼼꼼하게 자신만의 방향으로 해석해서 학습할 것 |
| **DAY 3** | Chapter 03 비정현파교류<br>Chapter 04 다상교류 | 복잡한 계산문제에 대해서는 공식을 이용해서 기초적으로 접근하고 결선에 대한 부분은 비교하며 체크할 것 |
| **DAY 4** | Chapter 05 대칭좌표법<br>Chapter 06 회로망 | 용어구분과 전압, 전류의 종류를 확실히 구분하며 암기법이나 간단한 풀이방법을 이용해서 자신만의 감각을 훈련할 것 |
| **DAY 5** | Chapter 07 라플라스변환<br>Chapter 08 과도현상 | 수학에 거부감을 갖지말고 반복연습을 통해서 요령을 터득할 것 |

### 제어공학

| | | |
|---|---|---|
| **DAY 6** | Chapter 01 자동제어계<br>Chapter 02 블록 및 신호흐름선도<br>Chapter 03 상태공간 해석 | 자동제어계 구성은 반드시 숙지하고 블록선도 및 신호흐름선도 문제는 가장 출제확률이 높은 단원이므로 완벽하게 학습할 것 |
| **DAY 7** | Chapter 04 과도응답과 정상오차<br>Chapter 05 주파수영역 해석 | 이론적으로 어려운 단원이지만 모든 걸 이해하기보다는 문제 출제의 흐름을 파악해서 필요한 부분만 학습하고 과년도 문제를 통해서 훈련할 것 |
| **DAY 8** | Chapter 06 제어계의 안정도<br>Chapter 07 근궤적<br>Chapter 08 시퀀스 | 루스표를 이용한 문제 풀이는 완벽히 학습할 것, 학문적으로 접근하지 말고 정답을 찾아내는 방법을 연습할 것. 시퀀스는 실기에서 다시 나오니 필기문제 푸는 데 막힘없이 연습할 것 |
| **DAY 9** | 기출문제 6회분 23년 1회~24년 3회 | **기출문제에 대한 학습법**<br>계산문제는 반드시 풀이과정을 보지 않고 풀릴 때까지 연습하고 단답형이나 문장형 문제는 자신이 취약한 부분에 시간 투자를 더 하고 틀린 문제에 대해서는 체크 후 여러 번 학습할 것. 특히 제어공학은 이해하려고 하지 말고 푸는 요령을 학습하고 자주 출제되는 영역은 완벽하게 연습해서 응용문제가 나오더라도 풀 수 있을 만큼 반복할 것 |
| **DAY 10** | 기출문제 6회분 21년 1회~22년 3회 | |
| **DAY 11** | 기출문제 6회분 19년 1회~20년 3회 | |
| **DAY 12** | 기출문제 3회분 17년 1회~18년 3회 | |
| **DAY 13** | 이론강의 복습 | 배속을 높여서 빠른 듣기로 내용이 머릿속에 들어오는지 확인하여 자신에게 맞는 배속을 찾아 학습할 것 |

**최종점검** ▶▶▶ 과년도의 틀린 문제 중 암기형태의 문제 위주로 학습할 것

막힘없이 달려가다 보면
가끔은 막막한 순간이 다가올 때가 있습니다

"어떤 길을 걸어야 하지?"
"얼마나 걸어야 할까?"
"이제 어떻게 걸어야 하지…"

아우름이 수많은 물음표에 느낌표가 되어드리겠습니다.
믿고 도전해 보세요.

천천히 걷다 보면 어느새 그리던 목적지가 나타날 것입니다.
그 곳을 향해 함께 걸어가겠습니다.

합격을 응원합니다.

- 김영언 드림

모아 전기기사

# 회로이론 및 제어공학

**필기** 이론+과년도 8개년

모아합격전략연구소

# 이 책의 순서

## PART 01 회로이론

### Ch 01 직류회로

01 전류 및 옴의 법칙 ·················· 16
02 도체의 고유저항 ···················· 18
03 저항의 접속 ························· 19
04 키르히호프의 법칙 ················· 21
05 전지의 접속 및 줄열과 전력 ····· 22
06 배율기와 분류기 ···················· 26
07 회로망의 해석 ······················· 28
개념 체크 OX ···························· 33

### Ch 02 교류회로

01 정현파 교류 ··························· 34
02 교류회로의 페이저 해석 ·········· 41
03 교류전력 ······························· 51
04 유도결합회로 ························ 56
개념 체크 OX ···························· 59

### Ch 03 비정현파 교류

01 푸리에 급수 ··························· 60
02 비정현파의 대칭 ···················· 61
03 비정현파의 실훗값 ················· 62
04 비정현파의 임피던스 ·············· 66
개념 체크 OX ···························· 68

### Ch 04 다상교류

01 대칭 n상 교류 ······················· 69
02 평형 3상회로 ························ 71
03 △-Y결선 변환 ······················· 75
04 평형 3상회로의 전력계 ··········· 77
개념 체크 OX ···························· 80

### Ch 05 대칭좌표법

01 대칭좌표법 ··························· 81
02 불평형률 ······························· 84
03 3상 교류 기기의 기본식 ········· 85
개념 체크 OX ···························· 86

## Ch 06 회로망

01 4단자 파라미터 ·············· 87
02 4단자회로망 ················ 90
03 4단자 정수의 적용 ·········· 93
04 리액턴스 2단자망 ··········· 96
05 역회로 및 정저항회로 ······· 98
06 분포정수회로 ················ 100
개념 체크 OX ···················· 104

## Ch 07 라플라스 변환

01 라플라스 변환의 정리 ······· 105
02 간단한 함수의 변환 ········· 106
03 기본정리 ······················ 110
04 역라플라스 변환 ············· 112
개념 체크 OX ···················· 114

## Ch 08 과도현상

01 전달함수 ······················ 115
02 과도현상 ······················ 117
03 시정수와 상승시간 ··········· 122
개념 체크 OX ···················· 125

# PART 02 제어공학

## Ch 01 자동제어계

01 자동제어계의 종류 및 구성 ······· 128
02 자동제어계의 분류 ·············· 131
개념 체크 OX ························ 133

## Ch 02 블록 및 신호흐름선도

01 블록선도 ························ 134
02 신호흐름선도 ···················· 137
03 연산증폭기 ······················ 138
개념 체크 OX ························ 141

## Ch 03 상태공간 해석

01 상태공간 해석 ···················· 142
개념 체크 OX ························ 146

## Ch 04 과도응답과 정상오차

01 제어시스템 ················· 147
02 과도응답 ··················· 149
03 정상오차 ··················· 153
개념 체크 OX ················· 156

## Ch 05 주파수영역 해석

01 주파수응답 ················· 157
02 보드선도 ··················· 161
03 주파수 특성에 관한 상수 ····· 163
개념 체크 OX ················· 165

## Ch 06 제어계의 안정도

01 안정도의 구분 ··············· 166
02 안정도 판별법 ··············· 166
개념 체크 OX ················· 174

## Ch 07 근궤적

01 근궤적법 ··················· 175
개념 체크 OX ················· 180

## Ch 08 시퀀스

01 시퀀스제어 ················· 181
02 불대수의 기본정리 ··········· 183
개념 체크 OX ················· 186

# PART 03
# 최다빈출 N제 플러스

## Ch 01 회로이론

유형 1 테브난의 정리 ············ 190
유형 2 위상차 ·················· 193
유형 3 Y-△결선의 등가변환 ······ 195
유형 4 대칭좌표법 ··············· 198
유형 5 비정현파의 계산 ·········· 200
유형 6 4단자정수 ··············· 202
유형 7 라플라스 변환 ············ 205
유형 8 역라플라스 변환 ·········· 207
유형 9 과도전류 ················ 209

## Ch 02 제어공학

유형 1 블록선도 ········································ 212
유형 2 신호흐름선도 ·································· 215
유형 3 상태천이행렬 ·································· 217
유형 4 과도응답 ········································ 220
유형 5 정상편차 ········································ 222
유형 6 벡터의 근궤적 ································ 224
유형 7 이득과 이득여유 ···························· 227
유형 8 루스 안정도 판별법 ······················ 228
유형 9 Z 변환 ············································ 231
유형 10 논리회로와 불대수 ······················ 233

# PART 04

## 과년도 기출문제

2024년 1회 ················································ 238
2024년 2회 ················································ 243
2024년 3회 ················································ 250
2023년 1회 ················································ 257
2023년 2회 ················································ 263
2023년 3회 ················································ 269
2022년 1회 ················································ 275
2022년 2회 ················································ 281
2022년 3회 ················································ 288
2021년 1회 ················································ 295
2021년 2회 ················································ 302
2021년 3회 ················································ 308
2020년 1, 2회 ············································ 315
2020년 3회 ················································ 322
2020년 4회 ················································ 329
2019년 1회 ················································ 335
2019년 2회 ················································ 341
2019년 3회 ················································ 348
2018년 1회 ················································ 354
2018년 2회 ················································ 360
2018년 3회 ················································ 367
2017년 1회 ················································ 373
2017년 2회 ················································ 380
2017년 3회 ················································ 387

CHAPTER 01 직류회로
CHAPTER 02 교류회로
CHAPTER 03 비정현파 교류
CHAPTER 04 다상교류
CHAPTER 05 대칭좌표법
CHAPTER 06 회로망
CHAPTER 07 라플라스 변환
CHAPTER 08 과도현상

# PART 01

필기

모아 전기기사

# 회로이론

# CHAPTER 01  직류회로

## 01 전류 및 옴의 법칙

### 1 전하

(1) 전하 : 전기의 최소단위로, 물체에 생성된 전기를 의미

(2) 전하량 : Q [C]

　① 전하가 가지고 있는 전기적인 양을 의미

　② 전하의 뭉텅이 양으로서, 전하량 = 전기량 = Q [A · sec = C]

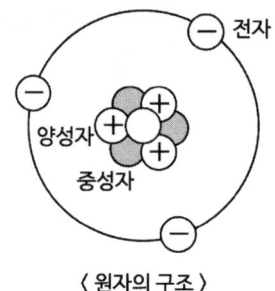

〈 원자의 구조 〉

(3) 전하의 종류

　① 양전하 → "⊕" 전하 → 양성자

　② 음전하 → "⊖" 전하 → 전자

(4) 전하량과 질량

　① 전자 하나당 전하량 : $e = 1.602 \times 10^{-19}$ [C]

　② 1 [C]일 때의 전자의 개수 : 1 [C] = $6.24 \times 10^{18}$ 개

　③ 전자 하나당 질량 : $m = 9.1 \times 10^{-31}$ [kg]

　④ 전자 이동 시 전체 전하량 : $Q = n \cdot e$ [C] ( n : 전자의 개수)

　⑤ 음전하라고 할 때 "⊖" 부호가 붙는다.

## 2 전류

(1) 전하의 흐름으로 단위시간 동안 이동한 전하량의 크기

(2) 전류의 단위 : I [C/sec] = [A]

(3) 전류의 크기 계산

$$I = \frac{Q}{t} \ [C / sec = A]$$

$Q$ : 전하량 [C], $t$ : 시간 [sec]

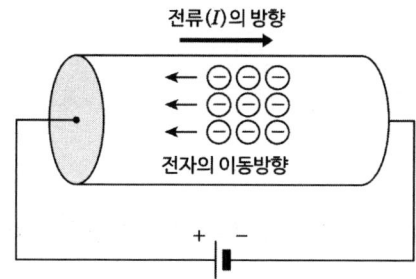

## 3 전압

(1) 전압 : 일정한 전기장에서 단위 전하를 한 지점에서 다른 지점으로 이동하는 데 필요한 일(에너지)

(2) 전압의 단위 : V [J / C] = [V]

(3) 전압의 크기 계산

$$V = \frac{W}{Q} \ [J/C = V], \ W = VQ \ [J]$$

$W$ : 일, 에너지[J], $Q$ : 전하량(전기량) [C]

## 4 저항

(1) 전류의 흐름을 방해하는 요소

(2) 저항의 단위 : R [V/I] = [Ω]

(3) 옴의 법칙

$$I = \frac{V}{R} \ [A], \quad V = IR \ [V], \quad R = \frac{V}{I} \ [\Omega]$$

## 5 컨덕턴스

(1) 저항의 역수로 전류를 잘 흐르게 하는 요소

(2) 컨덕턴스의 단위 : $G[1/\Omega] = [\Omega^{-1}] = [℧] = [S]$

(3) 전류, 전압, 컨덕턴스의 관계

$$I = GV \text{[A]}, \quad V = \frac{I}{G} \text{[V]}, \quad G = \frac{I}{V} \text{[℧ = S]}$$

# 02 도체의 고유저항

## 1 고유저항

(1) 고유저항($\rho$) : 모든 물질이 가지는 고유한 저항값으로 저항률과 같은 의미

(2) 도전율($\sigma$) [℧/m] = 전도율

① 고유저항의 역수로서 전류가 잘 흐르는 정도를 나타내는 값

② 도전율과 고유저항의 관계

$$\sigma = \frac{1}{\rho} \text{[℧/m]}$$

## 2 단면적과 길이에 따른 저항변화

$$R = \rho \frac{\ell}{A} \text{[}\Omega\text{]}$$

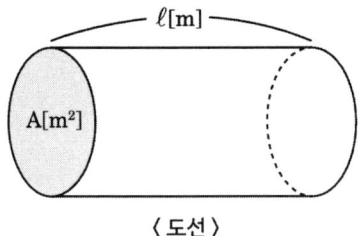

$R$ : 저항[$\Omega$]
$\rho$ : 고유저항[$\Omega \cdot$ m]
$\ell$ : 도체 길이[m]
$A$ : 단면적[m$^2$]

〈도선〉

# 03 저항의 접속

## 1 직렬접속 – 하나의 전로

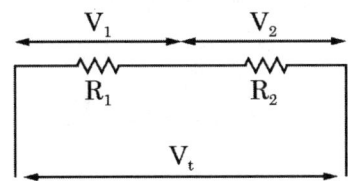

(1) 전류 : $I = I_1 = I_2$(일정)

(2) 전압 : $V_t = V_1 + V_2$

(3) 합성저항 : $R = R_1 + R_2$

(4) 전압분배 법칙 : $V_1 = \dfrac{R_1}{R_1 + R_2} V_t, \ V_2 = \dfrac{R_2}{R_1 + R_2} V_t$

## 2 병렬접속 – 2개 이상의 전로

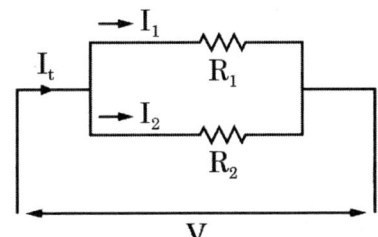

(1) 전류 : $I_t = I_1 + I_2$

(2) 전압 : $V = V_1 = V_2$(일정)

(3) 합성저항 : $R = \dfrac{1}{\dfrac{1}{R_1} + \dfrac{1}{R_2}} = \dfrac{R_1 \times R_2}{R_1 + R_2}$

(4) 전류분배 법칙 : $I_1 = \dfrac{R_2}{R_1 + R_2} I_t, \ I_2 = \dfrac{R_1}{R_1 + R_2} I_t$

## 예제 01

단자 a와 b 사이에 전압 30 [V]를 가했을 때 전류 I 가 3 [A] 흘렀다고 한다. 저항 r [Ω]은 얼마인가?

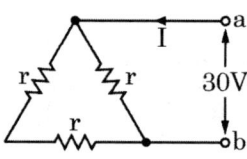

① 5
② 10
③ 15
④ 20

**해설** 저항의 접속

- 등가변환회로

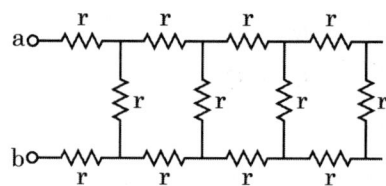

합성저항 $R = \dfrac{r \times 2r}{r + 2r} = \dfrac{2}{3}r$

$V = IR = 3 \times \dfrac{2}{3}r = 2r = 30[V]$

$r = \dfrac{30}{2} = 15[\Omega]$

**정답** ③

## 예제 02

그림과 같이 r = 1 [Ω]인 저항을 무한히 연결할 때 a – b에서의 합성저항은?

① $1 + \sqrt{3}$
② $\sqrt{3}$
③ $1 + \sqrt{2}$
④ ∞

해설 합성저항 $R_{ab}$ 계산

- 등가회로 변환

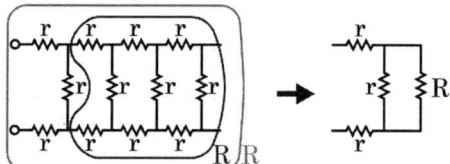

- 합성저항 $R_{ab}$ 계산

$$R_{ab} = \frac{r \cdot R}{r+R} + 2r \Big|_{r=1} = R$$
$$= \frac{R}{1+R} + 2 = R$$
$$= R + 2(1+R) = R(1+R)$$
$$= R + 2 + 2R = R + R^2$$
$$= R^2 - 2R - 2 = 0$$
$$\therefore R_{ab} = \frac{-b \pm \sqrt{b^2 - 4ac}}{2a}$$
$$= \frac{2 \pm \sqrt{4 + 4 \times 2}}{2} = 1 + \sqrt{3}\,[\Omega]$$

TIP 저항은 (-)값이 없으므로 $R_{ab} = 1 + \sqrt{3}$

정답 ①

# 04 키르히호프의 법칙

## 1 제1법칙(KCL)

(1) 전류법칙 : 회로 내 임의의 접속점을 기준으로 들어오는 전류 (+)와 나가는 전류(-)의 대수합은 0이다.

(2) 관계식

$$\Sigma I = I_1 + I_2 + I_3 + \cdots + I_n = 0$$

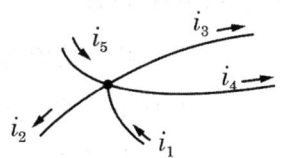

## 2 제2법칙(KVL)

(1) 전압법칙 : 폐회로에서 기전력(전원전압)의 합은 저항에 의한 전압강하의 합과 같다.

(2) 관계식

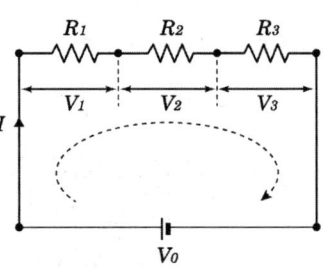

$$V_1 + V_2 + V_3 + \cdots + V_n = IR_1 + IR_2 + IR_3 + \cdots + IR_n$$

### 예제 03

전하 보존의 법칙과 가장 관계가 있는 것은?

① 키르히호프의 전류법칙
② 키르히호프의 전압법칙
③ 옴의 법칙
④ 렌츠의 법칙

**해설** 키르히호프의 전류법칙(KCL)

임의의 접속점에 유입하는 전류의 대수합은 유출하는 대수합과 같다.

**정답** ①

## 05 전지의 접속 및 줄열과 전력

### 1 전지의 연결

(1) 전지의 직렬연결

① 내부저항($r$) → $n \cdot r$
② 기전력($E$) → $n \cdot E$
③ 합성저항 : $R' = n \cdot r + R$
④ 외부저항 R에 흐르는 전류

$$I = \frac{nE}{R'}, \quad I = \frac{nE}{nr+R} \text{ [A]}$$

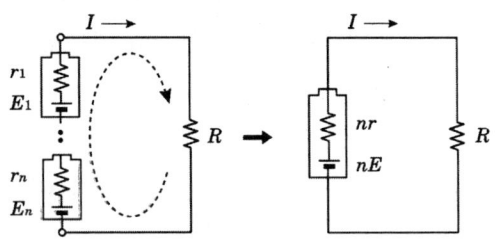

(2) 전지의 병렬연결

① 내부저항($r$) → $\dfrac{r}{m}$

② 기전력($E$) → $E$

③ 합성저항 $R' = \dfrac{r}{m} + R$

④ 외부저항 R에 흐르는 전류
$$I = \dfrac{E}{R'}, \quad I = \dfrac{E}{\dfrac{r}{m}+R} \text{ [A]}$$

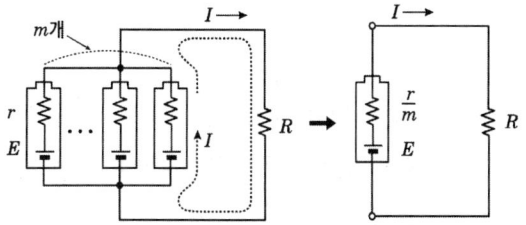

## 예제 04

내부저항 0.1 [Ω]인 건전지 10개를 직렬로 접속하고 이것을 한 조로 하여 5조 병렬로 접속하면 합성 내부저항은 몇 [Ω]인가?

① 5
② 1
③ 0.5
④ 0.2

**해설** 합성 저항 계산

$$R_0 = \dfrac{0.1 \times 10}{5} = 0.2\,[\Omega]$$

**정답** ④

## 예제 05

3개의 같은 저항 R [Ω]을 그림과 같이 △결선하고, 기전력 V [V], 내부저항 r [Ω]인 전지를 n개 직렬접속하였다. 이때 전지 내에 흐르는 전류가 I [A]라면 R [Ω]은?

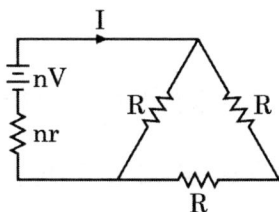

① $\dfrac{3}{2}n\left(\dfrac{V}{I}+r\right)$
② $\dfrac{2}{3}n\left(\dfrac{V}{I}+r\right)$
③ $\dfrac{3}{2}n\left(\dfrac{V}{I}-r\right)$
④ $\dfrac{2}{3}n\left(\dfrac{V}{I}-r\right)$

> **해설** 합성저항 계산

- 전원 측에서 본 회로의 합성 저항
$$R_T = nr + \frac{R \times 2R}{R + 2R} = nr + \frac{2R}{3} [\Omega]$$
- 옴의 법칙을 이용해서 저항 R을 구하면,
$$\frac{nV}{I} = nr + \frac{2R}{3} \Rightarrow R = \frac{3}{2} n \left( \frac{V}{I} - r \right) [\Omega]$$

> **정답** ③

## 2 전력과 전력량

(1) 줄의 법칙(전류의 발열작용)
  ① 전류가 흐를 때 저항성분의 방해로 인하여 열이 발생
  ② 저항체에서 단위시간당 발생하는 열량과의 관계를 나타낸 법칙

$$H = 0.24 VIt = 0.24 I^2 Rt = 0.24 \frac{V^2}{R} t = 0.24 Pt [cal]$$

(2) 전력(Power)
  ① 전기가 단위시간(1초) 동안 한 일의 양(에너지의 크기)
  ② 기호는 P, 단위 [W] = [J/sec]

$$P = VI = I^2 R = \frac{V^2}{R} = \frac{W}{t}$$

## 예제 06

길이에 따라 비례하는 저항 값을 가진 어떤 전열선에 $E_0 [V]$의 전압을 인가하면 $P_0 [W]$의 전력이 소비된다. 이 전열선을 잘라 원래 길이의 $\frac{2}{3}$로 만들고 $E[V]$의 전압을 가한다면 소비전력 $P[W]$는?

① $P = \dfrac{P_0}{2} \left( \dfrac{E}{E_0} \right)^2$

② $P = \dfrac{3P_0}{2} \left( \dfrac{E}{E_0} \right)^2$

③ $P = \dfrac{2P_0}{3} \left( \dfrac{E}{E_0} \right)^2$

④ $P = \dfrac{\sqrt{3} P_0}{2} \left( \dfrac{E}{E_0} \right)^2$

> **해설** 전열선 길이의 2/3배 한 후의 소비전력 $P$

- 기존 소비전력 $P$ 계산

  $P_0 = \dfrac{E_0^2}{R}$ [W], $R = \dfrac{E_0^2}{P_0}$ 에서

- 저항은 길이에 비례하므로

  $R = \rho \dfrac{\ell}{S}$, $\ell = \dfrac{2}{3}$ 일 때, $R = \dfrac{2}{3}$ 배

- 길이 $\dfrac{2}{3}$ 일 때 소비전력 $P$ 계산

  $P = \dfrac{E^2}{\dfrac{2}{3}R} \Big|_{R = \frac{E_0^2}{P_0}}$ [W]

  $\therefore P = \dfrac{3P_0}{2}\left(\dfrac{E}{E_0}\right)^2$

  **정답** ②

(3) 전력량

① 일정 시간 동안 사용한 전기적 에너지의 양

② 기호는 W, 단위 [W·sec] = [J]

$$W = VIt = I^2Rt = \dfrac{V^2}{R}t = Pt$$

(4) 단위환산

- 1 [J] = 0.24 [cal]
- 1 [cal] = $\dfrac{1}{0.24}$ = 4.2 [J]
- 1 [HP] = 746 [W] = 0.74 [kW]
- 1 [kg] = 9.8 [N]

# 06 배율기와 분류기

## 1 배율기

(1) 전압계를 측정범위 확대를 위해 직렬로 연결한 저항

(2) 고전압용 계측기들의 절연 증대로 인한 크기 증대를 방지

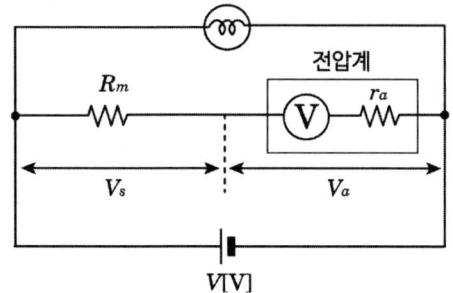

$V$ : 확대된 측정 값 [V]
$V_a$ : 전압계 측정한도값 [V]
$r_a$ : 전압계 내부저항 [Ω]
$R_m$ : 배율기 저항 [Ω]

(3) 비례식
- 직렬회로의 각 저항에 흐르는 전류는 동일하므로

$$I = \frac{V_a}{r_a} = \frac{V_s}{R_m} \quad (V_s = V - V_a)$$

### 예제 07

최대 눈금 250 [V], 내부저항 20 [kΩ]의 전압계로 배율기를 사용하여 최대 1250 [V]를 측정하는 전압계로 만들기 위해서는 몇 [kΩ]의 배율기를 사용하면 되는가?

① 60　　② 80　　③ 20　　④ 40

**해설** 배율기

$r_a = 20, \quad V_a = 250, \quad V_s = 1250 - 250 = 1000$

$\dfrac{V_a}{r_a} = \dfrac{V_s}{R_m}$ 이므로 $\dfrac{250}{20} = \dfrac{1000}{R}$ ∴ $R = 80 \,[\text{k}\Omega]$

**정답** ②

## 2 분류기

(1) 전류계의 측정범위 확대를 위해 병렬로 연결한 저항

(2) 대전류용 계측기들의 절연 증대로 인한 크기 증대를 방지

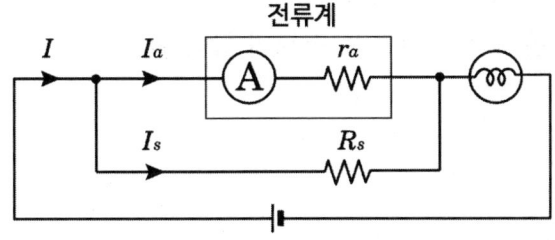

$I$ : 확대된 측정값[A]
$I_a$ : 전류계 측정한도값[A]
$r_a$ : 전류계 내부저항[Ω]
$R_s$ : 분류기 저항[Ω]

(3) 비례식
- 병렬회로의 각 저항에 인가되는 전압은 동일하므로

$$V = I_a \times r_a = I_s \times R_s \qquad (I_s = I - I_a)$$

### 예제 08

최대눈금 1 [A], 내부저항 10 [Ω]의 전류계로 최대 101 [A]까지 측정하려면 몇 [Ω]의 분류기가 필요한가?

① 0.01  ② 0.02  ③ 0.05  ④ 0.1

**해설** 분류기

$I_a = 1$, $r_a = 10$, $I_s = 101 - 1 = 100$
$I_a \times r_a = I_s \times R_s$ 이므로 $1 \times 10 = 100 \times R \rightarrow R = 0.1 [\Omega]$

**정답** ④

# 07 회로망의 해석

## 1 중첩의 원리

다수의 독립된 전압원 및 전류원을 포함하는 회로에서 그 회로의 임의의 도선 각 부분에 흐르는 전류는 각각 전원이 단독으로 존재할 때 흐르는 전류의 합과 같다.

(1) 이상적인 전류원
   ① 내부저항이 무한대($\infty$)인 경우
   ② 회로에서 개방으로 놓고 계산

(2) 이상적인 전압원
   ① 내부저항이 0 [$\Omega$]인 경우
   ② 회로에서 단락으로 놓고 계산

(3) 적용
   ① 하나의 전원을 제외한 나머지는 개방 또는 단락
   ② 각각의 전원에 흐르는 전류를 모두 구한 뒤 합산

### 예제 09

다음 회로에서 전압 $V_{ab}$는 몇 [V]인가?

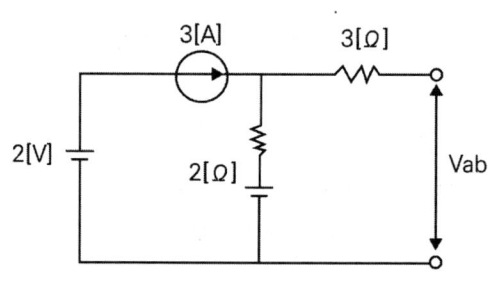

① 4    ② 6    ③ 8    ④ 10

**해설** 중첩의 원리

- 전압원 단락 : 전류는 2[$\Omega$]쪽으로만 흐르므로 $V_{ab} = IR = 3 \times 2 = 6[\text{V}]$
- 전류원 개방 : 폐회로가 형성되지 않아 $V_{ab} = 0[\text{V}]$

∴ $V_{ab} = 6 + 0 = 6[\text{V}]$

정답 ②

## 2 테브난의 정리

복잡한 전기회로를 하나의 전압원 및 저항을 가진 직렬회로로 등가변환

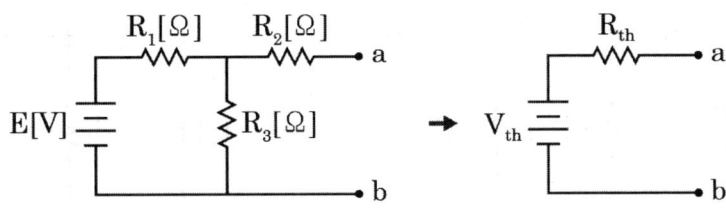

(1) 전압 $V_{th} = \dfrac{R_3}{R_1 + R_3} \times E$

(2) 저항 $R_{th} = \dfrac{R_1 \times R_3}{R_1 + R_3} + R_2$

### 예제 10

테브난의 정리를 이용하여 (a)회로를 (b)와 같은 등가회로로 바꾸려 한다. V [V]와 R [Ω]의 값은?

① 7 [V], 9.1 [Ω]
② 10 [V], 9.1 [Ω]
③ 7 [V], 6.5 [Ω]
④ 10 [V], 6.5 [Ω]

**해설** 테브난 등가회로

$a, b$가 개방되어 있으므로 폐회로의 $7[\Omega]$에 걸리는 전압을 구해보면

$V_{ab} = \dfrac{7}{3+7} \times 10 = 7[V]$

직, 병렬회로의 합성저항

$R_{ab} = 7 + \dfrac{3 \times 7}{3+7} = 9.1[\Omega]$

정답 ①

### 3 노튼의 정리

복잡한 전기회로를 하나의 전류원 및 저항을 가진 병렬회로로 등가변환

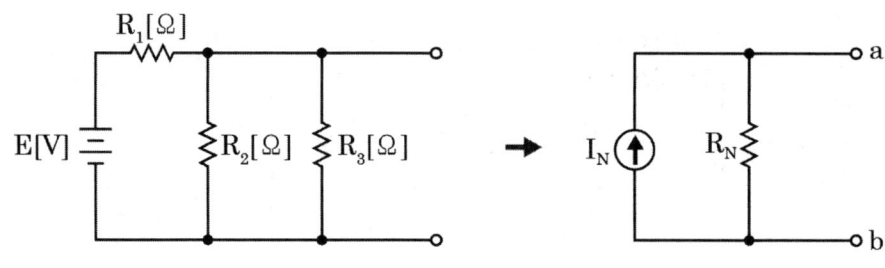

(1) 전류 $I_N = \dfrac{E}{R_1}$

(2) 저항 $R_N = \dfrac{1}{\dfrac{1}{R_1}+\dfrac{1}{R_2}+\dfrac{1}{R_3}}$

## 예제 11

그림 (a)와 (b)의 회로가 등가회로가 되기 위한 전류원 I [A]와 임피던스 Z [Ω]의 값은?

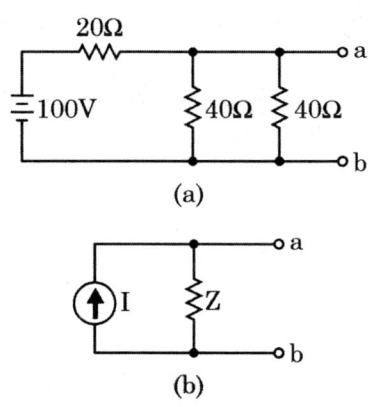

① 5 [A], 10 [Ω]  
② 2.5 [A], 10 [Ω]  
③ 5 [A], 20 [Ω]  
④ 2.5 [A], 20 [Ω]

**해설** 노튼의 정리

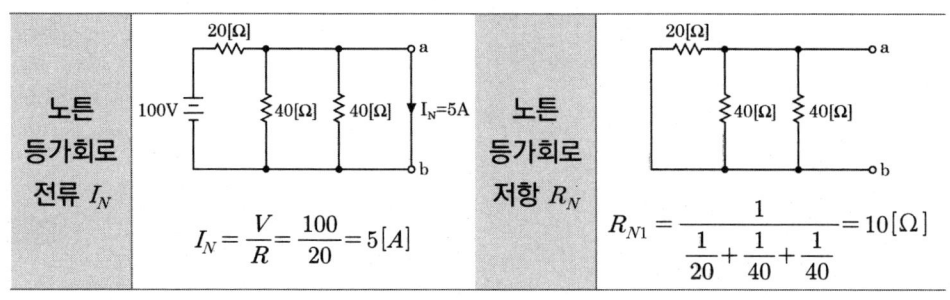

노튼 등가회로 전류 $I_N$: $I_N = \dfrac{V}{R} = \dfrac{100}{20} = 5[A]$

노튼 등가회로 저항 $R_N$: $R_{N1} = \dfrac{1}{\dfrac{1}{20}+\dfrac{1}{40}+\dfrac{1}{40}} = 10[\Omega]$

정답 ①

## 4 밀만의 정리

다수의 전압원(내부 임피던스 포함)이 병렬로 접속되어 있을 때 그 병렬접속점에 나타나는 합성 전압은 다음과 같다.

$$V_{ab} = IZ = \frac{I}{Y} = \frac{\dfrac{E}{Z}}{\dfrac{1}{Z}} = \frac{\dfrac{E_1}{Z_1}+\dfrac{E_2}{Z_2}+\dfrac{E_3}{Z_3}+\cdots+\dfrac{E_n}{Z_n}}{\dfrac{1}{Z_1}+\dfrac{1}{Z_2}+\dfrac{1}{Z_3}+\cdots+\dfrac{1}{Z_n}}$$

### 예제 12

회로의 단자 a와 b 사이에 나타나는 전압 $V_{ab}$는 몇 [V]인가?

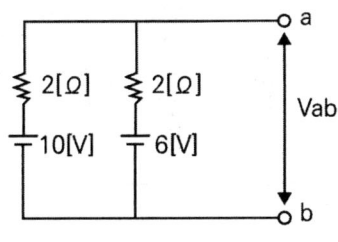

① 8    ② 11    ③ 9    ④ 10

**해설** 밀만의 정리

$$V_{ab} = IZ = \frac{I}{Y} = \frac{\dfrac{V_1}{Z_1}+\dfrac{V_2}{Z_2}\cdots\dfrac{V_n}{Z_n}}{\dfrac{1}{Z_1}+\dfrac{1}{Z_2}\cdots+Z_n}$$

$$= \frac{\dfrac{10}{2}+\dfrac{6}{2}}{\dfrac{1}{2}+\dfrac{1}{2}} = 8[V]$$

**정답** ①

## 5 브릿지회로

(1) 휘스톤 브리지

　① 평형조건을 이용하여 미지의 저항을 측정하는 장치

　② 미지의 저항은 온도 측정을 하며, 측온저항체(서미스터)라 함

(2) 휘스톤 브리지의 평형조건

　① 검류계 G에 흐르는 전류가 0일 것

　② 대각선 저항의 곱이 같을 것

$$R_1 \times R_4 = R_2 \times R_3$$

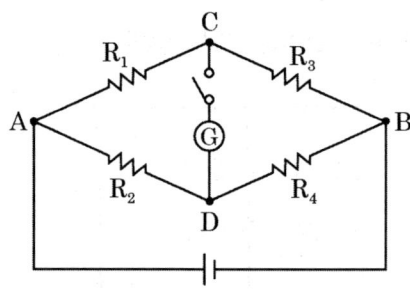

### 예제 13

다음과 같은 회로에서 단자 a, b 사이의 합성저항(Ω)은?

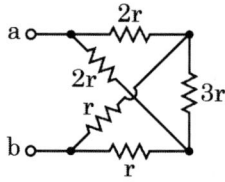

① $r$　　　② $\dfrac{1}{2}r$　　　③ $\dfrac{3}{2}r$　　　④ $3r$

**해설** 합성저항 R 계산

• 등가회로 변환 시 휘스톤 브리지

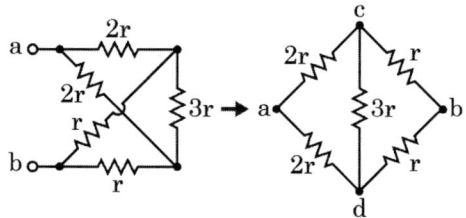

∴ 합성저항 $R = \dfrac{(2r+r) \times (2r+r)}{(2r+r)+(2r+r)} = \dfrac{3}{2}r\,[\Omega]$

**정답** ③

# CHAPTER 01 | 개념 체크 OX

**1** 저항의 역수는 서셉턴스이다. ☐O ☐X

**2** 고유저항은 도전율에 반비례한다. ☐O ☐X

**3** 고유저항은 단면적에 비례한다. ☐O ☐X

**4** 전압분배법칙은 병렬회로에서 적용한다. ☐O ☐X

**5** 키르히호프의 전압법칙은 폐회로에서 기전력(전원전압)의 합은 저항에 의한 전압 강하의 합과 같다는 것을 말한다. ☐O ☐X

**6** 같은 전지 n개를 병렬로 연결하면 합성저항은 n배가 된다. ☐O ☐X

**7** 1마력은 746[W]와 같다. ☐O ☐X

**8** 배율기와 전압계는 직렬로 연결한다. ☐O ☐X

**9** 중첩의 원리는 전류원을 개방하고, 전압원은 단락한다. ☐O ☐X

**10** 복잡한 전기 회로를 하나의 전류원과 저항을 가진 직렬회로로 등가변환하는 것을 테브난 정리라고 한다. ☐O ☐X

**11** 휘스톤 브릿지 회로의 평형조건은 이웃하는 저항의 곱이 같아야 한다. ☐O ☐X

---

**정답**  01 (X)  02 (O)  03 (X)  04 (X)  05 (O)  06 (X)  07 (O)  08 (X)  09 (O)  10 (X)  11 (X)

**1** 저항의 역수는 <u>컨덕턴스</u>이다
**3** 고유저항은 단면적에 반비례한다.
**4** 전압분배법칙은 <u>직렬회로</u>에서 적용한다.
**6** 같은 전지 n개를 병렬로 연결하면 합성저항은 1/n배가 된다.
**8** 배율기와 전압계는 병렬로 연결한다.
**10** 전압원과 저항을 가진 직렬회로로 등가변환
**11** 휘스톤 브릿지 회로의 평형조건은 이웃하는 대각선 저항의 곱이 같아야 한다.

# CHAPTER 02 교류회로

## 01 정현파 교류

### 1 정현파형

(1) 정현파 교류의 발생

자기장 내에서 도체가 회전운동을 하면 플레밍의 오른손법칙에 의해 유도기전력이 도체의 위치에 따라서 아래의 그림과 같은 파형으로 발생

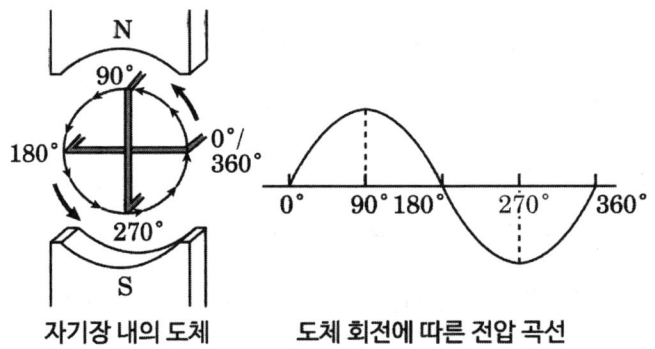

자기장 내의 도체    도체 회전에 따른 전압 곡선

(2) 각도의 표시

① 전기회로를 다룰 때는 1회전한 각도를 $2\pi$ [rad]로 하는 호도법을 사용

② 호도법 : 호의 길이로 각도를 나타내는 방법

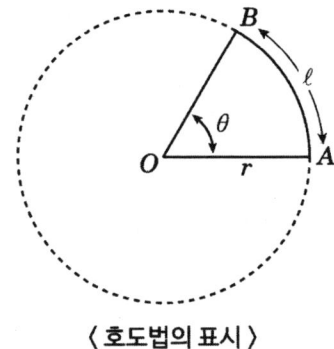

〈 호도법의 표시 〉

$\ell$ : 호의 길이, $r$ : 반지름, $\theta$ : 중심각

(3) 각도와 라디안 표시

| 도수법 | 0° | 1° | 30° | 45° | 60° | 90° | 180° | 270° | 360° |
|---|---|---|---|---|---|---|---|---|---|
| 호도법 [rad] | 0 | $\dfrac{\pi}{180}$ | $\dfrac{\pi}{6}$ | $\dfrac{\pi}{4}$ | $\dfrac{\pi}{3}$ | $\dfrac{\pi}{2}$ | $\pi$ | $\dfrac{3\pi}{2}$ | $2\pi$ |

## 2 주기와 주파수

(1) 주파수 : $f$
 ① 1 [sec] 동안에 반복되는 주기의 수
 ② 단위 : [Hz]

$$f = \frac{1}{T}[\text{Hz}]$$

(2) 주기(Period) : T
 ① 교류의 파형이 1사이클의 변화에 필요한 시간
 ② 단위 : [sec]

$$T = \frac{1}{f}[\text{sec}]$$

## 3 정현파의 평균치와 실효치

(1) 순싯값 : 임의의 순간에 전압 또는 전류의 크기
 ① $v(t) = V_m \sin \omega t = \sqrt{2}\, V \sin \omega t\, [\text{V}]$
 ② $i(t) = I_m \sin \omega t = \sqrt{2}\, I \sin \omega t\, [\text{A}]$

(2) 평균값 : 한 주기 동안의 면적을 주기로 나누어 구한 산술적인 평균값

$$V_{av} = \frac{1}{T}\int v(t)dt = \frac{1}{\frac{T}{2}}\int_0^{\frac{T}{2}} v(t)dt = \frac{1}{\pi}\int_0^{\pi} V_m \sin\theta\, d\theta$$

$$= \frac{V_m}{\pi}[-\cos\theta]_0^{\pi} = \frac{2}{\pi}V_m = 0.637\, V_m$$

**예제 01**

그림과 같은 주기 파형에서 전류가 $i(t) = 10e^{-100t}$ [A]일 때 평균값은 약 몇 [A]인가?

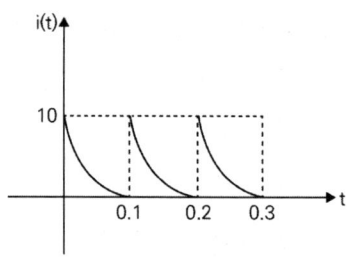

① 0.5  ② 1  ③ 2  ④ 5

**해설** 비정현파의 평균값

$$I_{av} = \frac{1}{T}\int_0^T i(t)dt = \frac{1}{0.1}\int_0^{0.1} 10e^{-100t}dt$$
$$= \frac{10}{0.1}\left[\frac{1}{-100}e^{-100t}\right]_0^{0.1} = -(e^{-10}-1) = 1 [A]$$

**정답** ②

(3) 실횻값 : 한 주기 동안 교류를 직류와 동일한 일을 하는 크기로 환산한 값

$$I = \sqrt{\frac{1}{\frac{T}{2}}\int_0^{\frac{T}{2}} i^2 dt} = \sqrt{\frac{1}{\pi}\int_0^{\pi}(I_m \sin\theta)^2 d\theta} = \sqrt{\frac{1}{\pi}\int_0^{\pi} I_m^2 \sin^2\theta d\theta}$$
$$= \sqrt{\frac{I_m^2}{\pi}\int_0^{\pi}\frac{1}{2}(1-\cos^2\theta)d\theta} = \sqrt{\frac{I_m^2}{2\pi}[\theta - \frac{1}{2}\sin^2\theta]_0^{\pi}} = \frac{I_m}{\sqrt{2}} = 0.707 I_m$$

(4) 교류값의 관계

① 최댓값($V_m$)과 실횻값($V$)의 관계

$$V_m = \sqrt{2}\, V = 1.414 V$$

② 최댓값($V_m$)과 평균값($V_{av}$)의 관계

$$V_m = \frac{\pi}{2} V_{av} = 1.57 V_{av}$$

③ 실횻값($V$)과 평균값($V_{av}$)의 관계

$$V = \frac{\pi}{2\sqrt{2}} V_{av} = 1.11 V_{av}$$

## 예제 02

$i(t) = 3\sqrt{2}\sin(377t - 30°)[\text{A}]$의 **평균값은 약 몇 [A]인가?**

① 1.35  ② 2.7  ③ 4.35  ④ 5.4

**해설** 정현파의 평균값

- 평균값 = $\dfrac{\text{실횻값}}{\text{파형률}}$
- 정현파의 파형률 = $\dfrac{\pi}{2\sqrt{2}} \fallingdotseq 1.11$

∴ 평균값 = $\dfrac{3}{1.11} \fallingdotseq 2.7$

**정답** ②

### 4 정현파의 파고율과 파형률

(1) 파고율

$$\text{파고율} = \dfrac{\text{최댓값}}{\text{실횻값}} = \sqrt{2} = 1.414$$

(2) 파형률

$$\text{파형률} = \dfrac{\text{실횻값}}{\text{평균값}} = \dfrac{\pi}{2\sqrt{2}} = 1.111$$

## 예제 03

순시치 전류 $i(t) = I_m \sin(\omega t + \theta)[\text{A}]$의 파고율은 약 얼마인가?

① 0.577  ② 0.707  ③ 1.414  ④ 1.732

**해설** 정현파의 파고율

- 파고율 = $\dfrac{\text{최댓값}}{\text{실횻값}} = \sqrt{2} = 1.414$
- 파형률 = $\dfrac{\text{실횻값}}{\text{평균값}} = \dfrac{\pi}{2\sqrt{2}} = 1.111$

**정답** ③

## 5 위상차

(1) 위상 : 파형의 한 주기에서 첫 시작점의 각도 혹은 어느 한 순간의 위치

(2) 위상차 : 주파수가 동일한 2개 이상의 교류 사이의 시간적인 차이

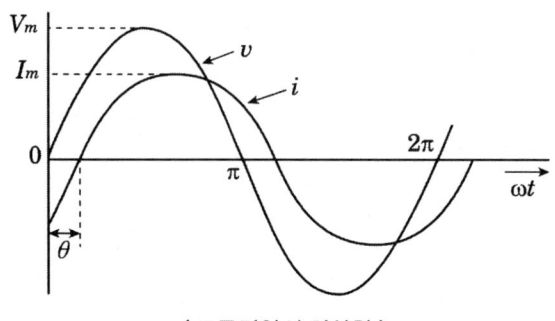

〈 교류전압의 위상차 〉

$$v = V_m \sin \omega t \,[\text{V}] \qquad i = I_m \sin(\omega t - \theta)\,[\text{A}]$$

① $v$는 $i$보다 $\theta$만큼 앞선다(빠르다).

② $i$는 $v$보다 $\theta$만큼 뒤진다(느리다).

### 예제 04

전류 $\sqrt{2}\,I\sin(\omega t+\theta)[\text{A}]$와 기전력 $\sqrt{2}\,V\cos(\omega t-\phi)[\text{V}]$ 사이의 위상차는?

① $\dfrac{\pi}{2}-(\phi-\theta)$
② $\dfrac{\pi}{2}-(\phi+\theta)$
③ $\dfrac{\pi}{2}+(\phi+\theta)$
④ $\dfrac{\pi}{2}+(\phi-\theta)$

**해설** 전류와 기전력 간의 위상차

- 전압 sin 파형 변환

$$v = \sqrt{2}\,V\cos(\omega t-\phi) = \sqrt{2}\,V\sin\left(\omega t-\phi+\dfrac{\pi}{2}\right)[\text{V}]$$

**TIP** $\cos\theta = \sin\left(\theta+\dfrac{\pi}{2}\right)$

- 위상차 계산

$$v = \sqrt{2}\,V\sin\left(\omega t-\phi+\dfrac{\pi}{2}\right)[\text{V}]$$
$$i = \sqrt{2}\,I\sin(\omega t+\theta)[A]$$
$$\therefore \left(\dfrac{\pi}{2}-\phi\right)-\theta = \dfrac{\pi}{2}-(\phi+\theta)$$

**정답** ②

(3) 각속도(각주파수)

① 각속도의 기호 : $\omega$

② 각속도의 단위 : [rad/sec]

③ 회전체가 1초 동안에 회전한 각도를 의미한다.

$$\omega = \frac{\theta}{t} = \frac{2\pi}{T} = 2\pi f \text{ [rad/sec]}$$

### 예제 05

2개의 교류전압 $v_1 = 141\sin(120\pi t - 30°)[V]$ 와 $v_2 = 150\cos(120\pi t - 30°)[V]$의 위상차를 시간으로 표시하면 몇 초인가?

① 1/60  ② 1/120  ③ 1/240  ④ 1/360

**해설** 위상차 및 시간(초) 계산

$v_1 = 141\sin(120\pi t - 30°)$
$v_2 = 150\cos(120\pi t - 30°)$
$\quad = 150\sin(120\pi t - 30 + 90°)$
$\quad = 150\sin(120\pi t + 60°)$
$\theta(=\omega t) = -30 - 60 = -90°$

$\therefore t = \dfrac{\theta}{\omega} = \dfrac{\frac{\pi}{2}}{120\pi} = \dfrac{1}{240}[\text{초}]$

**정답** ③

## 6 정현파 교류의 표현

(1) 극형식법 : $v = V_m \sin(\omega t + \theta) = \dfrac{V_m}{\sqrt{2}} \angle \theta°$

① 곱셈 : $A\angle\theta_1 \times B\angle\theta_2 = A \times B \angle(\theta_1 + \theta_2)$

② 나눗셈 : $A\angle\theta_1 \div B\angle\theta_2 = A \div B \angle(\theta_1 - \theta_2)$

## 예제 06

R - L 직렬회로에 e = 100sin(120πt) [V]의 전압을 인가하여 I = 2sin(120πt - 45°) [A]의 전류가 흐르도록 하려면 저항은 몇 [Ω]인가?

① 25.0  ② 35.4  ③ 50.0  ④ 70.7

**해설** RL 직렬회로

$$Z = \frac{E}{I} = \frac{\frac{100}{\sqrt{2}} \angle 0°}{\frac{2}{\sqrt{2}} \angle -45°} = 50 \angle 45°$$

$$= 50(\cos 45° + j\sin 45°) = R + jX = 35.35 + j35.35$$

$$\therefore R = 35.4 \, [\Omega]$$

**정답** ②

(2) 복소수법 : 위상각을 sin 및 cos 함수를 이용한 표현 방법

$$v = V_m \sin(\omega t + \theta) = \frac{V_m}{\sqrt{2}} \cos\theta + j\frac{V_m}{\sqrt{2}} \sin\theta$$

(3) 오일러 공식

$$e^{j\theta} = \cos\theta + j\sin\theta$$

## 예제 07

$e^{j\frac{2}{3}\pi}$ 와 같은 것은?

① $\frac{1}{2} - j\frac{\sqrt{3}}{2}$

② $-\frac{1}{2} - j\frac{\sqrt{3}}{2}$

③ $-\frac{1}{2} + j\frac{\sqrt{3}}{2}$

④ $\cos\frac{2}{3}\pi + \sin\frac{2}{3}\pi$

**해설** 오일러의 공식

$$e^{j\frac{2}{3}\pi} = \cos\frac{2}{3}\pi + j\sin\frac{2}{3}\pi = -\frac{1}{2} + j\frac{\sqrt{3}}{2}$$

**정답** ③

# 02 교류회로의 페이저 해석

## 1 수동소자의 전압 – 전류 관계

(1) R회로

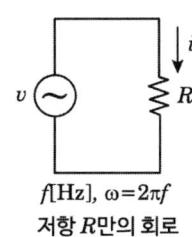
저항 $R$만의 회로

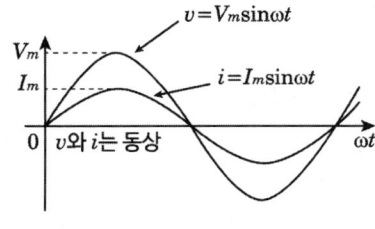
전압과 전류의 파형

① $I=\angle 0°$, $V=\angle 0°$
② 전류와 전압은 동위상
③ 전류와 전압의 주파수는 동일

(2) L회로

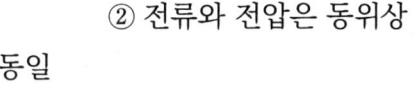

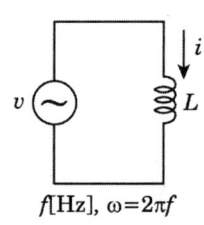
인덕턴스 $L$만의 회로

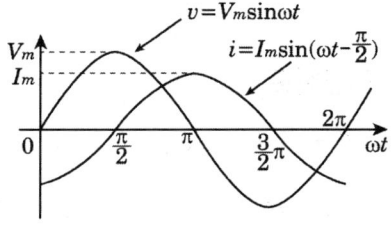
전압과 전류의 파형

① $I=\angle 0°$, $V=\angle 90°$
② 전류는 전압보다 위상이 90° 뒤짐(지상전류)
③ 전류와 전압의 주파수는 동일

(3) C회로

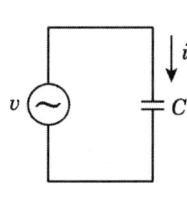
콘덴서 $C$만의 회로

① $I=\angle 0°$, $V=\angle -90°$
② 전류는 전압보다 위상이 90° 앞섬(진상전류)
③ 전류와 전압의 주파수는 동일

## 예제 08

저항 1 [Ω]과 인덕턴스 1 [H]를 직렬로 연결한 후 60 [Hz], 100 [V]의 전압을 인가할 때 흐르는 전류의 위상은 전압의 위상보다 어떻게 되는가?

① 뒤지지만 90° 이하이다.
② 90° 늦다.
③ 앞서지만 90° 이하이다.
④ 90° 빠르다.

**해설** RL 직렬회로일 때 전압과 전류의 위상

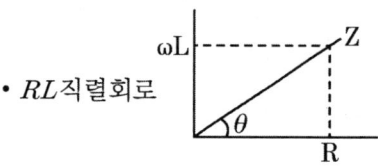

- $RL$ 직렬회로

$$i(t) = \frac{E_m}{Z}\sin(\omega t - \theta)$$

∴ 뒤지지만 90° 이하이다.

**정답** ①

## 2 복소 임피던스 - 직렬회로

(1) 임피던스 $Z_0 = Z_1 + Z_2 + \cdots + Z_n$

$$= (R_1 + R_2 + \cdots + R_n) + j(X_1 + X_2 + \cdots + X_n)$$

$$= R_0 + jX_0 = Z(\cos\theta + j\sin\theta) = Z\angle\theta°$$

(2) 역률 $\cos\theta = \dfrac{R_0}{Z_0} = \dfrac{R_0}{\sqrt{R_0^2 + X_0^2}}$

## 3 복소 어드미턴스 - 병렬회로

(1) 어드미턴스 $Y_0 = Y_1 + Y_2 + \cdots + Y_n$

$$= (G_1 + G_2 + \cdots + G_n) + j(B_1 + B_2 + \cdots + B_n)$$

$$= G_0 + jB_0 = Y(\cos\theta + j\sin\theta) = Y\angle\theta°$$

(2) 역률 $\cos\theta = \dfrac{G_0}{Y_0} = \dfrac{\frac{1}{R_0}}{\frac{1}{Z_0}} = \dfrac{Z_0}{R_0} = \dfrac{\frac{R_0 X_0}{\sqrt{R_0^2 + X_0^2}}}{R_0} = \dfrac{X_0}{\sqrt{R_0^2 + X_0^2}}$

### 4 수동소자의 페이저 해석

(1) 직렬회로

① 임피던스(Z) : 교류에서는 R, L, C를 고려한 임피던스로 해석한다.

$$Z = R + jX = R + j(X_L - X_C) = R + j\left(\omega L - \frac{1}{\omega C}\right) [\Omega]$$

② 전류(I)

$$I = \frac{V}{|Z|} = \frac{V}{\sqrt{R^2 + (X_L - X_C)^2}} [A]$$

③ 위상차($\theta$)

$$\theta = \tan^{-1}\frac{X}{R}$$

④ 역률($\cos\theta$)

$$\cos\theta = \frac{R}{|Z|} = \frac{R}{\sqrt{R^2 + (X_L - X_C)^2}}$$

#### 예제 09

R = 50 [Ω], L = 200 [mH]의 직렬회로에서 주파수 50 [Hz]의 교류전원에 의한 역률은 약 몇 [%]인가?

① 62.3  
② 72.3  
③ 82.3  
④ 92.3  

**해설** 역률

$$\cos\theta = \frac{R}{Z} = \frac{R}{\sqrt{R^2 + X_L^2}} \times 100$$

$$= \frac{50}{\sqrt{50^2 + (2\pi \times 50 \times 200 \times 10^{-3})^2}}$$

$$\times 100 = 62.3 [\%]$$

정답 ①

⑤ 직렬회로의 비교

| 구분 | R-L 직렬 | R-C 직렬 | R-L-C 직렬 |
|---|---|---|---|
| 회로 | (R, L 직렬회로, $V_R$, $V_L$) | (R, C 직렬회로, $V_R$, $V_C$) | (R, L, C 직렬회로, $V_R$, $V_L$, $V_C$) |
| 전압 $V$ | $V = V_R + jV_L = \sqrt{V_R^2 + V_L^2}\,[V]$ | $V = V_R - jV_C = \sqrt{V_R^2 + V_C^2}\,[V]$ | $V = V_R + j(V_L - V_C)$ $= \sqrt{V_R^2 + (V_L - V_C)^2}\,[V]$ |
| 임피던스 $Z$ | $Z = R + jX_L = \sqrt{R^2 + X_L^2}$ $= \sqrt{R^2 + (\omega L)^2}\,[\Omega]$ | $Z = R - jX_C = \sqrt{R^2 + X_C^2}$ $= \sqrt{R^2 + \left(\dfrac{1}{\omega C}\right)^2}\,[\Omega]$ | $Z = R + j(X_L - X_C)$ $= \sqrt{R^2 + \left(\omega L - \dfrac{1}{\omega C}\right)^2}\,[\Omega]$ |
| 위상 $\theta$ | $\theta = \tan^{-1}\dfrac{\omega L}{R}$ 만큼 전류가 전압에 비해 뒤진다. | $\theta = \tan^{-1}\dfrac{1}{\omega CR}$ 만큼 전류가 전압에 비해 앞선다. | $\theta = \tan^{-1}\dfrac{\omega L - \dfrac{1}{\omega C}}{R}$  $\omega L > \dfrac{1}{\omega C}$ 일 경우 전류가 전압보다 위상이 $\theta$ 만큼 뒤진다.  $\omega L < \dfrac{1}{\omega C}$ 일 경우 전류가 전압보다 위상이 $\theta$ 만큼 앞선다. |
| 역률 $\cos\theta$ | $\cos\theta = \dfrac{R}{Z} = \dfrac{R}{\sqrt{R^2 + X_L^2}}$ $= \dfrac{R}{\sqrt{R^2 + (\omega L)^2}}$ | $\cos\theta = \dfrac{R}{Z} = \dfrac{R}{\sqrt{R^2 + X_C^2}}$ $= \dfrac{R}{\sqrt{R^2 + \left(\dfrac{1}{\omega C}\right)^2}}$ | $\cos\theta = \dfrac{R}{Z}$ $= \dfrac{R}{\sqrt{R^2 + (X_L - X_C)^2}}$ $= \dfrac{R}{\sqrt{R^2 + \left(\omega L - \dfrac{1}{\omega C}\right)^2}}$ |

(2) 병렬회로

① 어드미턴스(Y) : 임피던스의 역수

$$Y = \frac{1}{Z} = \frac{1}{R} + j\left(\frac{1}{X_C} - \frac{1}{X_L}\right) = \frac{1}{R} + j\left(\omega C - \frac{1}{\omega L}\right) = G + jB \,[\mho]$$

- 어드미턴스의 실수부(컨덕턴스) : $G = \dfrac{1}{R}$

- 어드미턴스의 허수부(서셉턴스) : $B = \dfrac{1}{X_C} - \dfrac{1}{X_L}$

### 예제 10

저항 R = 15 [Ω]과 인덕턴스 L = 3 [mH]를 병렬로 접속한 회로의 서셉턴스의 크기는 약 몇 [℧]인가? (단, $\omega = 2\pi \times 10^5$)

① $3.2 \times 10^{-2}$    ② $8.6 \times 10^{-3}$
③ $5.3 \times 10^{-4}$    ④ $4.9 \times 10^{-5}$

**해설** 서셉턴스

$$B = \frac{1}{X_L} = \frac{1}{\omega L}$$
$$= \frac{1}{2\pi \times 10^5 \times 3 \times 10^{-3}} = 5.3 \times 10^{-4} \,[\mho]$$

정답 ③

② 전류(I)

$$I = |Y|V = \sqrt{G^2 + B^2}\,V = \sqrt{\left(\frac{1}{R}\right)^2 + \left(\frac{1}{X_C} - \frac{1}{X_L}\right)^2}\,V \,[A]$$

③ 위상차($\theta$)

$$\theta = \tan^{-1}\frac{B}{G}$$

④ 역률($\cos\theta$)

$$\cos\theta = \frac{G}{|Y|} = \frac{\dfrac{1}{R}}{\sqrt{\left(\dfrac{1}{R}\right)^2 + \left(\dfrac{1}{X_C} - \dfrac{1}{X_L}\right)^2}}$$

## 예제 11

그림과 같은 RC 병렬회로의 역률은?

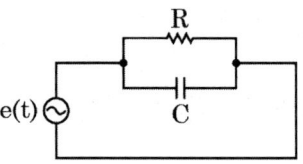

① $1 + (\omega RC)^2$  
② $\sqrt{1 + (\omega RC)^2}$  
③ $\dfrac{1}{1 + (\omega RC)^2}$  
④ $\dfrac{1}{\sqrt{1 + (\omega RC)^2}}$

**해설** RC 병렬회로의 역률

$$\cos\theta = \left|\frac{\dfrac{1}{R}}{\dfrac{1}{Z}}\right| = \frac{\dfrac{1}{R}}{\sqrt{\left(\dfrac{1}{R}\right)^2 + (\omega C)^2}} \times \frac{R}{R}$$

$$= \frac{1}{\sqrt{1 + (\omega RC)^2}}$$

**정답** ④

⑤ 병렬회로의 비교

| 구분 | R-L 병렬 | R-C 병렬 | R-L-C 병렬 |
|---|---|---|---|
| 회로 | | | |
| 전류 $I$ | $I = I_R - jI_L = \sqrt{I_R^2 + I_L^2}$ | $I = I_R + jI_C = \sqrt{I_R^2 + I_C^2}$ | $I = I_R + j(I_C - I_L)$ $= \sqrt{I_R^2 + (I_C - I_L)^2}$ |
| 임피던스 $Z$ | $\dfrac{1}{Z} = \dfrac{1}{R} - j\dfrac{1}{X_L}$ $= \sqrt{\left(\dfrac{1}{R}\right)^2 + \left(\dfrac{1}{X_L}\right)^2}$ $Z = \dfrac{1}{\sqrt{\left(\dfrac{1}{R}\right)^2 + \left(\dfrac{1}{X_L}\right)^2}}$ | $\dfrac{1}{Z} = \dfrac{1}{R} + j\dfrac{1}{X_C}$ $= \sqrt{\left(\dfrac{1}{R}\right)^2 + \left(\dfrac{1}{X_C}\right)^2}$ $Z = \dfrac{1}{\sqrt{\left(\dfrac{1}{R}\right)^2 + \left(\dfrac{1}{X_C}\right)^2}}$ | $\dfrac{1}{Z} = \dfrac{1}{R} + j\left(\dfrac{1}{X_C} - \dfrac{1}{X_L}\right)$ $= \sqrt{\left(\dfrac{1}{R}\right)^2 + \left(\dfrac{1}{X_C} - \dfrac{1}{X_L}\right)^2}$ $Z = \dfrac{1}{\sqrt{\dfrac{1}{R^2} + \left(\dfrac{1}{X_C} - \dfrac{1}{X_L}\right)^2}}$ |
| 위상 $\theta$ | $\theta = \tan^{-1}\dfrac{R}{\omega L}$ 만큼 전류가 전압에 비해 뒤진다. | $\theta = \tan^{-1}\omega CR$ 만큼 전류가 전압에 비해 앞선다. | $\theta = \tan^{-1}R\left(\omega C - \dfrac{1}{\omega L}\right)$ $\dfrac{1}{\omega L} > \omega C$ 일 경우 전류가 전압보다 $\theta$ 만큼 뒤진다. $\dfrac{1}{\omega L} < \omega C$ 일 경우 전류가 전압보다 $\theta$ 만큼 앞선다. |
| 역률 $\cos\theta$ | $\cos\theta = \dfrac{Z}{R} = \dfrac{1}{R} \times Z$ $= \dfrac{1}{R\sqrt{\left(\dfrac{1}{R}\right)^2 + \left(\dfrac{1}{X_L}\right)^2}}$ | $\cos\theta = \dfrac{Z}{R} = \dfrac{1}{R} \times Z$ $= \dfrac{1}{R\sqrt{\left(\dfrac{1}{R}\right)^2 + \left(\dfrac{1}{X_C}\right)^2}}$ | $\cos\theta = \dfrac{Z}{R} = \dfrac{1}{R} \times Z$ $= \dfrac{1}{R\sqrt{\dfrac{1}{R^2} + \left(\dfrac{1}{X_C} - \dfrac{1}{X_L}\right)^2}}$ |

### 5 교류 브릿지회로

(1) 교류 브리지의 평형조건

① 검류계 G에 흐르는 전류 $I_G$가 0일 것

② 대각선 저항의 곱이 같을 것

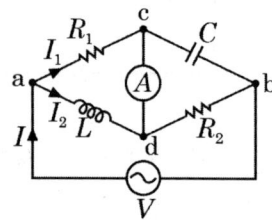

$$R_1 \times R_2 = X_L \times X_C$$

### 예제 12

그림의 교류 브리지회로가 평형이 되는 조건은?

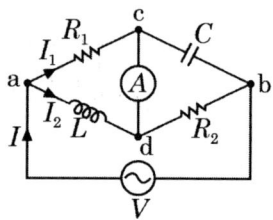

① $L = \dfrac{R_1 R_2}{C}$  ② $L = \dfrac{C}{R_1 R_2}$

③ $L = R_1 R_2 C$  ④ $L = \dfrac{R_2}{R_1} C$

**해설** 브리지회로 평형 조건

$R_1 R_2 = X_L X_C \rightarrow R_1 R_2 = \omega L \dfrac{1}{\omega C}$

∴ $L = R_1 R_2 C$

정답 ③

## 6 공진회로

(1) 공진현상

① 기계의 공진 : 진동체의 고유진동수에 같은 진동수의 강제력을 가했을 때 약간의 힘으로 대단히 큰 진동을 일으키는 현상

② 전기의 공진 : 교류회로에 있어서 인덕턴스 L, 정전 용량 C, 주파수 f 사이에 특정한 관계가 성립할 때 회로에 큰 전류가 흐르는 현상

(2) 공진조건

① R만인 회로일 때

② $X_L = X_C$, $\omega L = \dfrac{1}{\omega C}$ 일 때

③ 허수부가 '0'일 때

(3) 공진주파수

$$f_o = \dfrac{1}{2\pi\sqrt{LC}}[\text{Hz}]$$

### 예제 13

다음과 같은 회로의 공진 시 어드미턴스는?

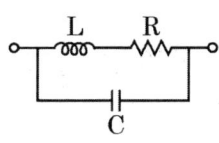

① $\dfrac{LR}{C}$  ② $\dfrac{RC}{L}$

③ $\dfrac{L}{RC}$  ④ $\dfrac{R}{LC}$

**해설** 공진 시 합성 어드미턴스 $Y$ 계산

• 어드미턴스 $Y$ 정리

$$Y = \dfrac{1}{R+j\omega L} + j\omega C$$

$$= \dfrac{1}{R+j\omega L} \times \dfrac{(R-j\omega L)}{(R-j\omega L)} + j\omega C$$

$$= \frac{R-j\omega L}{R^2+\omega^2 L^2}+j\omega C$$

$$= \frac{R}{R^2+\omega^2 L^2} - \frac{j\omega L}{R^2+\omega^2 L^2}+j\omega C$$

$$= \frac{R}{R^2+\omega^2 L^2} - j\left(\frac{\omega L}{R^2+\omega^2 L^2}-\omega C\right)$$

- 공진조건 = 허수부가 0

$$\omega C - \frac{\omega L}{R^2+\omega^2 L^2} = 0$$

$$\omega C = \frac{\omega L}{R^2+\omega^2 L^2} \rightarrow \frac{L}{C} = R^2+\omega^2 L^2$$

$$\therefore Y = \frac{R}{R^2+\omega^2 L^2} = \frac{R}{\frac{L}{C}} = \frac{CR}{L}$$

정답 ②

(4) 직렬공진과 병렬공진의 비교

| 구분 | R-L-C 직렬 공진 | R-L-C 병렬 공진 |
|---|---|---|
| 공진조건 | $X_L = X_C \rightarrow \omega L = \frac{1}{\omega C}$ (허수부 = 0) | |
| 공진 주파수 | $\omega L = \frac{1}{\omega C} \rightarrow \omega^2 = \frac{1}{LC} \rightarrow (2\pi f)^2 = \frac{1}{LC} \rightarrow 2\pi f = \frac{1}{\sqrt{LC}} \rightarrow f = \frac{1}{2\pi\sqrt{LC}}[Hz]$ | |
| 역률 | 1 | |
| 임피던스 | $Z = R$ (최소) | $Z = R$ (최대) |
| 어드미턴스 | $Y = \frac{1}{R}$ (최대) | $Y = \frac{1}{R}$ (최소) |
| 전류 | 최대 | 최소 |
| 선택도 (첨예도) $Q$ | $Q = \frac{1}{R}\sqrt{\frac{L}{C}}$ | $Q = R\sqrt{\frac{C}{L}}$ |

### 예제 14

R = 10 [Ω], L = 10 [mH], C = 1 [μF]인 RLC 직렬회로에서 공진 시 첨예도는?

① 100      ② 10      ③ 0.1      ④ 1

**해설** RLC 직렬회로 첨예도

$$Q = \frac{1}{R}\sqrt{\frac{L}{C}}$$
$$= \frac{1}{10}\sqrt{\frac{10 \times 10^{-3}}{1 \times 10^{-6}}} = 1$$

**정답** ④

## 03 교류전력

### 1 교류전력의 표현

(1) 피상전력 : 발전소에서 공급되는 전력

(2) 유효전력 : 전기로 사용되는 전력(평균전력)

(3) 무효전력 : 전기로 사용되지 못하고 되돌려보내는 전력

### 2 역률

(1) 역률($\cos\theta$) : 피상전력과 유효전력과의 비

$$\cos\theta = \frac{P}{P_a} = \sqrt{1-\sin^2\theta}$$

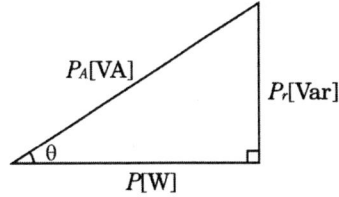

(2) 무효율($\sin\theta$) : 피상전력과 무효전력과의 비

$$\sin\theta = \frac{P_r}{P_a} = \sqrt{1-\cos^2\theta}$$

## 3 교류전력의 계산

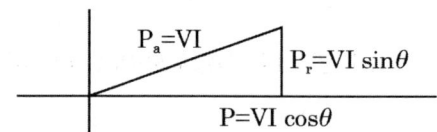

(1) 피상전력

$$P_a = VI[\text{VA}], \quad P_a = \sqrt{P^2 + P_r^2}[\text{VA}]$$

(2) 유효전력

$$P = VI\cos\theta[\text{W}]$$

(3) 무효전력

$$P_r = VI\sin\theta[\text{Var}]$$

### 예제 15

어떤 회로에 전압을 115 [V] 인가하였더니 유효전력이 230 [W], 무효전력이 345 [Var]를 지시한다면 회로에 흐르는 전류는 약 몇 [A]인가?

① 2.5　　　② 5.6　　　③ 3.6　　　④ 4.5

**해설** 전류 I 계산

- $P_a = P + jP_r$
- $|P_a| = \sqrt{P^2 + P_r^2}$
  $= \sqrt{230^2 + 345^3} = 414.64[\text{VA}]$

$\therefore I = \dfrac{P_a}{V} = \dfrac{414.64}{115} = 3.6\,[\text{A}]$

**정답** ③

## 4 복소전력

(1) 복소전력 : 전압과 전류를 실수부와 허수부로 나누어 표현한 것

$$S = P + jQ = |S| \angle \theta_S$$

$S$ : 복소전력, $P$ : 유효전력, $Q$ : 무효전력

(2) 피상전력의 계산

| 구분 | 피상전력 | $+jQ$ | $-jQ$ |
|---|---|---|---|
| 전류 공액 | $S = P_a = V\overline{I}$ | 유도성 부하 | 용량성 부하 |
| 전압 공액 | $S = P_a = \overline{V}I$ | 용량성 부하 | 유도성 부하 |

※ 거의 모든 문제는 전류공액을 이용한다.

### 예제 16

8 + j6 [Ω]인 임피던스에 13 + j20 [V]의 전압을 인가할 때 복소전력은 약 몇 [VA]인가?

① 12.7 + j34.1
② 12.7 + j55.5
③ 45.5 + j34.1
④ 45.5 + j55.5

**해설** 복소전력 $P_a$ 계산

- 전류 $I$ 계산

$$I = \frac{V}{Z} = \frac{13 + j20}{8 + j6} = 2.24 + j0.82 [A]$$

∴ 복소전력 $P_a$ 계산

$$P_a = V\overline{I} = (13 + j20)(2.24 - j0.82) = 45.5 + j34.1 [VA]$$

**정답** ③

### 5 역률개선

(1) 역률개선 : 용량성 무효전력을 공급함으로써 유도성 무효전력을 상쇄시켜 전체 무효전력을 감소시키는 것

(2) 전력용 콘덴서

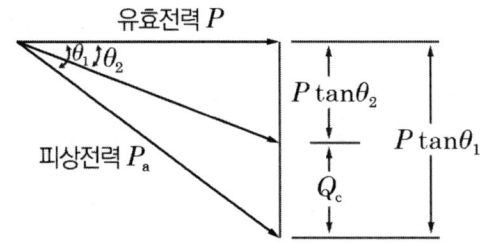

① 부하와 병렬로 접속하여 진상 전류를 얻어 부하역률을 개선
② 콘덴서의 용량($\theta_1$ : 개선 전 역률각, $\theta_2$ : 개선 후 역률각)

$$Q_c = P(\tan\theta_1 - \tan\theta_2) = P\left(\frac{\sqrt{1-\cos^2\theta_1}}{\cos\theta_1} - \frac{\sqrt{1-\cos^2\theta_2}}{\cos\theta_2}\right)$$

③ 용량 리액턴스($P_r$ : 무효전력, $X_c$ : 용량 리액턴스)

$$P_r = \frac{V^2}{X_c}, \qquad X_c = \frac{V^2}{P_r}$$

#### 예제 17

역률 0.8의 부하 300 [kW]에 50 [kW]를 소비하는 동기전동기를 병렬로 접속하여 합성부하의 역률을 0.9로 하려면 전동기의 진상무효전력은 몇 [kVar]로 하여야 하는가?

① 75.5   ② 55.5   ③ 35.5   ④ 111.5

**해설** 무효전력의 크기

- 개선 전 무효전력

$$300 \times \tan\theta_1 = 300 \times \frac{\sqrt{1-0.8^2}}{0.8} = 225$$

- 개선 후 무효전력

$$350 \times \tan\theta_1 = 350 \times \frac{\sqrt{1-0.9^2}}{0.9} = 169.5$$

∴ = 225 - 169.5 = 55.5 [kVar]

**정답** ②

## 6 교류의 최대전력 전달

(1) 소비전력

① 직류전압을 가할 때

$$P = I^2 R = \left(\frac{V}{R}\right)^2 R = \frac{V^2}{R}$$

② 교류전압을 가할 때

$$P = I^2 R = \left(\frac{V}{Z}\right)^2 R$$

(2) 교류의 최대전력

| 구분 | 직류회로 | 교류회로 |
|---|---|---|
| 회로 | r, R, E, $\dot{I}$ 회로 | $Z_r = r+jx$, $Z_L = R+JX$, $\dot{E}$, $\dot{I}_L$ 회로 |
| 최대전력 조건 | 내부저항 $r$ = 부하저항 $R$ | 부하 임피던스 $Z_L$ = 내부 임피던스 공액값 $\overline{Z_r}$ |
| 최대출력 | $P_{최대} = I^2 R = \left(\dfrac{E}{R_T}\right)^2 R = \left(\dfrac{E}{r+R}\right)^2 R = \left(\dfrac{E}{2R}\right)^2 R = \dfrac{E^2}{4R}$ | |

## 예제 18

다음 회로에서 부하 R에 최대 전력이 공급될 때의 전력값이 5 [W]라고 하면 $R_L + R_i$의 값은 몇 [Ω]인가? (단, $R_i$는 전원의 내부저항이다)

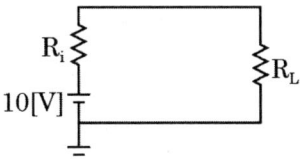

① 5      ② 10      ③ 15      ④ 20

### 해설 최대전력 공급계산

- $P_{\max} = \dfrac{E^2}{4R_L}[W]$
- $R_L = \dfrac{10^2}{4 \times 5} = 5[\Omega]$

$\therefore R_L + R_i = 5 + 5 = 10[\Omega]$

TIP 최대전력 전송조건 $R_i = R_L = R$

최대전력 $P_{\max} = \dfrac{E^2}{4R}$

정답 ②

# 04 유도결합회로

## 1 유도결합회로

(1) 상호유도작용 : 1차 코일에 흐르는 전류로 인해 2차 코일에 기전력이 유도

(2) 유도결합회로 : 2개 이상의 인덕터가 상호 연결된 회로로 구성된 전기회로

## 2 상호 인덕턴스

(1) 상호 인덕턴스 : 코일 두 개를 상호 연결 시 유도되는 인덕턴스

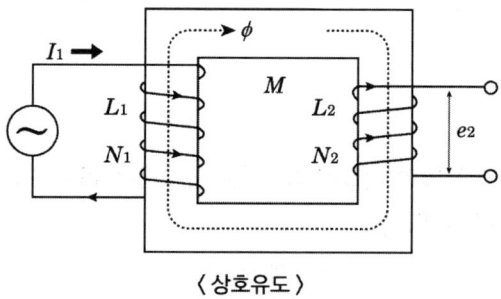

〈상호유도〉

(2) 1차 코일의 기전력

$$e_1 = L_1 \dfrac{di_1}{dt} - M \dfrac{di_2}{dt}$$

(3) 2차 코일의 기전력

$$e_2 = L_2 \frac{di_2}{dt} - M \frac{di_1}{dt}$$

## 3 등가 인덕턴스

(1) 직렬접속

| 접속방식 | 가동접속 | 차동접속 |
|---|---|---|
| 계산식 | $L_{가동} = L_1 + L_2 + 2M$ | $L_{차동} = L_1 + L_2 - 2M$ |
| 회로 | L₁ ⌒M⌒ L₂ | L₁ ⌒M⌒ L₂ |

$$L_{가동-차동} = L_1 + L_2 + 2M - (L_1 + L_2 - 2M) = 4M[\text{H}]$$

### 예제 19

다음 회로의 A − B 간의 합성 임피던스 $Z_0$는?

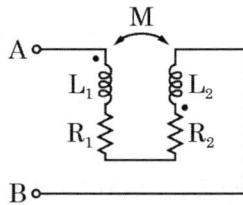

① $R_1 + R_2 + j\omega M$
② $R_1 + R_2 - j\omega M$
③ $R_1 + R_2 + j\omega(L_1 + L_2 + 2M)$
④ $R_1 + R_2 + j\omega(L_1 + L_2 - 2M)$

**해설** 가동접속

- 인덕턴스 : 가동접속
- L = L₁ + L₂ + 2M
- ∴ Z = R + jωL
  = R₁ + R₂ + jω(L₁ + L₂ + 2M)

**정답** ③

(2) 병렬접속

| 접속방식 | 가동접속 | 차동접속 |
|---|---|---|
| 계산식 | $L_{가동} = \dfrac{L_1 L_2 - M^2}{L_1 + L_2 - 2M}$ | $L_{차동} = \dfrac{L_1 L_2 - M^2}{L_1 + L_2 + 2M}$ |
| 회로 | | |

## 4 결합계수

(1) 자기 인덕턴스와 상호 인덕턴스와의 관계

$$M = k\sqrt{L_1 L_2} \ [\text{H}]$$

(2) 결합계수 : 1차 코일과 2차 코일의 자속에 의한 결합의 정도를 나타내는 양

$$k = \dfrac{M}{\sqrt{L_1 L_2}} \ [\text{H}]$$

① $k = 0$ : 상호자속이 없는 경우
② $k = 1$ : 누설자속이 없는 경우, 가장 이상적인 상태

### 예제 20

20 [mH]의 두 자기 인덕턴스의 결합계수를 0.1에서 0.9까지 변화시킬 수 있다면 이것을 접속시켜 얻을 수 있는 합성 인덕턴스의 최댓값과 최솟값의 비는?

① 19 : 1    ② 16 : 1    ③ 13 : 1    ④ 10 : 1

**해설** 합성 인덕턴스

- 가동접속 시 최대
  $L_M = L_1 + L_2 + 2M = L_1 + L_2 + 2k\sqrt{L_1 L_2} = 20 + 20 + 2 \times 0.9 \sqrt{20 \times 20} = 76 \ [\text{mH}]$
- 차동접속 시 최소
  $L_m = L_1 + L_2 - 2M = L_1 + L_2 - 2k\sqrt{L_1 L_2} = 20 + 20 - 2 \times 0.9 \sqrt{20 \times 20} = 4 \ [\text{mH}]$

∴ $L_M : L_m = 76 : 4 = 19 : 1$

**정답** ①

# CHAPTER 02 | 개념 체크 OX

1. 90도를 호도법으로 고치면 $\pi$(라디안)이다. ☐O ☐X
2. 주파수는 주기에 비례한다. ☐O ☐X
3. 정현파의 평균값은 실횻값의 약 1.11배이다. ☐O ☐X
4. 정현파의 파형률은 $\sqrt{2}$이다. ☐O ☐X
5. 각속도의 단위는 [rad/sec]이다. ☐O ☐X
6. 교류회로에서 R회로의 전류와 전압은 동상이다. ☐O ☐X
7. 교류회로에서 C회로의 전압과 전류의 주파수는 다르다. ☐O ☐X
8. 공진회로의 조건은 $\omega L = \omega C$이다. ☐O ☐X
9. RLC 직렬공진일 때 전류는 최소가 된다. ☐O ☐X
10. RLC병렬공진에서 첨예도는 $Q = \dfrac{1}{R}\sqrt{\dfrac{L}{C}}$이다. ☐O ☐X
11. 무효전력공식은 $P = VI\cos\theta$[W]이다. ☐O ☐X
12. 결합계수는 상호자속이 없는 경우 1이다. ☐O ☐X

---

**정답**  01 (X)  02 (X)  03 (X)  04 (X)  05 (O)  06 (O)  07 (X)  08 (X)  09 (X)  10 (X)  11 (X)  12 (X)

1. 90도를 호도법으로 고치면 $\dfrac{\pi}{2}$(라디안)이다.
2. 주파수는 주기에 <u>반비례</u>한다.
3. <u>실횻값이 평균값의 1.11배이다.</u>
4. 파고율이 $\sqrt{2}$ 파형률은 1.11이다.
7. 교류회로에서 C회로의 전압과 전류의 주파수는 <u>같다</u>.
8. 공진회로의 조건은 $\underline{\omega L = \dfrac{1}{\omega C}}$이다.
9. RLC 직렬공진일 때 전류는 <u>최대를</u> 가진다.
10. $Q = R\sqrt{\dfrac{C}{L}}$이다. $Q = \dfrac{1}{R}\sqrt{\dfrac{L}{C}}$는 직렬공진에서의 첨예도이다.
11. 무효전력공식은 $\underline{P_r = VI\sin\theta[\text{Var}]}$이다.
12. 누설자속이 없는 경우 1이다.

# CHAPTER 03 비정현파 교류

## 01 푸리에 급수

### 1 비정현파

(1) 비정현파 : 정현파 외에 다른 모양의 주기를 가지는 파형

(2) 비정현파 교류의 해석

> 비정현파 = 직류분 + 고조파 + 기본파

### 2 푸리에 급수 표시

직류, 기본파, 무수히 많은 고조파 성분의 구성을 합으로 표현

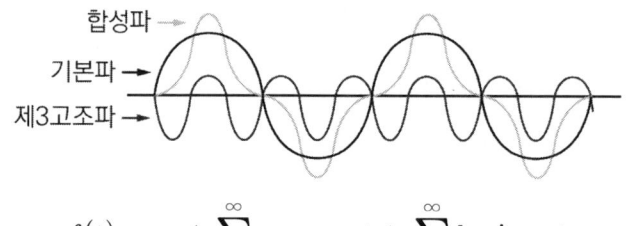

$$f(t) = a_0 + \sum_{n=1}^{\infty} a_n \cos n\omega t + \sum_{n=1}^{\infty} b_n \sin n\omega t$$

### 3 푸리에 급수의 계수

(1) 직류분 : $a_0 = \dfrac{1}{T}\displaystyle\int_0^T f(t)dt$ : 비정현파의 한 주기까지의 평균값

(2) 여현항 고조파 : $a_n = \dfrac{2}{T}\displaystyle\int_0^T f(t)\cos n\omega t\, dt$

(3) 정현항 고조파 : $b_n = \dfrac{2}{T}\displaystyle\int_0^T f(t)\sin n\omega t\, dt$

# 02 비정현파의 대칭

## 1 정현대칭(기함수)

(1) 특징 : 원점대칭이므로 sin항만 존재

(2) 함수식 : $f(t) = \sum_{n=1}^{\infty} b_n \sin\omega t$

$$f(t) = -f(-t)$$

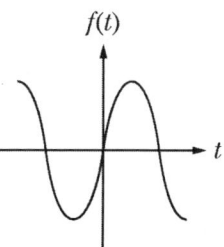

## 2 여현대칭(우함수)

(1) 특징 : Y축 대칭이므로 $a_0$, cos항만 존재

(2) 함수식 : $f(t) = a_0 + \sum_{n=1}^{\infty} a_n \cos\omega t$

$$f(t) = f(-t)$$

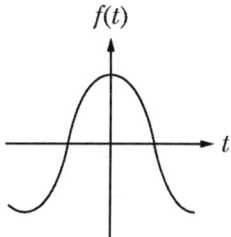

### 예제 01

$f_e(t)$가 우함수이고 $f_0(t)$가 기함수일 때 주기함수 $f(t) = f_e(t) + f_0(t)$에 대한 다음 식 중 틀린 것은?

① $f_e(t) = f_e(-t)$
② $f_0(t) = -f_0(-t)$
③ $f_0(t) = \dfrac{1}{2}[f(t) - f(-t)]$
④ $f_e(t) = \dfrac{1}{2}[f(t) - f(-t)]$

**[해설]** 함수의 성질

우함수 $f_e(t) = f_e(-t)$,  기함수 $f_0(t) = -f_0(-t)$

$\dfrac{1}{2}[f(t) - f(-t)] = \dfrac{1}{2}[f_e(t) + f_0(t) - f_e(-t) - f_0(-t)]$

$= \dfrac{1}{2}[f_e(t) + f_0(t) - f_e(t) + f_0(t)] = \dfrac{1}{2}[f_0(t) + f_0(t)] = f_0(t)$

**정답** ④

### 3 반파대칭

(1) 특징 : 홀수(기수) 고조파항만 존재

(2) 함수식 : $f(t) = \sum_{n=1}^{\infty} a_n \cos\omega t + \sum_{n=1}^{\infty} b_n \sin\omega t$

$$f(t) = -f\left(t + \frac{T}{2}\right)$$

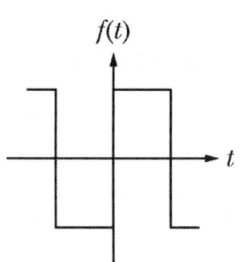

---

### 예제 02

그림의 왜형파를 푸리에의 급수로 전개할 때 옳은 것은?

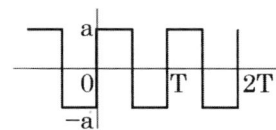

① 우수파만 포함한다.  
② 기수파만 포함한다.  
③ 우수파, 기수파 모두 포함한다.  
④ 푸리에의 급수로 전개할 수 없다.

**해설** 푸리에 급수

위의 그림은 원점대칭 형태의 그래프이므로 홀수항(기수파)만 존재

**정답** ②

---

## 03 비정현파의 실횻값

### 1 전압의 실횻값

(1) 비정현파 교류전압 $v(t)$ 표현

$v(t) = V_0 + V_{m1}\sin\omega t + V_{m2}\sin2\omega t + V_{m3}\sin3\omega t + \cdots + V_{mn}\sin n\omega t\,[\text{V}]$

(2) 비정현파 실횻값 $V$ 계산

$$V = \sqrt{V_0^2 + \left(\frac{V_{m1}}{\sqrt{2}}\right)^2 + \left(\frac{V_{m2}}{\sqrt{2}}\right)^2 + \left(\frac{V_{m3}}{\sqrt{2}}\right)^2 + \cdots + \left(\frac{V_{mn}}{\sqrt{2}}\right)^2}\,[\text{V}]$$

$$= \sqrt{V_0^2 + V_1^2 + V_2^2 + V_3^2 + \cdots + V_n^2}\,[\text{V}]$$

### 예제 03

비정현파의 전압의 순싯값이 $3+10\sqrt{2}\sin wt + 5\sqrt{2}\sin 3wt$ [V]일 때 실효치(V)는?

① 11.5　　　② 10.5　　　③ 9.5　　　④ 8.5

**[해설]** 비정현파의 실횻값

$$V = \sqrt{(각\ 파의\ 실횻값\ 제곱의\ 합)} = \sqrt{3^2 + 10^2 + 5^2} \fallingdotseq 11.58\,[V]$$

**정답** ①

## 2 전류의 실횻값

(1) 비정현파 교류전류 $i(t)$ 표현

$$i(t) = I_0 + I_{m1}\sin\omega t + I_{m2}\sin 2\omega t + I_{m3}\sin 3\omega t + \cdots + I_{mn}\sin n\omega t\,[\text{A}]$$

(2) 비정현파 실횻값 $I$ 계산

$$I = \sqrt{I_0^2 + \left(\frac{I_{m1}}{\sqrt{2}}\right)^2 + \left(\frac{I_{m2}}{\sqrt{2}}\right)^2 + \left(\frac{I_{m3}}{\sqrt{2}}\right)^2 + \cdots + \left(\frac{I_{mn}}{\sqrt{2}}\right)^2}\,[\text{A}]$$

$$= \sqrt{I_0^2 + I_1^2 + I_2^2 + I_3^2 + \cdots + I_n^2}\,[\text{A}]$$

### 예제 04

$e = 100\sqrt{2}\sin\omega t + 75\sqrt{2}\sin 3\omega t + 20\sqrt{2}\sin 5\omega t$ [V]인 전압을 R - L 직렬회로에 가할 때 제3고조파 전류의 실횻값은 몇 [A]인가? (단, $R = 4\,[\Omega]$, $\omega L = 1\,[\Omega]$이다)

① 15　　　② $15\sqrt{2}$　　　③ 20　　　④ $20\sqrt{2}$

**[해설]** 제3고조파 실횻값

$$Z_3 = R + j3\omega L = 4 + j3$$

$$I_3 = \frac{V_3}{|Z_3|} = \frac{\frac{75\sqrt{2}}{\sqrt{2}}}{\sqrt{4^2 + 3^2}} = 15\,[\text{A}]$$

**정답** ①

## 3 비정현파의 전력

- $v(t) = V_0 + V_{m1}\sin\omega t + V_{m2}\sin 2\omega t + V_{m3}\sin 3\omega t + \cdots + V_{mn}\sin n\omega t \,[\text{V}]$
- $i(t) = I_0 + I_{m1}\sin\omega t + I_{m2}\sin 2\omega t + I_{m3}\sin 3\omega t + \cdots + I_{mn}\sin n\omega t \,[\text{A}]$ 일 때,

(1) 피상전력

$$P_a = V \times I = \sqrt{V_0^2 + V_1^2 + V_2^2 + \cdots + V_n^2} \times \sqrt{I_0^2 + I_1^2 + I_2^2 + \cdots + I_n^2} \,[\text{VA}]$$

(2) 유효전력

$$P = V_0 I_0 + V_1 I_1 \cos\theta_1 + V_2 I_2 \cos\theta_2 + \cdots + V_n I_n \cos\theta_n \,[\text{W}]$$

(3) 무효전력

$$P = V_0 I_0 + V_1 I_1 \sin\theta_1 + V_2 I_2 \sin\theta_2 + \cdots + V_n I_n \sin\theta_n \,[\text{W}]$$

(단, $\theta$는 각 고조파끼리의 위상차)

### 예제 05

전압 및 전류가 다음과 같을 때 유효전력(W) 및 역률(%)은 각각 약 얼마인가?

> $v(t) = 100\sin\omega t - 50\sin(3\omega t + 30°) + 20\sin(5\omega t + 45°) \,[\text{V}]$
> $I(t) = 20\sin(\omega t + 30°) + 10\sin(3\omega t - 30°) + 5\cos 5\omega t \,[\text{A}]$

① 825 [W], 48.6 [%]  
② 776.4 [W], 59.7 [%]  
③ 1120 [W], 77.4 [%]  
④ 1850 [W], 89.6 [%]

**해설** 비정현파의 전력

$$P_1 = \frac{100}{\sqrt{2}} \times \frac{20}{\sqrt{2}} \cos(30°) = 866.03\,[\text{W}], \quad P_2 = \frac{-50}{\sqrt{2}} \times \frac{10}{\sqrt{2}} \cos(60°) = -125\,[\text{W}]$$

$$P_3 = \frac{20}{\sqrt{2}} \times \frac{5}{\sqrt{2}} \cos(45°) = 35.36\,[\text{W}] \quad \therefore P_1 + P_2 + P_3 = 776.4\,[\text{W}]$$

- 실횻값 $V$ 및 $I$ 계산

$$V = \sqrt{V_1^2 + V_2^2 + V_3^2} = 80.31, \quad I = \sqrt{I_1^2 + I_2^2 + I_3^2} = 16.25$$

$$P_a = V \times I = 1301.2\,[\text{VA}]$$

$$\therefore \cos\theta = \frac{P}{P_a} = \frac{776.4}{1301.2} \times 100 = 59.7\,[\%]$$

**정답** ②

## 4 파형의 종류

| 구분 | 파형 | 실횻값 | 평균값 | 파형률 | 파고율 |
|---|---|---|---|---|---|
| 정현파 | | $\frac{1}{\sqrt{2}}E_m$ | $\frac{2}{\pi}E_m$ | 1.11 | 1.414 |
| 전파 정현파 | | $\frac{1}{\sqrt{2}}E_m$ | $\frac{2}{\pi}E_m$ | 1.11 | 1.414 |
| 반파 정현파 | | $\frac{1}{2}E_m$ | $\frac{1}{\pi}E_m$ | 1.57 | 2 |
| 구형파 | | $E_m$ | $E_m$ | 1 | 1 |
| 반파 구형파 | | $\frac{1}{\sqrt{2}}E_m$ | $\frac{1}{2}E_m$ | 1.41 | 1.41 |
| 삼각파 톱니파 | | $\frac{1}{\sqrt{3}}E_m$ | $\frac{1}{2}E_m$ | 1.15 | 1.73 |

## 예제 06

그림과 같은 파형의 파고율은?

① 0.707  ② 1.414  ③ 1.732  ④ 2.000

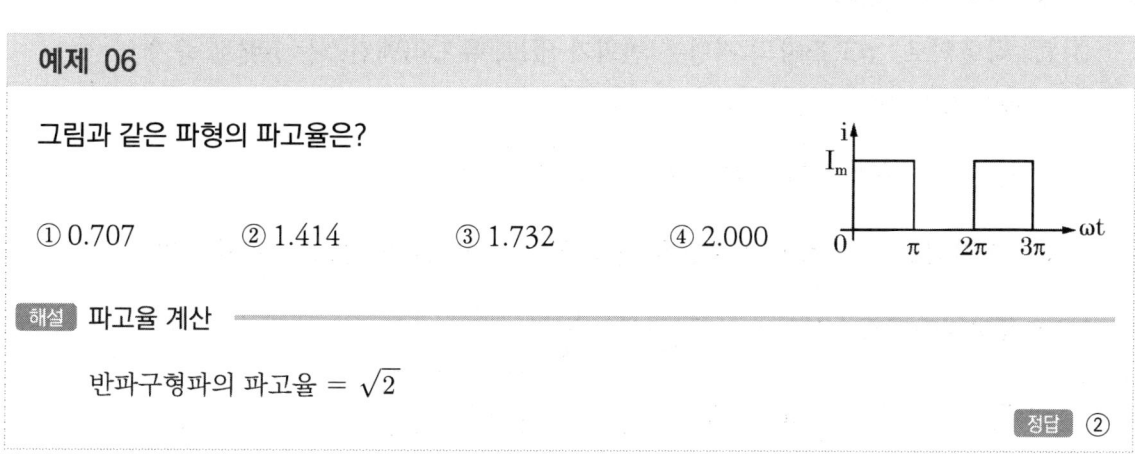

**해설** 파고율 계산

반파구형파의 파고율 $= \sqrt{2}$

**정답** ②

### 5 전고조파의 왜형률

(1) 왜형률 : 기본파와 비교하여 고조파의 포함정도를 나타낸 비율

(2) 전압의 왜형률

$$\epsilon = \frac{\text{전 고조파의 실횻값}}{\text{기본파의 실횻값}} = \frac{\sqrt{V_2^2 + V_3^2 + \cdots + V_n^2}}{V_1} \times 100 \, [\%]$$

(3) 전류의 왜형률

$$\epsilon = \frac{\text{전 고조파의 실횻값}}{\text{기본파의 실횻값}} = \frac{\sqrt{I_2^2 + I_3^2 + \cdots + I_n^2}}{I_1} \times 100 \, [\%]$$

### 예제 07

비정현파 전류가 i(t) = 10sinωt + 20sin3ωt + 50sin5ωt로 표현될 때 왜형률은 약 얼마인가?

① 6.12  ② 4.56  ③ 7.34  ④ 5.39

**해설** 비정현파의 왜형률

$$\text{왜형률} = \frac{\text{전 고조파의 실효값}}{\text{기본파의 실효값}} = \frac{\sqrt{\left(\frac{20}{\sqrt{2}}\right)^2 + \left(\frac{50}{\sqrt{2}}\right)^2}}{\frac{10}{\sqrt{2}}} = 5.385$$

**정답** ④

## 04 비정현파의 임피던스

### 1 비정현파의 RLC회로

(1) RL 직렬회로 : $n$고조파의 저항은 변화가 없고, 유도리액턴스는 $n$배로 증가

① 유도리액턴스 : $X_{nL} = 2n\pi f L = n\omega L$

② $Z_{n\text{고조파}} = R + jnX_L = R + jn\omega L = \sqrt{R^2 + (n\omega L)^2}$

(2) RC 직렬회로 : $n$고조파의 저항은 변화가 없고, 용량리액턴스는 $\frac{1}{n}$배로 감소

① 용량리액턴스 : $X_{nC} = \frac{1}{2n\pi f C} = \frac{1}{n\omega C}$

② $Z_{n\text{고조파}} = R - j\frac{1}{n}X_C = R - j\frac{1}{n\omega C} = \sqrt{R^2 + \left(\frac{1}{n\omega C}\right)^2}$

**예제 08**

전압 $v(t)$를 RL 직렬회로에 인가했을 때 제3고조파 전류의 실횻값[A]의 크기는? (단, $R=8\,[\Omega]$, $\omega L=2\,[\Omega]$, $v(t)=100\sqrt{2}\sin\omega t+200\sqrt{2}\sin3\omega t+50\sqrt{2}\sin5\omega t\,[V]$이다)

① 10  ② 14  ③ 20  ④ 28

**해설** 제3고조파 전류의 실횻값

$$I_3=\frac{E_3}{|Z_3|}=\frac{200}{\sqrt{R^2+(3\omega L)^2}}$$
$$=\frac{200}{\sqrt{8^2+6^2}}=\frac{200}{10}=20\,[A]$$

**정답** ③

## 2 고조파 공진조건

(1) 고조파의 특성
 ① 기본파 = 대칭 3상 기전력
 ② $3k$고조파(3, 6, 9, 12, …) : 각 상의 크기가 같고 동위상
 ③ $3k-1$고조파(2, 5, 8, 11, …) : 기본파와 상회전 방향이 반대되는 대칭기전력
 ④ $3k+1$고조파(4, 7, 10, 13, …) : 기본파와 상회전 방향이 같은 대칭기전력

(2) n고조파의 공진조건

$$n^2\omega^2 LC=1$$

# CHAPTER 03 개념 체크 OX

**1** 비정현파는 교류분 + 고조파 + 기본파로 해석된다. O X

**2** 여현대칭은 Y축 대칭이다. O X

**3** 정현대칭은 sin 그래프이다. O X

**4** 구형파의 파형률과 파고율은 모두 1이다. O X

**5** 정현파와 전파 정현파는 파형률이 서로 같다. O X

**6** n고조파의 공진조건은 $n^2\omega^2 LC = 1$이다. O X

**7** 비정현파의 RL직렬회로는 n고조파일 때 저항이 n 배로 증가한다. O X

---

**정답** 01 (X) 02 (O) 03 (O) 04 (O) 05 (O) 06 (O) 07 (X)

**1** 교류분이 아니라 직류분이다.
**5** 참고로 파고율도 서로 같다.
**7** 저항은 변함 없고, 유도리액턴스가 n배로 증가한다.

# CHAPTER 04 다상교류

## 01 대칭 n상 교류

### 1 전압과 전류의 구분

(1) 상전압(Phase Voltage) : 단상에 걸리는 전압($V_p$)

(2) 선간전압(Line Voltage) : 선과 선 사이에 걸리는 전압($V_\ell$)

(3) 상전류(Phase Current) : 상에 흐르는 전류($I_p$)

(4) 선전류(Line Current) : 선에 흐르는 전류($I_\ell$)

### 2 다상교류의 전력

(1) n상 교류의 전력 $P = \dfrac{n}{2\sin\dfrac{\pi}{n}} V_\ell I_\ell \cos\theta \text{[W]}$

(2) 평형 3상회로의 전력 $P = \sqrt{3}\, V_\ell I_\ell \cos\theta \text{[W]}$

(3) 위상 $\cos\theta = \dfrac{2\sin\dfrac{\pi}{n} P}{n V_\ell I_\ell}$

### 3 성형결선

(1) 선간전압 : $V_\ell = 2V_p \sin\dfrac{\pi}{n}$ ($V_p$ : 상전압)

(2) 선전류 : $I_\ell = I_p$ ($I_p$ : 상전류)

(3) 위상차 : 선간전압이 상전압보다 $\dfrac{\pi}{2}\left(1 - \dfrac{2}{n}\right)\text{[rad]}$ 만큼 빠름

### 예제 01

대칭 5상 교류 성형결선에서 선간전압과 상전압 간의 위상차는 몇 도인가?

① 27°    ② 36°    ③ 54°    ④ 72°

**해설** 대칭 n상전압 간 위상차 계산

$$\theta = \frac{\pi}{2}\left(1 - \frac{2}{n}\right)\bigg|_{n=5} = \frac{180}{2}\left(1 - \frac{2}{5}\right) = 90° \times \frac{3}{5} = 54°$$

**정답** ③

### 4 환상결선

(1) 선간전압 : $V_\ell = V_p$ ($V_p$ : 상전압)

(2) 선전류 : $I_\ell = 2I_p \sin\frac{\pi}{n}$ ($I_p$ : 상전류)

(3) 위상차 : 선전류가 상전류보다 $\frac{\pi}{2}\left(1 - \frac{2}{n}\right)$[rad]만큼 늦음

### 예제 02

대칭 6상 전원이 있다. 환상결선으로 각 전원이 150 [A]의 전류를 흘린다고 하면 선전류는 몇 [A]인가?

① 50    ② 75    ③ $150\sqrt{3}$    ④ 150

**해설** n상 선전류 $I_\ell$ 계산

$$I_\ell = 2I_p \sin\frac{\pi}{2} = 2 \times 150 \times \sin\frac{\pi}{6} = 150[A]$$

**정답** ④

# 02 평형 3상회로

## 1 대칭 3상교류

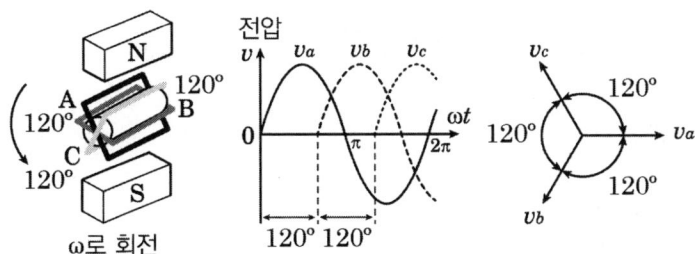

(1) 3상교류는 크기와 주파수가 같고 위상만 120°씩 서로 다른 3개의 단상교류로 구성

(2) 각 상의 전압의 순싯값

① $v_a = \sqrt{2}\,V\sin\omega t = V\angle 0°$

② $v_b = \sqrt{2}\,V\sin(\omega t - \frac{2}{3}\pi) = V\angle -120° = V\angle 240°$

③ $v_c = \sqrt{2}\,V\sin(\omega t - \frac{4}{3}\pi) = V\angle -240° = V\angle 120°$

(3) 대칭 3상교류의 조건
　① 파형이 같을 것　　　　② 주파수가 같을 것
　③ 위상차가 각각 120°일 것　④ 크기가 같을 것

## 2 Y결선

(1) 상전압($V_p$)과 선간전압($V_\ell$)의 관계

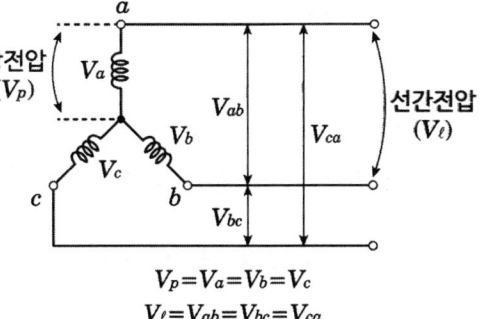

- $V_\ell$은 $V_p$보다 위상이 30°($=\frac{\pi}{6}$) 앞서며, 크기는 $V_p$의 $\sqrt{3}$배이다.

$$V_\ell = \sqrt{3}\,V_p \angle \frac{\pi}{6}$$

(2) 상전류($I_p$)와 선전류($I_\ell$)의 관계

$$I_\ell = I_p$$

## 예제 03

대칭 3상 Y결선 부하에서 각상의 임피던스가 Z = 16 + j12 [Ω]이고, 부하전류가 5 [A]일 때 이 부하의 선간전압 [V]은?

① $100\sqrt{2}$   ② $100\sqrt{3}$   ③ $200\sqrt{2}$   ④ $200\sqrt{3}$

**해설** Y 결선의 선간전압

$$V_p = I \times Z = 5 \times \sqrt{16^2 + 12^2} = 100[V]$$
$$\therefore V_\ell = \sqrt{3}\, V_p = 100\sqrt{3}[V]$$

정답 ②

## 3 Δ결선

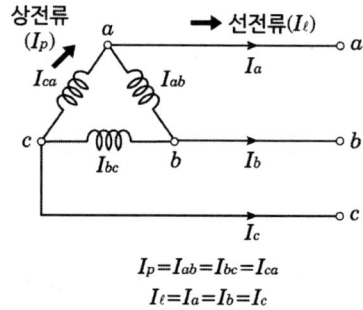

$I_p = I_{ab} = I_{bc} = I_{ca}$
$I_\ell = I_a = I_b = I_c$

(1) 상전압($V_p$)과 선간전압($V_\ell$)의 관계

$$V_\ell = V_p$$

(2) 상전류($I_p$)와 선전류($I_\ell$)의 관계

- $I_\ell$은 $I_p$보다 위상이 30°($=\dfrac{\pi}{6}$) 뒤지며, 크기는 $I_p$의 $\sqrt{3}$ 배이다.

$$I_\ell = \sqrt{3}\, I_p \angle -\dfrac{\pi}{6}$$

### 예제 04

1상의 직렬 임피던스가 R = 6 [Ω], $X_L$ = 8 [Ω]인 △결선의 평형부하가 있다. 여기에 선간전압 100 [V]인 대칭 3상 교류전압을 가하면 선전류는 몇 [A]인가?

① $3\sqrt{3}$   ② $\dfrac{10\sqrt{3}}{3}$   ③ 10   ④ $10\sqrt{3}$

**해설** △결선 선전류 $I_\ell$ 계산

$$I_p = \frac{V_p}{Z} = \frac{V_\ell}{\sqrt{R^2+X^2}} = \frac{100}{\sqrt{6^2+8^2}} = 10[A]$$

$$\therefore I_\ell = \sqrt{3}\, I_p = 10\sqrt{3}\,[A]$$

**정답** ④

## 4 V결선

(1) △결선된 3상 전원 변압기의 1상 고장 시 3상전압을 공급하기 위한 방법으로서 고장 변압기를 제외한 나머지 단상 변압기 2대로 3상 전원을 공급하여 운전하는 결선

(2) 출력

$$P_V = \sqrt{3}\, P_1\, [\text{kVA}]$$

$P_1$ : 단상의 출력, $P_V$ : V결선 시의 출력

(3) 이용률 $= \dfrac{P_V(V결선시출력)}{P_2(변압기 2대의 출력)} = \dfrac{\sqrt{3}\,VI}{2VI} \times 100 \fallingdotseq 86.6\,[\%]$

(4) 출력비 $= \dfrac{P_V(V결선시출력)}{P_\triangle(\triangle결선시출력)} = \dfrac{\sqrt{3}\,VI}{3VI} \times 100 \fallingdotseq 57.7\,[\%]$

### 예제 05

용량이 50 [kVA]인 단상 변압기 3대를 △결선하여 3상으로 운전하는 중 1대의 변압기에 고장이 발생하였다. 나머지 2대의 변압기를 이용하여 3상 V결선으로 운전하는 경우 최대 출력은 몇 [kVA]인가?

① $30\sqrt{3}$   ② $50\sqrt{3}$   ③ $100\sqrt{3}$   ④ $200\sqrt{3}$

**해설** V결선 출력 $P_V$ 계산

$$P_V = \sqrt{3}\, P_1 = 50\sqrt{3}\,[kVA]$$

**정답** ②

## 5 3상 교류의 전력

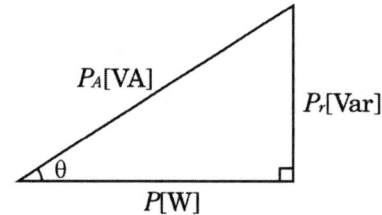

(1) 유효전력

$$P = 3I_p^2 R = 3\left(\frac{V_p}{Z}\right)^2 R = 3V_p I_p \cos\theta = \sqrt{3}\, V_\ell I_\ell \cos\theta\,[\text{W}]$$

(2) 무효전력

$$P_r = 3I_p^2 X = 3\left(\frac{V_p}{Z}\right)^2 X = 3V_p I_p \sin\theta = \sqrt{3}\, V_\ell I_\ell \sin\theta\,[\text{Var}]$$

(3) 피상전력

$$P_a = 3I_p^2 Z = 3\left(\frac{V_p}{Z}\right)^2 Z = 3V_p I_p = \sqrt{3}\, V_\ell I_\ell\,[\text{VA}]$$

### 예제 06

$Z = 5\sqrt{3} + j5\,[\Omega]$ 3개의 임피던스를 $Y$결선하여 선간전압 250 [V]의 평형 3상 전원에 연결하였다. 이때 소비되는 유효전력은 약 몇 [W]인가?

① 3125   ② 5413   ③ 6252   ④ 7120

**해설** 3상 교류의 유효전력

$$P = 3I_p^2 R = 3 \times \left(\frac{V_p}{Z}\right)^2 \times R$$

$$= 3 \times \left(\frac{\frac{250}{\sqrt{3}}}{\sqrt{(5\sqrt{3})^2 + 5^2}}\right)^2 \times 5\sqrt{3}$$

$$= 5413\,[W]$$

**정답** ②

# 03 △ – Y결선 변환

## 1 등가변환

| Y ↔ △ 변환 | △ ↔ Y 변환 |
|---|---|
| $Z_{ab} = \dfrac{Z_a Z_b + Z_b Z_c + Z_c Z_a}{Z_c}\,[\Omega]$ <br><br> $Z_{bc} = \dfrac{Z_a Z_b + Z_b Z_c + Z_c Z_a}{Z_a}\,[\Omega]$ <br><br> $Z_{ca} = \dfrac{Z_a Z_b + Z_b Z_c + Z_c Z_a}{Z_b}\,[\Omega]$ | $Z_a = \dfrac{Z_{ca} Z_{ab}}{Z_{ab} + Z_{bc} + Z_{ca}}\,[\Omega]$ <br><br> $Z_b = \dfrac{Z_{ab} Z_{bc}}{Z_{ab} + Z_{bc} + Z_{ca}}\,[\Omega]$ <br><br> $Z_c = \dfrac{Z_{bc} Z_{ca}}{Z_{ab} + Z_{bc} + Z_{ca}}\,[\Omega]$ |

## 예제 07

그림과 같은 순 저항회로에서 대칭 3상전압을 가할 때 각 선에 흐르는 전류가 같으려면 R의 값은 몇 [Ω]인가?

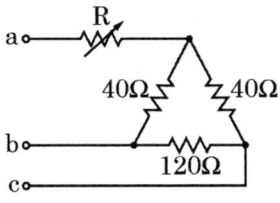

① 8      ② 12      ③ 16      ④ 20

**해설** Y 등가회로 변환

- $R_a = \dfrac{40 \times 40}{40 + 40 + 120} = 8\,[\Omega]$
- $R_b = \dfrac{40 \times 120}{40 + 40 + 120} = 24\,[\Omega]$
- $R_c = \dfrac{120 \times 40}{40 + 40 + 120} = 24\,[\Omega]$

∴ $R_A$ 측 16 [Ω] 연결

**정답** ③

## 2 평형 3상 등가변환

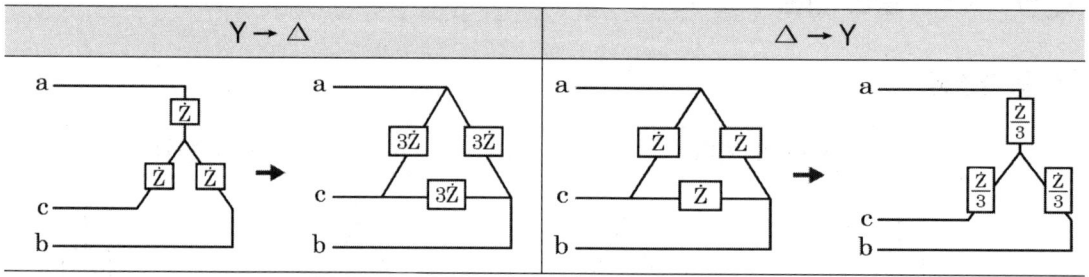

$$Z_\Delta = 3Z_Y \qquad\qquad Z_Y = \frac{1}{3}Z_\Delta$$

### 예제 08

그림과 같이 결선된 회로의 단자(a, b, c)에 선간전압 V (V)인 평형 3상전압을 인가할 때 상전류 I (A)의 크기는?

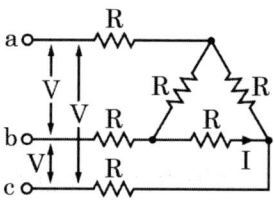

① $\dfrac{V}{4R}$  ② $\dfrac{3V}{4R}$  ③ $\dfrac{\sqrt{3}\,V}{4R}$  ④ $\dfrac{V}{4\sqrt{3}\,R}$

**해설** 상전류 $I_p$ 계산

• $\triangle \to Y \to \triangle$ 등가회로 변환

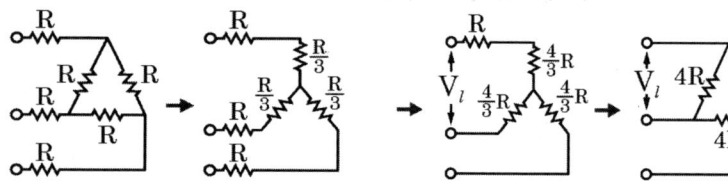

∴ △ 결선 시 상전류 $I_p$ 계산

$$I_p = \frac{V}{4R}$$

**정답** ①

# 04 평형 3상회로의 전력계

## 1 단상전력계

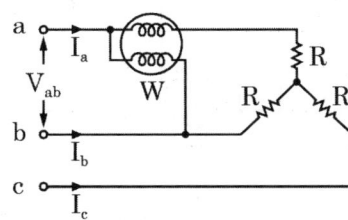

전력계 $W$의 지시값을 $P_1$이라고 하면

(1) 유효전력 : $P = 2P_1$

(2) 무효전력 : $P_r = 0$

(3) 피상전력 : $P_a = P$

(4) 역률 : $\cos\theta = 1$

TIP 순저항 = 무유도 저항

## 예제 09

선간전압이 $V_{ab}$ [V]인 3상 평형 전원에 대칭 부하 R [Ω]이 그림과 같이 접속되어 있을 때 a, b 두 상 간에 접속된 전력계의 지시 값이 W [W]라면 C상 전류의 크기[A]는?

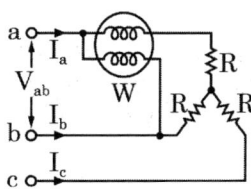

① $\dfrac{W}{3V_{ab}}$  ② $\dfrac{2W}{3V_{ab}}$  ③ $\dfrac{2W}{\sqrt{3}\,V_{ab}}$  ④ $\dfrac{\sqrt{3}\,W}{V_{ab}}$

**해설** 1전력계법

$P = 2W = \sqrt{3}\,V_\ell I_\ell \cos\theta$

$\therefore I_\ell = \dfrac{2W}{\sqrt{3}\,V_\ell}$

정답 ③

## 2 2전력계법

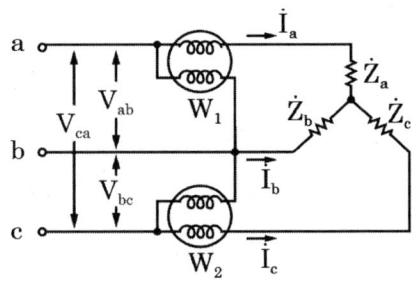

두 전력계 $W_1$, $W_2$를 결선하고 각각의 지시값을 $P_1$, $P_2$라 하면

(1) 유효전력

$$P = P_1 + P_2 \text{ [W]}$$

(2) 무효전력

$$P_r = \sqrt{3}(P_1 - P_2) \text{ [Var]}$$

(3) 피상전력

$$P_a = 2\sqrt{P_1^2 + P_2^2 - P_1 P_2} \text{ [VA]}$$

(4) 역률

$$\cos\theta = \frac{P}{P_a} = \frac{P_1 + P_2}{2\sqrt{P_1^2 + P_2^2 - P_1 P_2}}$$

### 예제 10

2전력계법을 이용한 평형 3상회로의 전력이 각각 500 [W] 및 300 [W]로 측정되었을 때, 부하의 역률은 약 몇 [%]인가?

① 70.7    ② 87.7    ③ 89.2    ④ 91.8

**해설** 2전력계법 역률 $\cos\theta$ 계산

$$\cos\theta = \frac{P_1 + P_2}{2\sqrt{P_1^2 + P_2^2 - P_1 P_2}} \times 100 = \frac{300 + 500}{2\sqrt{300^2 + 500^2 - 300 \times 500}} \times 100 = 91.8 [\%]$$

**정답** ④

## 3 교류전력 측정

| 구분 | 제3전압계법 | 제3전류계법 |
|---|---|---|
| 그림 | (회로도) | (회로도) |
| 역률 $\cos\theta$ | $\cos\theta = \dfrac{V_1^2 - V_2^2 - V_3^2}{2V_2V_3}$ | $\cos\theta = \dfrac{I_1^2 - I_2^2 - I_3^2}{2I_2I_3}$ |
| 전력 $P$ | $P = \dfrac{1}{2R}(V_1^2 - V_2^2 - V_3^2)$ | $P = \dfrac{R}{2}(I_1^2 - I_2^2 - I_3^2)$ |

# CHAPTER 04 개념 체크 OX

**1** △결선은 선전류와 상전류가 같다. ☐O ☐X

**2** 대칭 3상 교류는 파형, 주파수, 위상, 크기가 모두 같아야 한다. ☐O ☐X

**3** Y결선은 선전류가 상전류의 $\sqrt{3}$ 배이다. ☐O ☐X

**4** △결선의 선전류는 상전류보다 30도 앞선다. ☐O ☐X

**5** V결선의 이용률은 86.6 [%]이다. ☐O ☐X

**6** V결선의 출력비는 57.7 [%]이다. ☐O ☐X

**7** 평형 3상에서 $Z_\Delta = 3Z_Y$이다. ☐O ☐X

**8** 1전력계법에서 전력계의 지시값이 P이면 유효전력도 P이다. ☐O ☐X

**9** 2전력계법에서 전력계의 지시값이 $P_1$, $P_2$이면 유효전력은 $2(P_1 + P_2)$이다. ☐O ☐X

---

**정답**  01 (X)  02 (X)  03 (X)  04 (X)  05 (O)  06 (O)  07 (O)  08 (X)  09 (X)

**1** 선간전압과 상전압이 같다.
**2** 위상차는 각각 120도이어야 한다.
**3** 선전류와 상전류는 같다.
**4** △결선의 선전류는 상전류보다 30도 뒤진다.
**8** 1전력계법에서 전력계의 지시값이 P이면 유효전력은 2P이다.
**9** 2전력계법에서 전력계의 지시값이 $P_1$, $P_2$이면 유효전력은 $P_1 + P_2$이다.

# CHAPTER 05 대칭좌표법

## 01 대칭좌표법

### 1 불평형 3상회로의 해석

(1) 대칭좌표법 : 불평형 전압이나 전류를 3개의 성분(영상분, 정상분, 역상분)으로 나누어 계산하는 방법으로 1선지락 등 불평형 고장에서 대칭좌표법 사용

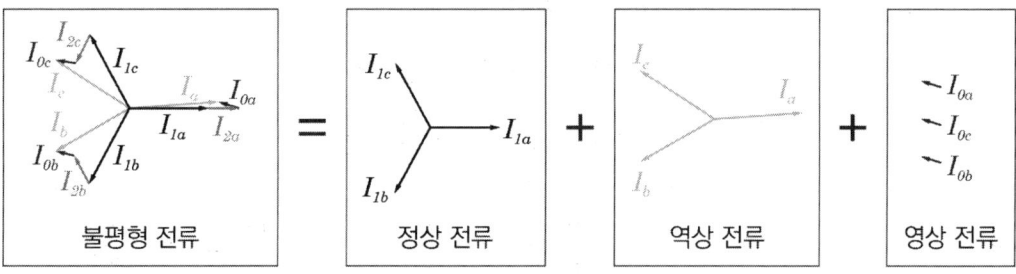

불평형 전류 벡터합성도

(2) 벡터 연산자와 위상

① $a = a^4 = 1\angle 120° = \cos 120° + j\sin 120° = -\dfrac{1}{2} + j\dfrac{\sqrt{3}}{2}$

② $a^2 = 1\angle 240° = \cos 240° + j\sin 240° = -\dfrac{1}{2} - j\dfrac{\sqrt{3}}{2}$

③ $1 = a^3 = 1\angle 360°$

④ $a + a^2 = -\dfrac{1}{2} + j\dfrac{\sqrt{3}}{2} - \dfrac{1}{2} - j\dfrac{\sqrt{3}}{2} = -1$  　　$\therefore 1 + a + a^2 = 0$

## 2 영상분

(1) 영상분 : 크기가 같고, 위상이 동상인 성분

(2) 영상전압 : $V_0 = \dfrac{1}{3}(V_a + V_b + V_c)$

(3) 영상전류 : $I_0 = \dfrac{1}{3}(I_a + I_b + I_c)$

### 예제 01

각 상의 전압이 다음과 같을 때 영상분 전압[V]의 순시치는? (단, 3상전압의 상순은 a − b − c이다)

$$v_a(t) = 40\sin\omega t \,[V]$$
$$v_b(t) = 40\sin\left(\omega t - \dfrac{\pi}{2}\right)[V]$$
$$v_c(t) = 40\sin\left(\omega t + \dfrac{\pi}{2}\right)[V]$$

① $40\sin\omega t$  ② $\dfrac{40}{3}\sin\omega t$  ③ $\dfrac{40}{3}\sin\left(\omega t - \dfrac{\pi}{2}\right)$  ④ $\dfrac{40}{3}\sin\left(\omega t + \dfrac{\pi}{2}\right)$

**해설** 영상분 전압

$\dfrac{1}{3}(V_a + V_b + V_c)$

$= \dfrac{1}{3}\left[40\sin\omega t + 40\sin\left(\omega t - \dfrac{\pi}{2}\right) + 40\sin\left(\omega t + \dfrac{\pi}{2}\right)\right]$

$= \dfrac{1}{3}[40\sin\omega t - 40\cos\omega t + 40\cos\omega t]$

$= \dfrac{40}{3}\sin\omega t$

**정답** ②

## 3 정상분

(1) 정상분 : a상 - b상 - c상 순으로 120°의 위상차

(2) 정상전압 : $V_1 = \dfrac{1}{3}(V_a + aV_b + a^2 V_c)$

(3) 정상전류 : $I_1 = \dfrac{1}{3}(I_a + aI_b + a^2 I_c)$

---

**예제 02**

3상 전류가 $I_a$ = 10 + j3 [A], $I_b$ = -5 - j2 [A], $I_c$ = -3 + j4 [A]일 때 정상분 전류의 크기는 약 몇 [A]인가?

① 5     ② 6.4     ③ 10.5     ④ 13.34

**해설** 정상분 전류 $I_1$ 계산

$$\begin{aligned}
I_1 &= \dfrac{1}{3}(I_a + aI_b + a^2 I_c) \\
&= \dfrac{1}{3}\left[10 + j3 + \left(-\dfrac{1}{2} + j\dfrac{\sqrt{3}}{2}\right)(-5 - j2) \right.\\
&\qquad \left. + \left(-\dfrac{1}{2} - j\dfrac{\sqrt{3}}{2}\right)(-3 + j4)\right]\\
&= 6.39 + j0.08
\end{aligned}$$

$\therefore \sqrt{6.39^2 + 0.08^2} = 6.4[A]$

**정답** ②

---

## 4 역상분

(1) 역상분 : a상 - c상 - b상 순으로 120°의 위상차

(2) 역상전압 : $V_2 = \dfrac{1}{3}(V_a + a^2 V_b + aV_c)$

(3) 역상전류 : $I_2 = \dfrac{1}{3}(I_a + a^2 I_b + aI_c)$

## 02 불평형률

### 1 전압

(1) a상전압 : $V_a = V_0 + V_1 + V_2$

(2) b상전압 : $V_b = V_0 + a^2 V_1 + a V_2$

(3) c상전압 : $V_c = V_0 + a V_1 + a^2 V_2$

### 2 전류

(1) a상전류 : $I_a = I_0 + I_1 + I_2$

(2) b상전류 : $I_b = I_0 + a^2 I_1 + a I_2$

(3) c상전류 : $I_c = I_0 + a I_1 + a^2 I_2$

---

#### 예제 03

전류의 대칭분이 $I_0$ = -2 + j4 [A], $I_1$ = 6 - j5 [A], $I_2$ = 8 + j10 [A]일 때 3상전류 중 a상 전류 $I_a$의 크기 $|I_a|$는 몇 [A] 인가? (단, $I_0$는 영상분이고, $I_1$은 정상분이고, $I_2$는 역상분이다)

① 9  ② 12  ③ 15  ④ 19

**해설** 대칭좌표법

- $I_a = I_0 + I_1 + I_2$
  $= -2 + j4 + 6 - j5 + 8 + j10$
  $= 12 + j9$

$\therefore |I_a| = \sqrt{12^2 + j9^2} = 15 [A]$

**정답** ③

---

### 3 불평형률

$$\text{불평형률} = \frac{\text{역상전압}}{\text{정상전압}} \times 100 \, [\%]$$

### 예제 04

3상 불평형 전압에서 역상전압 50 [V], 정상전압 250 [V] 및 영상전압 20 [V]이면, 전압 불평형률은 몇 [%]인가?

① 10      ② 15      ③ 20      ④ 25

**해설** 전압 불평형률 계산

$$\text{전압 불평형률} = \frac{\text{역상전압}}{\text{정상전압}} \times 100$$
$$= \frac{50}{250} \times 100 = 20\,[\%]$$

정답 ③

## 03 3상 교류 기기의 기본식

### 1 교류 발전기의 기본식

(1) $V_0 = -I_0 Z_0$      (2) $V_1 = E_a - I_1 Z_1$      (3) $V_2 = -I_2 Z_2$

TIP 3상 평형회로 시 영상분과 역상분 전압은 존재하지 않음

### 2 지락사고

(1) 1선지락 : 영상분($I_0$) = 정상분($I_1$) = 역상분($I_2$)

(2) 2선지락 : 영상분($I_0$) = 역상분($I_2$)

### 3 단락사고

(1) 2선단락 : 정상분($I_1$) = -역상분($-I_2$), 영상분($I_0$) = 0

(2) 3상단락 : 영상분($I_0$) = 역상분($I_2$) = 0

# CHAPTER 05 개념 체크 OX

**1** 영상전류는 $I_0 = I_a + I_b + I_c$ 이다.  `O` `X`

**2** 벡터연산자 $a = a^4 = 1\angle 120° = \cos 120° + j\sin 120° = -\dfrac{1}{2} + j\dfrac{\sqrt{3}}{2}$ 이다.  `O` `X`

**3** 정상분은 a-b-c 순으로 120도의 위상차를 가진다.  `O` `X`

**4** 불평형률 = $\dfrac{영상전압}{정상전압} \times 100\,[\%]$ 으로 계산한다.  `O` `X`

**5** 1선지락 사고 시 영상전류와 정상전류 역상전류는 모두 같아진다.  `O` `X`

---

**정답**  01 (X)  02 (O)  03 (O)  04 (X)  05 (O)

**1** 영상전류는 $I_0 = \dfrac{1}{3}(I_a + I_b + I_c)$ 이다.

**4** 불평형률 = $\dfrac{역상전압}{정상전압} \times 100\,[\%]$

# CHAPTER 06 회로망

## 01 4단자 파라미터

### 1 임피던스 파라미터

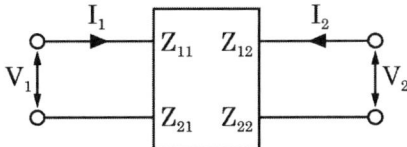

(1) Z 파라미터 : 전압 $V_1$, $V_2$을 계산 및 T형 회로를 해석 시 사용

(2) 기초방정식

$$\begin{bmatrix} V_1 \\ V_2 \end{bmatrix} = \begin{bmatrix} Z_{11} & Z_{12} \\ Z_{21} & Z_{22} \end{bmatrix} \begin{bmatrix} I_1 \\ I_2 \end{bmatrix}$$

$$V_1 = Z_{11} \cdot I_1 + Z_{12} \cdot I_2$$
$$V_2 = Z_{21} \cdot I_1 + Z_{22} \cdot I_2$$

(3) Z 파라미터 해석

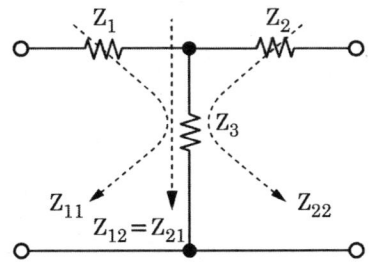

① $Z_{11} = \dfrac{V_1}{I_1} \mid_{I_2 = 0}$ (2차 측을 개방) $= Z_1 + Z_3$

② $Z_{12} = \dfrac{V_1}{I_2} \mid_{I_1 = 0}$ (1차 측을 개방) $= Z_3$ (역방향 전달 임피던스)

③ $Z_{21} = \dfrac{V_2}{I_1} \mid_{I_2 = 0}$ (2차 측을 개방) $= Z_3$ (순방향 전달 임피던스)

④ $Z_{22} = \dfrac{V_2}{I_2} \mid_{I_1 = 0}$ (1차 측을 개방) $= Z_2 + Z_3$

## 예제 01

그림과 같은 회로의 임피던스 파라미터 $Z_{22}$는?

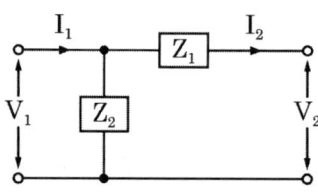

① $Z_1$  ② $Z_2$  ③ $Z_1 + Z_2$  ④ $\dfrac{Z_1 Z_2}{Z_1 + Z_2}$

해설 임피던스 파라미터

$Z_{11} = Z_1$
$Z_{12} = Z_{21} = -Z_2$
$Z_{22} = Z_1 + Z_2$

정답 ③

## 2 어드미턴스 파라미터

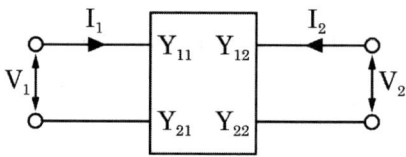

(1) Y 파라미터 : 전류 $I_1, I_2$ 계산 및 $\pi$형 회로를 해석할 때 사용

(2) 기초방정식

$\begin{bmatrix} I_1 \\ I_2 \end{bmatrix} = \begin{bmatrix} Y_{11} & Y_{12} \\ Y_{21} & Y_{22} \end{bmatrix} \begin{bmatrix} V_1 \\ V_2 \end{bmatrix}$

$$I_1 = Y_{11} \cdot V_1 + Y_{12} \cdot V_2$$
$$I_2 = Y_{21} \cdot V_1 + Y_{22} \cdot V_2$$

(3) Y 파라미터 해석

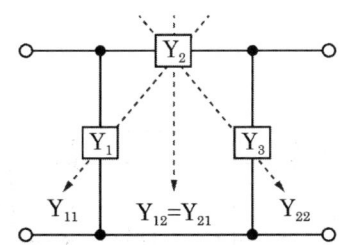

① $Y_{11} = \dfrac{I_1}{V_1} \mid_{V_2=0}$ (2차 측 단락) $= Y_2 + Y_1$

② $Y_{12} = \dfrac{I_1}{V_2} \mid_{V_1=0}$ (1차 측 단락) $= -Y_2$ (역방향 전달 어드미턴스)

③ $Y_{21} = \dfrac{I_2}{V_1} \mid_{V_2=0}$ (2차측 단락) $= -Y_2$ (순방향 전달 어드미턴스)

④ $Y_{22} = \dfrac{I_2}{V_2} \mid_{V_1=0}$ (1차 측 단락) $= Y_3 + Y_2$

### 예제 02

그림과 같은 π형 4단자회로의 어드미턴스 상수 중 $Y_{22}$는 몇 [℧]인가?

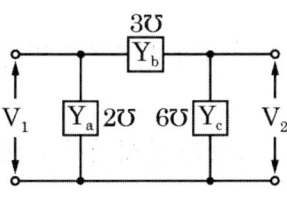

① 5  ② 6  ③ 9  ④ 11

**해설** 어드미턴스 파라미터

$Y_{11} = 3 + 2 = 5$ [℧]
$Y_{22} = 3 + 6 = 9$ [℧]
$Y_{12} = Y_{21} = 3$ [℧]

**정답** ③

# 02 4단자회로망

## 1 A, B, C, D 파라미터

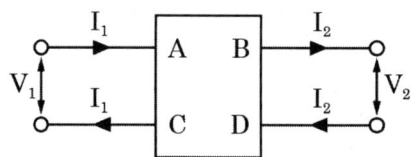

(1) 4단자 정수 : 4단자망의 입력과 출력을 나타내는 계수

$$AD - BC = 1$$

(2) 기초방정식 $\begin{bmatrix} V_1 \\ I_1 \end{bmatrix} = \begin{bmatrix} A & B \\ C & D \end{bmatrix} \begin{bmatrix} V_2 \\ I_2 \end{bmatrix}$

$$V_1 = A \cdot V_2 + B \cdot I_2$$
$$I_1 = C \cdot V_2 + D \cdot I_2$$

(3) 4단자 정수의 의미

① $A = \dfrac{V_1}{V_2} \mid_{I_2 = 0}$ (2차 측을 개방한 상태에서의 전압비)

② $B = \dfrac{V_1}{I_2} \mid_{V_2 = 0}$ (2차 측을 단락한 상태에서의 임피던스)

③ $C = \dfrac{I_1}{V_2} \mid_{I_2 = 0}$ (2차 측을 개방한 상태에서의 어드미턴스)

④ $D = \dfrac{I_1}{I_2} \mid_{V_2 = 0}$ (2차 측을 단락한 상태에서의 전류비)

### 예제 03

어떤 선형 회로망의 4단자 정수가 A = 8, B = j2, D = 1.625 + j일 때 이 회로망의 4단자 정수 C는?

① 24 - j14     ② 8 - j11.5     ③ 4 - j6     ④ 3 - j4

**해설** 4단자 정수의 관계식

- 4단자회로망 특성 : $AD - BC = 1$

$\therefore C = \dfrac{AD - 1}{B} = \dfrac{8(1.625 + j) - 1}{j2} = 4 - j6$

정답 ③

## 2 4단자회로망의 종류 및 정수

(1) 임피던스회로

$$\begin{bmatrix} A & B \\ C & D \end{bmatrix} = \begin{bmatrix} 1 & Z_1 \\ 0 & 1 \end{bmatrix}$$

(2) 어드미턴스회로

$$\begin{bmatrix} A & B \\ C & D \end{bmatrix} = \begin{bmatrix} 1 & 0 \\ \dfrac{1}{Z_1} & 1 \end{bmatrix}$$

(3) $L$형 회로

$$\begin{bmatrix} A & B \\ C & D \end{bmatrix} = \begin{bmatrix} 1 + \dfrac{Z_1}{Z_2} & Z_1 \\ \dfrac{1}{Z_2} & 1 \end{bmatrix}$$

(4) 역$L$형 회로

$$\begin{bmatrix} A & B \\ C & D \end{bmatrix} = \begin{bmatrix} 1 & Z_1 \\ \dfrac{1}{Z_2} & 1 + \dfrac{Z_1}{Z_2} \end{bmatrix}$$

(5) $\pi$형 회로

$$\begin{bmatrix} A & B \\ C & D \end{bmatrix} = \begin{bmatrix} 1 + \dfrac{Z_3}{Z_2} & Z_3 \\ \dfrac{1}{Z_1} + \dfrac{1}{Z_2} + \dfrac{Z_3}{Z_1 Z_2} & 1 + \dfrac{Z_3}{Z_1} \end{bmatrix}$$

(6) $T$형 회로

$$\begin{bmatrix} A & B \\ C & D \end{bmatrix} = \begin{bmatrix} 1 + \dfrac{Z_1}{Z_3} & Z_1 + Z_2 + \dfrac{Z_1 Z_2}{Z_3} \\ \dfrac{1}{Z_3} & 1 + \dfrac{Z_2}{Z_3} \end{bmatrix}$$

## 예제 04

회로에서 4단자 정수 A, B, C, D의 값은?

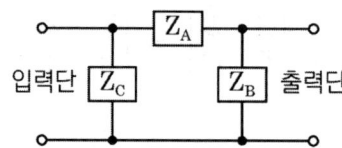

① $A = 1 + \dfrac{Z_A}{Z_B}$, $B = Z_A$, $C = \dfrac{1}{Z_A}$, $D = 1 + \dfrac{Z_B}{Z_A}$

② $A = 1 + \dfrac{Z_A}{Z_B}$, $B = Z_A$, $C = \dfrac{1}{Z_B}$, $D = 1 + \dfrac{Z_A}{Z_B}$

③ $A = 1 + \dfrac{Z_A}{Z_B}$, $B = Z_A$, $C = \dfrac{Z_A + Z_B + Z_C}{Z_B Z_C}$, $D = 1 + \dfrac{1}{Z_B Z_C}$

④ $A = 1 + \dfrac{Z_A}{Z_B}$, $B = Z_A$, $C = \dfrac{Z_A + Z_B + Z_C}{Z_B Z_C}$, $D = 1 + \dfrac{Z_A}{Z_C}$

**해설** 4단자 정수 계산

$$\begin{bmatrix} A & B \\ C & D \end{bmatrix} = \begin{bmatrix} 1 & 0 \\ \dfrac{1}{Z_C} & 1 \end{bmatrix} \begin{bmatrix} 1 & Z_A \\ 0 & 1 \end{bmatrix} \begin{bmatrix} 1 & 0 \\ \dfrac{1}{Z_B} & 1 \end{bmatrix}$$

$$= \begin{bmatrix} 1 & Z_A \\ \dfrac{1}{Z_C} & 1 + \dfrac{Z_A}{Z_C} \end{bmatrix} \begin{bmatrix} 1 & 0 \\ \dfrac{1}{Z_B} & 1 \end{bmatrix}$$

$$= \begin{bmatrix} 1 + \dfrac{Z_A}{Z_B} & Z_A \\ \dfrac{1}{Z_B} + \dfrac{1}{Z_C} + \dfrac{Z_A}{Z_B Z_C} & 1 + \dfrac{Z_A}{Z_C} \end{bmatrix}$$

**정답** ④

### 예제 05

다음 두 회로의 4단자 정수 A, B, C, D가 동일할 조건은?

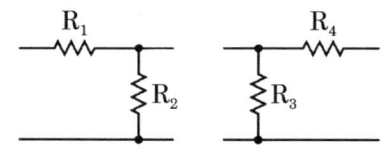

① $R_1 = R_2$, $R_3 = R_4$
② $R_1 = R_3$, $R_2 = R_4$
③ $R_1 = R_4$, $R_2 = R_3 = 0$
④ $R_2 = R_3$, $R_1 = R_4 = 0$

**[해설]** 4단자 정수가 동일할 조건

- 왼쪽 회로

$$\begin{bmatrix} A & B \\ C & D \end{bmatrix} = \begin{bmatrix} 1 & R_1 \\ 0 & 1 \end{bmatrix} \begin{bmatrix} 1 & 0 \\ \frac{1}{R_2} & 1 \end{bmatrix} = \begin{bmatrix} 1+\frac{R_1}{R_2} & R_1 \\ \frac{1}{R_2} & 1 \end{bmatrix}$$

- 오른쪽 회로

$$\begin{bmatrix} A & B \\ C & D \end{bmatrix} = \begin{bmatrix} 1 & 0 \\ \frac{1}{R_3} & 1 \end{bmatrix} \begin{bmatrix} 1 & R_4 \\ 0 & 1 \end{bmatrix} = \begin{bmatrix} 1 & R_4 \\ \frac{1}{R_3} & 1+\frac{R_4}{R_3} \end{bmatrix}$$

∴ $R_2 = R_3$, $R_1 = R_4 = 0$

**[정답]** ④

## 03 4단자 정수의 적용

### 1 영상 임피던스

(1) 영상 임피던스 : 입력 및 출력단자를 단락 또는 개방했을 때 어느 특정점을 기준으로 대칭이 되는 임피던스

(2) 1차 측 영상 임피던스

$$Z_{01} = \sqrt{\frac{AB}{CD}}$$

(3) 2차 측 영상 임피던스

$$Z_{02} = \sqrt{\dfrac{BD}{AC}}$$

(4) 특수관계식

① $\dfrac{Z_{01}}{Z_{02}} = \dfrac{\sqrt{\dfrac{AB}{CD}}}{\sqrt{\dfrac{BD}{AC}}} = \dfrac{A}{D}$

② $Z_{01} \times Z_{02} = \sqrt{\dfrac{AB}{CD}} \times \sqrt{\dfrac{DB}{CA}} = \dfrac{B}{C}$

(5) 회로망이 대칭 4단자망일 경우

① $A = D$

② $Z_{01} = Z_{02} = \sqrt{\dfrac{B}{C}}\,[\Omega]$

## 예제 06

그림과 같은 4단자회로의 영상 임피던스 $Z_{02}$는 몇 [Ω]인가?

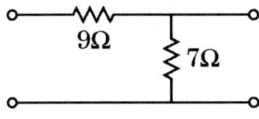

① 14     ② 12     ③ 21/4     ④ 5/3

**해설** 영상 임피던스

- $T$형 회로 4단자 정수

$$\begin{bmatrix} A & B \\ C & D \end{bmatrix} = \begin{bmatrix} 1 & 9 \\ 0 & 1 \end{bmatrix}\begin{bmatrix} 1 & 0 \\ \dfrac{1}{7} & 1 \end{bmatrix} = \begin{bmatrix} \dfrac{16}{7} & 9 \\ \dfrac{1}{7} & 1 \end{bmatrix}$$

- 영상 임피던스

$$Z_{02} = \sqrt{\dfrac{DB}{CA}} = \sqrt{\dfrac{9 \times 1}{\dfrac{16}{7} \times \dfrac{1}{7}}} = \dfrac{21}{4}$$

**정답** ③

## 2 영상전달정수

(1) 영상전달정수 $\theta$ : 4단자망에서 입력 측에서 출력 측으로 전달되는 전력전달 효율을 나타내는 상수값

$$\theta = \log_e(\sqrt{AD} + \sqrt{BC})$$

(2) 영상 임피던스와 4단자 정수와의 관계

① $A = \sqrt{\dfrac{Z_{01}}{Z_{02}}} \cosh\theta$  ② $B = \sqrt{Z_{01} \cdot Z_{02}} \sinh\theta$

③ $C = \dfrac{1}{\sqrt{Z_{01} \cdot Z_{02}}} \sinh\theta$  ④ $D = \sqrt{\dfrac{Z_{02}}{Z_{01}}} \cosh\theta$

### 예제 07

그림과 같은 T형 회로의 영상전달정수 $\theta$는?

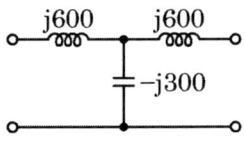

① 0  ② 1  ③ -3  ④ -1

**해설** 영상전달정수 $\theta$ 계산

- 4단자 정수 계산

$$\begin{bmatrix} A & B \\ C & D \end{bmatrix} = \begin{bmatrix} 1 & j600 \\ 0 & 1 \end{bmatrix} \begin{bmatrix} 1 & 0 \\ \dfrac{1}{-j300} & 1 \end{bmatrix} \begin{bmatrix} 1 & j600 \\ 0 & 1 \end{bmatrix} = \begin{bmatrix} -1 & j600 \\ \dfrac{1}{-j300} & 1 \end{bmatrix} \begin{bmatrix} 1 & j600 \\ 0 & 1 \end{bmatrix}$$

$$= \begin{bmatrix} -1 & 0 \\ \dfrac{1}{-j300} & -1 \end{bmatrix}$$

$\therefore \theta = \log_e(\sqrt{AD} + \sqrt{BC}) = \log_e 1 = 0$

**정답** ①

# 04 리액턴스 2단자망

## 1 구동점 임피던스

(1) 구동점 임피던스 : 출력단과는 상관없이 입력단의 전압과 전류만 관련된 구동점에서 바라본 임피던스, $j\omega \Rightarrow s$로 변환하여 계산

① $R = R$
② $j\omega L = Ls$
③ $\dfrac{1}{j\omega C} = \dfrac{1}{Cs}$

(2) RLC 직렬회로의 임피던스 : $Z = R + Ls + \dfrac{1}{Cs}$

(3) RLC 병렬회로의 임피던스 : $Z = \dfrac{1}{\dfrac{1}{R} + \dfrac{1}{Ls} + \dfrac{1}{\dfrac{1}{Cs}}} = \dfrac{1}{\dfrac{1}{R} + \dfrac{1}{Ls} + Cs}$

### 예제 08

그림과 같은 2단자망의 구동점 임피던스 (Ω)는?

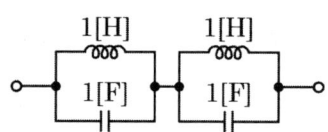

① $\dfrac{s}{s^2+1}$
② $\dfrac{1}{s^2+1}$
③ $\dfrac{2s}{s^2+1}$
④ $\dfrac{3s}{s^2+1}$

**해설** 2단자망 구동점 임피던스

$$Z(s) = \dfrac{s \times \dfrac{1}{s}}{s + \dfrac{1}{s}} \times 2 = \dfrac{2s}{s^2+1}$$

**정답** ③

## 2 극점

(1) Z(s) ⇒ ∞ 로 만드는 s 값

(2) 전달함수의 분모를 0으로 만드는 s값

(3) 회로 개방상태를 나타냄

---

**예제 09**

2단자 임피던스함수가 $Z(s) = \dfrac{(s+2)(s+3)}{(s+4)(s+5)}$ 일 때 극점(Pole)은?

① -2, -3     ② -3, -4     ③ -2, -4     ④ -4, -5

**해설** 극점

- 전달함수의 분모를 0으로 만드는 s값
- 회로 개방상태를 나타냄

∴ -4, -5

**정답** ④

---

## 3 영점

(1) Z(s) ⇒ 0 으로 만드는 s값

(2) 전달함수의 분자를 0으로 만드는 s값

(3) 회로 단락상태를 나타냄

---

**예제 10**

다음 전달함수의 영점은?

$$\dfrac{s+3}{(s+4)(s+5)}$$

① -3     ② -4     ③ -5     ④ -4, -5

**해설** 영점과 극점

- 영점 : 분자를 0으로 만드는 s값
- 극점 : 분모를 0으로 만드는 s값

**정답** ①

# 05 역회로 및 정저항회로

## 1 역회로

(1) 역회로의 정의 : L과 C의 병렬회로와 직렬회로가 전기적인 등가관계에 있는 회로

(2) 역회로의 관계식

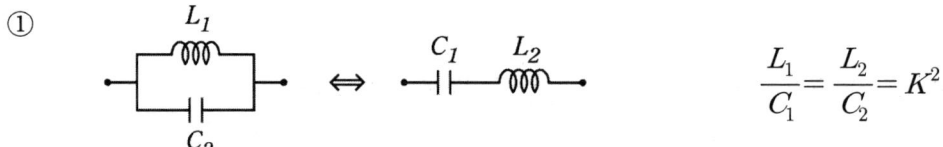

① $\dfrac{L_1}{C_1} = \dfrac{L_2}{C_2} = K^2$

② $\dfrac{L_1}{C_1} = \dfrac{L_2}{C_2} = \dfrac{L_3}{C_3} = K^2$

③ $\dfrac{L_1}{C_1} = \dfrac{L_2}{C_2} = \dfrac{L_3}{C_3} = K^2$

④ $\dfrac{L_1}{C_1} = \dfrac{L_2}{C_2} = \dfrac{L_3}{C_3} = \dfrac{L_4}{C_4} = K^2$

### 예제 11

그림(a)와 그림(b)가 역회로 관계에 있으려면 L의 값은 몇 [mH]인가?

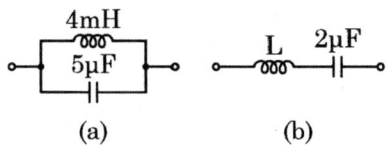

① 1    ② 2    ③ 5    ④ 10

**해설** 역회로

$L_2 = \dfrac{L_1}{C_1} \times C_2 = \dfrac{4 \times 10^{-3}}{2 \times 10^{-6}} \times 5 \times 10^{-6} = 10 \times 10^{-3}\,[\text{H}]$

**정답** ④

## 2 정저항회로

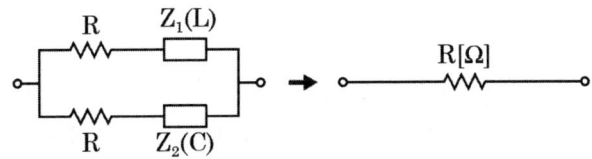

(1) 정저항회로 : 2단자 구동점 임피던스가 주파수에 관계없이 항상 일정한 순저항이 될 때의 회로

(2) 정저항회로 조건

$Z = R$이어야 하므로 $\dfrac{(R+Z_1)(R+Z_2)}{(R+Z_1)+(R+Z_2)} = R$

$\Rightarrow (R+Z_1)(R+Z_2) = (2R+Z_1+Z_2) \times R$

$\Rightarrow R^2 + (Z_1+Z_2)R + Z_1 Z_2 = 2R^2 + (Z_1+Z_2) \Rightarrow Z_1 Z_2 = R^2$

$$R^2 = Z_1 Z_2 = j\omega L \times \dfrac{1}{j\omega C} = \dfrac{L}{C}, \quad R = \sqrt{\dfrac{L}{C}}\,[\Omega]$$

### 예제 12

인덕턴스 L 및 커패시턴스 C를 직렬로 연결한 임피던스가 있다. 정저항회로를 만들기 위하여 그림과 같이 L 및 C의 각각에 서로 같은 저항 R을 병렬로 연결할 때 C는 몇 [μF]인가? (단, L = 10 [mH], R = 100 [Ω]이다)

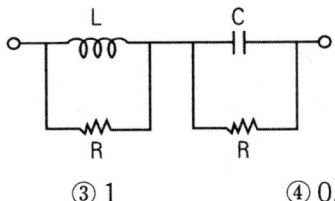

① 100　　② 10　　③ 1　　④ 0.1

**해설** 정저항회로 조건

$RC = \dfrac{L}{R}$　$C = \dfrac{L}{R^2} = \dfrac{10 \times 10^{-3}}{100^2} = 10^{-6}\,[\text{F}]$　$\therefore C = 1\,[\mu\text{F}]$

**정답** ③

# 06 분포정수회로

장거리 송전선로에서 전기적인 에너지나 신호 등을 임의의 한 점에서 다른 점으로 전송하는 경우 선로에는 선로정수 저항 R, 인덕턴스 L, 누설 컨덕턴스 G, 정전용량 C가 나타난다. 이러한 선로 정수가 선로를 따라서 공간적으로 분포되어 있는 회로를 분포정수회로라고 한다.

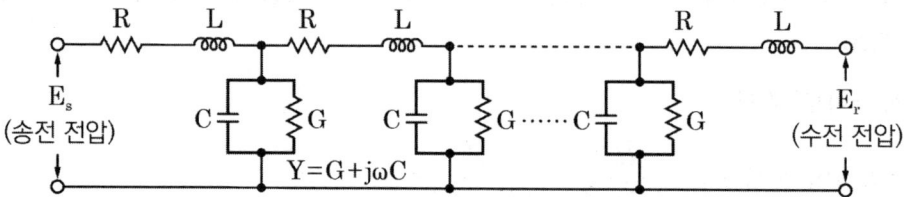

## 1 기본식과 특성 임피던스

(1) 분포정수회로의 기초방정식
① 직렬 임피던스 $Z = R + jwL$
② 병렬 어드미턴스 $Y = G + jwC$

(2) 특성 임피던스
① 송전선을 이동하는 진행파에 대한 전압과 전류의 비
② $Z_0 = \sqrt{\dfrac{Z}{Y}} = \sqrt{\dfrac{R + j\omega L}{G + j\omega C}}\,[\Omega]$

(3) 전파정수
① 진폭과 위상이 변해 가는 특성
② $\gamma = \sqrt{Z \cdot Y} = \sqrt{(R + j\omega L) \cdot (G + j\omega C)} = \sqrt{RG} + j\omega\sqrt{LC}$
 $= \alpha + j\beta$ ($\alpha$ : 감쇠정수, $\beta$ : 위상정수)

(4) 전파속도
$v = \lambda \cdot f = \dfrac{1}{\sqrt{LC}} = \dfrac{\omega}{\beta} = \dfrac{2\pi f}{\beta}\,[m/s]$ ($\lambda$ : 파장)

## 예제 13

위상정수가 π/8 [rad/m]인 선로의 주파수가 1 [MHz]일 때 전파속도(m/s)는?

① $8 \times 10^7$   ② $1.6 \times 10^7$   ③ $3.2 \times 10^7$   ④ $5 \times 10^7$

**해설** 전파속도

$v = \dfrac{\omega}{\beta}$ 에서 $\beta = \dfrac{\pi}{8}$, $\omega = 2\pi f = 2\pi \times 1 \times 10^6$ 이므로

$\therefore v = \dfrac{2\pi \times 10^6}{\dfrac{\pi}{8}} = 1.6 \times 10^7 [\text{m/s}]$

**정답** ②

## 2 선로의 특징

(1) 무손실 선로 : 전력손실이 없는 선로

① 조건 : $R = G = 0$

② 특성 임피던스 $Z_0 = \sqrt{\dfrac{Z}{Y}} = \sqrt{\dfrac{R+j\omega L}{G+j\omega C}} = \sqrt{\dfrac{L}{C}}$

③ 전파정수 $\gamma = \sqrt{ZY} = \sqrt{(R+j\omega L)(G+j\omega C)} = j\omega\sqrt{LC}$
(감쇠정수 $\alpha = 0$ 위상정수 $\beta = \omega\sqrt{LC}$)

④ 전파속도 $v = \dfrac{\omega}{\beta} = \dfrac{\omega}{\omega\sqrt{LC}} = \dfrac{1}{\sqrt{LC}} [\text{m/s}]$

⑤ 파장 $\lambda = \dfrac{v}{f} = \dfrac{\omega}{\beta} \times \dfrac{1}{f} = \dfrac{2\pi}{\beta} [m]$

## 예제 14

무한장 무손실 전송선로의 임의의 위치에서 전압이 100 [V]이었다. 이 선로의 인덕턴스가 7.5 [μH/m]이고, 커패시턴스가 0.012 [μF/m]일 때 이 위치에서 전류(A)는?

① 2   ② 4   ③ 6   ④ 8

**해설** 무한장 무손실 전송선로

특성 임피던스 $Z_0 = \sqrt{\dfrac{L}{C}} = \sqrt{\dfrac{7.5 \times 10^{-6}}{0.012 \times 10^{-6}}} = 25$ 이고 전류 $I = \dfrac{V}{Z_0}$ 이므로

$\therefore I = \dfrac{V}{Z_0} = \dfrac{100}{25} = 4 [A]$

**정답** ②

(2) 무왜형 선로 : 정현파형을 송전하는 선로

① 조건 : $RC = LG$

② 특성 임피던스 $Z_0 = \sqrt{\dfrac{Z}{Y}} = \sqrt{\dfrac{R+j\omega L}{G+j\omega C}} = \sqrt{\dfrac{R+j\omega L}{\dfrac{RC}{L}+j\omega C}} = \sqrt{\dfrac{R+j\omega L}{\dfrac{C}{L}(R+j\omega L)}}$

$= \sqrt{\dfrac{1}{\dfrac{C}{L}}} = \sqrt{\dfrac{L}{C}}$

③ 전파정수 $\gamma = \sqrt{ZY} = \sqrt{(R+j\omega L)(G+j\omega C)} = \sqrt{RG} + j\omega\sqrt{LC}$
(감쇠정수 $\alpha = \sqrt{RG}$, 위상정수 $\beta = \omega\sqrt{LC}$)

④ 전파속도 $v = \dfrac{\omega}{\beta} = \dfrac{\omega}{\omega\sqrt{LC}} = \dfrac{1}{\sqrt{LC}} [m/s]$

⑤ 파장 $\lambda = \dfrac{v}{f} = \dfrac{\omega}{\beta} \times \dfrac{1}{f} = \dfrac{2\pi}{\beta} [m]$

## 예제 15

분포정수회로에 있어서 선로의 단위 길이당 저항이 100 [Ω/m], 인덕턴스가 200 [mH/m], 누설 컨덕턴스가 0.5 [℧/m]일 때 일그러짐이 없는 조건(무왜형 조건)을 만족하기 위한 단위 길이당 커패시턴스는 몇 [uF/m]인가?

① 0.001    ② 0.1    ③ 10    ④ 1000

**해설** 무왜형 선로조건

RC = LG

$C = \dfrac{LG}{R} = \dfrac{200 \times 10^{-3} \times 0.5}{100} = 10^{-3} [F]$

∴ $1000 [\mu F]$

**정답** ④

## 3 반사계수

(1) 반사파(Reflected Wave)
  ① 매질을 진행하는 파동이 다른 매질과의 접촉면에서 반사되어 방향을 바꾸어 나아가는 파동
  ② 서로 다른 회로의 접속점에 진행파가 진입하면 파동 임피던스의 일부는 반사하고 나머지는 변위점을 통과해서 다음 회로에 침입해 들어감
  ③ 반사계수와 반사전압

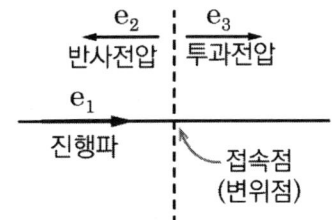

반사계수 $\rho = \dfrac{Z_2 - Z_1}{Z_2 + Z_1}$  반사전압 $= \dfrac{Z_2 - Z_1}{Z_2 + Z_1} e_1$

$Z_1$ : 선로특성 임피던스
$Z_2$ : 케이블특성 임피던스
$e_1$ : 진행파 전압, $e_2$ : 반사전압, $e_3$ : 투과전압

### 예제 16

특성 임피던스가 400 [Ω]인 회로 말단에 1200 [Ω]의 부하가 연결되어 있다. 전원 측에 20 [kV]의 전압을 인가할 때 반사파의 크기(kV)는? (단, 선로에서의 전압감쇠는 없는 것으로 간주한다)

① 3.3  ② 5  ③ 10  ④ 33

**해설** 반사파 크기

- 반사파 크기 : 반사계수 $\rho \times$ 인가된 전압

$$\dfrac{Z_L - Z_0}{Z_L + Z_0} \times E_i = \dfrac{1200 - 400}{1200 + 400} \times 20 = 10 [\text{kV}]$$

**정답** ③

(2) 정재파(Standing Wave)
  ① 선로상에 동일주파수의 진행파와 반사파가 간섭현상에 의해 어느 방향으로도 진행하지 못하고 한 곳에 머물러 있는 파
  ② 정재파비
   - 전송선로에서 반사되는 신호의 양을 나타내는 지표로 사용
   - 높을수록 전송선로의 매칭이 잘못되었음을 의미

$s = \dfrac{1 + \rho}{1 - \rho}$  $\rho$ : 반사계수

# CHAPTER 06 개념 체크 OX

**1** Z파라미터는 T형 회로, Y파라미터는 Π형 회로를 해석할 때 사용한다.  O X

**2** 4단자 정수의 관계식은 AD − BC = 0이다.  O X

**3** 4단자 정수에서 A는 전압비, D는 전류비를 나타낸다.  O X

**4** 1차 측 영상 임피던스는 $Z_{01} = \sqrt{\dfrac{BD}{AC}}$ 이다.  O X

**5** 4단자 정수 중 A=D이면 대칭형태의 회로망이다.  O X

**6** 전달 함수의 분모를 0으로 만드는 s값을 극점이라고 한다.  O X

**7** 정저항 회로의 조건은 $R = \sqrt{\dfrac{L}{C}}\,[\Omega]$ 이다.  O X

**8** 분포정수 회로의 특성임피던스는 $\sqrt{\dfrac{C}{L}}$ 이다.  O X

**9** 분포정수 회로의 전파속도는 $\sqrt{LC}$ 이다.  O X

**10** 무왜형 선로의 조건은 $RC = LG$ 이다.  O X

**11** 무손실 선로의 조건은 $R = L = C = 0$ 이다.  O X

---

**정답**  01 (O)  02 (X)  03 (O)  04 (X)  05 (O)  06 (O)  07 (O)  08 (X)  09 (X)  10 (O)  11 (X)

**2** 4단자 정수의 관계식은 <u>AD − BC = 1</u>이다.

**4** 1차 측 영상 임피던스는 $\underline{Z_{01} = \sqrt{\dfrac{AB}{CD}}}$ 이다.

**8** 분포정수 회로의 특성임피던스는 $\underline{Z_0 = \sqrt{\dfrac{L}{C}}}$ 이다

**9** 분포정수 회로의 전파속도는 $\underline{\dfrac{1}{\sqrt{LC}}\,[m/s]}$ 이다.

**11** 무손실 선로의 조건은 $\underline{R = G = 0}$ 이다.

# CHAPTER 07 라플라스 변환

## 01 라플라스 변환의 정리

### 1 라플라스 변환

(1) 라플라스 변환
　① 미분방정식을 다른 공간으로 변환시켜 단순하게 만든 후 이를 풀어내는 기법
　② 시간함수 $f(t)$를 제어회로에 입력해야 할 주파수함수 $F(s)$로 변환

$$f_{(t)} \xrightarrow{\mathscr{L}} F_{(s)}$$

(2) 변환 공식

$$\int_0^\infty f_{(t)} \cdot e^{-st} dt = F_{(s)}$$

### 2 역라플라스 변환

(1) 역라플라스의 변환
　① 라플라스 변환으로 풀어낸 식을 다시 원래의 미분방정식 형태로 변환하는 과정
　② 대수함수 $F(s)$를 시간함수 $f(t)$로 변환

(2) 변환 공식
　① $f(t) = \dfrac{1}{2\pi i} \int_{\sigma-i\infty}^{\sigma+i\infty} F(s)e^{st} ds$
　② 공식은 사용하지 않고 부분분수로 분해 후 변환표를 이용하여 변환

# 02 간단한 함수의 변환

## 1 단위(Unit) 충격(Impulse) 함수

(1) 단위 임펄스 함수 : 아주 짧은 시간동안 힘 또는 전압 등 충격이 가해질 때 표현되는 함수

(2) 그래프로 표현된 면적이 1인 함수

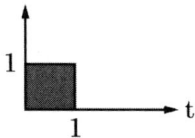

$$\delta_{(t)} \xrightarrow{\mathcal{L}} 1$$

## 2 단위(Unit) 계단(Step) 함수

(1) 단위 계단 함수 : $u(t) = \begin{cases} 0 & (t<0) \\ 1 & (t>0) \end{cases}$

(2) 크기가 1인 함수

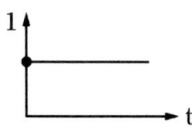

$$u(t) = 1 \xrightarrow{\mathcal{L}} \frac{1}{s}$$

(3) 단위 계단 함수의 시간이동 : 단위 계단 함수가 a만큼 늦게 시작

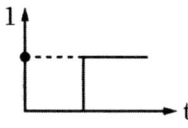

$$u(t-a) \xrightarrow{\mathcal{L}} \frac{1}{s} e^{-as}$$

### 예제 01

$F(s) = \dfrac{1}{s(s+a)}$ 의 역라플라스 변환은?

① $e^{-at}$    ② $1 - e^{-at}$    ③ $a(1-e^{-at})$    ④ $\dfrac{1}{a}(1-e^{-at})$

**해설** 역라플라스 변환 계산

- $F(s) = \dfrac{1}{s(s+a)} = \dfrac{k_1}{s} + \dfrac{k_2}{s+a}$ 에서 $k_1 = \dfrac{1}{a}$, $k_2 = -\dfrac{1}{a}$
- $\mathcal{L}^{-1}[\dfrac{1}{a}(\dfrac{1}{s} - \dfrac{1}{s+1})] = \dfrac{1}{a}(1-e^{-at})$

**정답** ④

## 예제 02

그림과 같은 함수의 라플라스 변환은?

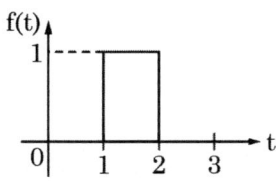

① $\dfrac{1}{s}(e^s - e^{2s})$  ② $\dfrac{1}{s}(e^{-s} - e^{-2s})$

③ $\dfrac{1}{s}(e^{-2s} - e^{-s})$  ④ $\dfrac{1}{s}(e^{-s} + e^{-2s})$

**해설** 라플라스 변환

$$f(t) = u(t-1) - u(t-2)$$
$$\therefore F(s) = \frac{1}{s}e^{-s} - \frac{1}{s}e^{-2s}$$
$$= \frac{1}{s}(e^{-s} - e^{-2s})$$

**정답** ②

## 3 단위(Unit) 경사(Lamp) 함수

(1) 단위 램프 함수 : $f(t) = \begin{cases} 0 & (t < 0) \\ t & (t > 0) \end{cases}$

(2) 기울기가 1인 함수

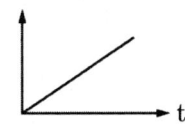

$$t \xrightarrow{\mathcal{L}} \frac{1}{s^2}$$

## 예제 03

그림과 같은 파형의 라플라스 변환은?

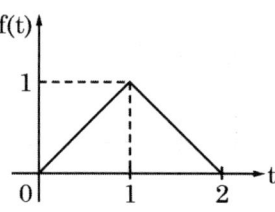

① $\dfrac{1}{s^2}(1-2e^S)$    ② $\dfrac{1}{s^2}(1-2e^{-S})$

③ $\dfrac{1}{s^2}(1-2e^S+e^{2S})$    ④ $\dfrac{1}{s^2}(1-2e^{-S}+e^{-2S})$

**해설** 라플라스 변환

$f(t) = t[u(t)-u(t-1)] + (-t+2)[u(t-1)-u(t-2)]$
$\quad = t \cdot u(t) - 2(t-1) \cdot u(t-1) + (t-2) \cdot u(t-2)$

시간추이 정리에 의해

$F(s) = \dfrac{1}{s^2} - \dfrac{2}{s^2}e^{-s} + \dfrac{1}{s^2}e^{-2s} \quad \therefore F(s) = \dfrac{1}{s^2}(1-2e^{-s}+e^{-2s})$

※ 시간의 지연이 1초, 2초일 때 일어나므로 $e^{-S}$와 $e^{-2S}$를 포함하고 있는 함수를 찾으면 정답

**정답** ④

## 4 그 외 함수의 변환

(1) 시간함수

$$t^n \xrightarrow{\mathcal{L}} \dfrac{n!}{s^{n+1}}$$

(2) 지수함수

$$e^{at} \xrightarrow{\mathcal{L}} \dfrac{1}{s-a} \qquad e^{-at} \xrightarrow{\mathcal{L}} \dfrac{1}{s+a}$$

(3) 삼각함수

$$\sin\omega t \xrightarrow{\mathcal{L}} \dfrac{\omega}{s^2+\omega^2} \qquad \cos\omega t \xrightarrow{\mathcal{L}} \dfrac{s}{s^2+\omega^2}$$

## 예제 04

$f(t) = \sin t \cos t$를 라플라스 변환하면?

① $\dfrac{1}{s^2+1}$  
② $\dfrac{1}{s^2+2^2}$  
③ $\dfrac{1}{(s+2)^2}$  
④ $\dfrac{1}{s^2+4^2}$

**해설** 라플라스 변환

$$\mathcal{L}[\sin t \cos t] = \mathcal{L}\left[\frac{1}{2}\sin 2t\right]$$
$$= \frac{1}{2} \times \frac{2}{s^2+2^2} = \frac{1}{s^2+2^2}$$

**TIP** $\sin t \cos t = \dfrac{1}{2}\sin 2t$

**정답** ②

## 예제 05

$f(t) = e^{-t} + 3t^2 + 3\cos 2t + 5$의 라플라스 변환식은?

① $\dfrac{1}{s+1} + \dfrac{6}{s^2} + \dfrac{3s}{s^2+5} + \dfrac{5}{s}$  
② $\dfrac{1}{s+1} + \dfrac{6}{s^3} + \dfrac{3s}{s^2+4} + \dfrac{5}{s}$  
③ $\dfrac{1}{s+1} + \dfrac{5}{s^2} + \dfrac{3s}{s^2+5} + \dfrac{4}{s}$  
④ $\dfrac{1}{s+1} + \dfrac{5}{s^3} + \dfrac{2s}{s^2+4} + \dfrac{4}{s}$

**해설** 라플라스 변환

$$\mathcal{L}[e^{-t} + 3t^2 + 3\cos 2t + 5]$$
$$\therefore \frac{1}{s+1} + \frac{6}{s^3} + \frac{3s}{s^2+4} + \frac{5}{s}$$

**정답** ②

# 03 기본정리

## 1 추이 정리

(1) 시간추이 정리 : 시간함수 $f(t)$를 양의 방향으로 $a$만큼 이동한 함수의 라플라스 변환

$$f(t-a) \xrightarrow{\mathcal{L}} F(s)e^{-as}$$

(2) 복소추이 정리

$$e^{at}f(t) \xrightarrow{\mathcal{L}} F(s-a)$$

### 예제 06

$f(t) = e^{-2t}\sin 2t$ 함수를 라플라스 변환하면?

① $\dfrac{2}{(s+2)^2 + 2^2}$  ② $\dfrac{2}{(s+2)^2 - 2^2}$

③ $\dfrac{4}{(s+2)^2 + 2^2}$  ④ $\dfrac{4}{(s+2)^2 + 4^2}$

**해설** 라플라스 변환

$\sin 2t$의 라플라스 변환 : $\dfrac{2}{s^2 + 2^2}$ 이고 복소추이정리에 의해

앞에 $e^{-2t}$가 곱해져 있기 때문에 $F(s) = \dfrac{2}{(s+2)^2 + 2^2}$

**정답** ①

## 2 미·적분정리

(1) 미분정리

$$\frac{d}{dt}f(t) \xrightarrow{\mathcal{L}} sF(s)$$

(2) 적분정리

$$\int f(t)dt \xrightarrow{\mathcal{L}} \frac{1}{s}F(s)$$

## 3 초기값과 최종값정리

(1) 초기값정리

$$\lim_{t \to 0} f(t) = \lim_{s \to \infty} sF(s)$$

(2) 최종값(정상값)정리

$$\lim_{t \to \infty} f(t) = \lim_{s \to 0} sF(s)$$

### 예제 07

다음과 같은 전류의 초기값 $I(0^+)$를 구하면?

$$I(s) = \frac{10}{2s(s+5)}$$

① 0  ② 1  ③ 2  ④ 5

**해설** 초기값정리

$$\lim_{t \to 0} i(t) = \lim_{s \to \infty} sF(s) = \lim_{s \to \infty} s \cdot \frac{10}{2s(s+5)} = \lim_{s \to \infty} \frac{10}{2(s+5)} = 0$$

**정답** ①

### 예제 08

$F(s) = \dfrac{5s+3}{s(s+1)}$ 일 때 $f(t)$의 최종값은?

① 3  ② -3  ③ 5  ④ -5

**해설** 최종값정리

$$\lim_{t \to \infty} f(t) = \lim_{s \to 0} sF(s) = \lim_{s \to 0} s \times \frac{5s+3}{s(s+1)} = \lim_{s \to 0} \frac{5s+3}{(s+1)} = 3$$

**정답** ①

# 04 역라플라스 변환

## 1 부분분수

(1) 분자가 상수인 경우

$$F(s) = \frac{c}{(s+a)(s+b)} = \frac{c}{b-a}\left(\frac{1}{s+a} - \frac{1}{s+b}\right)$$

(2) 분자가 1차식인 경우

$$F(s) = \frac{s+c}{(s+a)(s+b)} = \frac{A}{(s+a)} + \frac{B}{(s+b)}$$

$\Rightarrow \dfrac{A}{(s+a)} + \dfrac{B}{(s+b)}$ 를 통분해서 $\dfrac{s+c}{(s+a)(s+b)}$ 식과 계수 비교

### 예제 09

함수 $G(s) = \dfrac{1}{s(s+1)}$ 의 역변환은?

① $-e^{-t}$     ② $e^{-t}$     ③ $1+e^{-t}$     ④ $1-e^{-t}$

**해설** 역라플라스 변환

$$G(s) = \frac{1}{s(s+1)} = \frac{k_1}{s} + \frac{k_2}{s+1}$$

$k_1 = 1, \ k_2 = -1$

- $\mathcal{L}^{-1}\left[\dfrac{1}{s} - \dfrac{1}{s+1}\right]$

∴ $1 - e^{-t}$

**정답** ④

## 2 헤비사이드 정리

(1) $F(s) = \dfrac{s+c}{(s+a)(s+b)} = \dfrac{A}{(s+a)} + \dfrac{B}{(s+b)}$

① $A = \dfrac{s+c}{(s+a)(s+b)} \times (s+a) = \dfrac{s+c}{s+b}\Big|_{s=-a} = \dfrac{-a+c}{-a+b}$

② $B = \dfrac{s+c}{(s+a)(s+b)} \times (s+b) = \dfrac{s+c}{s+a}\Big|_{s=-b} = \dfrac{-b+c}{-b+a}$

### 예제 10

$F(s) = \dfrac{2s^2 + s - 3}{s(s^2 + 4s + 3)}$ 의 역라플라스 변환은?

① $1 - e^{-t} + 2e^{-3t}$  
② $1 - e^{-t} - 2e^{-3t}$  
③ $-1 - e^{-t} - 2e^{-3t}$  
④ $-1 + e^{-t} + 2e^{-3t}$

**해설** 역라플라스 변환

$F(s) = \dfrac{2s^2+s-3}{s(s^2+4s+3)} = \dfrac{2s^2+s-3}{s(s+1)(s+3)} = \dfrac{A}{s} + \dfrac{B}{s+1} + \dfrac{C}{s+3}$

이 식을 헤비사이드 정리를 이용하면
$A = -1,\ B = 1,\ C = 2$ 이므로

$F(s) = -\dfrac{1}{s} + \dfrac{1}{s+1} + \dfrac{2}{s+3}$

∴ 역라플라스 변환 ⇒ $-1 + e^{-t} + 2e^{-3t}$

**정답** ④

# CHAPTER 07 개념 체크 OX

**1** 1을 라플라스 변환하면 $\dfrac{1}{s}$이다. ☐O ☐X

**2** $t^2$를 라플라스 변환하면 $\dfrac{1}{s^3}$이다. ☐O ☐X

**3** $\sin\omega t \xrightarrow{\mathcal{L}} \dfrac{s}{s^2+\omega^2}$이다. ☐O ☐X

**4** $e^{at} \xrightarrow{\mathcal{L}} \dfrac{1}{s+a}$이다. ☐O ☐X

**5** 초기값 정리 공식은 $\lim\limits_{s\to 0} sF(s)$이다. ☐O ☐X

**6** 최종값 정리 공식은 $\lim\limits_{t\to\infty} f(t)$이다. ☐O ☐X

---

**정답** 01 (O)  02 (X)  03 (X)  04 (X)  05 (X)  06 (O)

**2** $t^2$를 라플라스 변환하면 $\dfrac{2!}{s^3}$이다.

**3** $\sin\omega t \xrightarrow{\mathcal{L}} \dfrac{\omega}{s^2+\omega^2}$이다.

**4** $e^{at} \xrightarrow{\mathcal{L}} \dfrac{1}{s-a}$이다.

**5** 초기값 정리 공식은 $\lim\limits_{s\to\infty} sF(s)$이다.

# CHAPTER 08 과도현상

## 01 전달함수

### 1 전달함수의 정의

(1) 전달함수 : 입력신호에 대한 출력신호의 라플라스 변환비

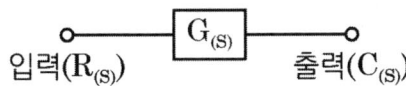

$$G_{(s)} = \frac{\text{라플라스 변환된 출력}}{\text{라플라스 변환된 입력}} = \frac{C_{(s)}}{R_{(s)}}$$

(2) 전달함수의 특징
 ① 시스템의 초기값 = '0'
 ② 전달함수는 $s$로 표현
 ③ 선형 시스템에서만 정의
 ④ 시스템의 입력과는 무관

### 2 기본적 요소의 전달함수

| 종류 | $G(s)$ |
|---|---|
| 비례요소 | $K$ |
| 미분요소 | $Ks$ |
| 적분요소 | $\dfrac{K}{s}$ |
| 1차 지연요소 | $\dfrac{K}{Ts+1}$ |
| 2차 지연요소 | $\dfrac{\omega_n^{\,2}}{s^2 + 2\zeta\omega_n s + \omega_n^{\,2}}$ |
| 부동작 시간요소 | $Ke^{-Ls}$ |

$T$ : 시정수,  $\zeta$ : 제동비,  $\omega_n$ : 자연(고유)각 주파수

### 예제 01

그림과 같은 RC회로에서 RC ≪ 1인 경우 어떤 요소의 회로인가?

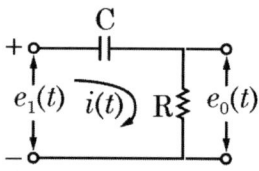

① 비례요소  ② 미분요소
③ 적분요소  ④ 1차 지연 미분요소

**해설** 제어요소

- 전달함수 $G(s)$ 정리

$$G(s) = \frac{E_0(s)}{E_i(s)} = \frac{R}{\frac{1}{Cs}+R} = \frac{RCs}{1+RCs}$$

- $RCs \times \dfrac{1}{1+RCs} = Ts \times \dfrac{1}{1+Ts}$

∴ 미분요소와 1차 지연요소가 같이 적용되어 1차 지연 미분요소이다.

**정답** ④

## 3 전기회로의 전달함수

(1) 회로 요소의 임피던스 표현

① $R[\Omega] = R[\Omega]$  ② $L[H] \Rightarrow j\omega L = Ls[\Omega]$  ③ $C[F] \Rightarrow \dfrac{1}{j\omega C} = \dfrac{1}{Cs}[\Omega]$

(2) R - L회로

$$G(s) = \frac{V_2(s)}{V_1(s)} = \frac{Ls}{Ls+R} \times \frac{\frac{1}{R}}{\frac{1}{R}} = \frac{\frac{L}{R}s}{\frac{L}{R}s+1}$$

(3) R - C회로

$$G(s) = \frac{V_2(s)}{V_1(s)} = \frac{\frac{1}{Cs}}{R+\frac{1}{Cs}} \times \frac{Cs}{Cs} = \frac{1}{RCs+1}$$

(4) L - C회로

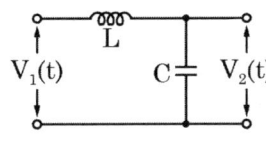

$$G(s) = \frac{V_2(s)}{V_1(s)} = \frac{\frac{1}{Cs}}{Ls + \frac{1}{Cs}} \times \frac{Cs}{Cs} = \frac{1}{LCs^2 + 1}$$

### 예제 02

다음 회로에서 입력 전압 $v_1(t)$에 대한 출력 전압 $v_2(t)$의 전달함수 $G(s)$는?

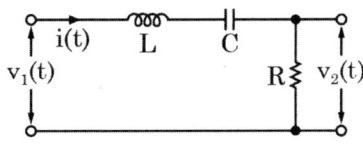

① $\dfrac{RCs}{LCs^2 + RCs + 1}$

② $\dfrac{RCs}{LCs^2 - RCs - 1}$

③ $\dfrac{Cs}{LCs^2 + RCs + 1}$

④ $\dfrac{Cs}{LCs^2 - RCs - 1}$

**해설** 전달함수 G(s) 정리

$$G(s) = \frac{V_2(s)}{V_1(s)} = \frac{R}{Ls + \frac{1}{Cs} + R} \times \frac{Cs}{Cs} = \frac{RCs}{LCs^2 + RCs + 1}$$

**정답** ①

## 02 과도현상

### 1 과도현상

(1) 과도현상 : 전기회로가 정상상태에서 다른 정상상태로 옮겨갈 때 과도적으로 나타나는 전압과 전류가 변화하는 현상

(2) 소자의 특성

① 저항(R) : 에너지를 소비

② 인덕턴스(L) : 전류를 자속의 형태로 변화시켜 에너지를 저장

③ 커패시턴스(C) : 전압을 전하의 형태로 변화시켜 에너지를 저장

## 2 R-L 직렬회로

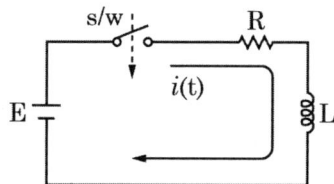 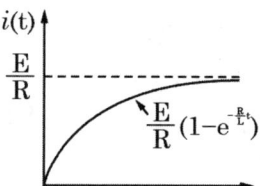

(1) 기전력 : $E = V_R + V_L = R \cdot i_{(t)} + L \cdot \dfrac{di}{dt}$ [V]

(2) 정상전류 : $I = \dfrac{E}{R}$ [A]

(3) 전압 인가 시 과도현상

① 과도전류

$$i(t) = \dfrac{E}{R}(1 - e^{-\frac{R}{L}t}) \text{[A]}$$

② $V_R = R \cdot i(t) = R \cdot \dfrac{E}{R}\left(1 - e^{-\frac{R}{L}t}\right) = E\left(1 - e^{-\frac{R}{L}t}\right)$ [V]

③ $V_L = E - V_R = E - E\left(1 - e^{-\frac{R}{L}t}\right) = E \cdot e^{-\frac{R}{L}t}$ [V]

### 예제 03

그림의 회로에서 t = 0 [s]에 스위치(S)를 닫은 후 t = 1 [s]일 때 이 회로에 흐르는 전류는 약 몇 [A]인가?

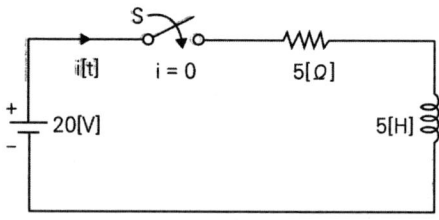

① 2.52  ② 3.16  ③ 4.21  ④ 6.32

**해설** R-L 직렬회로의 전류

스위치 on일 때

$i(t) = \dfrac{E}{R}\left(1 - e^{-\frac{R}{L}t}\right) = \dfrac{20}{5}\left(1 - e^{-\frac{5}{5}t}\right)$

$i(1) = 4(1 - e^{-1}) = 2.52$ [A]

**정답** ①

(4) 전압 제거 시 과도현상
① 과도전류

$$i(t) = \frac{E}{R} \cdot e^{-\frac{R}{L}t}[\text{A}]$$

## 예제 04

R - L 직렬회로에서 스위치 $S$가 1번 위치에 오랫동안 있다가 $t=0+$에서 위치 2번으로 옮겨진 후, $\frac{L}{R}[S]$ 후에 $L$에 흐르는 전류$[A]$는?

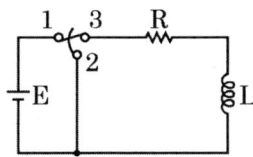

① $\dfrac{E}{R}$   ② $0.5\dfrac{E}{R}$   ③ $0.368\dfrac{E}{R}$   ④ $0.632\dfrac{E}{R}$

**해설** R - L 직렬회로의 과도현상

스위치 off 시 과도전류

$$i(t) = \frac{E}{R}e^{-\frac{R}{L}t}\Big|_{t=\frac{L}{R}}$$

$$= \frac{E}{R}e^{-\frac{R}{L}\times\frac{L}{R}}$$

$$= \frac{E}{R}e^{-1} = 0.368\frac{E}{R}$$

**정답** ③

### 3 R-C 직렬회로

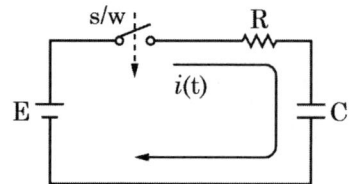

(1) 기전력 : $E = V_R + V_C = R \cdot i_{(t)} + \dfrac{1}{C}\displaystyle\int i(t)\,dt\ [\text{V}]$

(2) 정상전류 : $I = \dfrac{E}{R}\ [\text{A}]$

(3) 전압 인가 시 과도현상

① 과도전류

$$i_{(t)} = \dfrac{E}{R} \cdot e^{-\frac{1}{RC}t}\ [\text{A}]$$

② $V_R = R \cdot i(t) = R \cdot \dfrac{E}{R} \cdot e^{-\frac{1}{RC}t} = E \cdot e^{-\frac{1}{RC}t}\ [\text{V}]$

③ $V_C = E - V_R = E - E \cdot e^{-\frac{1}{RC}t} = E\left(1 - e^{-\frac{1}{RC}t}\right)[\text{V}]$

④ 충전전하 $Q_C = CV_C = CE\left(1 - e^{-\frac{1}{RC}t}\right)[\text{V}]$

(4) 전압 제거 시 과도현상

① 과도전류

$$i_{(t)} = -\dfrac{E}{R} \cdot e^{-\frac{1}{RC}t}\ [A]$$

② 충전전하 $Q_C = CV_C = CE \cdot e^{-\frac{1}{RC}t}\ [\text{V}]$

## 예제 05

회로에서 정전용량 C는 초기전하가 없었다. t = 0에서 스위치(K)를 닫았을 때 t = 0°에서의 i(t)값은?

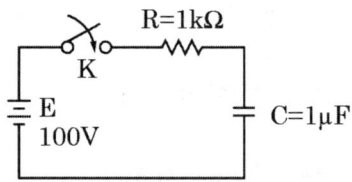

① 0.1 [A]  ② 0.2 [A]  ③ 0.4 [A]  ④ 1.0 [A]

**해설** RC 직렬회로

과도전류

$$i(t) = \frac{E}{R}e^{-\frac{1}{RC}t}$$

$$= \frac{100}{1,000}e^{-\frac{1}{1,000 \times 10^{-6}} \times 0} = 0.1\,[A]$$

**정답** ①

## 예제 06

그림과 같은 RC 직렬회로에 t = 0에서 스위치 S를 닫아 직류 전압 100 [V]를 회로의 양단에 인가하면 시간 t에서의 충전전하는? (단, R = 10 [Ω], C = 0.1 [F]이다)

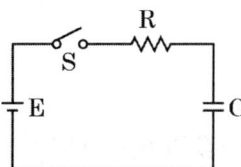

① $10(1 - e^{-t})$  ② $-10(1 - e^{-t})$  ③ $10e^{-t}$  ④ $-10e^{-t}$

**해설** RC 직렬회로의 충전 전하 q 계산

$$q = CE\left(1 - e^{-\frac{1}{RC}t}\right)$$

$$= 0.1 \times 100\left(1 - e^{-\frac{1}{0.1 \times 10}t}\right)$$

$$= 10(1 - e^{-t})\,[C]$$

**정답** ①

## 4 R-L-C 직렬회로의 과도응답 특성

| 조건 | 특성 |
|---|---|
| $R^2 > 4 \cdot \dfrac{L}{C}$ | 과제동(비진동) |
| $R^2 = 4 \cdot \dfrac{L}{C}$ | 임계제동(임계진동) |
| $R^2 < 4 \cdot \dfrac{L}{C}$ | 부족제동(감쇠진동) |

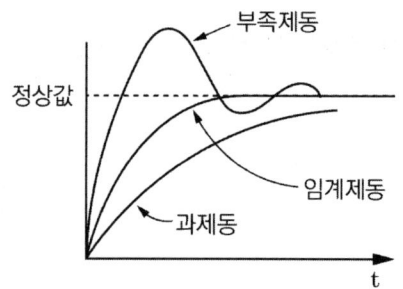

### 예제 07

RLC 직렬회로에서 R = 100 [Ω], L = 5 [mH], C = 2 [μF]일 때 이 회로는?

① 과제동이다.  ② 무제동이다.
③ 임계제동이다.  ④ 부족제동이다.

**해설** 응답 특성

$$R^2 - 4\frac{L}{C} = 100^2 - 4 \times \frac{5 \times 10^{-3}}{2 \times 10^{-6}} = 0 \quad \therefore R^2 = 4\frac{L}{C}, \text{임계제동}$$

**정답** ③

## 03 시정수와 상승시간

### 1 시정수

(1) 시정수의 정의
   ① 출력신호의 변화가 정상 최종값의 63.2 [%]에 이르는 데 걸리는 시간
   ② 단위 : [sec]

(2) R - L 직렬회로

$$\tau = \frac{L}{R}\,[\sec]$$

(3) R - C 직렬회로

$$\tau = RC\,[\sec]$$

**예제 08**

RL 직렬회로에 직류 전압 5 [V]를 t = 0 에서 인가했더니 $i(t) = 50\left(1 - e^{-20 \times 10^{-3}t}\right)$ [mA]이었다. 이 회로의 저항을 처음 값의 2배로 하면 시정수는 얼마가 되겠는가?

① 25 [msec]　　② 250 [msec]　　③ 25 [sec]　　④ 250 [sec]

**해설** RL 직렬회로의 과도전류

스위치 on인 경우 $i(t) = \dfrac{E}{R}\left(1 - e^{-\frac{R}{L}t}\right)$ 에서

시정수 $= \dfrac{L}{R} = \dfrac{1}{20 \times 10^{-3}} = 50$ [sec]이므로 $R$을 2배로 하면 $\dfrac{L}{2R} = 25$ [sec]

**정답** ③

## 2 상승시간

(1) R - L 직렬회로의 시정수

① 전류가 정상상태의 63.2 [%]가 될 때까지 걸리는 시간
② 방전 시 충전된 전류의 63.2 [%]가 소멸되는 시간
③ 공식유도

$$i(t) = \dfrac{E}{R}(1 - e^{-\frac{R}{L}t})[A] \text{에서 } t = \dfrac{L}{R} \text{ 대입}$$

$$\Rightarrow i(t) = \dfrac{E}{R}(1 - e^{-1}) = \dfrac{E}{R} \times 0.632 [A]$$

(2) R - C 직렬회로의 시정수

① 충전전압이 전원전압의 63.2 [%]가 될 때까지 걸리는 시간
② 충전된 콘덴서를 저항을 통해 방전시켰을 때 최초전압의 63.2 [%]가 소멸되는 시간
③ 공식유도

$$V_C = E\left(1 - e^{-\frac{1}{RC}t}\right)[V] \text{에서 } t = RC \text{ 대입}$$

$$\Rightarrow V_C = E(1 - e^{-1}) = E \times 0.632 [V]$$

(3) 시정수와 과도현상

① 시정수가 클수록 정상값에 도달하기까지의 시간이 증가
② 시정수가 작을수록 정상값에 도달하기까지의 시간이 감소

## 예제 09

$RL$ 직렬회로에 직류전압을 가했을 때 흐르는 전류가 정상전류 $I = \dfrac{E}{R}$ 의 70 [%]에 도달하는 데 걸리는 시간은? (단, $\tau$는 시정수이다)

① $t = 0.7\tau$  ② $t = 1.1\tau$  ③ $t = 1.2\tau$  ④ $t = 1.4\tau$

**해설** 과도전류의 상승시간

- R - L 직렬회로 전류

$$i(t) = \frac{E}{R}\left(1 - e^{-\frac{R}{L}t}\right) = 0.7\frac{E}{R}[A]$$

$$\therefore 1 - e^{-\frac{t}{\tau}} = 0.7$$

$$e^{-\frac{t}{\tau}} = 1 - 0.7 = 0.3$$

$$\Rightarrow -\frac{t}{\tau} = \ln(0.3)$$

$$\therefore t = -\tau \ln(0.3) = 1.2\tau$$

**정답** ③

# CHAPTER 08 | 개념 체크 OX

**1** 전달함수는 시스템의 초기값을 0으로 한다.  O X

**2** $R[\Omega] = R[\Omega]$, $L[H] = Ls[\Omega]$, $C[F] = Cs[\Omega]$을 표현한다.  O X

**3** 전압 인가 시 RL 직렬회로의 과도전류는 $i(t) = \dfrac{E}{R}(1-e^{-\frac{R}{L}t})[A]$이다.  O X

**4** $R^2 = 4 \cdot \dfrac{L}{C}$을 만족할 때 임계 제동이다.  O X

**5** 시정수는 신호가 최종값의 0.632 %에 이르는 데 걸리는 시간이다.  O X

**6** RC직렬회로의 시정수는 $\tau = \dfrac{C}{R}[\sec]$이다.  O X

**7** 시정수가 클수록 정상값에 도달하는 시간이 감소한다.  O X

---

**정답**  01 (O)  02 (X)  03 (O)  04 (O)  05 (X)  06 (X)  07 (X)

**2** $C[F] \Rightarrow \dfrac{1}{j\omega C} = \dfrac{1}{Cs}[\Omega]$

**5** 시정수는 신호가 최종값의 <u>63.2 %</u>에 이르는 데 걸리는 시간이다.

**6** RC직렬회로의 시정수는 <u>$\tau = RC[\sec]$</u>이다.

**7** 시정수가 클수록 정상값에 도달하기까지의 시간이 <u>증가</u>한다.

CHAPTER 01 자동제어계
CHAPTER 02 블록 및 신호흐름선도
CHAPTER 03 상태공간 해석
CHAPTER 04 과도응답과 정상오차
CHAPTER 05 주파수영역 해석
CHAPTER 06 제어계의 안정도
CHAPTER 07 근궤적
CHAPTER 08 시퀀스

PART 02

필 기

모아 전기기사

# 제어공학

# CHAPTER 01 자동제어계

## 01 자동제어계의 종류 및 구성

### 1 제어계의 개념

(1) 제어 : 주어진 동작을 원하는 대로 처리하도록 만들어진 물리계에 조작을 가하는 것
(2) 수동제어 : 사람이 자신의 손에 의해 조작하는 제어
(3) 자동제어 : 제어 대상에 미리 설정한 목푯값과 검출된 피드백 신호를 비교하여 그 오차를 자동적으로 조정하는 제어

### 2 제어계의 종류

(1) 개회로 제어계

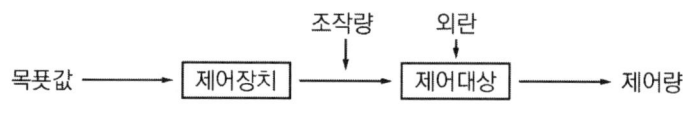

〈개루프 제어계의 구성도〉

① 신호흐름이 열려 있는 제어계로 검출부가 없음
② 제어시스템의 간단하면 설치비가 저렴함
③ 제어오차가 크며, 오차교정이 어려움

(2) 폐회로 제어계

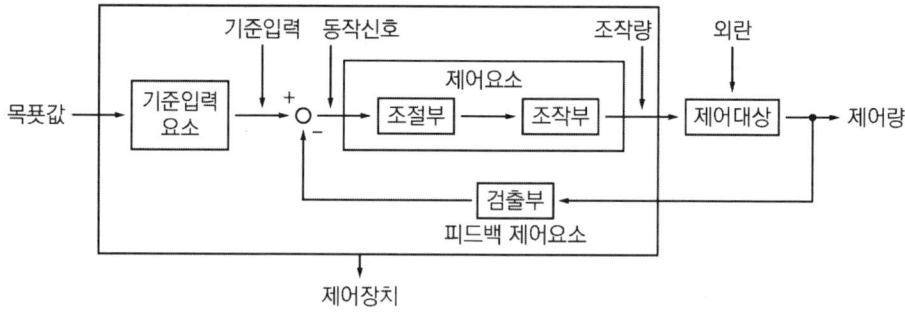

〈폐루프 제어계의 구성도〉

① 출력 일부를 입력 방향으로 피드백시켜 목푯값과 비교하는 제어계
② 장점
- 정확성 증가, 생산품질 향상
- 원료, 연료, 동력을 절약하며, 인건비가 감소
- 생산량 증대 및 생산수명 연장

③ 단점
- 설치비가 비싸며, 고도화된 기술이 필요
- 제어장치의 고도의 지식과 능숙한 기술이 필요
- 설비의 일부가 고장 나면 전 생산라인에 파급효과가 발생

## 3 폐회로 제어계 구성요소 정의

(1) 목푯값
① 입력값
② 제어계에 설정되는 값
③ 피트백 요소에 해당되지 않음

(2) 기준입력요소
① 제어계의 설정부
② 목푯값에 비례하는 신호인 기준입력 신호를 발생시키는 장치

(3) 동작신호
① 폐루프에 직접 가해지는 입력
② 기준입력신호와 피드백신호의 차로 제어동작을 일으키는 신호(편차, 오차)

(4) 제어요소
① 조절부와 조작부로 구성
② 조절부 : 제어요소가 동작하는 데 필요한 신호를 만들어 보내는 부분
③ 조작부 : 조절부로부터 받은 신호를 조작량으로 바꾸어 제어대상에 보내는 부분

(5) 조작량
① 제어장치 또는 제어요소의 출력
② 제어대상의 입력

(6) 제어대상
① 제어기구로써 제어장치를 제외한 나머지 부분
② 제어활동을 갖지 않는 출력발생 장치

(7) 제어량 : 제어계의 출력으로써 제어대상에서 만들어지는 값

(8) 검출부

① 제어량을 검출하는 부분

② 입력과 출력을 비교할 수 있는 비교부에 출력신호를 공급하는 장치

(9) 외란

① 외부에서 제어 대상에 가해지는 신호

② 편차를 유도하여 제어량의 값을 교란시키려는 신호

(10) 제어장치

① 기준입력요소, 제어요소, 검출부로 구성

② 제어를 목적으로 제어대상에 부착시켜 놓은 장치

## 예제 01

그림에서 에 알맞은 신호 이름은?

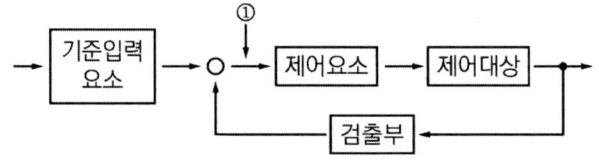

① 조작량　　　② 제어량　　　③ 기준입력　　　④ 동작신호

**해설** 동작신호

- 기준입력과 궤환신호와의 편차인 신호
- 제어동작을 일으키는 원인이 되는 신호

**정답** ④

## 02 자동제어계의 분류

### 1 목푯값에 의한 분류(입력기준)

(1) 정치제어계 : 목푯값이 시간에 관계없이 항상 일정한 제어계
   ① 프로세스제어
   ② 자동조정제어

(2) 추치제어계 : 목푯값의 크기나 위치가 시간에 따라 변하는 제어계
   ① 추종제어 : 제어량에 의한 분류 중 서보 기구에 해당하는 값을 제어함
      예 비행기 추적레이더, 유도미사일
   ② 프로그램제어 : 미리 정해진 시간적 변화에 따라 정해진 순서대로 제어한다.
      예 무인 엘리베이터, 무인 자판기, 무인 열차
   ③ 비율제어 : 목푯값이 다른 것과 일정비율 관계를 가지고 변화하는 경우의 추종제어법

---

**예제 02**

자동제어의 분류에서 엘리베이터의 자동제어에 해당하는 제어는?

① 추종제어  ② 프로그램 제어
③ 정치 제어  ④ 비율 제어

해설  프로그램 제어
목푯값이 미리 정해진 신호에 따라 동작

정답 ②

---

### 2 제어량에 의한 분류

(1) 서보기구제어
   ① 제어량이 기계적인 추치제어
   ② 위치, 방향, 자세, 각도, 거리

(2) 프로세스제어(공정 제어)
   ① 제어량이 피드백 제어계로서 주로 정치제어
   ② 온도, 압력, 유량, 액면, 밀도, 농도

(3) 자동조정제어
   ① 제어량이 정치제어
   ② 전압, 주파수, 장력, 속도

## 3 조절부 동작에 의한 분류

(1) 연속동작에 의한 분류

① 비례제어(P제어)
- Off-set 잔류편차, 정상편차, 정상오차가 발생
- 속응성(응답속도)이 나쁨

② 미분제어(D제어)
- 진동을 억제하여 속응성(응답속도)을 개선 → 진상보상
- 오차의 사전방지

③ 적분제어(I제어) : 비례제어와 함께 사용
- 응답특성을 개선하여 Off-set 잔류편차, 정상상태의 오차를 제거 → 지상보상
- 잔류편차의 제거

(2) 불연속 동작에 의한 분류(사이클링 발생)

① ON-OFF제어 : 2위치 제어    예 가정용 냉장고의 온도조절
② 샘플링제어 : 간헐제어(다위치 제어)

## 4 PID제어 정리

| 종류 | | 특징 |
|---|---|---|
| PD | 비례미분제어 | • 응답 속응성의 개선 |
| PI | 비례적분제어 | • 잔류편차 제거      • 속응성이 김<br>• 제어결과가 진동적으로 될 수 있음 |
| PID | 비례적분미분제어 | • 잔류편차 제거      • 응답의 오버슈트 감소<br>• 응답 속응성 향상    • 가장 안정적인 제어계 |

---

### 예제 03

제어오차가 검출될 때 오차가 변화하는 속도에 비례하여 조작량을 조절하는 동작으로 오차가 커지는 것을 사전에 방지하는 제어 동작은?

① 미분동작제어
② 비례동작제어
③ 적분동작제어
④ 온-오프(ON-OFF) 제어

**해설** 미분제어동작
- 작동오차의 변화율에 반응하여 동작
- 오차가 커지는 것을 사전에 방지(속도 개선)

정답 ①

# 개념 체크 OX

**CHAPTER 01**

1. 제어요소는 조절부와 검출부로 이루어져 있다     O X
2. 외란은 외부에서 제어 대상에 가해지는 신호이다.     O X
3. 제어대상은 제어장치에 포함되지 않는다.     O X
4. 엘리베이터는 추종제어에 해당된다.     O X
5. 오차를 사전에 방지하는 제어는 미분제어이다.     O X
6. 적분제어는 비례제어와 함께 사용한다.     O X
7. 가장 안정적인 제어는 비례적분제어이다.     O X
8. 제어장치 또는 제어요소의 출력을 제어량이라고 한다.     O X

---

**정답**   01 (X)   02 (O)   03 (O)   04 (X)   05 (O)   06 (O)   07 (X)   08 (X)

1. 제어요소는 조절부와 <u>조작부</u>로 이루어져 있다.
4. 엘리베이터는 <u>프로그램제어</u>에 해당된다.
7. 가장 안정적인 제어는 <u>비례적분미분제어</u>이다.
8. 제어장치 또는 제어요소의 출력을 <u>조작량</u>이라고 한다.

# CHAPTER 02 블록 및 신호흐름선도

## 01 블록선도

### 1 블록선도의 개요

(1) 블록선도
① 제어에 관계되는 신호가 어떠한 모양으로 변하여 어떻게 전달되는지 표시하는 방법
② 선형, 비선형 시스템에 적용
③ 전달요소, 화살표 표시, 가합점, 인출점으로 구성

(2) 블록선도의 기본요소
① 전달 요소(블록) : 입력 $R(s)$, 출력 $C(s)$, 전달함수 $G(s)$

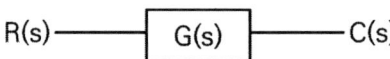

② 신호선 : 신호의 흐름과 방향을 표현

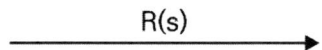

③ 인출점 : 출력값은 동일

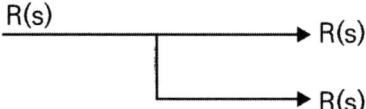

④ 합산점 : 두 신호의 합산

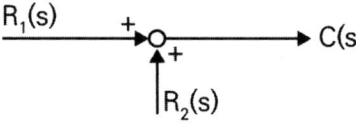

## 2 블록선도 변환

(1) 직렬접속

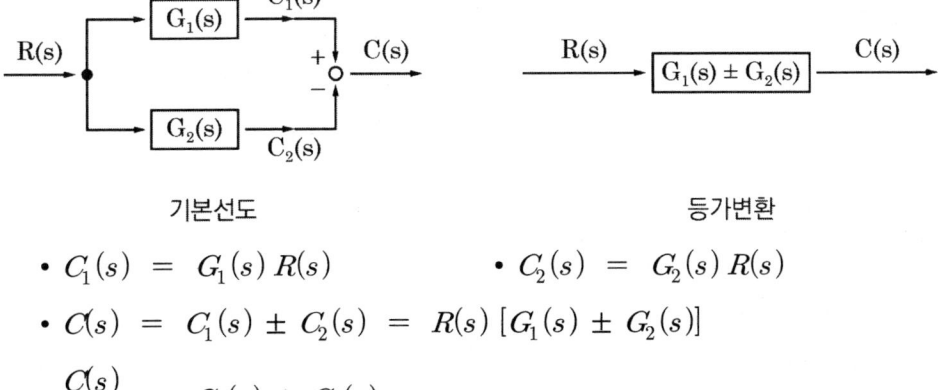

- $E(s) = G_1(s)R(s)$
- $C(s) = G_2(s)E(s) = G_1(s) \cdot G_2(s) \cdot R(s)$
- $\dfrac{C(s)}{R(s)} = G_1(s) \cdot G_2(s)$

(2) 병렬접속

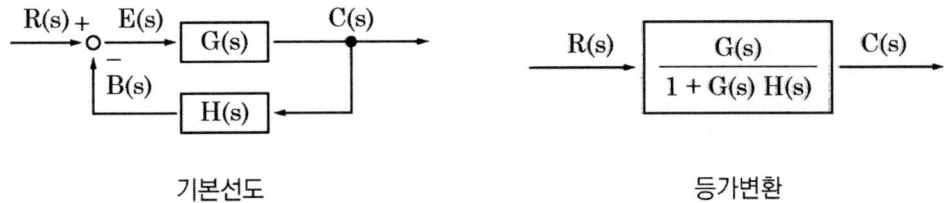

- $C_1(s) = G_1(s)R(s)$   • $C_2(s) = G_2(s)R(s)$
- $C(s) = C_1(s) \pm C_2(s) = R(s)[G_1(s) \pm G_2(s)]$
- $\dfrac{C(s)}{R(s)} = G_1(s) \pm G_2(s)$

(3) 피드백 접속(부궤환 제어가 기본 블록)

- $E(s) = R(s) - B(s),\ B(s) = H(s)C(s) = R(s) - H(s)C(s)$
- $C(s) = G(s),\ E(s) = G(s)[R(s) - H(s)C(s)]$
- $C(s) = G(s)R(s) - G(s)H(s)C(s)$
- $C(s)[1 + G(s)H(s)] = G(s)R(s)$
- $G(s) = \dfrac{C(s)}{R(s)} = \dfrac{G(s)}{1 + G(s)H(s)}$

(4) 전달함수의 기본식

$$G(s) = \frac{\Sigma \text{전향경로 전달함수}}{1 - \Sigma \text{피드백 전달함수}}$$

## 예제 01

그림과 같은 블록선도에서 C(s)/R(s) 의 값은?

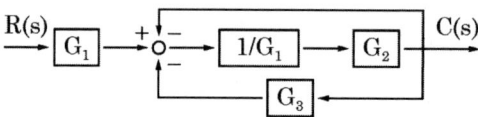

① $\dfrac{G_2}{G_1 - G_2 - G_3}$  
② $\dfrac{G_2}{G_1 - G_2 - G_2 G_3}$  
③ $\dfrac{G_1}{G_1 + G_2 + G_2 G_3}$  
④ $\dfrac{G_1 G_2}{G_1 + G_2 + G_2 G_3}$

**해설** 블록선도 $\dfrac{C(s)}{R(s)}$ 정리

$$\frac{C(s)}{R(s)} = \frac{\Sigma \text{순방향 전달함수}}{1 - \Sigma \text{피드백 전달함수}}$$

$$= \frac{G_1 \times \dfrac{1}{G_1} \times G_2}{1 + \left(\dfrac{1}{G_1} \times G_2\right) + \left(\dfrac{1}{G_1} \times G_2 \times G_3\right)}$$

$$= \frac{G_1 G_2}{G_1 + G_2 + G_2 G_3}$$

**정답** ④

# 02 신호흐름선도

## 1 신호흐름선도

블록선도보다 신호의 흐름을 간략하게 표현하는 방법

(1) 신호흐름선도와 블록선도와의 관계

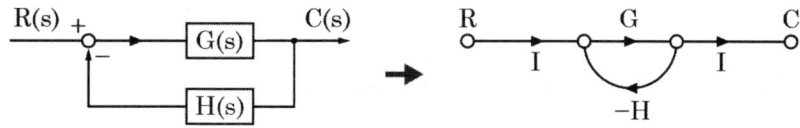

(2) 신호흐름선도 정리

$$G(s) = \frac{C(s)}{R(s)} = \frac{\sum[G(1-loop)]}{1-\triangle_1+\triangle_2-\triangle_3}$$

G : 각각의 전향경로 이득
loop : 전향경로 이득에 접촉하지 않는 루프
$\triangle_1$ : 서로 다른 루프 이득의 합
$\triangle_2$ : 서로 접촉하지 않는 두 개의 루프 이득의 곱
$\triangle_3$ : 서로 접촉하지 않는 세 개의 루프 이득의 곱

### 예제 02

그림과 같은 신호흐름선도에서 C(s)/R(s)의 값은?

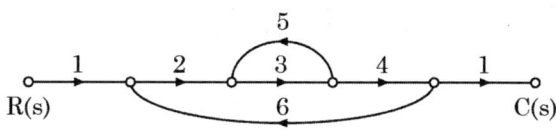

① -(24/159)  ② -(12/79)
③ 24/65     ④ 24/159

**해설** 신호흐름선도 $\dfrac{C(s)}{R(s)}$ 정리

- $\dfrac{C(s)}{R(s)} = \dfrac{\sum 전향경로이득}{1-\sum 폐루프경로이득}$

- $\sum$ 전향경로이득  $1 \times 2 \times 3 \times 4 \times 1 = 24$

- $1-\sum$ 폐루프경로이득  $5 \times 3 + 2 \times 3 \times 4 \times 6 = 159$

$\therefore \dfrac{24}{1-159} = \dfrac{24}{-158} = \dfrac{12}{-79}$

**정답** ②

## 예제 03

그림의 신호흐름선도에서 전달함수 $\dfrac{C(s)}{R(s)}$는?

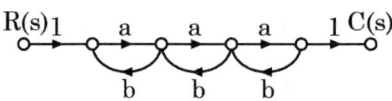

① $\dfrac{a^3}{(1-ab)^3}$  
② $\dfrac{a^3}{(1-3ab+a^2b^2)}$  
③ $\dfrac{a^3}{(1-3ab)}$  
④ $\dfrac{a^3}{(1-3ab+2a^2b^2)}$

**해설** 신호흐름선도 정리

- $G$ 전향 경로 이득 $a \times a \times a = a^3$
- $loop$ 전향경로에 접촉하지 않은 루프 0
- $\triangle_1$ 서로 다른 루프이득의 합 → $ab + ab + ab = 3ab$
- $\triangle_2$ 서로 접촉하지 않는 두 개 루프의 곱 → $ab \times ab = a^2 b^2$
- $\triangle_3$ 서로 접촉하지 않는 세 개 루프의 곱 → 0

$$\therefore G(s) = \dfrac{\sum [G(1-loop)]}{1-(\triangle_1 - \triangle_2 + \triangle_3)} = \dfrac{a^3}{1-3ab+a^2b^2}$$

**정답** ②

# 03 연산증폭기

## 1 연산증폭기의 특성

(1) 연산증폭기의 구성
  ① 차동입력단자 : 2개
  ② 출력단자 : 1개

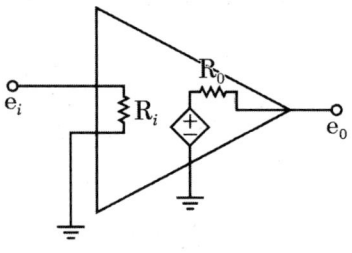

(2) 이상적인 연산증폭기
  ① 입력 임피던스 : $R_i = \infty$
  ② 출력 임피던스 : $R_0 = 0$
  ③ 전압이득 및 전류이득 : $\infty$
  ④ 대역폭 : $\infty$

## 예제 04

연산증폭기의 성질에 관한 설명으로 틀린 것은?

① 전압 이득이 매우 크다.　　② 입력 임피던스가 매우 작다.
③ 전력 이득이 매우 크다.　　④ 출력 임피던스가 매우 작다.

**해설** 이상적 연산증폭기

- 입력 임피던스: $R_i = \infty$
- 출력 임피던스: $R_0 = 0$
- 전압이득 및 전류이득: $\infty$
- 대역폭: $\infty$

**정답** ②

## 2  연산증폭기의 종류

(1) 부호변환기(증폭회로) $e_0 = -\dfrac{R_2}{R_1} e_i$

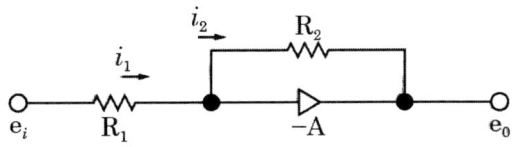

(2) 적분기 $e_0 = -\dfrac{1}{RC}\int e_i dt$

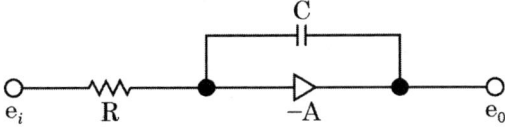

(3) 미분기 $e_0 = -RC\dfrac{de_i}{dt}$

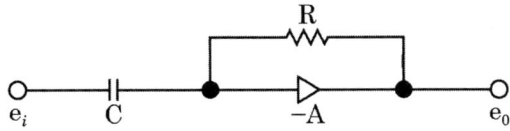

### 예제 05

다음의 연산증폭기회로에서 출력전압 $V_0$를 나타내는 식은? (단, $V_1$는 입력신호이다)

① $V_0 = -12\dfrac{dV_1}{dt}$      ② $V_0 = -S\dfrac{dV_1}{dt}$

③ $V_0 = -0.5\dfrac{dV_1}{dt}$      ④ $V_0 = -\dfrac{1}{S}\dfrac{dV_1}{dt}$

**해설** 연산증폭기의 미분기

미분기의 출력전압 $e_0 = -RC\dfrac{de_i}{dt}$ 에서

$C = 2$, $R = 6$이므로 $V_0 = -6 \times 2 \dfrac{dV_i}{dt}$

**정답** ①

# CHAPTER 02 | 개념 체크 OX

**1** 블록선도의 전달요소는 입력, 출력, 전달함수로 구성된다. [O][X]

**2** 병렬접속의 등가변환은 $\dfrac{C(s)}{R(s)} = G_1(s) \cdot G_2(s)$이다. [O][X]

**3** 전달함수의 기본식은 $G(s) = \dfrac{\sum 전향경로\ 전달함수}{1+\sum 피드백\ 전달함수}$이다. [O][X]

**4** 신호흐름선도는 블록선도의 신호흐름을 간략하게 표현한 것이다. [O][X]

**5** 이상적인 연산증폭기의 입력 임피던스는 0이다. [O][X]

**6** 연산증폭기는 1개의 입력단자와 2개의 출력단자를 가진다. [O][X]

**7** 미분기의 출력전압은 $e_0 = -RC\dfrac{de_i}{dt}$이다. [O][X]

---

**정답** 01 (O) 02 (X) 03 (X) 04 (O) 05 (X) 06 (X) 07 (O)

**2** 병렬접속의 등가변환은 $\dfrac{C(s)}{R(s)} = G_1(s) \pm G_2(s)$이다.

**3** 전달함수의 기본식은 $G(s) = \dfrac{\sum 전향경로\ 전달함수}{1-\sum 피드백\ 전달함수}$이다.

**5** 이상적인 연산증폭기의 입력 임피던스는 <u>무한대</u>이다.

**6** 연산증폭기는 <u>2개</u>의 입력단자와 <u>1개</u>의 출력단자로 구성되어 있다.

# CHAPTER 03 상태공간 해석

## 01 상태공간 해석

### 1 상태방정식

(1) 상태방정식 : 상태방정식에 의해 시스템을 나타내면 내부 상태를 자세히 파악할 수 있고, 제어가 가능한지 또는 불안정계를 안정시킬 수 있는지를 판단

① 상태방정식 $\dot{x}(t) = Ax(t) + Bu(t)$

$A$ : 시스템 행렬, $B$ : 제어행렬

② 출력방정식 $y(t) = Cx(t) + Du(t)$

$C$ : 출력 행렬, $D$ : 외란

(2) 미분방정식이 주어지는 경우 상태방정식의 찾기

① 2차 미분방정식인 경우

$$\frac{d^2}{dt^2}C(t) + \beta \cdot \frac{d}{dt}C(t) + \gamma \cdot C(t) = \delta \cdot r(t) \text{일 때}$$

- $C(t) = x_1(t)$

- $\dfrac{d}{dt}C(t) = \dot{x}_1(t) = x_2(t)$ 이라고 하면

$\Rightarrow \dot{x}_2(t) + \beta \cdot x_2(t) + \gamma \cdot x_3(t) = \delta \cdot u(t)$

$\Rightarrow \dot{x}_2(t) = -\gamma \cdot x_1(t) - \beta \cdot x_2(t) + \delta \cdot u(t)$

$\Rightarrow \begin{bmatrix} \dot{x}_1(t) \\ \dot{x}_2(t) \end{bmatrix} = \begin{bmatrix} 0 & 1 \\ -\gamma & -\beta \end{bmatrix} \begin{bmatrix} x_1(t) \\ x_2(t) \end{bmatrix} + \begin{bmatrix} 0 \\ \delta \end{bmatrix} u(t)$ 에서

상태변수 $A = \begin{bmatrix} 0 & 1 \\ -\gamma & -\beta \end{bmatrix}$, $B = \begin{bmatrix} 0 \\ \delta \end{bmatrix}$ 이므로

∴ 상태방정식 $\dot{x} = \begin{bmatrix} 0 & 1 \\ -\gamma & -\beta \end{bmatrix} x(t) + \begin{bmatrix} 0 \\ \delta \end{bmatrix} u(t)$

**예제 01**

다음과 같은 미분방정식으로 표현되는 제어시스템의 시스템 행렬 A는?

$$\frac{d^2c(t)}{dt^2}+5\frac{dc(t)}{dt}+3c(t)=r(t)$$

① $\begin{bmatrix} -5 & -3 \\ 0 & 1 \end{bmatrix}$　② $\begin{bmatrix} -3 & -5 \\ 0 & 1 \end{bmatrix}$　③ $\begin{bmatrix} 0 & 1 \\ -3 & -5 \end{bmatrix}$　④ $\begin{bmatrix} 0 & 1 \\ -5 & -3 \end{bmatrix}$

**해설** 상태방정식

$\dot{x_1}(t) = x_2(t)$
$\dot{x_2}(t) = -3x_1(t) - 5x_2(t) + r(t)$

$\therefore \begin{bmatrix} \dot{x_1}(t) \\ \dot{x_2}(t) \end{bmatrix} = \begin{bmatrix} 0 & 1 \\ -3 & -5 \end{bmatrix} \begin{bmatrix} x_1(t) \\ x_2(t) \end{bmatrix} + \begin{bmatrix} 0 \\ 1 \end{bmatrix} r(t)$

**정답** ③

② 3차 미분방정식인 경우

$\frac{d^3}{dt^3}C(t) + \alpha \cdot \frac{d^2}{dt^2}C(t) + \beta \cdot \frac{d}{dt}C(t) + \gamma \cdot C(t) = \delta \cdot u(t)$ 일 때,

- $C(t) = x_1(t)$
- $\frac{d}{dt}C(t) = \dot{x_1}(t) = x_2(t)$

- $\frac{d^2}{dt^2}C(t) = \dot{x_2}(t) = x_3(t)$ 이라고 하면

$\Rightarrow \dot{x_3}(t) + \alpha \cdot x_3(t) + \beta \cdot x_2(t) + \gamma \cdot x_3(t) = \delta \cdot u(t)$

$\Rightarrow \dot{x_3}(t) = -\gamma \cdot x_1(t) - \beta \cdot x_2(t) - \alpha \cdot x_3(t) + \delta \cdot u(t)$

$\Rightarrow \begin{bmatrix} \dot{x_1}(t) \\ \dot{x_2}(t) \\ \dot{x_3}(t) \end{bmatrix} = \begin{bmatrix} 0 & 1 & 0 \\ 0 & 0 & 1 \\ -\gamma & -\beta & -\alpha \end{bmatrix} \begin{bmatrix} x_1(t) \\ x_2(t) \\ x_3(t) \end{bmatrix} + \begin{bmatrix} 0 \\ 0 \\ \delta \end{bmatrix} u(t)$ 에서

상태변수 $A = \begin{bmatrix} 0 & 1 & 0 \\ 0 & 0 & 1 \\ -\gamma & -\beta & -\alpha \end{bmatrix}$, $B = \begin{bmatrix} 0 \\ 0 \\ \delta \end{bmatrix}$ 이므로

$\therefore$ 상태방정식 $\dot{x}(t) = \begin{bmatrix} 0 & 1 & 0 \\ 0 & 0 & 1 \\ -\gamma & -\beta & -\alpha \end{bmatrix} x(t) + \begin{bmatrix} 0 \\ 0 \\ \delta \end{bmatrix} u(t)$

## 예제 02

다음 방정식으로 표시되는 제어계가 있다. 이 계를 상태 방정식 $\dot{x}(t) = Ax(t) + Bu(t)$로 나타내면 계수 행렬 $A$는?

$$\frac{d^3}{dt^3}c(t) + 5\frac{d^2}{dt^2}c(t) + \frac{d}{dt}c(t) + 2c(t) = r(t)$$

① $\begin{bmatrix} 0 & 1 & 0 \\ 0 & 0 & 1 \\ -2 & -1 & -5 \end{bmatrix}$   ② $\begin{bmatrix} 0 & 1 & 0 \\ 1 & 0 & 0 \\ 5 & 1 & 2 \end{bmatrix}$   ③ $\begin{bmatrix} 0 & 0 & 1 \\ 1 & 0 & 0 \\ 1 & 5 & 2 \end{bmatrix}$   ④ $\begin{bmatrix} 0 & 1 & 0 \\ 0 & 0 & 1 \\ -2 & -1 & 0 \end{bmatrix}$

**해설** 계수 행렬 A

$\dot{x}_1 = x_2 \qquad \dot{x}_2 = x_3 \qquad \dot{x}_3(t) = -2x_1(t) - x_2(t) - 5x_3(t) + r(t)$

$\therefore \begin{bmatrix} \dot{x}_1(t) \\ \dot{x}_2(t) \\ \dot{x}_3(t) \end{bmatrix} = \begin{bmatrix} 0 & 1 & 0 \\ 0 & 0 & 1 \\ -2 & -1 & -5 \end{bmatrix} \begin{bmatrix} x_1(t) \\ x_2(t) \\ x_3(t) \end{bmatrix} + \begin{bmatrix} 0 \\ 0 \\ 1 \end{bmatrix} r(t)$

**정답** ①

## 2 상태천이행렬

(1) 상태천이방정식 : $x(t) = \phi(t)x(0^+) + \int_0^t \phi(t-\tau)Bu(\tau)d\tau$

(2) 상태천이행렬

① 상태천이행렬식 입력 r(t) = 0이고, 초기 조건만 주어졌을 때 초기시간 이후에는 어떤 현상이 나타나는가에 대해 초기 시간 이후에 나타나는 계통의 시간적 변화상태를 나타내는 행렬식

② $|sI - A|$의 역행렬을 역라플라스 변환시킨 행렬

$$\phi(t) = \mathcal{L}^{-1}[(sI - A)^{-1}]$$

(3) 상태 천이행렬의 성질

① $\phi(0) = I \qquad I$ : 단위행렬
② $\phi^{-1}(t) = \phi(-t) = e^{-At}$
③ $\phi(t_2 - t_1)\phi(t_1 - t_0) = \Phi(t_2 - t_0)$
④ $[\phi(t)]^k = \phi(kt)$

## 예제 03

상태방정식으로 표시되는 제어계의 천이행렬 $\Phi(t)$는?

$$\dot{X} = \begin{pmatrix} 0 & 1 \\ 0 & 0 \end{pmatrix} X + \begin{pmatrix} 0 \\ 1 \end{pmatrix} U$$

① $\begin{pmatrix} 0 & t \\ 1 & 1 \end{pmatrix}$
② $\begin{pmatrix} 1 & 1 \\ 0 & t \end{pmatrix}$
③ $\begin{pmatrix} 1 & t \\ 0 & 1 \end{pmatrix}$
④ $\begin{pmatrix} 0 & t \\ 1 & 0 \end{pmatrix}$

**해설** 상태 천이 행렬 $\phi(t)$ 계산

- $|sI - A| = \begin{vmatrix} s & 0 \\ 0 & s \end{vmatrix} - \begin{vmatrix} 0 & 1 \\ 0 & 0 \end{vmatrix} = \begin{vmatrix} s & -1 \\ 0 & s \end{vmatrix}$

- $\det |sI - A| = s^2$

- $|sI - A|^{-1} = \dfrac{1}{s^2} \begin{vmatrix} s & 1 \\ 0 & s \end{vmatrix} = \begin{vmatrix} \dfrac{1}{s} & \dfrac{1}{s^2} \\ 0 & \dfrac{1}{s} \end{vmatrix}$

- $\phi(t) = \mathcal{L}^{-1}[|sI - A|^{-1}] = \mathcal{L}^{-1}\left[\begin{vmatrix} \dfrac{1}{s} & \dfrac{1}{s^2} \\ 0 & \dfrac{1}{s} \end{vmatrix}\right]$

$\therefore \phi(t) = \begin{vmatrix} 1 & t \\ 0 & 1 \end{vmatrix}$

**정답** ③

# CHAPTER 03 개념 체크 OX

**1** 미분방정식으로 상태 방정식을 찾을 때 상태변수와는 관계가 없다.  　　　O　X

**2** 상태천이행렬은 $|sI - A|$을 역라플라스 변환시킨 행렬이다.  　　　O　X

---

**정답**　01 (X)　02 (X)

**1** 상태변수에 의해 상태방정식이 결정된다.
**2** 상태천이행렬은 $|sI - A|$의 역행렬을 역라플라스 변환시킨 행렬이다.

# CHAPTER 04 과도응답과 정상오차

## 01 제어시스템

### 1 제어시스템의 해석

(1) 시간 영역의 해석

① 신호를 가해 시간(t)이 0 → ∞로 변할 때 출력의 변화를 비교

② 시간(t)을 라플라스 변환(s)하여 계산 후 다시 역라플라스 변환(t)

③ 과도응답과 정상응답으로 분류

- 과도응답 : 제어계에 입력이 가해졌을 때 출력이 일정값에 도달하기 전까지 과도적으로 나타나는 응답

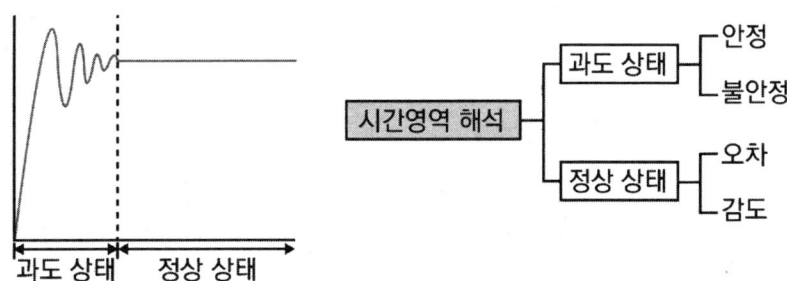

(2) 주파수 영역의 해석

① 주파수($\omega$)가 0 → ∞로 변할 때 출력의 크기나 위상변화를 비교

② 시간(t)을 라플라스 변환(s) 후 주파수변환($j\omega$)

③ 벡터궤적이나 보드선도를 이용

## 2 시간영역 제어시스템의 분류와 입력신호

(1) 함수 형태에 따른 분류

① 전달함수의 형태

| 종류 | 전달함수 |
|---|---|
| 비례 제어계 | $G(s) = K$ |
| 미분 제어계 | $G(s) = Ks$ |
| 적분 제어계 | $G(s) = \dfrac{K}{s}$ |
| 1차 지연 제어계 | $G(s) = \dfrac{K}{1+Ts}$ |
| 2차 지연 제어계 | $G(s) = \dfrac{\omega_n^2}{s^2 + 2\zeta\omega_n s + \omega_n^2}$ |

② 입력신호의 형태

| 종류 | 입력신호 |
|---|---|
| 임펄스 함수 | $r(t) = \delta(t),\ R(s) = 1$ |
| 인디셜 함수 | $r(t) = u(t),\ R(s) = \dfrac{1}{s}$ |
| 경사(램프) 함수 | $r(t) = t,\ R(s) = \dfrac{1}{s^2}$ |
| 포물선 함수 | $r(t) = \dfrac{t^2}{2},\ R(s) = \dfrac{1}{s^3}$ |

(2) 제어시스템의 형에 의한 분류

$$G(s)H(s) = \frac{k(s+Z_1)(s+Z_2)(s+Z_3)\cdots(s+Z_n)}{s^\ell(s+P_1)(s+P_2)(s+P_3)\cdots(s+P_n)}$$

$$= \frac{k}{s^\ell} \cdot \frac{(1+a_1 s + a_2 s^2 \cdots a_n s^n)}{(1+b_1 s + b_2 s^2 \cdots b_n s^n)}$$

① 0형 제어계 : 입력신호가 단위 계단함수일 때 ← $\ell = 0$
② 1형 제어계 : 입력신호가 경사(램프)함수일 때 ← $\ell = 1$
③ 2형 제어계 : 입력신호가 포물선함수일 때 ← $\ell = 2$

# 02 과도응답

## 1 과도응답의 종류

(1) 임펄스 응답

① 입력신호 $r(t) = \delta(t) \xrightarrow{\mathcal{L}} R(s) = 1$

② 출력(응답) $C(t) = \mathcal{L}^{-1}[G(s)R(s)] = \mathcal{L}^{-1}[G(s) \cdot 1]$

(2) 인디셜 응답

① 입력신호 $r(t) = u(t) \xrightarrow{\mathcal{L}} R(s) = \dfrac{1}{s}$

② 출력(응답) $C(t) = \mathcal{L}^{-1}[G(s)R(s)] = \mathcal{L}^{-1}\left[G(s)\dfrac{1}{s}\right]$

(3) 램프 응답

① 입력신호 $r(t) = tu(t) \xrightarrow{\mathcal{L}} R(s) = \dfrac{1}{s^2}$

② 출력(응답) $C(t) = \mathcal{L}^{-1}[G(s)R(s)] = \mathcal{L}^{-1}\left[G(s)\dfrac{1}{s^2}\right]$

(4) 포물선 응답

① 입력신호 $r(t) = \dfrac{1}{2}t^2 u(t) \xrightarrow{\mathcal{L}} R(s) = \dfrac{1}{s^3}$

② 출력(응답) $C(t) = \mathcal{L}^{-1}[G(s)R(s)] = \mathcal{L}^{-1}\left[G(s)\dfrac{1}{s^3}\right]$

## 예제 01

전달함수 $G(s) = \dfrac{1}{s+a}$ 일 때 이 계의 임펄스응답 $c(t)$를 나타내는 것은? (단, $a$는 상수이다)

①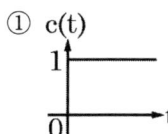
②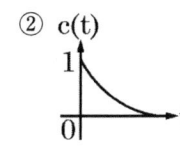
③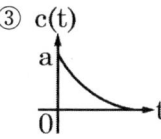
④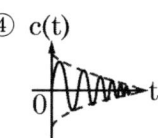

**해설** 임펄스 응답 c(t) 그래프

- $G(s) = \dfrac{1}{s+a}$

∴ $\mathcal{L}^{-1}\left[\dfrac{1}{s+a}\right] = e^{-at}$

**정답** ②

### 예제 02

전달함수가 $G(s) = \dfrac{1}{s+1}$ 인 제어시스템의 인디셜 응답은?

① $1-e^{-t}$  ② $1-e^{t}$  ③ $1+e^{-t}$  ④ $1+e^{t}$

**해설** 제어시스템의 과도 응답 특성

- $C(t) = \mathcal{L}^{-1}[G(s)R(s)] = \mathcal{L}^{-1}\left[G(s)\dfrac{1}{s}\right]$
- $G(s) \cdot \dfrac{1}{s} = \dfrac{1}{s(s+1)} = \dfrac{1}{s} - \dfrac{1}{s+1}$   $\therefore \mathcal{L}^{-1}\left[\dfrac{1}{s} - \dfrac{1}{s+1}\right] = 1 - e^{-t}$

**정답** ①

## 2 2차 지연 제어계의 인디셜 응답

(1) 특성방정식 : 전체 제어계의 특성을 결정하는 식

① 전달함수 $M(s) = \dfrac{C(s)}{R(s)} = \dfrac{G(s)}{1+G(s)H(s)}$ 에서 $1 + G(s)H(s) = 0 \rightarrow$ 특성방정식

② 2차 제어계의 전달함수

$$M(s) = \dfrac{\omega_n^2}{s^2 + 2\zeta\omega_n s + \omega_n^2}$$

③ 특성방정식

$$s^2 + 2\zeta\omega_n s + \omega_n^2 = 0$$

④ 특성방정식의 두 근

$s^2 + 2\zeta\omega_n s + \omega_n^2 = (s + \zeta\omega_n - \omega_n\sqrt{\zeta^2-1})(s + \zeta\omega_n + \omega_n\sqrt{\zeta^2-1})$ 으로 인수분해

$$(s_1,\ s_2) = -\zeta\omega_n \pm \omega_n\sqrt{\zeta^2-1}$$

(2) 특성 방정식의 근의 위치에 따른 과도 응답

① $0 < \zeta < 1$ : 부족제동
- 감쇠진동
- $(s_1, s_2) = -\zeta\omega_n \pm j\omega_n\sqrt{1-\zeta^2}$ (공액 복소수)

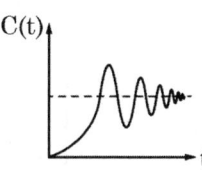

② $\zeta = 1$ : 임계제동
- 진동에서 비진동으로 옮겨가는 임계상태
- $(s_1, s_2) = -\omega_n$ (중근)

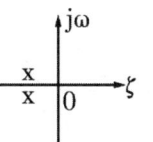 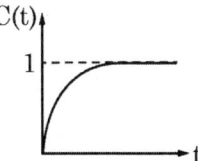

③ $\zeta > 1$인 경우 : 과제동
- 비진동
- $(s_1, s_2) = -\zeta\omega_n \pm \omega_n\sqrt{\zeta^2-1}$ (서로 다른 실근)

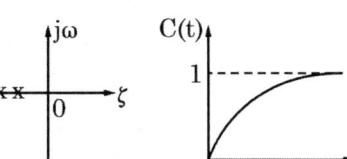

④ $\zeta = 0$ : 무제동
- 일정한 진폭으로 무한히 진동
- $(s_1, s_2) = \pm j\omega_n$ (허수축에 근 존재)

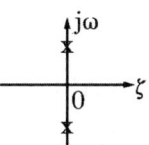 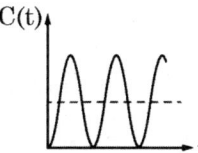

## 예제 03

전달함수가 $\dfrac{C(s)}{R(s)} = \dfrac{1}{3s^2 + 4s + 1}$ 인 제어시스템의 과도 응답 특성은?

① 무제동　　② 부족제동　　③ 임계제동　　④ 과제동

**해설** 제어시스템의 과도 응답 특성

2차 제어계의 전달함수

$$\dfrac{C(s)}{R(s)} = \dfrac{\omega_n^2}{s^2 + 2\zeta\omega_n s + \omega_n^2} = 0 \text{에서} \quad \dfrac{C(s)}{R(s)} = \dfrac{1}{3s^2 + 4s + 1} = \dfrac{\frac{1}{3}}{s^2 + \frac{4}{3}s + \frac{1}{3}} \text{이므로}$$

- 고유 진동 각 주파수 $\omega_n$에 대하여 $\omega_n^2 = \dfrac{1}{3} \rightarrow \omega_n = \dfrac{1}{\sqrt{3}}$

- 제동비 $\zeta$에 대하여 $2\zeta\omega_n = \dfrac{4}{3} \rightarrow 2\zeta\dfrac{1}{\sqrt{3}} = \dfrac{4}{3} \rightarrow \zeta = \dfrac{4\sqrt{3}}{6}$

$\therefore \zeta = \dfrac{4\sqrt{3}}{6} > 1$이므로 과제동

**정답** ②

## 3 시간응답에 관한 상수

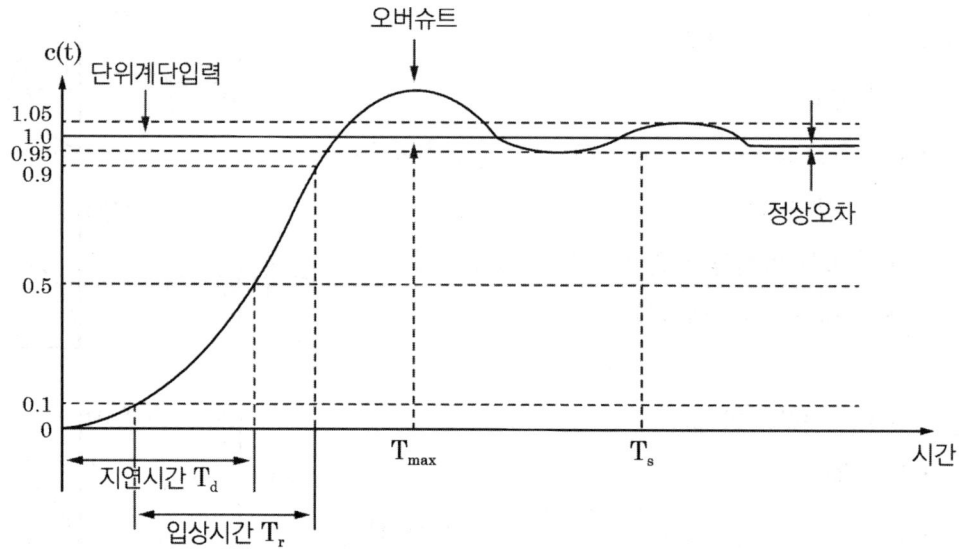

(1) 시간 상수
    ① 지연시간 : 응답이 최초로 목푯값의 50 [%]에 도달하는 데 걸리는 시간
    ② 입상시간(상승시간) : 응답이 목푯값의 10 [%]에서 90 [%]로 증가하는 데 걸리는 시간
    ③ 정정시간 : 응답이 목푯값의 ±5[%] 이내에 도달하는 데 걸리는 시간

(2) 오버슈트
    ① 과도응답 중에 생기는 입력과 출력 사이의 최대 편차량
    ② 백분율 오버슈트 : $\dfrac{\text{최대 오버슈트}}{\text{최종 목표값}} \times 100 [\%]$
    ③ 최대 오버슈트 : $e^{\dfrac{-\pi\zeta}{\sqrt{1-\zeta^2}}}$

(3) 감쇠비
    ① 과도응답의 소멸되는 속도를 나타내는 양
    ② 감쇠비 = $\dfrac{\text{제2오버슈트}}{\text{최대오버슈트}}$

### 예제 04

다음 과도 응답에 관한 설명 중 틀린 것은?

① 지연 시간은 응답이 최초로 목푯값의 50 [%]가 되는 데 소요되는 시간이다.
② 백분율 오버슈트는 최종 목푯값과 최대 오버슈트와의 비를 [%]로 나타낸 것이다.
③ 감쇠비는 최종 목푯값과 최대 오버슈트와의 비를 나타낸 것이다.
④ 응답시간은 응답이 요구하는 오차 이내로 정착되는 데 걸리는 시간이다.

**해설** 감쇠비

$$감쇠비 = \frac{제2오버슈트}{최대오버슈트}$$

**정답** ③

## 03 정상오차

### 1 정상편차 $e_{ss}$

제어계의 전달함수에서 기준 입력과 출력 신호와의 차

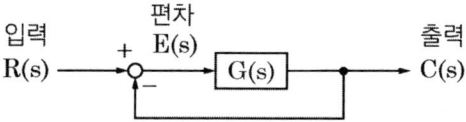

(1) 전달함수 $M(s)$ 및 출력 $C(s)$ 값

$$M(s) = \frac{C(s)}{R(s)} = \frac{G(s)}{1+G(s)} \qquad C(s) = M(s)R(s) = \frac{G(s)}{1+G(s)}R(s)$$

(2) 오차 $E(s)$ 계산

$$E(s) = R(s) - C(s) = R(s) - M(s)R(s)$$
$$= [1-M(s)]R(s) = \left[1 - \frac{G(s)}{1+G(s)}\right]R(s) = \frac{1}{1+G(s)}R(s)$$

(3) 정상편차 값(최종값 정리 적용)

$$e_{ss} = \lim_{t \to \infty} e(t) = \lim_{s \to 0} sE(s) = \lim_{s \to 0} s\frac{R(s)}{1+G(s)}$$

## 2 입력에 따른 정상편차

(1) 정상위치편차

① 0형 제어계 해당, $r(t) = u(t) \xrightarrow{\mathcal{L}} R(s) = \dfrac{1}{s}$ 인 계단 입력을 가했을 때 정상편차

② $e_{ssp} = \lim\limits_{s \to 0} s \cdot \dfrac{1}{1+G(s)} \times R(s) \Big|_{R(s) = \frac{1}{s}} = \lim\limits_{s \to 0} \dfrac{1}{1+G(s)} = \dfrac{1}{1+\lim\limits_{s \to 0} G(s)} = \dfrac{1}{1+K_p}$

$K_p$ : 정상위치편차 상수   $G(s)$ : 개루프 전달함수

(2) 정상속도편차

① 1형 제어계 해당, $r(t) = tu(t) \xrightarrow{\mathcal{L}} R(s) = \dfrac{1}{s^2}$ 인 등속입력을 가했을 때 정상편차

② $e_{ssv} = \lim\limits_{s \to 0} \dfrac{s}{1+G(s)} \times R(s) \Big|_{R(s) = \frac{1}{s^2}} = \lim\limits_{s \to 0} \dfrac{1}{s+sG(s)} = \dfrac{1}{\lim\limits_{s \to 0} sG(s)} = \dfrac{1}{K_v}$

$K_v$ : 정상속도편차 상수

(3) 정상가속도편차

① 2형 제어계 해당, $r(t) = \dfrac{1}{2}t^2 u(t) \xrightarrow{\mathcal{L}} R(s) = \dfrac{1}{s^3}$ 인 등가속 입력을 가했을 때 정상편차

② $e_{ssa} = \lim\limits_{s \to 0} s \cdot \dfrac{1}{1+G(s)} \times R(s) \Big|_{R(s) = \frac{1}{s^3}} = \lim\limits_{s \to 0} \dfrac{1}{s^2 + s^2 G(s)} = \dfrac{1}{\lim\limits_{s \to 0} s^2 G(s)} = \dfrac{1}{K_a}$

$K_a$ : 정상가속도편차 상수

(4) 제어시스템의 정상상태오차 정리표

| 제어계의 형 | 정상위치편차<br>(계단 입력) | 정상속도편차<br>(램프 입력) | 정상가속도편차<br>(포물선 입력) |
|:---:|:---:|:---:|:---:|
| 0 | $\dfrac{1}{1+K_p}$ | ∞ | ∞ |
| 1 | 0 | $\dfrac{1}{K_v}$ | ∞ |
| 2 | 0 | 0 | $\dfrac{1}{K_a}$ |
| 3 | 0 | 0 | 0 |

### 예제 05

단위 피드백 제어계에서 개루프 전달함수 $G(s)$가 다음과 같이 주어지는 계의 단위계단 입력에 대한 정상편차는?

$$G(s) = \frac{6}{(s+1)(s+3)}$$

① 1/2    ② 1/3    ③ 1/4    ④ 1/6

**해설** 정상위치 편차

정상위치편차 $e_{ssp} = \dfrac{1}{1+K_p} = \dfrac{1}{1+\lim\limits_{s \to 0} G(s)} = \dfrac{1}{1+\lim\limits_{s \to 0} \dfrac{6}{(s+1)(s+3)}} = \dfrac{1}{3}$

**정답** ②

## 3 감도

(1) 감도 : 제어계를 구성하는 임의의 요소의 특성 변화가 전체 제어계의 특성 변화에 미치는 영향을 수치화한 것

(2) 폐루프 전달함수의 전달요소 K에 대한 T(s)의 감도

$$S_K^T = \frac{K}{T} \cdot \frac{dT}{dK}$$

### 예제 06

그림과 같은 제어시스템의 폐루프 전달함수 $T(s) = \dfrac{C(s)}{R(s)}$에 대한 감도 $S_K^T$는?

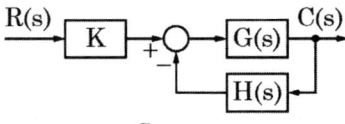

① 0.5    ② 1    ③ $\dfrac{G}{1+GH}$    ④ $\dfrac{-GH}{1+GH}$

**해설** 감도 $S_k^T$ 계산

• 전달함수 $T = \dfrac{C(s)}{R(s)} = \dfrac{KG}{1+GH}$

$\therefore S_k^T = \dfrac{K}{T} \cdot \dfrac{dT}{dK} = \dfrac{K}{\dfrac{KG}{1+GH}} \cdot \dfrac{d}{dK}\left(\dfrac{KG}{1+GH}\right) = \dfrac{1+GH}{G} \times \dfrac{G}{1+GH} = 1$

**정답** ②

# CHAPTER 04 | 개념 체크 OX

**1** 과도상태는 오차와 감도로 해석한다. O X

**2** 주파수영역을 해석할 때에는 주파수가 0 → ∞로 변할 때의 입력의 변화를 비교한다. O X

**3** 시간영역을 해석할 때에는 벡터궤적이나 보드선도를 이용한다. O X

**4** 1차 지연 제어계의 전달함수는 $G(s) = \dfrac{\omega_n^2}{s^2 + 2\zeta\omega_n s + \omega_n^2}$ 이다. O X

**5** 인디셜함수의 입력신호는 $R(s) = \dfrac{1}{s}$ 이다. O X

**6** 임펄스 응답의 출력은 전달함수의 역라플라스 변환과 동일하다. O X

**7** 2차지연제어계의 인디셜응답에 대한 특성방정식은 $s^2 + 2\zeta\omega_n s + \omega_n^2 = 0$이다. O X

**8** 7번 특성방정식의 두 근은 $(s_1,\ s_2) = \zeta\omega_n \pm \omega_n\sqrt{\zeta^2 - 1}$ 이다. O X

**9** 감쇠비가 $0 < \zeta < 1$일 때 부족제동이다. O X

**10** 상승시간이란 응답이 목푯값의 10 [%]에서 90 [%]로 증가하는 데 걸리는 시간이다. O X

---

**정답**  01 (X)  02 (X)  03 (X)  04 (X)  05 (O)  06 (O)  07 (O)  08 (X)  09 (O)  10 (O)

**1** 과도상태는 <u>안정과 불안정</u>으로 구분하여 해석한다.
**2** 주파수영역을 해석할 때에는 <u>출력과 위상의 변화</u>를 비교한다.
**3** 주파수 영역을 해석할 때 벡터궤적이나 보드선도를 이용한다.
**4** 1차지연제어계의 전달함수는 $G(s) = \dfrac{K}{1 + Ts}$ 이다. 위 함수는 2차 지연제어계 전달함수다.
**8** 7번 특성방정식의 두 근은 $(s_1,\ s_2) = -\zeta\omega_n \pm \omega_n\sqrt{\zeta^2 - 1}$ 이다.

# CHAPTER 05 | 주파수영역 해석

## 01 주파수응답

### 1 주파수 전달함수

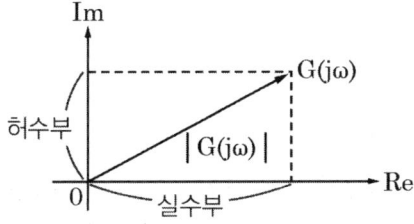

(1) $|G(s)|_{s=j\omega} = G(j\omega) = |G(j\omega)| \angle G(j\omega)$

전달함수 $G(s)$에 주파수 $\omega$의 정현파 신호를 가할 때 출력신호의 정상값은 입력과 같은 주파수의 정현파가 되며 진폭은 $|G(j\omega)|$배가 되고 위상은 $\angle G(j\omega)$ 만큼 위상차가 생김

보충 $G(j\omega)$ : 주파수 전달함수  $|G(j\omega)|$ : 주파수 크기  $\angle G(j\omega)$ : 위상차

(2) 진폭비 ($G(j\omega)$의 길이)

$|G(j\omega)| = \sqrt{실수부^2 + 허수부^2}$

(3) 위상차 ($G(j\omega)$의 벡터의 편각)

$\angle G(j\omega) = \tan^{-1}\dfrac{허수부}{실수부}$

(4) 주파수 전달함수 $G(j\omega)$의 크기 $g$ 및 위상 $\theta$ 계산방법

① $G(j\omega) = a + jb$ $\quad g = \sqrt{a^2 + b^2}$ $\quad \theta = \tan^{-1}\dfrac{b}{a}$

② $G(j\omega) = \dfrac{1}{a+jb}$ $\quad g = \dfrac{1}{\sqrt{a^2+b^2}}$ $\quad \theta = -\tan^{-1}\dfrac{b}{a}$

③ $G(j\omega) = \dfrac{c+jd}{a+jb}$ $\quad g = \dfrac{\sqrt{c^2+d^2}}{\sqrt{a^2+b^2}}$ $\quad \theta = \tan^{-1}\dfrac{d}{c} - \tan^{-1}\dfrac{b}{a}$

④ $G(j\omega) = \dfrac{jd}{a+jb}$ $\quad g = \dfrac{d}{\sqrt{a^2+b^2}}$ $\quad \theta = 90° - \tan^{-1}\dfrac{b}{a}$

## 2 전달함수에 따른 벡터 궤적

$\omega$가 0 → ∞까지 변화하였을 때의 $G(j\omega)$의 크기와 위상각의 변화를 극좌표로 표시한 것

(1) 비례 요소
  ① 전달함수 : $G(s) = K$(상수)
  ② 주파수 전달함수 : $G(j\omega) = K$
  ③ 벡터의 궤적 : 일정한 실수 값만을 그림과 같이 실수축상 $K$의 위치에 단 하나의 점으로 표현

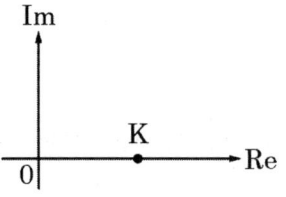

(2) 미분 요소
  ① 전달함수 $G(s) = s$
  ② 주파수 전달함수 : $G(j\omega) = j\omega$
  ③ 벡터의 궤적 : $\omega$가 점차 증가함에 따라 $j\omega$는 허수축상에서 그림과 같이 위로 올라가는 직선으로 표현

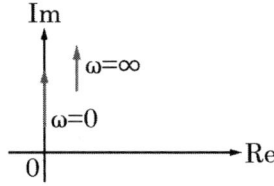

(3) 적분 요소
  ① 전달함수 : $G(s) = \dfrac{1}{s}$
  ② 주파수 전달함수 $G(j\omega) = \dfrac{1}{j\omega} = -j\dfrac{1}{\omega}$
  ③ 벡터의 궤적 : $\omega = 0$에서는 허수축상 $-\infty$로, $\omega = \infty$일 때 허수축상에서 원점에 가까우므로 그림과 같이 $\omega$가 점차 증가함에 따라 허수축상 $-\infty$에서 0으로 올라가는 직선으로 표현

(4) 비례 미분 요소
  ① 전달함수 : $G(s) = 1 + Ts$
  ② 주파수 전달함수 : $G(j\omega) = 1 + j\omega T$
  ③ 벡터의 궤적 : 실수부는 1로서 항상 일정하며, 허수부는 $\omega T$이므로 $\omega = 0 \to \infty$로 되면 허수부만 0 → ∞로 증가하므로 그림과 같이 $(1, j0)$인 점에서 수직으로 위로 올라가는 직선으로 표현

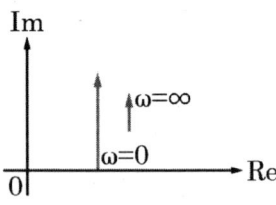

(5) 1차 지연 요소

① 전달함수 : $G(s) = \dfrac{1}{1+Ts}$

② 주파수 전달함수 : $G(j\omega) = \dfrac{1}{1+j\omega T}$

③ 벡터의 궤적 : $\omega = 0$일 때 실수부 1에서 시작하여

$\omega = 0 \to \infty$ 로 증가하면 반지름이 $\dfrac{1}{2}$인 반원형으로 표현

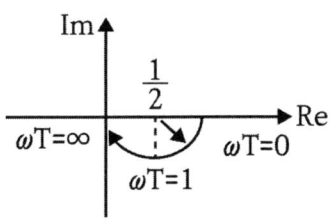

(6) 2차 지연 요소

① 전달함수 : $G(s) = \dfrac{1}{(1+Ts)(1+Ts)} = \dfrac{\omega_n^2}{s^2 + 2\zeta\omega_n s + \omega_n^2}$

② 주파수 전달함수 : $G(j\omega) = \dfrac{\omega_n^2}{-\omega^2 + j2\zeta\omega_n\omega + \omega_n^2}$

③ 벡터의 궤적 : $\omega = 0$일 때 실수부 1에서 시작하여
$\omega = 0 \to \infty$ 로 증가하면 2개의
사분면을 지나고 원점으로 도착하는
비대칭 반원형태로 표현

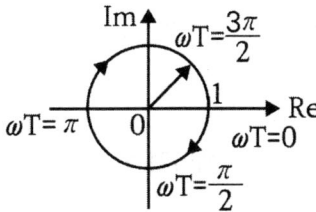

(7) 부동작 시간 요소

① 전달함수 : $G(s) = e^{-Ts}$

② 주파수 전달함수 : $G(j\omega) = e^{-j\omega T}$

③ 벡터의 궤적 : $|G(j\omega)| = 1$, $\angle G(j\omega)$는 $\omega$의 증가에 따라 (-)방향으로 회전하며 반지름의 크기가 1이고, 시계방향으로 회전하는 원의 형태로 표현

### 예제 01

주파수 전달함수 $G(s) = s$인 미분요소가 있을 때 이 시스템의 벡터 궤적은?

① 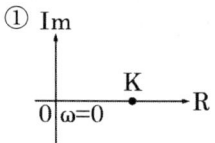  ② 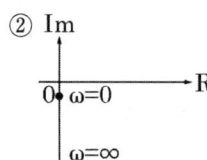  ③ 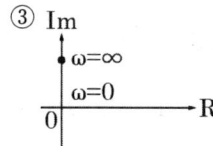  ④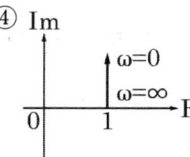

**해설** 미분요소 전달함수

- $G(s) = s = j\omega \big|^{\omega = 0 \sim \infty}$
- 허수축의 원점에서 출발하여 ∞까지 증가하는 직선 그래프

TIP 벡터궤적 : s를 jω로 치환한 후 ω가 0에서부터 ∞까지 증가할 때의 흔적을 나타냄

**정답** ③

## 3 형에 따른 벡터의 궤적

(1) 0형 제어계

| 구분 | 0형 1차 | 0형 2차 | 0형 3차 |
|---|---|---|---|
| 전달함수 $G(s)$ | $\dfrac{k}{s^0(s+1)}$ | $\dfrac{k}{s^0(s+1)(s+2)}$ | $\dfrac{k}{s^0(s+1)(s+2)(s+3)}$ |
| 벡터궤적 | | | |

(2) n형 제어계

| 구분 | 1형 2차 | 2형 2차 | 3형 2차 |
|---|---|---|---|
| 전달함수 $G(s)$ | $\dfrac{k}{s^1(s+1)(s+2)}$ | $\dfrac{k}{s^2(s+1)(s+2)}$ | $\dfrac{k}{s^3(s+1)(s+2)}$ |
| 벡터궤적 | | | |

# 02 보드선도

주파수 응답을 나타내는 그래프로서 자동 제어계의 안정·불안정에 관한 정보 및 안정 개선방법 등을 파악할 때 널리 사용됨

## 1 보드선도의 구성

입력주파수에 따른 크기(이득)응답과 위상응답 2개의 그래프로 구성

(1) 이득 곡선
  ① 가로축 : 주파수 $\omega$를 대수 눈금으로 표시
  ② 세로축 : 주파수 전달함수의 크기($|G(j\omega)|$)의 데시벨 값
  ③ 이득 $g$

$$g = 20\log_{10}|진폭비| = 20\log_{10}|G(j\omega)|\,[\text{dB}]$$

(2) 위상차
  ① 가로축 : 주파수 $\omega$를 대수 눈금으로 표시
  ② 세로축 : 주파수 전달함수의 위상차
  ③ 위상 $\theta = \angle G(j\omega)[\text{deg}]$

### 예제 02

그림과 같은 보드선도의 이득선도를 갖는 제어시스템의 전달함수는?

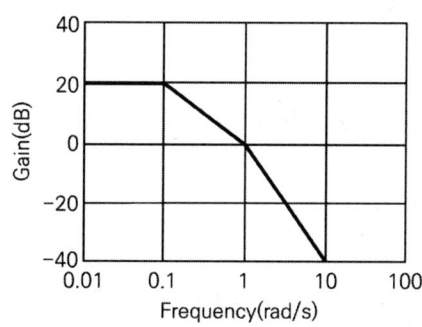

① $G(s) = \dfrac{10}{(s+1)(s+10)}$      ② $G(s) = \dfrac{10}{(s+1)(10s+1)}$

③ $G(s) = \dfrac{20}{(s+1)(s+10)}$      ④ $G(s) = \dfrac{20}{(s+1)(10s+1)}$

**해설** 보드선도의 이득곡선

절점주파수 s = 1 또는 0.1
따라서 분모는 (s + 1)(10s + 1)
이득 $20 = 20\log|G(s)| = 20\log|G(0)|$
$G(s) = \dfrac{k}{(s+1)(10s+1)}$ 으로 놓으면
$G(0) = \dfrac{k}{(0+1)(0+1)} = 10$ 이어야 하므로 $k = 10$

**정답** ①

## 2  각종 요소의 이득과 위상각

(1) 비례요소 $G(s) = K$, $G(j\omega) = K$
  ① 이득 $g = 20\log_{10}|G(j\omega)| = 20\log_{10}K$
  ② 위상각 $\theta = \angle G(j\omega) = \angle 0°$

(2) 미분요소 $G(s) = s$, $G(j\omega) = j\omega$
  ① 이득 $g = 20\log_{10}|G(j\omega)| = 20\log\omega$
  ② 위상각 $\theta = \angle j\omega = 90°$

(3) 적분요소 $G(s) = \dfrac{1}{s}$, $G(j\omega) = \dfrac{1}{j\omega}$
  ① 이득 $g = 20\log_{10}|G(j\omega)| = 20\log_{10}\dfrac{1}{\omega} = -20\log_{10}\omega$
  ② 위상차 $\theta = \angle \dfrac{1}{j\omega} = -90°$

(4) 1차 지연요소 $G(s) = \dfrac{1}{1+Ts}$, $G(j\omega) = \dfrac{1}{1+j\omega T}$
  ① 이득 $g = 20\log_{10}\dfrac{1}{\sqrt{1+(\omega T)^2}}$
  ② 위상각 $\theta = \angle \dfrac{1}{1+j\omega T} = -\tan^{-1}\omega T°$

**예제 03**

$G(s) = \dfrac{K}{s}$ 인 적분요소의 보드선도에서 이득곡선의 1 [decade]당 기울기는 몇 [dB]인가?

① 10
② 20
③ -10
④ -20

**해설** 적분요소 이득곡선 기울기

$$g = 20\log_{10}\dfrac{1}{10} = -20\,[dB]$$

TIP 1 [decade]  $\omega = 10$

정답 ④

## 03 주파수 특성에 관한 상수

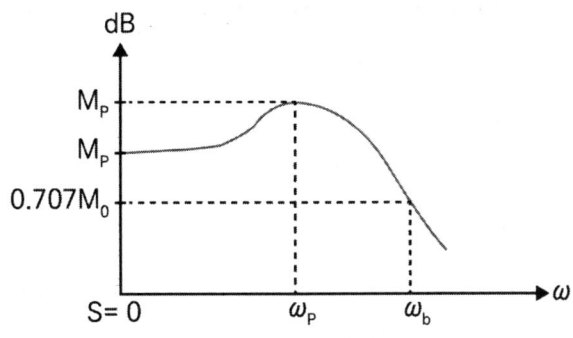

〈주파수 응답에 관한 전달함수의 크기〉

(1) 영주파수 이득 $M_0$

① 정상 상태에서의 이득 ($s=0$일 때의 이득)

② $1-M_0$ : 정상오차

(2) 대역폭 $\omega_b$

① $|G(j\omega)|$가 $M_0$의 0.707배가 되는 순간의 주파수

② $|G(j\omega)|$가 $20\log M_0 - 3\,[\text{dB}]$일 때의 주파수

③ 대역폭의 넓이와 응답속도는 비례

④ 대역폭과 상승시간은 반비례

(3) 공진 정점 $M_p$

① 이득곡선에서 $|G(j\omega)|$가 최대인 점 $M_p = \dfrac{1}{2\zeta\sqrt{1-\zeta^2}}$

② 계의 안정도의 척도가 되며 최적의 $M_p$값은 약 1.1 ~ 1.5

③ $M_p$가 크면 과도 응답 시 오버슈트가 커지며 불안정

(4) 공진 주파수 $\omega_p$

① $|G(j\omega)|$가 최대일 때의 주파수 $\omega_p = \omega_n\sqrt{1-2\zeta^2}$

② 일반적으로 $\omega_p$의 값이 높으면 주기는 작음

(5) 분리도

① 신호와 잡음(외란)을 분리하는 제어계의 특성

② 일반적으로 분리도가 예리하면 큰 공진정점 $M_p$를 동반하므로 불안정하기가 쉬움

## 예제 04

전달함수의 크기가 주파수 0에서 최댓값을 갖는 저역통과 필터가 있다. 최댓값의 70.7 [%] 또는 -3 [dB]로 되는 크기까지의 주파수로 정의되는 것은?

① 공진 주파수  ② 첨두 공진점
③ 대역폭     ④ 분리도

**해설** 대역폭

- 0.707 $M_0$ 또는 $20\log M_0 - 3$ [dB]의 주파수
- 대역폭이 넓을수록 응답속도가 빠름
- 대역폭이 좁을수록 응답속도가 느림

**정답** ③

# CHAPTER 05 | 개념 체크 OX

**1** 미분요소의 벡터궤적은 허수축상에서 위로 올라가는 직선으로 표현되고, 적분요소의 벡터궤적은 실수축에서 오른쪽으로 진행되는 직선으로 표현된다.  [O | X]

**2** 2차 지연요소의 벡터 궤적은 반지름이 1인 원의 형태로 표현된다.  [O | X]

**3** n형 3차 제어계의 벡터 궤적은 3개의 사분면을 지난다.  [O | X]

**4** 보드선도에서 이득은 $g = 20\log_{10}|진폭비| = 20\log_{10}|G(j\omega)|[\text{dB}]$이다.  [O | X]

**5** 대역폭과 상승시간은 비례한다.  [O | X]

**6** 대역폭이란 영주파수 이득의 $\dfrac{1}{\sqrt{2}}$ 배가 되는 순간의 주파수이다.  [O | X]

**7** 공진 정점이 클수록 오버슈트가 작아지면서 안정적이다.  [O | X]

---

**정답**  01 (X)  02 (X)  03 (O)  04 (O)  05 (X)  06 (O)  07 (X)

**1** 적분요소의 벡터궤적은 허수축상 $-\infty$에서 0으로 올라가는 직선으로 표현된다.
**2** 부동작 시간요소의 벡터궤적이 반지름 1인 원형태이다.
**5** 대역폭과 상승시간은 반비례한다.
**6** $\dfrac{1}{\sqrt{2}} = 0.707$
**7** 공진 정점이 크면 오버슈트가 커지면서 불안정하다.

# CHAPTER 06 제어계의 안정도

## 01 안정도의 구분

### 1 절대안정도
(1) 안정과 불안정을 판단
(2) 특성근의 위치, 루스표 등을 이용

### 2 상대안정도
(1) 얼마나 안정한지 그 정도를 판단
(2) 나이퀴스트 선도, 보드 선도, 근궤적법을 이용

## 02 안정도 판별법

### 1 루스(Routh-Hurwitz) 안정도 판별법
(1) 특성방정식

$$F(s) = 1 + G(s)\,H(s) = a_0 s^n + a_1 s^{n-1} + a_2 s^{n-2} + \cdots + a_{n-1} s + a_n$$

(2) 제어계의 안정조건
　① 모든 차수의 계수가 존재할 것
　② 특성방정식의 모든 계수의 부호가 같아야 함
　③ 루스표를 작성하되, 루스표의 1열 부호가 변화하지 않고 같아야 함

(3) 루스표 작성방법

① 3차방정식 : $s^3 + as^2 + bs + c = 0$

| 차수 | 제1열 | 제2열 |
|---|---|---|
| $s^3$ | 1 | $b$ |
| $s^2$ | $a$ | $c$ |
| $s^1$ | $\dfrac{b \times a - 1 \times c}{a} = k$ | 0 |
| $s^0$ | $\dfrac{c \times k - a \times 0}{k} = c$ | 0 |

② 4차방정식 : $s^4 + as^3 + bs^2 + cs + d = 0$

| 차수 | 제1열 | 제2열 | 제3열 |
|---|---|---|---|
| $s^4$ | 1 | $b$ | $d$ |
| $s^3$ | $a$ | $c$ | 0 |
| $s^2$ | $\dfrac{b \times a - 1 \times c}{a} = k$ | $\dfrac{d \times a - 1 \times 0}{a} = d$ | 0 |
| $s^1$ | $\dfrac{c \times k - a \times d}{k} = k'$ | 0 | 0 |
| $s^0$ | $\dfrac{d \times k' - k \times 0}{k'} = d$ | 0 | 0 |

## 예제 01

그림과 같은 제어시스템이 안정하기 위한 k의 범위는?

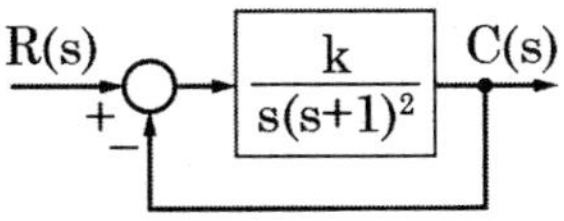

① k > 0    ② k > 1    ③ 0 < k < 1    ④ 0 < k < 2

**해설** 안정한 시스템을 위한 K의 범위

- 전달함수 $\dfrac{C(s)}{R(s)} = \dfrac{\dfrac{k}{s(s+1)^2}}{1 - \left(-\dfrac{k}{s(s+1)^2}\right)} = \dfrac{k}{s(s+1)^2 + k}$ 이므로

- 특성방정식 $s(s+1)^2 + k = 0 \Rightarrow s^3 + 2s^2 + s + k = 0$

  TIP 전향경로(개루프) 전달함수 특성방정식 : 분자 + 분모 = 0

- Routh표 작성

  | 차수 | 제1열 | 제2열 |
  |---|---|---|
  | $s^3$ | 1 | 1 |
  | $s^2$ | 2 | $k$ |
  | $s^1$ | $\dfrac{1 \times 2 - 1 \times k}{2} = \dfrac{2-k}{2}$ | 0 |
  | $s^0$ | $k$ | 0 |

  $2 - k > 0 \rightarrow k < 2$ 그리고 $k > 0$
  $\therefore 0 < k < 2$

  정답 ④

## 예제 02

$s^3 + 11s^2 + 2s + 40 = 0$에는 양의 실수부를 갖는 근은 몇 개 있는가?

① 1  ② 2  ③ 3  ④ 없다.

**해설** Routh 판별법

- Routh 표

  | 차수 | 제1열 | 제2열 |
  |---|---|---|
  | $s^3$ | 1 | 2 |
  | $s^2$ | 11 | 40 |
  | $s^1$ | $\dfrac{22-40}{11} = -\dfrac{18}{11}$ | 0 |
  | $s^0$ | 40 | 0 |

- 제어계가 안정될 필요조건
  ① 모든 차수의 계수가 존재할 것
  ② 특성방정식의 모든 계수의 부호가 같아야 함
  ③ 루스표를 작성하고 루스표의 1열 부호가 변화하지 않고 같아야 함
  ∴ 제1열의 부호변화가 두 번 있으므로 불안정한 근이 두 개 존재

  정답 ②

### 예제 03

Routh-Hurwitz 방법으로 특성방정식이 $s^4 + 2s^3 + s^2 + 4s + 2 = 0$인 시스템의 안정도를 판별하면?

① 안정   ② 불안정
③ 임계안정   ④ 조건부 안정

**해설** Routh 판별법

- Routh표

| 차수 | 제1열 | 제2열 | 제3열 |
|---|---|---|---|
| $s^4$ | 1 | 1 | 2 |
| $s^3$ | 2 | 4 | 0 |
| $s^2$ | $\dfrac{2-4}{2}=-1$ | $\dfrac{4-0}{2}=2$ | 0 |
| $s^1$ | $\dfrac{-4-4}{-1}=8$ | 0 | 0 |
| $s^0$ | 2 | 0 | 0 |

- 제어계가 안정될 필요조건
  ① 모든 차수의 계수가 존재할 것
  ② 특성방정식의 모든 계수의 부호가 같아야 한다.
  ③ 루스표를 작성하고 루스표의 1열 부호가 변화하지 않고 같아야 한다.
  ∴ 제1열의 부호 변화가 있으므로 불안정하다.

**정답** ②

## 2 나이퀴스트(Nyquist) 판별법

(1) 나이퀴스트 선도

① 각 주파수의 변화에 따른 개루프 전달함수 $G(j\omega)H(j\omega)$의 벡터 궤적
② 계통의 안정도 개선법과 상대 및 절대 안정도를 판정
③ 이득여유의 계산을 통해 임계안정에서의 가까운 정도를 판정

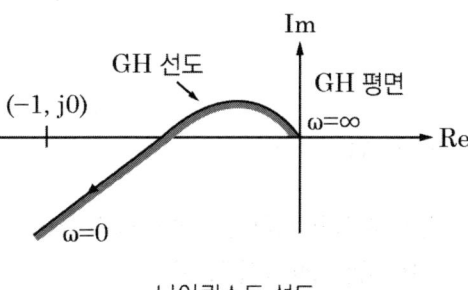

나이퀴스트 선도

(2) 안정조건
  ① $G(jw)H(jw)$의 $\omega$값을 0에서 $\infty$까지 증가시킬 때, 그 궤적이 $(-1, j0)$인 점의 우측을 지나가면 제어계는 안정
  ② $G(jw)H(jw)$의 $\omega$값을 0에서 $\infty$까지 증가시킬 때, 그 궤적과 실수부가 교차하는 부분이 단위원 안에 있으면 안정

(3) 이득 여유 (GM)
  ① 이득여유 $(GM) = 20\log\dfrac{1}{|GH_c|} = -20\log|GH_c|\,[\text{dB}]$
  ② 안정조건 $g_m > 0$, 제어계가 안정되려면 4~12 [dB]

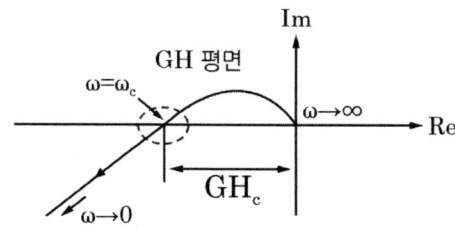

(4) 위상 여유 (PM)
  ① 단위원과 나이퀴스트 선도와의 교점을 표시하는 벡터가 "부"의 실수축과 만드는 각
  ② 안정조건 $\phi_m > 0$, 제어계가 안정되려면 30 ~ 60°

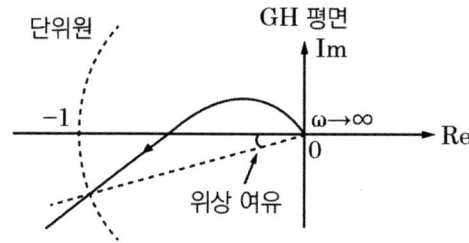

## 예제 04

단위 부궤환 제어시스템의 루프전달함수 G(s)H(s)가 다음과 같이 주어져 있다. 이득여유가 20 [dB]이면 이때 K의 값은?

$$G(s)H(s) = \dfrac{K}{(s+1)(s+3)}$$

① 3/10  ② 3/20  ③ 1/20  ④ 1/40

> **해설** 이득여유
>
> $$G(s)H(s) = \frac{K}{(s+1)(s+3)}\bigg|_{\omega=0} = \frac{K}{3} \qquad |GH| = \frac{K}{3}$$
>
> - 이득 여유 $G.M$ 계산식
>
> $$G.M = 20\log\frac{1}{|GH|} = 20\log_{10}\frac{3}{K} = 20\,[\text{dB}] \qquad \therefore K = \frac{3}{10}$$
>
> 정답 ①

### 3 보드 선도에 의한 안정도 판별법

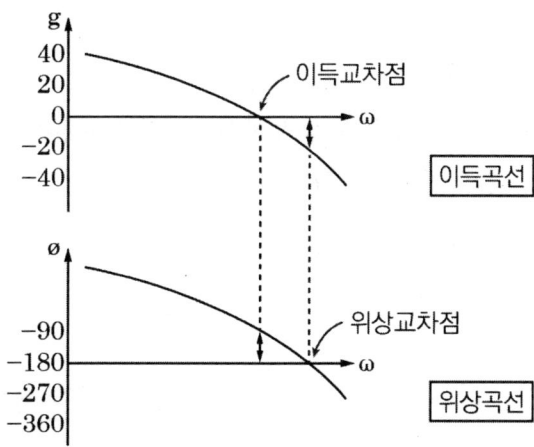

(1) 이득여유 ($g_m$)와 위상여유 ($\theta_m$)

① 이득여유 : 위상이 -180°일 때 이득곡선에서 0 [dB]과의 이득차

② 위상여유 : 이득이 0일 때 위상곡선에서 -180°와의 위상차

(2) 안정조건

① 이득교차점에서 위상곡선은 -180°보다 크면 안정

② 위상교차점에서 이득곡선은 0[dB]보다 작으면 안정

③ 이득여유 ($g_m$), 위상여유 ($\theta_m$)가 모두 양수면 안정

④ 이득여유 ($g_m$), 위상여유 ($\theta_m$)가 커질수록 안전도는 증가

(3) 보드선도의 임계점에서의 이득과 위상

① 이득 : 0 [dB]

② 위상 : -180°

### 예제 05

나이퀴스트(Nyquist) 선도에서의 임계점 (-1, j0)에 대응하는 보드선도에서의 이득과 위상은?

① 1 dB, 0°   ② 0 dB, -90°   ③ 0 dB, 90°   ④ 0 dB, -180°

**해설** 임계점의 이득과 위상

0 [dB], -180°

**정답** ④

## 4 특성방정식의 근

(1) 특성방정식의 근 구하기

① 전향경로(개루프) 전달함수 특성방정식 → 분자 + 분모 = 0
② 인수분해 또는 근의 공식을 이용

- 근의 공식 $s = \dfrac{-b \pm \sqrt{b^2 - 4ac}}{2a}$

(2) 근의 위치에 따른 안정조건

| 안정도 | 근의 위치 | |
|---|---|---|
| | s 평면 | z 평면 |
| 안정 | 좌반면 | 단위원 내부 |
| 불안정 | 우반면 | 단위원 외부 |
| 임계안정 | 허수측 | 단위 원주상 |

### 예제 06

단위 궤환제어계의 개루프 전달함수가 $G(s) = \dfrac{K}{s(s+2)}$ 일 때, $K$가 $-\infty$로부터 $+\infty$까지 변하는 경우 특성방정식의 근에 대한 설명으로 틀린 것은?

① $-\infty < K < 0$에 대하여 근은 모두 실근이다.
② $0 < K < 1$에 대하여 2개의 근은 모두 음의 실근이다.
③ $K = 0$에 대하여 $s_1 = 0$, $s_2 = -2$의 근은 $G(s)$의 극점과 일치한다.
④ $1 < K < \infty$에 대하여 2개의 근은 음의 실수부 중근이다.

**해설** 특성방정식

- $s(s+2) + K = 0 \rightarrow s^2 + 2s + K = 0$
- 특성근 계산

$$s = \frac{-b \pm \sqrt{b^2 - 4ac}}{2a} = -1 \pm \sqrt{1-K}$$

$-\infty < K < 0$ : 모두 실근
$0 < K < 1$ : 서로 다른 음의 두 실근
$K = 0$ : 극점과 일치하는 두 실근
$1 < K < \infty$ : 2개의 음의 실수부를 갖는 공액복소근
∴ 특성방정식에서 2개의 음수를 중근으로 가지려면 $K = 1$이어야 한다.

**정답** ④

## 예제 07

특성방정식이 다음과 같다. 이를 z 변환하여 z 평면도에 도시할 때 단위 원 밖에 놓일 근은 몇 개인가?

$$(s + 1)(s + 2)(s - 3) = 0$$

① 0　　② 1　　③ 2　　④ 3

**해설** z 평면도에서 불안정한 근의 개수

- 특성 방정식 근
  $(s + 1)(s + 2)(s - 3) = 0$
  ∴ $s = -1, -2, 3$
- s 평면일 때 안정 및 불안정한 근 개수
  안정 -1, -2 : 2개
  불안정 3 : 1개
- s 평면 → z 평면 변환 시 같음
  ∴ z 평면도에서 불안정한 근의 개수 1개

**정답** ②

# CHAPTER 06 | 개념 체크 OX

**1** 상대안정도를 판단하기 위해 루스표를 이용한다. ☐ O ☐ X

**2** 루스표의 1열과 2열의 부호가 변화하지 않고 같아야 안정적이다. ☐ O ☐ X

**3** 루스표의 1열의 부호의 변화 횟수와 불안정한 근의 개수는 같다. ☐ O ☐ X

**4** 나이퀴스트 선도에서 $G(jw)H(jw)$의 $\omega$값을 0에서 ∞까지 증가시킬 때 그 궤적이 (-1, $j0$)인 점의 좌측을 지나가면 제어계는 안정하다. ☐ O ☐ X

**5** 나이퀴스트 선도의 이득여유 = $20\log|GH|$[dB]이다. ☐ O ☐ X

**6** 제어계가 안정되려면 위상여유는 30 ~ 60°이다 ☐ O ☐ X

**7** 보드선도에서 이득여유는 위상이 180°일 때 이득 0 [dB]과의 이득차를 말한다. ☐ O ☐ X

**8** z 평면에서 특성방정식의 근이 원의 내부에 있을 때 안정이다. ☐ O ☐ X

**9** s 평면에서 특성방정식의 근이 실수축에 있을 때 임계안정이다. ☐ O ☐ X

---

**정답**  01 (X)  02 (X)  03 (O)  04 (X)  05 (X)  06 (O)  07 (X)  08 (O)  09 (X)

**1** 절대안정도를 판단하기 위해 루스표를 이용하고 상대안정도를 판단하기 위해 나이퀴스트선도, 보드선도 근궤적법을 이용한다.

**2** 루스표의 <u>1열의 부호만 변화하지 않고 같으면</u> 된다.

**4** (-1, $j0$)인 점의 우측을 지나가면 제어계는 안정하다.

**5** $(GM) = 20\log\dfrac{1}{|GH_c|} = -20\log|GH|$[dB]이다.

**7** 보드선도에서 이득여유는 위상이 <u>-180°</u>일 때 이득 0 [dB]과의 이득차를 말한다.

**9** s 평면에서 특성방정식의 근이 <u>허수축</u>에 있을 때 임계안정이다.

# CHAPTER 07 근궤적

## 01 근궤적법

### 1 근궤적법의 작도

(1) 근궤적이란?

폐루프 전달함수 $\dfrac{G(s)}{1+G(s)H(s)}$ 의 극의 위치를 개루프 전달함수 $G(s)H(s)$의 이득상수 $K$의 함수로 나타내는 기법으로 s 평면상에서 개루프 전달함수의 이득 상수 $K$를 0에서 $\infty$까지 변화시킬 때 특성 방정식의 근이 그리는 궤적

(2) 근궤적 작도법

$G(s)H(s)$의 극점, 영점과 특성방정식의 근 사이의 관계로부터 근궤적을 그릴 수 있음
① 근궤적의 출발점($K=0$) : $G(s)H(s)$의 극점으로부터 출발
② 근궤적의 종착점($K=\infty$) : $G(s)H(s)$의 영점에서 종착
  ※ 근궤적은 극점에서 출발하여 영점에서 종착
③ 특성방정식의 근은 실근 또는 켤레 복소수 형태이므로 근궤적은 실수축에 대칭

### 2 근궤적의 특징

(1) 근궤적의 개수
① 특성 방정식의 차수와 같음
② 극점과 영점의 개수 중 큰 것과 일치

(2) 근궤적의 점근선의 각도

$\theta = \dfrac{(2K+1)\pi}{P-Z}$   $P$ : 극점 개수, $Z$ : 영점 개수, $K=0,1,2,\cdots\cdots(K=p-z$까지$)$

(3) 점근선의 교차점

$\delta = \dfrac{\sum G(s)H(s)\text{극점} - \sum G(s)H(s)\text{영점}}{P-Z}$

## 예제 01

개루프 전달함수 G(s)H(s)로부터 근궤적을 작성할 때 실수축에서의 점근선의 교차점은?

$$G(s)H(s) = \frac{K(s-2)(s-3)}{s(s+1)(s+2)(s+4)}$$

① 2  
② 5  
③ -4  
④ -6

**해설** 교차점 $\sigma$ 계산

- $\sigma = \dfrac{\sum \text{극점} \sum \text{영점}}{P(\text{극점 개수}) - Z(\text{영점 개수})}$

극점 0, -1, -2, -4 : 4개
영점 2, 3 : 2개

$\therefore \sigma = \dfrac{-7-5}{4-2} = \dfrac{-12}{2} = -6$

**정답** ④

(4) 실수축상의 근궤적

영점과 극점의 총수가 홀수일 때 홀수 구간에만 존재

(5) 실수축상의 분지점(= 이탈점)

① -1과 0 사이에서 출발한 근궤적의 출발점
② 2개의 근궤적이 분기하는 출발점
③ 분지점 : $\dfrac{dK}{ds} = 0$인 s값 중에서 극점으로 나눈 구간 중 홀수 번째 해당하는 점

## 예제 02

$G(s)H(s) = \dfrac{K}{s(s+1)(s+4)}$의 $K \geq 0$에서의 분지점(Break Away Point)은?

① -2.86  
② 2.86  
③ -0.46  
④ 0.46

> **해설** 분지점
>
> $1 + G(s)H(s) = 0 \rightarrow 1 + \dfrac{K}{s(s+1)(s+4)} = 0$
>
> $K = -s(s+1)(s+4) = -s^3 - 5s^2 - 4s$
>
> $\dfrac{dK}{ds} = \dfrac{d}{ds}(-s^3 - 5s^2 - 4s) = -3s^2 - 10s - 4 = 0$에서
>
> $s = -0.46$ 또는 $-2.86$
>
> • 근의 구간은 $-\infty \sim -4$, $-1 \sim 0$ (∵ 근은 홀수 번째 구간에만 존재)
>
> ∴ 분지점 $= -0.46$
>
> **정답** ③

## 3 z 변환

불연속 시스템을 나타내는 차분 방정식이나 이산시스템인 경우에 적용

(1) z 변환 정리표

| 시간함수 | s 변환 | z 변환 |
|---|---|---|
| $\delta(t)$ | 1 | 1 |
| $u(t)$ | $\dfrac{1}{s}$ | $\dfrac{z}{z-1}$ |
| $t$ | $\dfrac{1}{s^2}$ | $\dfrac{Tz}{(z-1)^2}$ |
| $e^{-at}$ | $\dfrac{1}{s+a}$ | $\dfrac{z}{z-e^{-aT}}$ |
| $\sin\omega t$ | $\dfrac{\omega}{s^2+\omega^2}$ | $\dfrac{z\sin\omega T}{z^2 - 2z\cos\omega T + 1}$ |
| $\cos\omega t$ | $\dfrac{s}{s^2+\omega^2}$ | $\dfrac{z(1-\cos\omega T)}{z^2 - 2z\cos\omega T + 1}$ |

(2) z 변환의 초기값 및 최종값 정리

① 초기값 정리 : $\lim\limits_{z \to \infty} F(z)$

② 최종값 정리 : $\lim\limits_{z \to 1}(1 - \dfrac{1}{z})F(z) = \lim\limits_{z \to 1}(1 - z^{-1})F(z)$

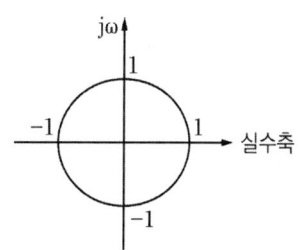

(3) $z$ 변환법 안정도 판별

① 안정 : $|z| = 1$인 단위원 내점에 존재

② 불안정 : $|z| = 1$인 단위원 외점에 존재

③ 임계상태 : $|z| = 1$인 원주상에 존재

## 예제 03

3차인 이산치 시스템의 특성 방정식의 근이 -0.3, -0.2, +0.5로 주어져 있다. 이 시스템의 안정도는?

① 이 시스템은 안정한 시스템이다.
② 이 시스템은 불안정한 시스템이다.
③ 이 시스템은 임계 안정한 시스템이다.
④ 위 정보로서는 이 시스템의 안정도를 알 수 없다.

**해설** $z$ 평면 안정도

$z$ 평면 안정도(= 이산치 시스템) : -0.3, -0.2, +0.5 단위원 내부 존재

∴ $|z| = 1$인 단위원 안쪽에 존재 시 안정

**정답** ①

## 예제 04

다음 중 $z$ 변환함수 $\dfrac{3z}{(z - e^{-3t})}$에 대응되는 라플라스 변환함수는?

① $\dfrac{1}{s+3}$   ② $\dfrac{3}{s-3}$   ③ $\dfrac{1}{s-3}$   ④ $\dfrac{3}{s+3}$

**해설** 라플라스 변환

| 시간함수 | 라플라스 | z 변환 |
|---|---|---|
| $3e^{-3t}$ | $\dfrac{3}{s+3}$ | $\dfrac{3z}{(z - e^{-3t})}$ |

**정답** ④

### 예제 05

f(t)의 z 변환이 F(z)일 때 f(t)의 최종값은?

$$F(z) = \frac{9z}{(z-1)(z+0.5)}$$

① -6    ② ∞    ③ 0    ④ 6

**해설** z 변환의 최종값 정리

$$\lim_{z \to 1}(1 - \frac{1}{z})F(z)$$
$$= \lim_{z \to 1}\left(\frac{z-1}{z}\right)\frac{9z}{(z-1)(z+0.5)}$$
$$= \lim_{z \to 1}\left(\frac{9}{z+0.5}\right) = 6$$

**정답** ④

# CHAPTER 07 개념 체크 OX

**1** 근궤적은 영점에서 출발한다. ⬜O ⬜X

**2** 특정방정식의 근궤적은 허수축에 대칭이다. ⬜O ⬜X

**3** 점근선의 교차점을 구하는 방법은 ⬜O ⬜X
$\delta = \dfrac{\sum G(s)H(s)\text{영점} - \sum G(s)H(s)\text{극점}}{\text{영점개수} - \text{극점개수}}$ 이다.

**4** 근궤적의 수는 극점 또는 영점의 개수 중에서 큰 것과 일치한다. ⬜O ⬜X

**5** $z$ 변환의 최종값 정리 공식은 $\lim\limits_{z \to \infty} F(z)$ 이다. ⬜O ⬜X

**6** $z$ 변환법 안정도를 판별할 때 반지름이 1인 원 내에 점이 존재하면 안정이다. ⬜O ⬜X

---

**정답** 01 (X) 02 (X) 03 (X) 04 (O) 05 (X) 06 (O)

**1** 근궤적은 <u>극점에서</u> 출발하고 <u>영점에서</u> 도착한다.
**2** 근은 켤레수 형태이므로 실수축에 대칭이다.
**3** 점근선의 교차점을 구하는 방법은 $\delta = \dfrac{\sum G(s)H(s)\text{극점} - \sum G(s)H(s)\text{영점}}{\text{극점개수} - \text{영점개수}}$ 이다.
**5** $\lim\limits_{z \to 1}(1 - \dfrac{1}{z})F(z) = \lim\limits_{z \to 1}(1 - z^{-1})F(z)$ 이다.

# CHAPTER 08 | 시퀀스

## 01 시퀀스제어

미리 정해 놓은 순서 또는 일정한 논리에 의하여 제어명령이 일방적으로 진행되는 제어

### 1 시퀀스제어의 종류

(1) 릴레이 시퀀스(유접점회로)
   ① 기계식으로 직접 움직여서 동작시키는 회로
   ② 주위의 온도나 서지전압에 대한 내력이 좋음
   ③ 소비전력이 크고 동작속도가 느리며, 진동 및 충격에 약하고 고장이 많음
   ④ 접점의 종류

| a접점 | b접점 |
|---|---|

(2) 무접점 시퀀스(무접점회로)
   ① 기계적 접점 장치 없이 반도체 소자의 스위치 기능을 이용한 회로
   ② 동작속도가 빠르고 정밀하며, 긴 수명을 가짐
   ③ 진동과 충격에 강하며, 소형화가 가능
   ④ 주위온도에 민감하고, 서지 전압 발생 시 오작동 우려가 있고 동작 확인이 어려움

## 2 논리게이트의 구분

### (1) AND회로
입력 A, B가 동시에 가해질 때 출력 X가 발생하는 회로

| 논리회로와 논리식 | 유접점회로 | 진리표 |
|---|---|---|

| 입력 | | 출력 |
|---|---|---|
| A | B | X |
| 0 | 0 | 0 |
| 1 | 0 | 0 |
| 0 | 1 | 0 |
| 1 | 1 | 1 |

$X = A \cdot B$

### (2) OR회로
입력 A, B 중 하나의 입력이라도 가해지게 되면, 출력 X가 발생하는 회로

| A | B | X |
|---|---|---|
| 0 | 0 | 0 |
| 0 | 1 | 1 |
| 1 | 0 | 1 |
| 1 | 1 | 1 |

$X = A + B$

### (3) NOT회로
부정을 의미하며, 입력과 출력의 상태가 반대가 되는 회로

| A | X |
|---|---|
| 1 | 0 |
| 0 | 1 |

$X = \overline{A}$

### (4) NAND회로
AND회로와 출력이 반대가 되는 회로

| A | B | X |
|---|---|---|
| 0 | 0 | 1 |
| 0 | 1 | 1 |
| 1 | 0 | 1 |
| 1 | 1 | 0 |

$X = \overline{A \cdot B}$

(5) NOR회로

OR회로와 출력이 반대가 되는 회로

| 논리회로와 논리식 | 유접점회로 | 진리표 |
|---|---|---|
| (논리회로)<br>$X = \overline{A+B}$ | (접점회로) | A B X<br>0 0 1<br>0 1 0<br>1 0 0<br>1 1 0 |

## 예제 01

다음 그림은 어떠한 게이트에 대한 논리기호인가?

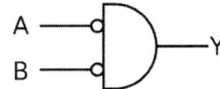

① AND  ② OR  ③ NAND  ④ NOR

**해설** 논리기호

$Y = \overline{A} \cdot \overline{B} = \overline{(A+B)}$

∴ NOR 게이트

**정답** ④

## 02 불대수의 기본정리

### 1 불대수법칙

(1) 논리합

① $A + 0 = A$, $A + 1 = 1$

② $A + A = A$, $A + \overline{A} = 1$

(2) 논리곱

① $A \cdot 0 = 0$, $A \cdot 1 = A$

② $A \cdot A = A$, $A \cdot \overline{A} = 0$

## 2 연산법칙

(1) 교환법칙
① $A+B=B+A$
② $A \cdot B = B \cdot A$

(2) 결합법칙
① $A+(B+C)=(A+B)+C$
② $A \cdot (B \cdot C)=(A \cdot B) \cdot C$

(3) 분배법칙
① $A+(B \cdot C)=(A+B)(A+C)$
② $A \cdot (B+C)=A \cdot B+A \cdot C$

---

### 예제 02

다음 논리회로의 출력 Y는?

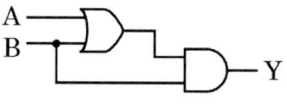

① A  ② B  ③ $A+B$  ④ $A \cdot B$

**[해설]** 논리회로의 출력

$(A+B)B = AB+BB = B(A+1) = B$

**[정답]** ②

---

## 3 흡수법칙과 드 모르간의 정리

(1) 흡수법칙
① $A+A \cdot B = A$
② $A \cdot (A+B) = A$

(2) 드 모르간의 정리
① $\overline{A+B}=\overline{A} \cdot \overline{B}$, $\overline{\overline{A} \cdot \overline{B}}=A+B$
② $\overline{AB}=\overline{A}+\overline{B}$, $\overline{\overline{A}+\overline{B}}=AB$

## 예제 03

다음의 논리회로를 간단히 하면?

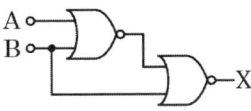

① $X = AB$   ② $X = A\overline{B}$   ③ $X = \overline{A}B$   ④ $X = \overline{AB}$

**해설** 논리식 $X$ 정리

$$X = \overline{\overline{(A+B)} + B} = (A+B) \cdot \overline{B} = (A+B) \cdot \overline{B} = A \cdot \overline{B} + B \cdot \overline{B} = A \cdot \overline{B}$$

**정답** ②

## 예제 04

논리식 $((AB + A\overline{B}) + AB) + \overline{A}B$ 를 간단히 하면?

① $A + B$   ② $\overline{A} + B$   ③ $A + \overline{B}$   ④ $A + A \cdot B$

**해설** 논리식 정리

$$((AB + A\overline{B}) + AB) + \overline{A}B = (AB + A\overline{B}) + (AB + \overline{A}B)$$
$$= A(B + \overline{B}) + (A + \overline{A})B$$
$$= A + B$$

**정답** ①

# CHAPTER 08 개념 체크 OX

**1** 유접점회로는 진동과 충격에 강하다. □ O □ X

**2** AND게이트는 두 입력 중 하나만 가해져도 출력이 발생한다. □ O □ X

**3** $A+A=A$이고 $A \cdot A = A$이다. □ O □ X

**4** 연산법칙 중 교환법칙과 결합법칙은 성립하나 분배법칙은 성립하지 않는다. □ O □ X

**5** $\overline{A+B} = \overline{A} \cdot \overline{B}$ 이고 $\overline{AB} = \overline{A} + \overline{B}$ 이다. □ O □ X

---

**정답** 01 (X) 02 (X) 03 (O) 04 (X) 05 (O)

**1** 유접점회로는 진동과 충격에 약하며 고장이 많다.
**2** AND게이트는 두 입력이 동시에 가해질 때 출력이 발생한다.
**4** 분배법칙도 성립한다.

# 03 PART
필기

모아 전기기사

# 최다빈출
# N제 플러스

# CHAPTER 01 회로이론

## 유형 1 | 테브난의 정리

- 복잡한 전기회로를 하나의 전압원 및 저항을 가진 직렬회로로 등가변환

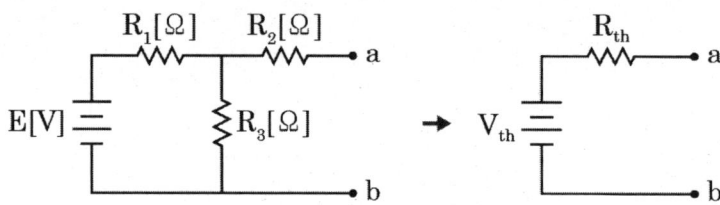

**1 전압** $V_{th} = \dfrac{R_3}{R_1 + R_3} \times E$

**2 저항** $R_{th} = \dfrac{R_1 \times R_3}{R_1 + R_3} + R_2$

### 난이도 下

**01** 테브난의 정리를 이용하여 (a)회로를 (b)와 같은 등가회로로 바꾸려 한다. V [V]와 R [Ω]의 값은?

① 7 [V], 9.1 [Ω]
② 10 [V], 9.1 [Ω]
③ 7 [V], 6.5 [Ω]
④ 10 [V], 6.5 [Ω]

해설 | 테브난 등가회로

$a, b$가 개방되어 있으므로 폐회로의 $7[\Omega]$에 걸리는 전압을 구해보면

$V_{ab} = \dfrac{7}{3+7} \times 10 = 7[\text{V}]$

직, 병렬회로의 합성저항

$R_{ab} = 7 + \dfrac{3 \times 7}{3+7} = 9.1[\Omega]$

정답 ①

난이도 中

02 회로에서 저항 R에 흐르는 전류 I [A]는?

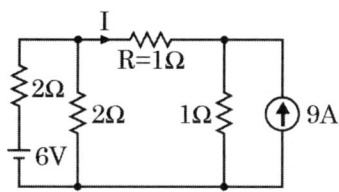

① -1
② -2
③ 2
④ 4

해설 | 저항 R에 흐르는 전류 I 계산

• 테브난 등가회로

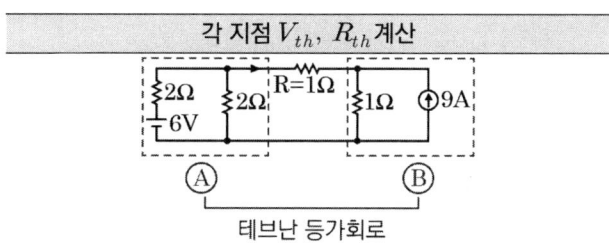

| $A$ 테브난 등가회로 | $B$ 테브난 등가회로 |
|---|---|
| A= 1Ω, 3V | B= 1Ω, 9V |
| $R_{th} = \dfrac{2 \times 2}{2+2} = 1[\Omega]$ $V_{th} = \dfrac{2}{2+2} \times 6 = 3[V]$ | $R_{th} = 1[\Omega]$ $V_{th} = 1 \times 9 = 9[V]$ |

테브난 등가회로 변환 및 전류 $I$ 계산

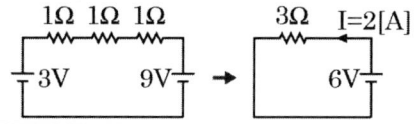

$I = \dfrac{V}{R} = \dfrac{6}{3} = 2[A]$

∴ 전류의 방향의 반대이므로 $-2[A]$

정답 ②

난이도 上

03 로에서 10 [mH]의 인덕턴스에 흐르는 전류는 일반적으로 I(t) = A + Be⁻ᵃᵗ로 표시된다. a의 값은?

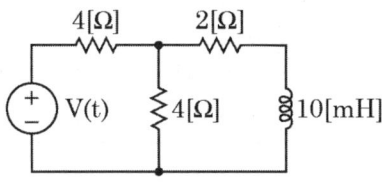

① 100
② 200
③ 400
④ 500

해설 | 테브난의 정리

• 테브난 등가회로 변환

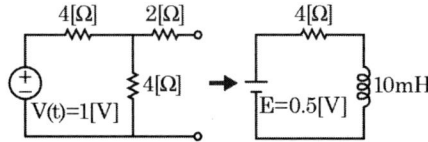

• 테브난 전압 $V_{th}$ 및 저항 $R_{th}$ 계산

$$V_{th} = \frac{4}{4+4} \times 1 = 0.5\,[V]$$

$$R_{th} = 2 + \frac{4 \times 4}{4+4} = 4\,[\Omega]$$

• $RL$ 과도현상 $i(t)$ 계산

$$i(t) = \frac{E}{R}(1 - e^{-\frac{R}{L}t})$$

$$= \frac{0.5}{4}(1 - e^{-\frac{4}{10 \times 10^{-3}}t})$$

$$= 0.125(1 - e^{-400t})$$

∴ a = 400

정답 ③

## 유형 2 | 위상차

주파수가 동일한 2개 이상의 교류 사이의 시간적인 차이

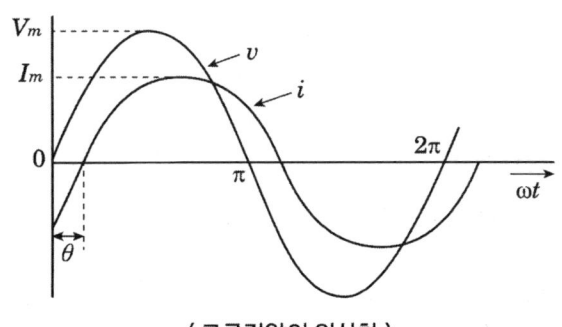

〈 교류전압의 위상차 〉

$$v = V_m \sin\omega t\,[\text{V}] \qquad i = I_m \sin(\omega t - \theta)\,[\text{A}]$$

(1) $v$는 $i$보다 $\theta$만큼 앞선다(빠르다).

(2) $i$는 $v$보다 $\theta$만큼 뒤진다(느리다).

---

**난이도 下**

**01** R-L-C 직렬회로에 $e = 170\cos(120t + \dfrac{\pi}{6})\,[V]$를 인가할 때 $i = 8.5\cos(120t - \dfrac{\pi}{6})\,[A]$가 흐르는 경우 소비되는 전력은 약 몇 [W]인가?

① 361  
② 623  
③ 720  
④ 1445

해설 | 소비전력 P 계산

$P = VI\cos\theta$

$\quad= \dfrac{170}{\sqrt{2}} \times \dfrac{8.5}{\sqrt{2}} \times \{\cos(30 - (-30))\}$

$\quad= 361.25\,[\text{W}]$

정답 ①

> 난이도 中

**02** 어느 소자에 걸리는 전압은 $v = 3\cos 3t\,[V]$이고, 흐르는 전류 $i = -2\sin(3t+10°)[A]$이다. 전압과 전류 간의 위상차는?

① 10°  
② 30°  
③ 70°  
④ 100°

해설 | 전압과 전류 간 위상차 계산

$v = 3\cos 3t = 3\sin(3t+90°)[V]$

$i = -2\sin(3t+10°)$
$= 2\sin(3t+10°+180°)$
$= 2\sin(3t+190°)[A]$

∴ $190° - 90° = 100°$

정답 ④

> 난이도 上

**03** 전류 $\sqrt{2}\,I\sin(\omega t+\theta)[A]$와 기전력 $\sqrt{2}\,V\cos(\omega t-\phi)[V]$ 사이의 위상차는?

① $\dfrac{\pi}{2}-(\phi-\theta)$  
② $\dfrac{\pi}{2}-(\phi+\theta)$  
③ $\dfrac{\pi}{2}+(\phi+\theta)$  
④ $\dfrac{\pi}{2}+(\phi-\theta)$

해설 | 전류와 기전력 간의 위상차

• 전압 sin 파형 변환
$v = \sqrt{2}\,V\cos(\omega t-\phi)$
$= \sqrt{2}\,V\sin(\omega t-\phi+\dfrac{\pi}{2})\,[V]$

TIP $\cos\theta = \sin(\theta+\dfrac{\pi}{2})$

• 위상차 계산
$v = \sqrt{2}\,V\sin(\omega t-\phi+\dfrac{\pi}{2})\,[V]$
$i = \sqrt{2}\,I\sin(\omega t+\theta)[A]$

∴ $(\dfrac{\pi}{2}-\phi)-\theta = \dfrac{\pi}{2}-(\phi+\theta)$

정답 ②

## 유형 3 | Y-△결선의 등가변환

| Y ↔ △ 변환 | △ ↔ Y 변환 |
|---|---|
| $Z_{ab} = \dfrac{Z_a Z_b + Z_b Z_c + Z_c Z_a}{Z_c} [\Omega]$ <br> $Z_{bc} = \dfrac{Z_a Z_b + Z_b Z_c + Z_c Z_a}{Z_a} [\Omega]$ <br> $Z_{ca} = \dfrac{Z_a Z_b + Z_b Z_c + Z_c Z_a}{Z_b} [\Omega]$ | $Z_a = \dfrac{Z_{ca} Z_{ab}}{Z_{ab} + Z_{bc} + Z_{ca}} [\Omega]$ <br> $Z_b = \dfrac{Z_{ab} Z_{bc}}{Z_{ab} + Z_{bc} + Z_{ca}} [\Omega]$ <br> $Z_c = \dfrac{Z_{bc} Z_{ca}}{Z_{ab} + Z_{bc} + Z_{ca}} [\Omega]$ |

〈평형 3상인 경우〉

$$Z_\Delta = 3 Z_Y \qquad\qquad Z_Y = \dfrac{1}{3} Z_\Delta$$

### 난이도 下

**01** 다음과 같이 Y결선을 △결선으로 변환할 경우 $R_1$의 임피던스는 몇 Ω인가?

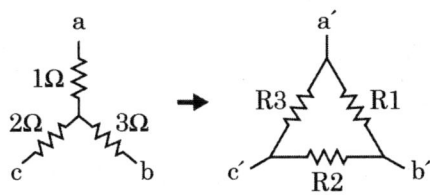

① 0.33　　　　　　② 3.67
③ 5.5　　　　　　　④ 11

해설 | Y결선 → △결선 변환 시 저항 임피던스

$$R_1 = \frac{R_a R_b + R_b R_c + R_c R_a}{R_c}$$
$$= \frac{1 \times 3 + 3 \times 2 + 2 \times 1}{2} = 5.5 [\Omega]$$

정답 ③

---

난이도 中

02 그림과 같이 결선된 회로의 단자(a, b, c)에 선간전압 V (V)인 평형 3상 전압을 인가할 때 상전류 I (A)의 크기는?

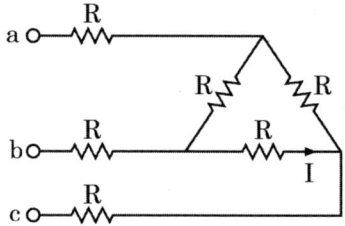

① $\dfrac{V}{4R}$

② $\dfrac{3V}{4R}$

③ $\dfrac{\sqrt{3}\,V}{4R}$

④ $\dfrac{V}{4\sqrt{3}\,R}$

해설 | 상전류 $I_p$ 계산

• △ → Y → △ 등가회로 변환

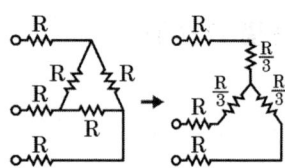

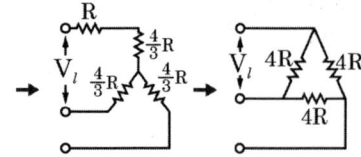

∴ △결선 시 상전류 $I_p$ 계산

$$I_p = \frac{V}{4R}$$

정답 ①

난이도 上

03 그림과 같은 순저항으로 된 회로에 대칭 3상 전압을 가했을 때, 각 선에 흐르는 전류가 같으려면 R [Ω]의 값은?

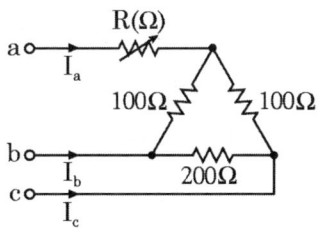

① 20　　　　　　　　　　② 25
③ 50　　　　　　　　　　④ 75

해설 | 가변저항 R 계산

• △ ⇒ Y 변환 등가 회로

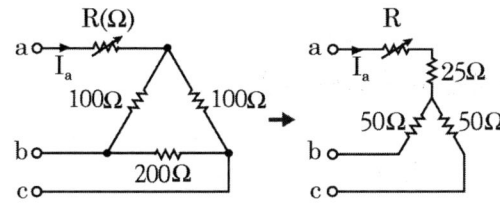

$$R_a = \frac{100 \times 100}{100 + 100 + 200} = 25\,[\Omega]$$

$$R_b = \frac{200 \times 100}{100 + 100 + 200} = 50\,[\Omega]$$

$$R_c = \frac{200 \times 100}{100 + 100 + 200} = 50\,[\Omega]$$

• 선전류 $I_\ell$이 같게 될 조건

$R_a + R = R_b = R_c$

$R_a + R = 50\,[\Omega]$

∴ 가변저항 $R = 25\,[\Omega]$

정답 ②

## 유형 4 | 대칭좌표법

| 구분 | | 전압 | 전류 |
|---|---|---|---|
| 각 상 | a 상 | $V_a = V_0 + V_1 + V_2$ | $I_a = I_0 + I_1 + I_2$ |
| | b 상 | $V_b = V_0 + a^2 V_1 + a V_2$ | $I_b = I_0 + a^2 I_1 + a I_2$ |
| | c 상 | $V_c = V_0 + a V_1 + a^2 V_2$ | $I_c = I_0 + a I_1 + a^2 I_2$ |
| 대칭분 | 영상분 | $V_0 = \frac{1}{3}(V_a + V_b + V_c)$ | $V_0 = \frac{1}{3}(I_a + I_b + I_c)$ |
| | 정상분 | $V_1 = \frac{1}{3}(V_a + a V_b + a^2 V_c)$ | $V_1 = \frac{1}{3}(I_a + a I_b + a^2 I_c)$ |
| | 역상분 | $V_2 = \frac{1}{3}(V_a + a^2 V_b + a V_c)$ | $V_2 = \frac{1}{3}(I_a + a^2 I_b + a I_c)$ |

### 난이도 下

**01** 대칭 좌표법에서 대칭분을 각 상전압으로 표시한 것 중 틀린 것은?

① $E_0 = \frac{1}{3}(E_a + E_b + E_c)$    ② $E_1 = \frac{1}{3}(E_a + a E_b + a^2 E_c)$

③ $E_2 = \frac{1}{3}(E_a + a^2 E_b + a E_c)$    ④ $E_3 = \frac{1}{3}(E_a^2 + E_b^2 + E_c^2)$

해설 | 대칭좌표법

| 영상 전압 $E_0$ | $\frac{1}{3}(E_a + E_b + E_c)$ |
|---|---|
| 정상 전압 $E_1$ | $\frac{1}{3}(E_a + a E_b + a^2 E_c)$ |
| 역상 전압 $E_2$ | $\frac{1}{3}(E_a + a^2 E_b + a E_c)$ |

정답 ④

### 난이도 中

**02** 대칭 3상 전압이 a상 $V_a$, b상 $V_b = a^2 V_a$, $V_c = aV_a$일 때 a상을 기준으로 한 대칭분 전압 중 정상분 $V_1$ [V]은 어떻게 표시되는가?

① $(1/3)V_a$  
② $V_a$  
③ $aV_a$  
④ $a^2 V_a$

해설 | 정상분 $V_1$ 계산

$$V_1 = \frac{1}{3}(V_a + aV_b + a^2 V_c) = \frac{1}{3}(V_a + a \times a^2 V_a + a^2 \times aV_a) = \frac{1}{3}(V_a + V_a + V_a) = V_a$$

정답 ②

### 난이도 上

**03** 상순이 a-b-c인 3상 회로의 각 상전압이 아래와 같을 때 역상분 전압은 약 몇 [V]인가?

> $V_a = 220 \angle 0°$  $V_b = 220 \angle -130°$
> $V_c = 185.95 \angle 115°$

① 22  
② 28  
③ 32  
④ 38

해설 | 대칭좌표법

$V_2 = \frac{1}{3}(V_a + a^2 V_b + aV_c)$에서 $V_a = 220 \angle 0°$

$a^2 V_b = 1 \angle 240° \times 220 \angle -130°$
$= 220 \angle 110°$

$aV_c = 1 \angle 120° \times 185.95 \angle 115° = 185.95 \angle 235°$

$\therefore V_2 = \frac{1}{3}(38 + j54)$이므로

$|V_2| = \frac{1}{3}\sqrt{38^2 + 54^2} = 22 [V]$

정답 ①

## 유형 5 | 비정현파의 계산

**1 실횻값**
$$V = \sqrt{V_0^2 + \left(\frac{V_{m1}}{\sqrt{2}}\right)^2 + \left(\frac{V_{m2}}{\sqrt{2}}\right)^2 + \left(\frac{V_{m3}}{\sqrt{2}}\right)^2 + \cdots + \left(\frac{V_{mn}}{\sqrt{2}}\right)^2}$$
$$= \sqrt{V_0^2 + V_1^2 + V_2^2 + V_3^2 + \cdots + V_n^2} \ [V]$$

**2 전력**

(1) 피상전력 $P_a$
$$P_a = VI = \sqrt{V_0^2 + V_1^2 + V_2^2 + V_3^2 + \cdots + V_n^2} \times \sqrt{I_0^2 + I_1^2 + I_2^2 + I_3^2 + \cdots + I_n^2}$$

(2) 소비전력 $P$
$$P = V_0 I_0 + \sum_{n=1}^{\infty} V_n I_n \cos\theta_n$$
$$= V_0 I_0 + V_1 I_1 \cos\theta_1 + V_2 I_2 \cos\theta_2 + V_3 I_3 \cos\theta_3 + \cdots + V_n I_n \cos\theta_n \ [W]$$

(3) 역률 $\cos\theta$
$$\cos\theta = \frac{P}{P_a} = \frac{V_0 I_0 + V_1 I_1 \cos\theta_1 + V_2 I_2 \cos\theta_2 + V_3 I_3 \cos\theta_3 + \cdots + V_n I_n \cos\theta_n}{\sqrt{V_0^2 + V_1^2 + V_2^2 + V_3^2 + \cdots + V_n^2} \times \sqrt{I_0^2 + I_1^2 + I_2^2 + I_3^2 + \cdots + I_n^2}}$$

### 난이도 下

**01** $v = 3 + 5\sqrt{2} \sin\omega t + 10\sqrt{2} \sin(3\omega t - \frac{\pi}{3})$ [V]의 실횻값 [V]은?

① 9.6
② 10.6
③ 11.6
④ 12.6

해설 | 비정현파 실횻값 V 계산
$V = \sqrt{(각 \ 파의 \ 실효값 \ 제곱의 \ 합)}$
$= \sqrt{3^2 + 5^2 + 10^2} = 11.6$ [V]

정답 ③

### 난이도 中

**02** 비정현파 전압과 전류가 다음과 같을 때 이 정현파의 전력은 몇 [W]인가?

$$e = 10\sin 100\pi t + 4\sin\left(300\pi t - \frac{\pi}{2}\right) [\text{V}]$$

$$i = 2\sin\left(100\pi t - \frac{\pi}{3}\right) + \sin\left(300\pi t - \frac{\pi}{4}\right) [\text{A}]$$

① 24.212  
② 12.828  
③ 8.586  
④ 6.414

해설 | 유효전력 P 계산

$$P = V_1 I_1 \cos\theta_1 + V_3 I_3 \cos\theta_3 = \left(\frac{10}{\sqrt{2}} \times \frac{2}{\sqrt{2}} \times \cos\frac{\pi}{3}\right) + \left(\frac{4}{\sqrt{2}} \times \frac{1}{\sqrt{2}} \times \cos\frac{\pi}{4}\right)$$

$$= 6.414\,[W]$$

정답 ④

### 난이도 上

**03** 다음 왜형파 전압과 전류에 의한 전력은 몇 [W]인가? (단, 전압의 단위는 [V], 전류의 단위는 [A]이다)

$$v = 100\sin(\omega t + 30°) - 50\sin(3\omega t + 60°) + 25\sin 5\omega t$$

$$i = 20\sin(\omega t - 30°) + 15\sin(3\omega t + 30°) + 10\cos(5\omega t - 60°)$$

① 933.0  
② 566.9  
③ 420.0  
④ 283.5

해설 | 왜형파 전력 P 계산

- $v, i$ 정리

$v = 100\sin(\omega t + 30°) - 50\sin(3\omega t + 60°) + 25\sin 5\omega t$

$i = 20\sin(\omega t - 30°) + 15\sin(3\omega t + 30°) + 10\cos(5\omega t - 60°)$

$\quad = 20\sin(\omega t - 30°) + 15\sin(3\omega t + 30°) + 10\sin(5\omega t + 30°)$

- 전력 $P$ 계산

$P = v_1 i_1 \cos\theta_1 + v_3 i_3 \cos\theta_3 + v_5 i_5 \cos\theta_5$

$= \dfrac{100}{\sqrt{2}} \times \dfrac{20}{\sqrt{2}}\cos 60° - \dfrac{50}{\sqrt{2}} \times \dfrac{15}{\sqrt{2}}\cos 30° + \dfrac{25}{\sqrt{2}} \times \dfrac{10}{\sqrt{2}}\cos 30 = 283.5\,[W]$

정답 ④

## 유형 6 | 4단자정수

**1 4단자 기본방정식**

$$\begin{bmatrix} V_1 \\ I_1 \end{bmatrix} = \begin{bmatrix} A & B \\ C & D \end{bmatrix} \begin{bmatrix} V_2 \\ I_2 \end{bmatrix} \quad V_1 = A \cdot V_2 + B \cdot I_2 \quad I_1 = C \cdot V_2 + D \cdot I_2$$

**2 4단자 정수 A, B, C, D**

$A = \dfrac{V_1}{V_2} \mid_{I_2 = 0}$ (2차 측을 개방한 상태에서 전압비)

$B = \dfrac{V_1}{I_2} \mid_{V_2 = 0}$ (2차 측을 단락한 상태에서의 2차전류에 대한 1차 전압비)

$C = \dfrac{I_1}{V_2} \mid_{I_2 = 0}$ (2차 측을 개방한 상태에서의 2차전압에 대한 1차 전류비)

$D = \dfrac{I_1}{I_2} \mid_{V_2 = 0}$ (2차 측을 단락한 상태에서의 전류비)

① AD−BC = 1
② A = D : 대칭 (전압이득 = 전류이득)

---

**난이도 下**

**01** 그림과 같은 T형 회로에서 4단자 정수 중 D값은?

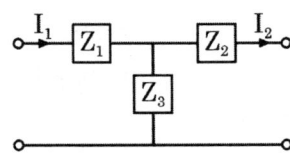

① $1 + \dfrac{Z_1}{Z_3}$  
② $\dfrac{Z_1 Z_2}{Z_3} + Z_2 + Z_1$  
③ $\dfrac{1}{Z+3}$  
④ $1 + \dfrac{Z_2}{Z_3}$

해설 | 4단자 정수 D값

$$\begin{bmatrix} A & B \\ C & D \end{bmatrix} = \begin{bmatrix} 1 & Z_1 \\ 0 & 1 \end{bmatrix} \begin{bmatrix} 1 & 0 \\ \frac{1}{Z_3} & 1 \end{bmatrix} \begin{bmatrix} 1 & Z_2 \\ 0 & 1 \end{bmatrix}$$

$$= \begin{bmatrix} 1 + \frac{Z_1}{Z_3} & \frac{Z_1 Z_2 + Z_2 Z_3 + Z_3 Z_1}{Z_3} \\ \frac{1}{Z_3} & 1 + \frac{Z_2}{Z_3} \end{bmatrix}$$

$$\therefore D = 1 + \frac{Z_2}{Z_3}$$

정답 ④

---

난이도 中

02 다음 회로에서 4단자 정수 A, B, C, D 값 중 틀린 것은?

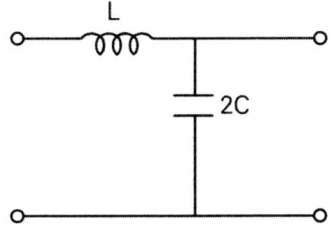

① $A = 1 + 2\omega^2 LC$
② $B = j\omega L$
③ $C = j2\omega C$
④ $D = 1$

해설 | 4단자 정수

$A = 1 + \dfrac{L}{2C} = 1 + \dfrac{j\omega L}{\dfrac{1}{j2\omega C}}$

$= 1 + j^2 2\omega^2 LC = 1 - 2\omega^2 LC$

정답 ①

난이도 上

03 그림과 같이 10 [Ω]의 저항에 권수비가 10 : 1의 결합회로를 연결했을 때 4단자 정수 A, B, C, D는?

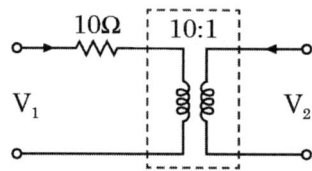

① A = 1,  B = 10,  C = 0,  D = 10
② A = 10,  B = 1,  C = 0,  D = 10
③ A = 10,  B = 0,  C = 1,  D = 1/10
④ A = 10,  B = 1,  C = 0,  D = 1/10

해설 | 4단자 정수 계산

$$\begin{bmatrix} A & B \\ C & D \end{bmatrix} = \begin{bmatrix} 1 & 10 \\ 0 & 1 \end{bmatrix} \begin{bmatrix} 10 & 0 \\ 0 & \frac{1}{10} \end{bmatrix} = \begin{bmatrix} 10 & 1 \\ 0 & \frac{1}{10} \end{bmatrix}$$

정답 ④

## 유형 7 | 라플라스 변환

### 1 단위 계단함수

(크기가 1인 함수) $u(t) = 1 \xrightarrow{\mathcal{L}} \dfrac{1}{s}$

### 2 단위 임펄스함수

(면적이 1인 함수) $\delta_{(t)} \xrightarrow{\mathcal{L}} 1$

### 3 단위경사함수 $t$, $tu(t)$

(기울기가 1인 함수) $t \cdot ut \xrightarrow{\mathcal{L}} \dfrac{1}{s^2}$

### 4 시간함수

$t^n \xrightarrow{\mathcal{L}} \dfrac{n!}{s^{n+1}}$

### 5 지수함수

$e^{\pm at} \xrightarrow{\mathcal{L}} \dfrac{1}{s \mp a}$

### 6 삼각함수

- $\sin\omega t \xrightarrow{\mathcal{L}} \dfrac{\omega}{s^2 + \omega^2}$
- $\cos\omega t \xrightarrow{\mathcal{L}} \dfrac{s}{s^2 + \omega^2}$

---

난이도 下

**01** $f(t) = 3t^2$의 라플라스 변환은?

① $\dfrac{3}{s^3}$   ② $\dfrac{3}{s^2}$

③ $\dfrac{6}{s^3}$   ④ $\dfrac{6}{s^2}$

해설 | 라플라스 변환

$$\mathcal{L}[3t^2] = 3 \cdot \frac{2 \cdot 1}{s^3} = \frac{6}{s^3}$$

정답 ③

**난이도 中**

**02** $f(t) = \sin t \cos t$를 라플라스 변환하면?

① $\dfrac{1}{s^2+1}$  ② $\dfrac{1}{s^2+2^2}$

③ $\dfrac{1}{(s+2)^2}$  ④ $\dfrac{1}{s^2+4^2}$

해설 | 라플라스 변환

$$\mathcal{L}[\sin t \cos t] = \mathcal{L}\left[\frac{1}{2}\sin 2t\right]$$
$$= \frac{1}{2} \times \frac{2}{s^2+2^2} = \frac{1}{s^2+2^2}$$

TIP $\sin t \cos t = \dfrac{1}{2}\sin 2t$

정답 ②

**난이도 上**

**03** 그림과 같은 파형의 Laplace 변환은?

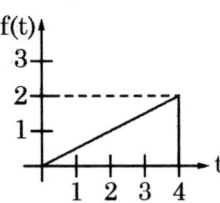

① $\dfrac{1}{2s^2}(1-e^{-4s}-se^{-4s})$  ② $\dfrac{1}{2s^2}(1-e^{-4s}-4e^{-4s})$

③ $\dfrac{1}{2s^2}(1-se^{-4s}-4e^{-4s})$  ④ $\dfrac{1}{2s^2}(1-e^{-4s}-4se^{-4s})$

해설 | 라플라스 변환

- $f(t)$ 계산

$$f(t) = \frac{1}{2}t - 2u(t-4) - \frac{1}{2}(t-4)$$

∴ 라플라스 변환

$$\mathcal{L}\left[f(t) = \frac{1}{2}t - 2u(t-4) - \frac{1}{2}(t-4)\right]$$

$$\Rightarrow F(s) = \frac{1}{2}\frac{1}{s^2} - \frac{2}{s}e^{-4s} - \frac{1}{2}\frac{1}{s^2}e^{-4s} = \frac{1}{2}\left(\frac{1}{s^2} - \frac{4}{s}e^{-4s} - \frac{1}{s^2}e^{-4s}\right)$$

$$= \frac{1}{2s^2}(1 - 4se^{-4s} - e^{-4s}) = \frac{1}{2s^2}(1 - e^{-4s} - 4se^{-4s})$$

정답 ④

## 유형 8 | 역라플라스 변환

### 1 부분분수

(1) 분자가 상수인 경우

$$F(s) = \frac{c}{(s+a)(s+b)} = \frac{c}{b-a}\left(\frac{1}{s+a} - \frac{1}{s+b}\right)$$

(2) 분자가 1차식인 경우

$$F(s) = \frac{s+c}{(s+a)(s+b)} = \frac{A}{(s+a)} + \frac{B}{(s+b)}$$

$$\Rightarrow \frac{A}{(s+a)} + \frac{B}{(s+b)} \text{를 통분해서 } \frac{s+c}{(s+a)(s+b)} \text{ 식과 계수 비교}$$

### 2 헤비사이드 정리

(1) $F(s) = \dfrac{s+c}{(s+a)(s+b)} = \dfrac{A}{(s+a)} + \dfrac{B}{(s+b)}$

① $A = \dfrac{s+c}{(s+a)(s+b)} \times (s+a) = \dfrac{s+c}{s+b}\bigg|_{s=-a} = \dfrac{-a+c}{-a+b}$

② $B = \dfrac{s+c}{(s+a)(s+b)} \times (s+b) = \dfrac{s+c}{s+a}\bigg|_{s=-b} = \dfrac{-b+c}{-b+a}$

### 난이도 下

**01** $F(s) = \dfrac{1}{s(s+a)}$ 의 역라플라스 변환은?

① $e^{-at}$  
② $1 - e^{-at}$  
③ $a(1 - e^{-at})$  
④ $\dfrac{1}{a}(1 - e^{-at})$

해설 | 역라플라스 변환 계산

- $F(s) = \dfrac{1}{s(s+a)} = \dfrac{k_1}{s} + \dfrac{k_2}{s+a}$

$$k_1 = \dfrac{1}{a}, \ k_2 = -\dfrac{1}{a}$$

- $\mathcal{L}^{-1}\left[\dfrac{1}{a}\left(\dfrac{1}{s} - \dfrac{1}{s+1}\right)\right]$

$\therefore \dfrac{1}{a}(1 - e^{-at})$

정답 ④

---

### 난이도 中

**02** 다음 함수 $F(s) = \dfrac{5s+3}{s(s+1)}$ 의 역라플라스 변환은?

① $2 + 3e^{-t}$  
② $3 + 2e^{-t}$  
③ $3 - e^{-t}$  
④ $2 - 3e^{-t}$

해설 | 역라플라스 변환

$F(s) = \dfrac{5s+3}{s(s+1)} = \dfrac{A}{s} + \dfrac{B}{s+1}$

$A = \dfrac{5s+3}{s+1}\bigg|_{s=0} = 3,$

$B = \dfrac{5s+3}{s}\bigg|_{s=-1} = 2$

$F(s) = \dfrac{3}{s} + \dfrac{2}{s+1}$

$\therefore f(t) = 3 + 2e^{-t}$

정답 ②

난이도 上

**03** $F(s) = \dfrac{2s^2 + s - 3}{s(s^2 + 4s + 3)}$ 의 역라플라스 변환은?

① $1 - e^{-t} + 2e^{-3t}$
② $1 - e^{-t} - 2e^{-3t}$
③ $-1 - e^{-t} - 2e^{-3t}$
④ $-1 + e^{-t} + 2e^{-3t}$

해설 | 역라플라스 변환

$F(s) = \dfrac{2s^2 + s - 3}{s(s^2 + 4s + 3)} = \dfrac{2s^2 + s - 3}{s(s+1)(s+3)} = \dfrac{A}{s} + \dfrac{B}{s+1} + \dfrac{C}{s+3}$

이 식을 헤비사이드 정리를 이용하면
$A = -1,\ B = 1,\ C = 2$ 이므로

$F(s) = -\dfrac{1}{s} + \dfrac{1}{s+1} + \dfrac{2}{s+3}$

∴ 역라플라스 변환 ⇒ $-1 + e^{-t} + 2e^{-3t}$

정답 ④

## 유형 9 | 과도전류

### 1 R - L 직렬회로

(1) 전압 인가 시 과도전류 $i(t) = \dfrac{E}{R}(1 - e^{-\frac{R}{L}t})$ [A]

(2) 전압 제거 시 과도전류 $i(t) = \dfrac{E}{R} \cdot e^{-\frac{R}{L}t}$ [A]

### 2 R - C 직렬회로

(1) 전압 인가 시 과도전류 $i_{(t)} = \dfrac{E}{R} \cdot e^{-\frac{1}{RC}t}$ [A]

(2) 전압 제거 시 과도전류 $i_{(t)} = -\dfrac{E}{R} \cdot e^{-\frac{1}{RC}t}$ [A]

### 난이도 下

**01** $t=0$에서 스위치 $K$를 닫았다. 이 회로의 완전응답 $i(t)$는? (단, 커패시턴스 $C$는 그림의 극성으로 $\frac{V}{2}$의 초기전압을 갖고 있었다)

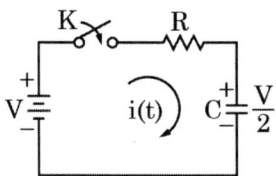

① $\frac{V}{2R}e^{-\frac{t}{RC}}$  
② $\frac{V}{2R}(1-e^{-\frac{t}{RC}})$  
③ $\frac{V}{R}e^{-\frac{t}{RC}}$  
④ $\frac{V}{R}(1-e^{-\frac{t}{RC}})$

해설 | R-C 직렬회로 i(t) 계산

$$i(t) = \frac{E}{R}e^{-\frac{1}{RC}t} = \frac{\frac{V}{2}}{R}e^{-\frac{1}{RC}t}$$
$$= \frac{V}{2R}e^{-\frac{1}{RC}t}$$

정답 ①

### 난이도 中

**02** 인덕턴스 0.5 [H], 저항 2 [Ω]의 직렬회로에 30 [V]의 직류전압을 급히 가했을 때 스위치를 닫은 후 0.1초 후의 전류의 순싯값 i [A]와 회로의 시정수 t [s]는?

① $i = 4.95$, $t = 0.25$  
② $i = 12.15$, $t = 0.35$  
③ $i = 5.95$, $t = 0.45$  
④ $i = 13.95$, $t = 0.25$

해설 | 전류 순싯값 $i(t)$ 및 시정수 $\tau$ 계산

• 순싯값 $i$ 계산

$$i(t) = \frac{E}{R}(1-e^{-\frac{R}{L}t}) = \frac{30}{2}(1-e^{-\frac{2}{0.5}\times 0.1}) = 15(1-e^{-4\times 0.1}) = 4.95 \text{ [A]}$$

- 시정수 $\tau$

$$\tau = \frac{L}{R} = \frac{0.5}{2} = 0.25 \text{ [sec]}$$

$$\therefore i(t) = 15(1 - e^{-4 \times 0.1}) = 4.95 \text{ [A]}$$

$$\tau = 0.25 \text{ [sec]}$$

정답 ①

---

**난이도 上**

**03** 그림에서 t = 0에서 스위치 S를 닫았다. 콘덴서에 충전된 초기전압 $V_c(0)$가 1 [V] 이었다면 전류 i(t)를 변환한 값 I(s)는?

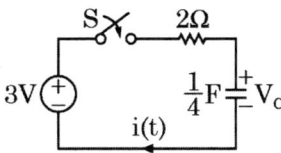

① $\dfrac{3}{2s+4}$  

② $\dfrac{3}{s(2s+4)}$

③ $\dfrac{2}{s(s+2)}$  

④ $\dfrac{1}{s+2}$

**해설 |** I(s) 값 계산

$$i(t) = \frac{E}{R} e^{-\frac{1}{RC}t} = \frac{3-1}{2} e^{-\frac{1}{2 \times \frac{1}{4}}t} = e^{-2t}$$

$$\therefore I(s) = \frac{1}{s+2}$$

정답 ④

# CHAPTER 02 제어공학

## 유형 1 | 블록선도

### 1 직렬접속

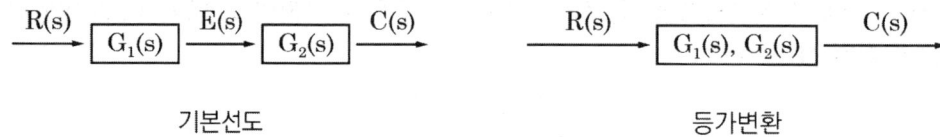

기본선도            등가변환

### 2 병렬접속

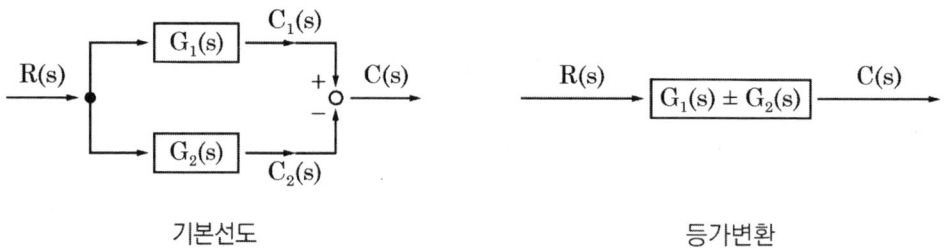

기본선도            등가변환

### 3 피드백 접속(부궤환 제어가 기본 블록)

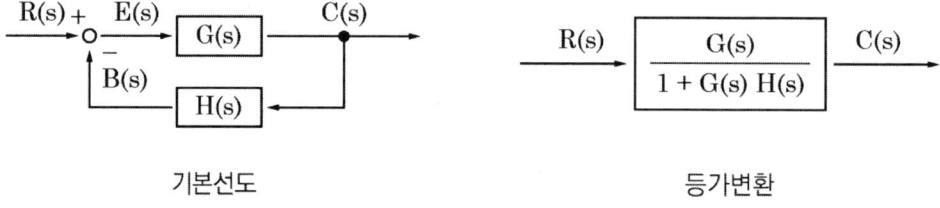

기본선도            등가변환

### 난이도 下

**01** 다음 블록선도의 전달함수는?

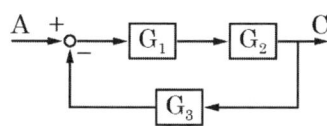

① $\dfrac{G_1 G_2}{1 - G_1 G_2 G_3}$
② $\dfrac{G_1 G_2}{1 + G_1 G_2 G_3}$
③ $\dfrac{G_1}{1 - G_1 G_2 G_3}$
④ $\dfrac{G_2}{1 + G_1 G_2 G_3}$

해설 | **블록선도 정리**

- $\dfrac{\sum \text{전향경로 이득}}{1 - \sum \text{폐루프 경로 이득}}$

  $\sum \text{전향경로 이득}: G_1 G_2$

  $\sum \text{폐루프 경로 이득}: -G_1 G_2 G_3$

∴ $\dfrac{G_1 G_2}{1 - (-G_1 G_2 G_3)} = \dfrac{G_1 G_2}{1 + G_1 G_2 G_3}$

정답 ④

### 난이도 中

**02** 다음 블록선도의 전달함수의 출력은?

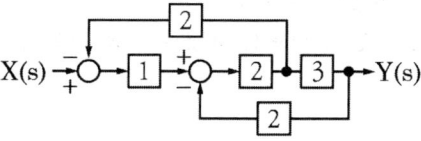

① $\dfrac{2}{5}$
② $-\dfrac{4}{15}$
③ $\dfrac{6}{17}$
④ $\dfrac{7}{15}$

해설 | **블록선도 정리**

- $\dfrac{\sum \text{전향경로 이득}}{1 - \sum \text{폐루프 경로이득}}$

  전향경로의 합 : $1 \times 2 \times 3$
  
  폐루프경로의 합 : $-1 \times 2 \times 2$, $-2 \times 3 \times 2$

  $\therefore \dfrac{Y(s)}{X(s)} = \dfrac{1 \cdot 2 \cdot 3}{1 + 1 \cdot 2 \cdot 2 + 2 \cdot 3 \cdot 2} = \dfrac{6}{17}$

정답 ③

---

난이도 上

### 03  다음 블록선도의 전달함수 $\left(\dfrac{C(s)}{R(s)}\right)$는?

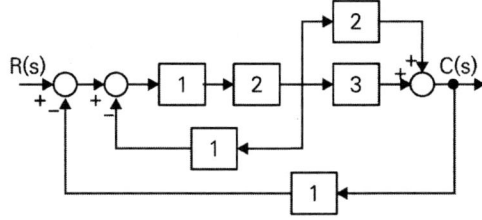

① 10/9  ② 10/13
③ 12/9  ④ 12/13

해설 | **블록선도의 전달함수**

$G(s) = \dfrac{C(s)}{R(s)} = \dfrac{\sum \text{전향경로 이득}}{1 - \sum \text{폐루프 경로 이득}}$

- 전향경로의 합 = $(1 \times 2 \times 3) + (1 \times 2 \times 2) = 10$
- 폐루프경로의 합 = $-[(1 \times 2 \times 1) + (1 \times 2 \times 3 \times 1) + (1 \times 2 \times 2 \times 1)] = -12$

$\therefore \dfrac{10}{1 - (-12)} = \dfrac{10}{13}$

정답 ②

## 유형 2 | 신호흐름선도

### 1 신호흐름선도와 블록선도와의 관계

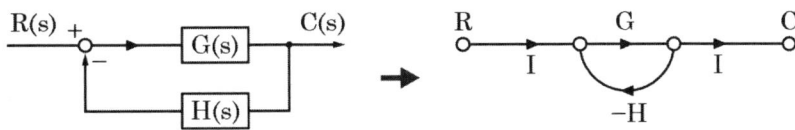

### 2 신호흐름선도 정리

$$G(s) = \frac{C(s)}{R(s)} = \frac{\sum[G(1-loop)]}{1-\triangle_1+\triangle_2-\triangle_3}$$

G : 각각의 전향경로 이득
loop : 전향경로 이득에 접촉하지 않는 루프
$\triangle_1$ : 서로 다른 루프 이득의 합
$\triangle_2$ : 서로 접촉하지 않는 두 개의 루프 이득의 곱
$\triangle_3$ : 서로 접촉하지 않는 세 개의 루프 이득의 곱

---

**난이도 下**

**01** 다음의 신호흐름선도를 메이슨의 공식을 이용하여 전달함수를 구하고자 한다. 이 신호흐름선도에서 루프(Loop)는 몇 개인가?

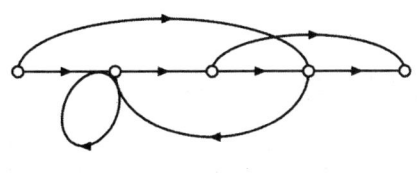

① 0  ② 1
③ 2  ④ 3

해설 | **루프(Loop)**
어느 한 점에서 출발하여 다시 그 점으로 돌아오는 경로

정답 ③

### 난이도 中

**02** 그림과 같은 신호흐름선도에서 $\dfrac{C(s)}{R(s)}$는?

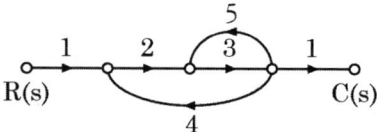

① $-\dfrac{6}{38}$　　　　　　② $\dfrac{6}{38}$

③ $-\dfrac{6}{41}$　　　　　　④ $\dfrac{6}{41}$

해설 | 신호흐름선도 $\dfrac{C}{R}$ 정리

$$\dfrac{C}{R}=\dfrac{\sum \text{전향경로의 이득}}{1-\sum \text{폐루프의 이득}}=\dfrac{1\times 2\times 3\times 1}{1-(3\times 5+2\times 3\times 4)}=-\dfrac{6}{38}$$

정답 ①

### 난이도 上

**03** 그림의 신호흐름선도에서 전달함수 $\dfrac{C(s)}{R(s)}$는?

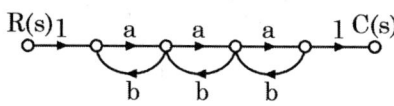

① $\dfrac{a^3}{(1-ab)^3}$　　　　　　② $\dfrac{a^3}{(1-3ab+a^2b^2)}$

③ $\dfrac{a^3}{(1-3ab)}$　　　　　　④ $\dfrac{a^3}{(1-3ab+2a^2b^2)}$

해설 | 신호흐름선도 $\dfrac{C(s)}{R(s)}$ 정리

- $G$ 전향 경로 이득 $a\times a\times a = a^3$
- $loop$ 전향경로에 접촉하지 않은 루프 → 0
- $\triangle_1$ 서로 다른 루프이득의 합 → $ab+ab+ab=3ab$

- $\triangle_2$ 서로 접촉하지 않는 두 개 루프의 곱 → $ab \times ab = a^2b^2$
- $\triangle_3$ 서로 접촉하지 않는 세 개 루프의 곱 → $0$

$$\therefore G(s) = \frac{\sum[G(1-loop)]}{1-(\triangle_1 - \triangle_2 + \triangle_3)} = \frac{a^3}{1-3ab+a^2b^2}$$

정답 ②

## 유형 3 | 상태천이행렬

**1** 상태천이행렬식 입력 r(t) = 0이고 초기 조건만 주어졌을 때, 초기시간 이후에는 어떤 현상이 나타나는가에 대해 초기 시간 이후에 나타나는 계통의 시간적 변화상태를 나타내는 행렬식

**2** $|sI - A|$의 역행렬을 역라플라스 변환시킨 행렬

$$\phi(t) = \mathcal{L}^{-1}\left[(sI-A)^{-1}\right]$$

### 난이도 下

**01** 상태방정식으로 표시되는 제어계의 천이행렬 $\phi(t)$는?

$$\dot{X} = \begin{pmatrix} 0 & 1 \\ 0 & 0 \end{pmatrix}X + \begin{pmatrix} 0 \\ 1 \end{pmatrix}U$$

① $\begin{pmatrix} 0 & t \\ 1 & 1 \end{pmatrix}$  
② $\begin{pmatrix} 1 & 1 \\ 0 & t \end{pmatrix}$  
③ $\begin{pmatrix} 1 & t \\ 0 & 1 \end{pmatrix}$  
④ $\begin{pmatrix} 0 & t \\ 1 & 0 \end{pmatrix}$

**해설 | 상태 천이 행렬 $\phi(t)$ 계산**

- $|sI-A| = \begin{vmatrix} s & 0 \\ 0 & s \end{vmatrix} - \begin{vmatrix} 0 & 1 \\ 0 & 0 \end{vmatrix} = \begin{vmatrix} s & -1 \\ 0 & s \end{vmatrix}$  · $\det|sI-A| = s^2$

- $|sI-A|^{-1} = \dfrac{1}{s^2}\begin{vmatrix} s & 1 \\ 0 & s \end{vmatrix} = \begin{vmatrix} \dfrac{1}{s} & \dfrac{1}{s^2} \\ 0 & \dfrac{1}{s} \end{vmatrix}$

- $\phi(t) = \mathcal{L}^{-1}[|sI-A|^{-1}] = \mathcal{L}^{-1}\left[\begin{vmatrix} \dfrac{1}{s} & \dfrac{1}{s^2} \\ 0 & \dfrac{1}{s} \end{vmatrix}\right]$

$\therefore \phi(t) = \begin{vmatrix} 1 & t \\ 0 & 1 \end{vmatrix}$

정답 ③

---

**난이도 中**

**02** 시스템행렬 A가 다음과 같을 때 상태천이행렬을 구하면?

$$A = \begin{bmatrix} 0 & 0 \\ -1 & -2 \end{bmatrix} \quad B = \begin{bmatrix} 1 \\ 1 \end{bmatrix}$$

① $\begin{bmatrix} 1 & 0 \\ -\dfrac{1}{2}(1-e^{-t}) & e^{-t} \end{bmatrix}$
② $\begin{bmatrix} 1 & 0 \\ \dfrac{1}{2}(1-e^{-t}) & e^{-t} \end{bmatrix}$

③ $\begin{bmatrix} 1 & 0 \\ \dfrac{1}{2}(1-e^{-2t}) & e^{-2t} \end{bmatrix}$
④ $\begin{bmatrix} 1 & 0 \\ -\dfrac{1}{2}(1-e^{-2t}) & e^{-2t} \end{bmatrix}$

**해설 | 상태 천이 행렬 $\phi(t)$ 계산**

- $|sI-A| = \begin{bmatrix} s & 0 \\ 0 & s \end{bmatrix} - \begin{bmatrix} 0 & 0 \\ -1 & -2 \end{bmatrix} = \begin{bmatrix} s & 0 \\ 1 & s+2 \end{bmatrix}$  · $\det|sI-A| = s^2 + 2s$

- $|sI-A|^{-1} = \dfrac{1}{s(s+2)}\begin{vmatrix} s+2 & 0 \\ -1 & s \end{vmatrix}$

- $\phi(t) = \mathcal{L}^{-1}(|sI-A|^{-1}) = \mathcal{L}^{-1}\left[\begin{vmatrix} \dfrac{1}{s} & 0 \\ \dfrac{-1}{s(s+2)} & \dfrac{1}{s+2} \end{vmatrix}\right]$

$\therefore \phi(t) = \begin{bmatrix} 1 & 0 \\ -\dfrac{1}{2}(1-e^{-2t}) & e^{-2t} \end{bmatrix}$

정답 ④

### 난이도 上

**03** 시스템행렬 A가 다음과 같을 때 상태천이행렬을 구하면?

$$A = \begin{bmatrix} 0 & 1 \\ -2 & -3 \end{bmatrix}$$

① $\begin{bmatrix} 2e^t - e^{2t} & -e^t + e^{2t} \\ 2e^t - 2e^{2t} & -e^t - 2e^{2t} \end{bmatrix}$

② $\begin{bmatrix} 2e^{-t} - e^{-2t} & e^{-t} + e^{-2t} \\ -2e^t + 2e^{-2t} & -e^{-t} - 2e^{2t} \end{bmatrix}$

③ $\begin{bmatrix} 2e^{-t} - e^{-2t} & -e^{-t} + e^{-2t} \\ 2e^t - 2e^{-2t} & -e^{-t} - 2e^{-2t} \end{bmatrix}$

④ $\begin{bmatrix} 2e^{-t} - e^{-2t} & e^{-t} - e^{-2t} \\ -2e^t - 2e^{-2t} & -e^{-t} + 2e^{-2t} \end{bmatrix}$

**해설 |** 상태천이행렬 $\phi(t)$ 계산

- $|sI - A| = \begin{bmatrix} s & 0 \\ 0 & s \end{bmatrix} - \begin{bmatrix} 0 & 1 \\ -2 & -3 \end{bmatrix} = \begin{bmatrix} s & -1 \\ 2 & s+3 \end{bmatrix}$

- $\det |sI - A| = s^2 + 3s + 2$

- $|sI - A|^{-1} = \dfrac{1}{s^2 + 3s + 2} \begin{vmatrix} s+3 & 1 \\ -2 & s \end{vmatrix}$

- $\phi(t) = \mathcal{L}^{-1}(|sI - A|^{-1}) = \mathcal{L}^{-1}\left[\begin{vmatrix} \dfrac{s+3}{(s+1)(s+2)} & \dfrac{1}{(s+1)(s+2)} \\ \dfrac{-2}{(s+1)(s+2)} & \dfrac{s}{(s+1)(s+2)} \end{vmatrix}\right]$

$\therefore \phi(t) = \begin{bmatrix} 2e^{-t} - e^{-2t} & e^{-t} - e^{-2t} \\ -2e^{-t} + 2e^{-2t} & -e^{-t} + 2e^{-2t} \end{bmatrix}$

정답 ④

## 유형 4 | 과도응답

### 1 임펄스 응답

(1) 입력신호 $r(t) = \delta(t) \xrightarrow{\mathcal{L}} R(s) = 1$

(2) 출력(응답) $C(t) = \mathcal{L}^{-1}[G(s)R(s)] = \mathcal{L}^{-1}[G(s) \cdot 1]$

### 2 인디셜 응답(단위 계단 응답)

(1) 입력신호 $r(t) = u(t) \xrightarrow{\mathcal{L}} R(s) = \dfrac{1}{s}$

(2) 출력(응답) $C(t) = \mathcal{L}^{-1}[G(s)R(s)] = \mathcal{L}^{-1}\left[G(s)\dfrac{1}{s}\right]$

---

**난이도 下**

**01** 전달함수 $G(s) = \dfrac{C(s)}{R(s)} = \dfrac{1}{(s+a)^2}$ 인 제어계의 임펄스응답 $c(t)$는?

① $e^{-at}$  
② $1 - e^{-at}$  
③ $te^{-at}$  
④ $\dfrac{1}{2}t^2$

해설 | 임펄스 응답 c(t)

$\mathcal{L}^{-1}\left[\dfrac{1}{(s+a)^2}\right]$  ∴ $te^{-at}$

정답 ③

---

**난이도 中**

**02** 어떤 제어계에 단위 계단 입력을 가하였더니 출력이 $1 - e^{-2t}$로 나타났다. 이 계의 전달함수는?

① $\dfrac{1}{s+2}$  
② $\dfrac{2}{s+2}$  
③ $\dfrac{1}{s(s+2)}$  
④ $\dfrac{2}{s(s+2)}$

해설 | 인디셜 응답의 전달함수 G(s)

- 입력 $R(s) = \dfrac{1}{s}$
- 출력 $C(s) = \mathcal{L}[1 - e^{-2t}] = \dfrac{1}{s} - \dfrac{1}{s+2}$

$$\therefore G(s) = \dfrac{C(s)}{R(s)} = \dfrac{\dfrac{1}{s} - \dfrac{1}{s+2}}{\dfrac{1}{s}}$$

$$= \dfrac{\dfrac{s+2-s}{s(s+2)}}{\dfrac{1}{s}} = \dfrac{2}{s+2}$$

정답 ②

---

난이도 上

**03** 다음과 같은 시스템에 단위계단입력 신호가 가해졌을 때 지연시간에 가장 가까운 값 [sec]은?

$$\dfrac{C(s)}{R(s)} = \dfrac{1}{s+1}$$

① 0.5　　　　　　　② 0.7
③ 0.9　　　　　　　④ 1.2

해설 | 지연시간에 가장 가까운 t값 계산

- 단위계단입력 $u(t) = 1$
- $C(s)$ 계산

$$\dfrac{C(s)}{R(s)} = \dfrac{1}{s+1}$$

$$C(s) = \dfrac{1}{s+1} \cdot R(s)\bigg|_{R(s)=\frac{1}{s}} = \dfrac{1}{s(s+1)}$$

- 역라플라스 변환(부분 분수 전개)

$$\dfrac{1}{s(s+1)} = \dfrac{A}{s} + \dfrac{B}{s+1} = \dfrac{1}{s} - \dfrac{1}{s+1}$$

$$\therefore \mathcal{L}^{-1}\left[\dfrac{1}{s(s+1)}\right] = 1 - e^{-t}$$

- 지연시간 : 응답이 최종값의 50 [%]에 도달하는 데 소요하는 시간 $1 \times 0.5 = 0.5$

- $1 - e^{-t} = 0.5$
  
  $e^{-t} = 0.5$
  
  $\ln e^{-t} = \ln 0.5$
  
  $-t = -0.67$

$\therefore t = 0.7 \, [\text{sec}]$

정답 ②

## 유형 5 | 정상편차

### 1 정상위치편차

(1) 0형 제어계 해당, $r(t) = u(t) \xrightarrow{\mathcal{L}} R(s) = \dfrac{1}{s}$ 인 계단 입력을 가했을 때 정상편차

(2) $e_{ssp} = \lim\limits_{s \to 0} s \cdot \dfrac{1}{1+G(s)} \times R(s) \Big|_{R(s) = \frac{1}{s}} = \lim\limits_{s \to 0} \dfrac{1}{1+G(s)} = \dfrac{1}{1 + \lim\limits_{s \to 0} G(s)} = \dfrac{1}{1+K_p}$

$K_p$ : 정상위치편차 상수    $G(s)$ : 개루프 전달함수

### 2 정상 속도 편차

(1) 1형 제어계 해당, $r(t) = tu(t) \xrightarrow{\mathcal{L}} R(s) = \dfrac{1}{s^2}$ 인 등속입력을 가했을 때 정상편차

(2) $e_{ssv} = \lim\limits_{s \to 0} \dfrac{s}{1+G(s)} \times R(s) \Big|_{R(s) = \frac{1}{s^2}} = \lim\limits_{s \to 0} \dfrac{1}{s + sG(s)} = \dfrac{1}{\lim\limits_{s \to 0} sG(s)} = \dfrac{1}{K_v}$

$K_v$ : 정상 속도 편차 상수

### 난이도 下

**01** 단위 피드백 제어계에서 개루프 전달함수 $G(s)$가 다음과 같이 주어지는 계의 단위계단 입력에 대한 정상 편차는?

$$G(s) = \frac{6}{(s+1)(s+3)}$$

① 1/2  
② 1/3  
③ 1/4  
④ 1/6

**해설 |** 정상 위치($e_{ssp} = \frac{1}{1+K_p}$)

$$\frac{1}{1+\lim_{s \to 0} G(s)} = \frac{1}{1+\lim_{s \to 0} \frac{6}{(s+1)(s+3)}} = \frac{1}{3}$$

정답 ②

---

### 난이도 中

**02** 그림과 같은 블록선도의 제어시스템에서 속도 편차 상수 $K_v$는 얼마인가?

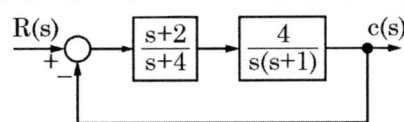

① 0  
② 0.5  
③ 2  
④ ∞

**해설 |** 속도편차 상수 $K_v$ 계산

- $K_v = \lim_{s \to 0} s\, G(s)H(s)$

$G(s) = \frac{4(s+2)}{s(s+1)(s+4)}$, $H(s) = 1$

∴ $K_v = \lim_{s \to 0} s\, G(s)H(s) = s \times \frac{4(s+2)}{s(s+1)(s+4)} = 2$

정답 ③

난이도 上

03 블록선도의 제어시스템은 단위 램프 입력에 대한 정상상태 오차(정상편차)가 0.01이다. 이 제어시스템의 제어요소인 $G_{C1}(s)$의 k는?

$$G_{C1}(s) = k, \quad G_{C2}(s) = \frac{1+0.1s}{1+0.2s},$$
$$G_p(s) = \frac{200}{s(s+1)(s+2)}$$

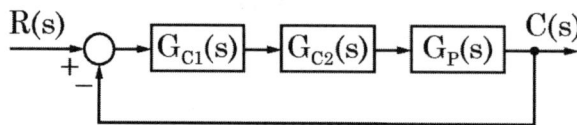

① 0.1
② 1
③ 10
④ 100

해설 | 제어시스템의 제어요소

- 속도편차 상수
$$k_v = \lim_{s \to 0} sG(s) = \lim_{s \to 0} s\frac{k(1+0.1s) \times 200}{(1+0.2s)s(s+1)(s+2)} = \frac{200k}{2} = 100k$$

- 정상편차 $e_{ssv} = \dfrac{1}{k_v} = \dfrac{1}{100k} = 0.01$

∴ $k = 1$

정답 ②

# 유형 6 | 벡터의 근궤적

## 1 근궤적의 개수
(1) 특성 방정식의 차수와 같음
(2) 극점과 영점의 개수 중 큰 것과 일치

## 2 점근선의 교차점
$$\delta = \frac{\sum G(s)H(s) 극점 - \sum G(s)H(s) 영점}{P-Z}$$

### 3 수축상의 분지점 (= 이탈점)

(1) -1과 0 사이에서 출발한 근궤적의 출발점
(2) 2개의 근궤적이 분기하는 출발점
(3) 분지점 : $\dfrac{dK}{ds}=0$ 인 s값 중에서 극점으로 나눈 구간 중 홀수 번째 해당하는 점

---

**난이도 下**

**01** 다음과 같은 특성 방정식의 근궤적 가짓수는?

$$s(s+1)(s+2)+K(s+3)=0$$

① 6　　　　　　　　　② 5
③ 4　　　　　　　　　④ 3

**해설 | 근궤적 가짓수**

- 특성방정식 차수 계산
  $s(s+1)(s+2)+K(s+3)=0 \to s^3$
- 근궤적의 가짓수 = 영점과 극점 중 개수가 많은 것의 개수 = 특성방정식의 차수
∴ 근궤적 가짓수 = 3개

정답 ④

---

**난이도 中**

**02** $G(s)H(s) = \dfrac{K(s+1)}{s(s+5)(s+8)}$ 일 때 근궤적에서 점근선의 실수축과의 교차점은?

① -6　　　　　　　　② -5
③ -4　　　　　　　　④ -1

**해설 | 점근선 교차점 $\sigma$ 계산**

$$\sigma = \dfrac{\sum 극점 - \sum 영점}{P(극점\ 개수) - Z(영점\ 개수)}$$

- 극점 0, -5, -8 : 3개

- 영점 -1 : 1개

$$\therefore \sigma = \frac{0-5-8-(-1)}{3-1} = -\frac{12}{2} = -6$$

정답 ①

---

**난이도 上**

**03** 다음의 개루프 전달함수에 대한 근궤적이 실수축에서 이탈하게 되는 분지점은 약 얼마인가?

$$G(s)H(s) = \frac{K}{s(s+3)(s+8)}, K \geq 0$$

① -0.93
② -5.74
③ -6.0
④ -1.33

해설 | 근궤적의 분지점

근궤적의 분지점은 특성방정식에서
$\frac{dK}{ds} = 0$이 될 때의 s값이다.

$$1 + G(s)H(s) = 1 + \frac{K}{s(s+3)(s+8)} = 0$$

분자만 0이면 되므로 특성방정식은
$K + s(s+3)(s+8) = 0$
$K = -s^3 - 11s^2 - 24s$
$\frac{dK}{ds} = -3s^2 - 22s - 24 = 0$
$3s^2 + 22s + 24 = (3s+4)(s+6) = 0$
$s = -\frac{4}{3}$ or $-6$

극점이 -8, -3, 0이므로 근궤적은 홀수 번째 구간인 -3과 0 사이에 존재해야 한다.

따라서 $s = -\frac{4}{3} = -1.33$

정답 ④

## 유형 7 | 이득과 이득여유

### 1 이득 $g$

$$g = 20\log_{10}|진폭비| = 20\log_{10}|G(j\omega)|\,[\text{dB}]$$

### 2 이득 여유

$$GM = 20\log\frac{1}{|GH|} = -20\log|GH|\,[\text{dB}]$$

---

**난이도 下**

**01** 전달함수 G(s) = 20s이고, $\omega$ = 5 [rad/sec]일 때 이득 [dB]은?

① 20  
② 40  
③ -20  
④ -40  

해설 | 이득 계산

이득 $g = 20\log_{10}|G(s)| = 20\log_{10}|G(jw)| = 20\log_{10}|j20w| = 20\log_{10}20w$
$= 20\log_{10}100 = 40\,[\text{dB}]$

정답 ②

---

**난이도 中**

**02** $G(s)H(s) = \dfrac{2}{(s+1)(s+2)}$ 의 이득 여유 [dB]는?

① 20  
② -20  
③ 0  
④ ∞

해설 | 이득 여유 GM 계산

$$GM = 20\log\frac{1}{|GH|} = 20\log\frac{1}{\left|\frac{2}{(s+1)(s+2)}\right|}\Big|_{s=0} = 20\log\frac{1}{1} = 0$$

정답 ③

---

### 난이도 上

**03** 주파수 전달함수가 $G(j\omega) = \dfrac{1}{j100\omega}$인 계에서 $\omega = 1.0 \,[\text{rad/s}]$일 때의 이득 [dB]과 위상각 $\theta$ [deg]는 각각 얼마인가?

① 20 [dB], 90°  
② 40 [dB], 90°  
③ -20 [dB], -90°  
④ -40 [dB], -90°

해설 | 이득 $g$ 및 위상각 $\theta$ 계산

- $G(j\omega) = \dfrac{1}{j100\omega}\Big|_{\omega=1.0} = \left|\dfrac{1}{j100}\right| = \dfrac{1}{100}$

- 이득 $g$ 계산

$$g = 20\log_{10}|G(j\omega)| = 20\log_{10}\frac{1}{100} = -40\,[\text{dB}]$$

- 위상각 $\theta$ 계산

$$\frac{1}{j} = -j = -90°$$

정답 ④

---

## 유형 8 | 루스 안정도 판별법

### 1 특성방정식

$$F(s) = 1 + G(s)H(s) = a_0 s^n + a_1 s^{n-1} + a_2 s^{n-2} + \cdots + a_{n-1} s + a_n$$

## 2 제어계의 안정조건

(1) 모든 차수의 계수가 존재할 것
(2) 특성방정식의 모든 계수의 부호가 같아야 함
(3) 루스표를 작성하고 루스표의 1열 부호가 변화하지 않고 같아야 함

---

**난이도 下**

**01** 다음의 특성 방정식 중 안정한 제어시스템은?

① $s^4 - 2s^3 - 3s^2 + 4s + 5 = 0$
② $s^3 + 3s^2 + 4s + 5 = 0$
③ $s^4 + 3s^3 - s^2 + s + 10 = 0$
④ $s^5 + s^3 + 2s^2 + 4s + 3 = 0$

해설 | **루스 안정도 판별법**

특성방정식에서의 안정조건
- 모든 차수의 계수가 존재할 것
- 특성방정식의 모든 계수의 부호가 같아야 함
- 루스표를 작성하고 루스표의 1열 부호가 변화하지 않고 같아야 함

정답 ②

---

**난이도 中**

**02** 단위궤환 제어시스템의 전향경로 전달함수가 $G(s) = \dfrac{K}{s(s^2+3s+2)}$ 일 때, 이 시스템이 안정하기 위한 $K$의 범위는?

① $0 < K < 6$
② $1 < K < 5$
③ $1 < K < 6$
④ $0 < K < 5$

해설 | **시스템의 안정조건**

- 특성방정식
$s(s^2+3s+2) + K = 0$
$s^3 + 3s^2 + 2s + K = 0$

- 루스표 작성

| 차수 | 제1열 | 제2열 |
|---|---|---|
| $s^3$ | 1 | 2 |
| $s^2$ | 3 | K |
| $s^1$ | $\dfrac{6-K}{3}$ | 0 |
| $s^0$ | K | 0 |

제어계가 안정되기 위해서는 제1열의 부호가 모두 같아야 한다.

∴ $0 < K < 6$

정답 ①

## 난이도 上

**03** $s^4 + 7s^3 + 17s^2 + 17s + 6 = 0$의 특성근 중 양의 실수부를 갖는 근은 몇 개 있는가?

① 1
② 2
③ 3
④ 없다.

해설 | 루스 안정도 판별법

| 차수 | 제1열 | 제2열 | 제3열 |
|---|---|---|---|
| $s^4$ | 1 | 17 | 6 |
| $s^3$ | 7 | 17 | 0 |
| $s^2$ | $\dfrac{7 \times 17 - 1 \times 17}{7} = 14.57$ | 6 | 0 |
| $s^1$ | $\dfrac{14.57 \times 17 - 6 \times 7}{14.57} = 14.12$ | 0 | 0 |
| $s^0$ | 6 | 0 | 0 |

1열의 부호가 모두 같으므로 안정하다.
따라서 양의 실수부를 갖는 근은 없다.

정답 ④

## 유형 9 | Z 변환

### 1  z 변환 정리표

| 시간함수 | s 변환 | z 변환 |
|---|---|---|
| $\delta(t)$ | 1 | 1 |
| $u(t)$ | $\dfrac{1}{s}$ | $\dfrac{z}{z-1}$ |
| $t$ | $\dfrac{1}{s^2}$ | $\dfrac{Tz}{(z-1)^2}$ |
| $e^{-at}$ | $\dfrac{1}{s+a}$ | $\dfrac{z}{z-e^{-aT}}$ |
| $\sin\omega t$ | $\dfrac{\omega}{s^2+\omega^2}$ | $\dfrac{z\sin\omega T}{z^2-2z\cos\omega T+1}$ |
| $\cos\omega t$ | $\dfrac{s}{s^2+\omega^2}$ | $\dfrac{z(1-\cos\omega T)}{z^2-2z\cos\omega T+1}$ |

### 2  z 변환의 초기값 및 최종값 정리

(1) 초기값 정리 : $\lim\limits_{z \to \infty} F(z)$

(2) 최종값 정리 : $\lim\limits_{z \to 1}(1-\dfrac{1}{z})F(z) = \lim\limits_{z \to 1}(1-z^{-1})F(z)$

---

난이도 下

**01** 단위계단함수의 라플라스변환과 z 변환함수는?

① $\dfrac{1}{s},\ \dfrac{z}{z-1}$

② $s,\ \dfrac{z}{z-1}$

③ $\dfrac{1}{s},\ \dfrac{z-1}{z}$

④ $s,\ \dfrac{z-1}{z}$

해설 | ℒ 및 z 변환

| $f(t)$ | $F(s)$ | $F(z)$ |
|---|---|---|
| $u(t)$ | $\dfrac{1}{s}$ | $\dfrac{z}{z-1}$ |
| $t$ | $\dfrac{1}{s^2}$ | $\dfrac{z}{(z-1)^2}$ |
| $e^{-at}$ | $\dfrac{1}{(s+a)}$ | $\dfrac{z}{z-e^{-at}}$ |

정답 ①

난이도 中

**02** f(t)의 z 변환이 F(z)일 때, f(t)의 최종값은?

$$F(z) = \frac{9z}{(z-1)(z+0.5)}$$

① -6
② ∞
③ 0
④ 6

해설 | z 변환의 최종값 정리

$$\lim_{z \to 1}(1 - \frac{1}{z})F(z) = \lim_{z \to 1}\left(\frac{z-1}{z}\right)\frac{9z}{(z-1)(z+0.5)} = \lim_{z \to 1}\left(\frac{9}{z+0.5}\right) = 6$$

정답 ④

난이도 上

**03** 특성방정식이 다음과 같다. 이를 z 변환하여 z 평면도에 도시할 때 단위 원 밖에 놓일 근은 몇 개인가?

$$(s + 1)(s + 2)(s - 3) = 0$$

① 0
② 1
③ 2
④ 3

해설 | z 평면도에서 불안정한 근의 개수
- 특성 방정식 근
  $(s+1)(s+2)(s-3) = 0$에서 $s = -1, -2, 3$
- s 평면일 때 안정 및 불안정한 근 개수
  안정 -1, -2 : 2개
  불안정 3 : 1개
- s 평면 → z 평면 변환 시 같음
∴ z 평면도에서 원 밖에 놓이는 근 개수 = 불안정한 근의 개수 = 1개

정답 ②

## 유형 10 | 논리회로와 불대수

| 구분 | AND | OR |
|---|---|---|
| 기호 | $A \cdot B$ | $A + B$ |
| 무접점 회로 | (AND 게이트 기호) | (OR 게이트 기호) |
| 유접점 회로 | (직렬 접점 A, B) | (병렬 접점 A, B) |

| | | | |
|---|---|---|---|
| $A + 0 = A$ | $A + 1 = 1$ | $A \cdot 0 = 0$ | $A \cdot 1 = A$ |
| $A + \overline{A} = 1$ | $A \cdot \overline{A} = 0$ | $A + A = A$ | $A \cdot A = A$ |
| $A + B = B + A$ | $A \cdot B = B \cdot A$ | $\overline{\overline{A}} = A$ | |
| $A(B \cdot C) = (A \cdot B)C$ | | $A + (B + C) = (A + B) + C$ | |
| $\overline{A + B} = \overline{A} \cdot \overline{B}$ | | $\overline{A \cdot B} = \overline{A} + \overline{B}$ | |
| $A(B + C) = AB + AC$ | | $A + BC = (A + B) \cdot (A + C)$ | |
| $A + A \cdot B = A$ | | $A \cdot (A + B) = A$ | |

### 난이도 下

**01** 다음 논리회로의 출력 $X$는?

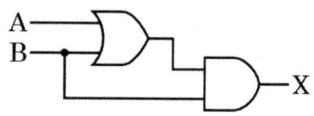

① A  
② B  
③ A + B  
④ A · B  

해설 | 논리식 X 정리

$X = (A+B) \cdot B = A \cdot B + B$
$= B(A+1) = B$

정답 ②

### 난이도 中

**02** 그림의 논리회로와 등가인 논리식은?

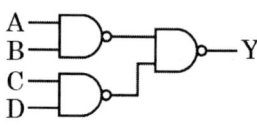

① $Y = A \cdot B \cdot C \cdot D$
② $Y = A \cdot B + C \cdot D$
③ $Y = \overline{A \cdot B} + \overline{C \cdot D}$
④ $Y = (\overline{A} + \overline{B}) + (\overline{C} + \overline{D})$

해설 | 논리회로와 논리식

$\overline{\overline{AB} \cdot \overline{CD}} = \overline{\overline{AB}} + \overline{\overline{CD}} = AB + CD$

정답 ②

난이도 上

03 그림과 같은 논리회로의 출력 Z는?

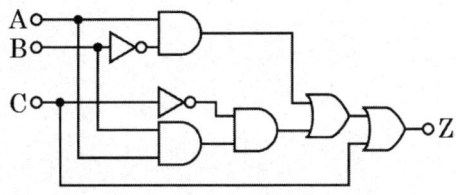

① $A+B$　　　　　　② $A+C$
③ $\overline{A}+\overline{B}$　　　　　　④ $\overline{A}+\overline{C}$

해설 | 논리회로의 간소화

$Z = A\overline{B} + AB\overline{C} + C$
$\quad = A\overline{B}(C+\overline{C}) + AB\overline{C} + C(1+A)$
$\quad = A\overline{B}C + A\overline{B}\,\overline{C} + AB\overline{C} + C + AC$
$\quad = A\overline{B}(C+\overline{C}) + A\overline{C}(B+\overline{B}) + C + AC$
$\quad = A\overline{B} + A\overline{C} + AC + C$
$\quad = A(\overline{B} + \overline{C} + C) + C$
$\quad = A + C$

정답 ②

# PART 04

필기

모아 전기기사

# 과년도 기출문제

## 2024년 1회

**01** 아래의 논리식을 간소화하면?

$L = \overline{X}\,\overline{Y}Z + \overline{X}YZ + X\overline{Y}Z + XYZ$

① $Z$     ② $XZ$
③ $YZ$    ④ $XYZ$

**해설 | 논리식의 간소화**

$L = \overline{X}\,\overline{Y}Z + \overline{X}YZ + X\overline{Y}Z + XYZ$
$= \overline{X}Z(\overline{Y}+Y) + XZ(\overline{Y}+Y)$
$= \overline{X}Z + XZ = (\overline{X}+X)Z$
$= Z$

**02** 다음 신호흐름선도에서 전달함수는?

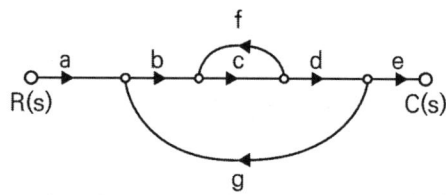

① $\dfrac{abcde}{1+cf+bcdg}$    ② $\dfrac{abcde}{1-cf+bcdg}$

③ $\dfrac{abcde}{1-cf-bcdg}$    ④ $\dfrac{abcde}{1+cf-bcdg}$

**해설 | 신호흐름선도의 전달함수**

$\dfrac{C(s)}{R(s)} = \dfrac{\sum \text{전향경로 이득}}{1 - \sum \text{페루프 경로 이득}}$

- $\sum$ 전향경로 이득 $= abcde$
- $\sum$ 페루프 경로 이득 $= cf + bcdg$

$\therefore \dfrac{C(s)}{R(s)} = \dfrac{abcde}{1-cf-bcdg}$

**03** 어떤 제어계에 단위 계단 입력을 가하였더니 출력이 $1-e^{-2t}$로 나타났다. 이 계의 전달함수는?

① $\dfrac{1}{s+2}$    ② $\dfrac{2}{s+2}$

③ $\dfrac{1}{s(s+2)}$    ④ $\dfrac{2}{s(s+2)}$

**해설 | 인디셜 응답의 전달함수 G(s)**

- 입력 $R(s) = \dfrac{1}{s}$
- 출력 $C(s) = \mathcal{L}[1-e^{-2t}] = \dfrac{1}{s} - \dfrac{1}{s+2}$

$\therefore G(s) = \dfrac{C(s)}{R(s)} = \dfrac{\dfrac{1}{s}-\dfrac{1}{s+2}}{\dfrac{1}{s}}$

$= \dfrac{\dfrac{s+2-s}{s(s+2)}}{\dfrac{1}{s}} = \dfrac{2}{s+2}$

**04** 근궤적은 무엇에 대하여 대칭인가?

① 원점    ② 실수축
③ 허수축    ④ 극점

**해설 | 근궤적**
특성방정식의 근이 실근 또는 켤레(공액) 복소수을 가지므로 근궤적은 실수축에 대하여 대칭이다.

**정답** 01 ①   02 ③   03 ②   04 ②

**05** $s^4 + 7s^3 + 17s^2 + 17s + 6 = 0$의 특성근 중 양의 실수부를 갖는 근은 몇 개 있는가?

① 1　　　　② 2
③ 3　　　　④ 없다.

해설 | 루스 안정도 판별법

| 차수 | 제1열 | 제2열 | 제3열 |
|---|---|---|---|
| $s^4$ | 1 | 17 | 6 |
| $s^3$ | 7 | 17 | 0 |
| $s^2$ | $\frac{7 \times 17 - 1 \times 17}{7} = 14.57$ | 6 | 0 |
| $s^1$ | $\frac{14.57 \times 17 - 6 \times 7}{14.57} = 14.12$ | 0 | 0 |
| $s^0$ | 6 | 0 | 0 |

1열의 부호가 모두 양수이므로 안정
따라서 양의 실수부를 갖는 근은 없다.

**06** 다음 부울대수 식 중 옳지 않은 것은?

① $A \cdot \overline{A} = 1$　② $A + 1 = 1$
③ $A + A = A$　④ $A \cdot A = A$

해설 | 부울대수 정리
- $A \cdot A = A$
- $A + A = A$
- $A + \overline{A} = 1$
- $A \cdot \overline{A} = 0$
- $A + 1 = 1$
- $A \cdot 1 = A$
- $(A + B) \cdot (A + C) = A + (B \cdot C)$

**07** 다음과 같은 회로는 어떤 회로인가?

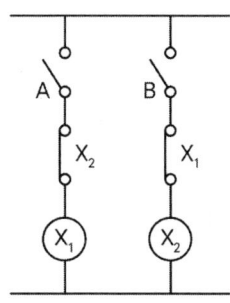

① 자기유지회로　② 일치회로
③ 우선선택회로　④ 인터록회로

해설 | 인터록회로
두 개 기기가 동시에 동작하는 것을 방지하는 회로

**08** $G(s)H(s) = \dfrac{K(s-2)(s-3)}{s(s+1)(s+2)(s+4)}$ 에서 점근선의 교차점을 구하면?

① 5　　　　② 2
③ -6　　　④ -4

해설 | 교차점 $\sigma$ 계산

- $\sigma = \dfrac{\sum 극점 - \sum 영점}{P(극점\ 개수) - Z(영점\ 개수)}$

극점 0, -1, -2, -4 : 4개
영점 2, 3 : 2개

$\therefore \sigma = \dfrac{(-7)-(5)}{4-2} = \dfrac{-12}{2} = -6$

**09** 다음 그림은 어떠한 게이트에 대한 논리기호인가?

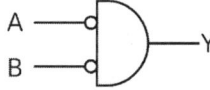

① AND  ② OR
③ NAND  ④ NOR

해설 | 논리기호
$Y = \overline{A} \cdot \overline{B} = \overline{(A+B)}$
∴ NOR 게이트

**10** 다음과 같은 시스템의 미분방정식
$\dfrac{d^2y(t)}{dt^2} - \dfrac{dy(t)}{dt} - 2y(t) = 3x(t)$ 에서
$x(t)$는 입력, $y(t)$는 출력일 때, 전달함수는?

① $\dfrac{3}{(s-1)(s-2)}$

② $\dfrac{2}{(s+1)(s-3)}$

③ $\dfrac{3}{(s+1)(s-2)}$

④ $\dfrac{2}{(s-1)(s-3)}$

해설 | 전달함수
$\dfrac{d^2y(t)}{dt^2} - \dfrac{dy(t)}{dt} - 2y(t) = 3x(t)$
$s^2 Y(s) - s Y(s) - 2 Y(s) = 3X(s)$
$\dfrac{Y(s)}{X(s)} = \dfrac{3}{s^2 - s - 2} = \dfrac{3}{(s+1)(s-2)}$

**11** 회로의 단자 a와 b 사이에 나타나는 전압 $V_{ab}$는 몇 [V]인가?

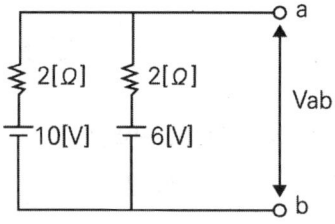

① 8  ② 11
③ 9  ④ 10

해설 | 밀만의 정리
$V_{ab} = IZ = \dfrac{I}{Y} = \dfrac{\dfrac{V_1}{Z_1} + \dfrac{V_2}{Z_2} \cdots \dfrac{V_n}{Z_n}}{\dfrac{1}{Z_1} + \dfrac{1}{Z_2} \cdots + Z_n}$

$= \dfrac{\dfrac{10}{2} + \dfrac{6}{2}}{\dfrac{1}{2} + \dfrac{1}{2}} = 8[V]$

**12** 위상정수가 π/8 [rad/m]인 선로의 주파수가 1 [MHz]일 때, 전파속도[m/s]는?

① $8 \times 10^7$  ② $1.6 \times 10^7$
③ $3.2 \times 10^7$  ④ $5 \times 10^7$

해설 | 전파속도
$v = \dfrac{\omega}{\beta}$ 에서
$\beta = \dfrac{\pi}{8}, \quad \omega = 2\pi f = 2\pi \times 1 \times 10^6$ 이므로
∴ $v = \dfrac{2\pi \times 10^6}{\dfrac{\pi}{8}} = 1.6 \times 10^7 [m/s]$

정답  09 ④  10 ③  11 ①  12 ②

**13** 다음 회로에서 4단자 정수 A, B, C, D 값 중 틀린 것은?

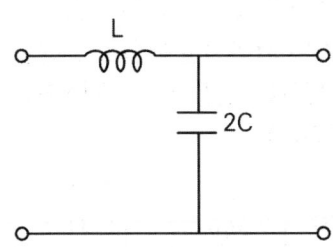

① $A = 1 + 2\omega^2 LC$  ② $B = j\omega L$
③ $C = j2\omega C$  ④ $D = 1$

해설 | 4단자 정수

$$A = 1 + \frac{L}{2C} = 1 + \frac{j\omega L}{\frac{1}{j2\omega C}}$$
$$= 1 + j^2 2\omega^2 LC = 1 - 2\omega^2 LC$$

**14** R = 10 [Ω], L = 10 [mH], C = 1 [μF]인 RLC 직렬회로에서 공진 시 첨예도는?

① 100  ② 10
③ 0.1  ④ 1

해설 | RLC 직렬회로 첨예도

$$Q = \frac{1}{R}\sqrt{\frac{L}{C}}$$
$$= \frac{1}{10}\sqrt{\frac{10 \times 10^{-3}}{1 \times 10^{-6}}} = 1$$

**15** 상순이 a-b-c인 3상회로의 각 상전압이 아래와 같을 때, 역상분 전압은 약 몇 [V]인가?

> ▷ $V_a = 220 \angle 0°$  ▷ $V_b = 220 \angle -130°$
> ▷ $V_c = 185.95 \angle 115°$

① 22  ② 28
③ 32  ④ 38

해설 | 대칭좌표법

$V_2 = \frac{1}{3}(V_a + a^2 V_b + a V_c)$에서
$V_a = 220 \angle 0°$
$a^2 V_b = 1 \angle 240° \times 220 \angle -130°$
$\qquad = 220 \angle 110°$
$a V_c = 1 \angle 120° \times 185.95 \angle 115°$
$\qquad = 185.95 \angle 235°$
$\therefore V_2 = \frac{1}{3}(38 + j54)$이므로
$|V_2| = \frac{1}{3}\sqrt{38^2 + 54^2} = 22 [V]$

**16** 특성 임피던스가 400 [Ω]인 회로 말단에 1200 [Ω]의 부하가 연결되어 있다. 전원 측에 20 [kV]의 전압을 인가할 때 반사파의 크기[kV]는? (단, 선로에서의 전압감쇠는 없는 것으로 간주한다)

① 3.3  ② 5
③ 10  ④ 33

해설 | 반사파 크기

• 반사파 크기 : 반사계수 $\rho \times$ 인가된 전압

$$\frac{Z_R - Z_L}{Z_R + Z_L} \times E_i = \frac{1200 - 400}{1200 + 400} \times 20$$
$$= 10 [kV]$$

정답 13 ①  14 ④  15 ①  16 ③

**17** $f(t) = \sin t \cos t$를 라플라스 변환하면?

① $\dfrac{1}{s^2+1}$  ② $\dfrac{1}{s^2+2^2}$

③ $\dfrac{1}{(s+2)^2}$  ④ $\dfrac{1}{s^2+4^2}$

해설 | 라플라스 변환

$\mathcal{L}[\sin t \cos t] = \mathcal{L}\left[\dfrac{1}{2}\sin 2t\right]$

$\qquad = \dfrac{1}{2} \times \dfrac{2}{s^2+2^2} = \dfrac{1}{s^2+2^2}$

TIP $\sin t \cos t = \dfrac{1}{2}\sin 2t$

**18** 20 [mH]의 두 자기 인덕턴스의 결합계수를 0.1에서 0.9까지 변화시킬 수 있다면 이것을 접속시켜 얻을 수 있는 합성 인덕턴스의 최댓값과 최솟값의 비는?

① 19 : 1  ② 16 : 1
③ 13 : 1  ④ 10 : 1

해설 | 합성인덕턴스
• 가동접속 시 최대
  $L_M = L_1 + L_2 + 2M$
  $\quad = L_1 + L_2 + 2k\sqrt{L_1 L_2}$
  $\quad = 20 + 20 + 2 \times 0.9\sqrt{20 \times 20}$
  $\quad = 76[\text{mH}]$
• 차동접속 시 최소
  $L_m = L_1 + L_2 - 2M$
  $\quad = L_1 + L_2 - 2k\sqrt{L_1 L_2}$
  $\quad = 20 + 20 - 2 \times 0.9\sqrt{20 \times 20}$
  $\quad = 4[\text{mH}]$
$\therefore L_M : L_m = 76 : 4 = 19 : 1$

**19** 인덕턴스 L 및 커패시턴스 C를 직렬로 연결한 임피던스가 있다. 정저항회로를 만들기 위하여 그림과 같이 L 및 C의 각각에 서로 같은 저항 R을 병렬로 연결할 때 C는 몇 [μF]인가? (단, L = 10 [mH], R = 100 [Ω]이다)

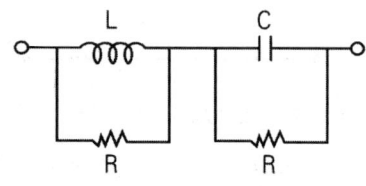

① 100  ② 10
③ 1  ④ 0.1

해설 | 정저항회로 조건

$RC = \dfrac{L}{R}$

$C = \dfrac{L}{R^2} = \dfrac{10 \times 10^{-3}}{100^2} = 10^{-6}[\text{F}]$

$\therefore C = 1[\mu\text{F}]$

**20** 그림과 같은 π형 4단자회로의 어드미턴스 파라미터 중 $Y_{22}$는?

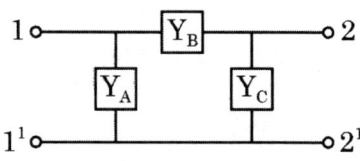

① $Y_{22} = Y_A + Y_C$
② $Y_{22} = Y_B$
③ $Y_{22} = Y_A$
④ $Y_{22} = Y_B + Y_C$

해설 | $Y_{22}$ 계산
$Y_{22} = Y_B + Y_C$

정답 17 ② 18 ① 19 ③ 20 ④

# 2024년 2회

**01** 특성방정식이 $s^4 + 6s^3 + 11s^2 + 6s + K = 0$으로 주어진 제어계가 안정하기 위한 K의 범위는?

① 0 < K < 2
② 0 < K < 5
③ 0 < K < 6
④ 0 < K < 10

해설 | 시스템 안정하기 위한 K의 범위
(1) Routh 표 작성

| 차수 | 제1열 | 제2열 | 제3열 |
|---|---|---|---|
| $s^4$ | 1 | 11 | K |
| $s^3$ | 6 | 6 | 0 |
| $s^2$ | $\frac{11 \times 6 - 1 \times 6}{6} = 10$ | K | 0 |
| $s^1$ | $\frac{6 \times 10 - 6K}{10}$ | 0 | 0 |
| | K | 0 | 0 |

(2) 제어계가 안정될 필요조건
- 모든 차수의 계수가 존재할 것
- 특성방정식의 모든 계수의 부호가 같아야 한다.
- 루스표를 작성하고 루스표의 1열 부호가 변화하지 않고 같아야 한다.

(3) K 범위 계산
$s^1$ 항 $\frac{6 \times 10 - 6K}{10} > 0$
$s^0$ 항 $K > 0$

∴ $0 < K < 10$

**02** 대칭 5상 교류 성형결선에서 선간전압과 상전압 간의 위상차는 몇 도인가?

① 27°
② 36°
③ 54°
④ 72°

해설 | 대칭 n상 전압 간 위상차 계산
$$\theta = \frac{\pi}{2}(1 - \frac{2}{n})\Big|_{n=5}$$
$$= \frac{180}{2}(1 - \frac{2}{5}) = 90° \times \frac{3}{5} = 54°$$

TIP 성형결선 = Y결선

**03** 전달함수 G(s) = 20s이고, $\omega$ = 5 [rad/sec]일 때 이득 [dB]은?

① 20
② 40
③ -20
④ -40

해설 | 이득 계산
이득 $g = 20\log_{10}|G(s)|$
$= 20\log_{10}|G(jw)|$
$= 20\log_{10}|j20w| = 20\log_{10}20w$
$= 20\log_{10}100 = 40[\text{dB}]$

04 다음 블록선도에서 C(s)/R(s) 값이 다른 하나는?

① R(s) 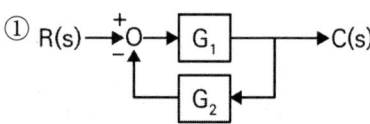 C(s)

② R(s) 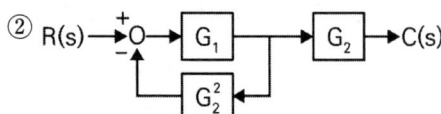 C(s)

③ R(s) 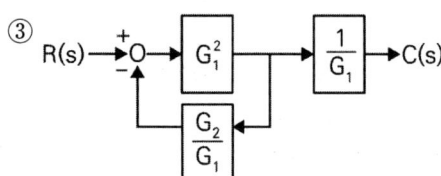 C(s)

④ R(s) 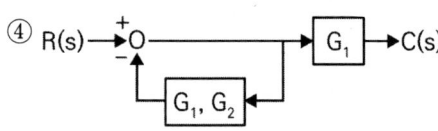 C(s)

해설 | 블록선도의 출력

$$\frac{C(s)}{R(s)} = \frac{G_1}{1+G_1G_2}$$

②번은 $\dfrac{C(s)}{R(s)} = \dfrac{G_1G_2}{1+G_1G_2^2}$

05 시스템행렬 A가 다음과 같을 때 상태천이 행렬을 구하면?

$$A = \begin{bmatrix} 0 & 0 \\ -1 & -2 \end{bmatrix} \qquad B = \begin{bmatrix} 1 \\ 1 \end{bmatrix}$$

① $\begin{bmatrix} 1 & 0 \\ -\frac{1}{2}(1-e^{-t}) & e^{-t} \end{bmatrix}$

② $\begin{bmatrix} 1 & 0 \\ \frac{1}{2}(1-e^{-t}) & e^{-t} \end{bmatrix}$

③ $\begin{bmatrix} 1 & 0 \\ \frac{1}{2}(1-e^{-2t}) & e^{-2t} \end{bmatrix}$

④ $\begin{bmatrix} 1 & 0 \\ -\frac{1}{2}(1-e^{-2t}) & e^{-2t} \end{bmatrix}$

해설 | 상태 천이 행렬 $\phi(t)$ 계산

$|sI-A| = \begin{bmatrix} s & 0 \\ 0 & s \end{bmatrix} - \begin{bmatrix} 0 & 0 \\ -1 & -2 \end{bmatrix} = \begin{bmatrix} s & 0 \\ 1 & s+2 \end{bmatrix}$

• $\det|sI-A| = s^2+2s$

• $|sI-A|^{-1} = \dfrac{1}{s(s+2)}\begin{vmatrix} s+2 & 0 \\ -1 & s \end{vmatrix}$

• $\phi(t) = \mathcal{L}^{-1}(|sI-A|^{-1})$

$\mathcal{L}^{-1}\left[\begin{vmatrix} \dfrac{1}{s} & 0 \\ \dfrac{-1}{s(s+2)} & \dfrac{1}{s+2} \end{vmatrix}\right]$

$\therefore \phi(t) = \begin{bmatrix} 1 & 0 \\ -\dfrac{1}{2}(1-e^{-2t}) & e^{-2t} \end{bmatrix}$

정답 04 ② 05 ④

06 제어오차가 검출될 때 오차가 변화하는 속도에 비례하여 조작량을 조절하는 동작으로 오차가 커지는 것을 사전에 방지하는 제어동작은?

① 미분동작제어
② 비례동작제어
③ 적분동작제어
④ 온-오프 (ON-OFF) 제어

해설 | 미분제어동작
- 작동오차의 변화율에 반응하여 동작
- 오차가 커지는 것을 사전에 방지(속도개선)

TIP 오차 사전방지 : 미분제어
　　오차 제거 : 적분제어

07 특성방정식의 근의 위치가 다음 그림과 같을 때 나타나는 현상은?

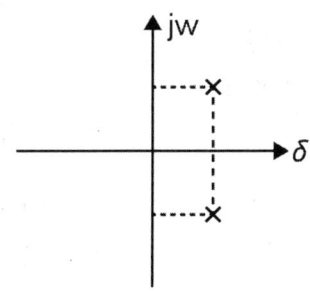

① 진동이 점점 늘어난다.
② 진동이 줄어든다.
③ 진동이 없다.
④ 일정한 진동이다.

해설 | 과도응답
근의 위치에 따른 진동상태
- 부족제동

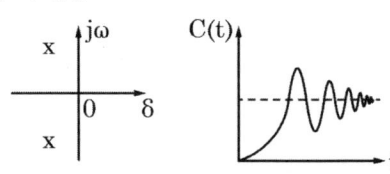

- 임계제동

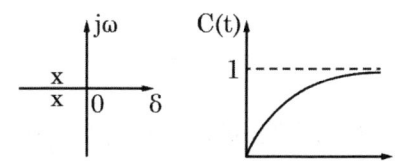

- 과제동

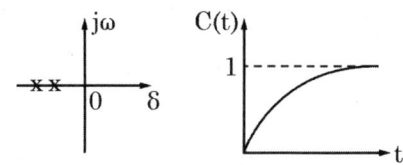

- 무제동

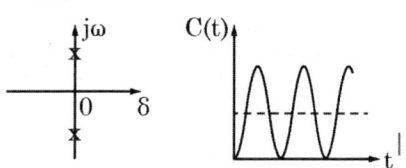

08 그림의 블록선도와 같이 표현되는 제어시스템에서 A = 1, B = 1일 때 블록선도의 출력 C는 약 얼마인가?

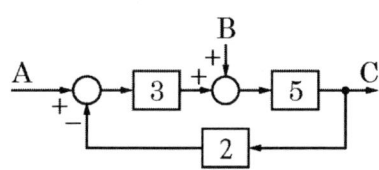

① 0.42
② 0.65
③ 1.42
④ 1.65

해설 | 블록선도의 출력
- $\dfrac{C_1}{A} = \dfrac{3\times 5}{1+(3\times 5\times 2)} = \dfrac{15}{31}$
- $\dfrac{C_2}{B} = \dfrac{5}{1+(3\times 5\times 2)} = \dfrac{5}{31}$

$A=1,\ B=1$ 이므로

$\therefore C = C_1 + C_2 = \dfrac{20}{31} = 0.65$

09 신호흐름선도에서 전달함수 $\dfrac{C(s)}{R(s)}$ 는?

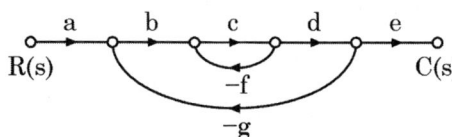

① $\dfrac{abcde}{1-cg-bcdg}$  ② $\dfrac{abcde}{1-cf+bcdg}$

③ $\dfrac{abcde}{1+cf-bcdg}$  ④ $\dfrac{abcde}{1+cf+bcdg}$

해설 | 신호 흐름선도
- 전달함수

$\dfrac{C(s)}{R(s)} = \dfrac{\sum 전향경로\ 이득}{1-\sum 페루프\ 경로\ 이득}$

$\therefore \dfrac{abcde}{1-(-cf-bcdg)}$

10 다음의 논리회로를 간단히 하면?

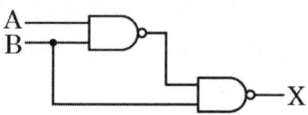

① $\overline{A}+B$  ② $A+\overline{B}$

③ $\overline{A}+\overline{B}$  ④ $A+B$

해설 | 논리회로 X 정리

$X = \overline{\overline{A\cdot B}\cdot B} = A\cdot B + \overline{B}$

$= A\cdot B + \overline{B}(A+1)$

$= AB + A\overline{B} + \overline{B} = A(B+\overline{B}) + \overline{B}$

$= A + \overline{B}$

11 다음과 같이 Y결선을 △결선으로 변환할 경우 $R_1$의 임피던스는 몇 [Ω]인가?

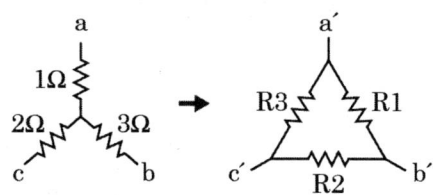

① 0.33  ② 3.67
③ 5.5   ④ 11

해설 | Y결선 → △결선 변환 시 저항 임피던스

$R_1 = \dfrac{R_a R_b + R_b R_c + R_c R_a}{R_c}$

$= \dfrac{1\times 3 + 3\times 2 + 2\times 1}{2} = 5.5\,[\Omega]$

정답  09 ④  10 ②  11 ①

**12** 근궤적에 대한 설명 중 옳은 것은?

① 점근선은 허수축에서만 교차한다.
② 근궤적이 허수축을 끊는 K의 값은 일정하다.
③ 근궤적은 절대 안정도 및 상대안정도와 관계가 없다.
④ 근궤적의 개수는 극점의 수와 영점의 수 중에서 큰 것과 일치한다.

해설 | 근궤적 수
- 특성방정식의 차수
- 영점과 극점 중 개수가 큰 것과 일치

**13** 그림과 같은 RC 병렬회로의 역률은?

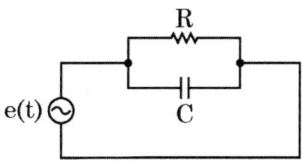

① $1+(\omega RC)^2$
② $\sqrt{1+(\omega RC)^2}$
③ $\dfrac{1}{1+(\omega RC)^2}$
④ $\dfrac{1}{\sqrt{1+(\omega RC)^2}}$

해설 | RC병렬회로의 역률

$$\cos\theta = \left|\dfrac{\frac{1}{R}}{\frac{1}{Z}}\right| = \dfrac{\frac{1}{R}}{\sqrt{\left(\frac{1}{R}\right)^2+(\omega C)^2}} \times \dfrac{R}{R}$$

$$= \dfrac{1}{\sqrt{1+(\omega RC)^2}}$$

**14** 대칭좌표법에서 불평형률을 나타내는 것은?

① $\dfrac{영상분}{정상분}\times 100$
② $\dfrac{정상분}{역상분}\times 100$
③ $\dfrac{정상분}{영상분}\times 100$
④ $\dfrac{역상분}{정상분}\times 100$

해설 | 불평형률

불평형률 $= \dfrac{역상전압}{정상전압} \times 100$

**15** 다음과 같은 전류의 초기값 $I(0^+)$를 구하면?

$$I(s) = \dfrac{10}{2s(s+5)}$$

① 0
② 1
③ 2
④ 5

해설 | 초기값 정리

$$\lim_{t\to 0} i(t) = \lim_{s\to\infty} sI(s)$$
$$= \lim_{s\to\infty} s\cdot\dfrac{10}{2s(s+5)}$$
$$= \lim_{s\to\infty} \dfrac{10}{2(s+5)} = 0$$

정답 12 ④  13 ④  14 ④  15 ①

**16** 단위길이당 인덕턴스가 L [H/m]이고, 단위길이당 정전용량이 C [F/m]인 무손실 선로에서의 진행파 속도 [m/s]는?

① $\sqrt{LC}$
② $\dfrac{1}{\sqrt{LC}}$
③ $\sqrt{\dfrac{C}{L}}$
④ $\sqrt{\dfrac{L}{C}}$

해설 | 무손실 선로 진행파 속도 $v$ 계산

$\dfrac{1}{\sqrt{LC}}$

**17** 다음 전달함수의 영점은?

$$\dfrac{s+3}{(s+4)(s+5)}$$

① -3
② -4
③ -5
④ -4, -5

해설 | 영점과 극점
- 영점 : 분자를 0으로 만드는 s값
- 극점 : 분모를 0으로 만드는 s값

**18** 함수 $G(s) = \dfrac{1}{s(s+1)}$의 역변환은?

① $-e^{-t}$
② $e^{-t}$
③ $1+e^{-t}$
④ $1-e^{-t}$

해설 | 역라플라스 변환

$G(s) = \dfrac{1}{s(s+1)} = \dfrac{k_1}{s} + \dfrac{k_2}{s+1}$

$k_1 = 1, \ k_2 = -1$

· $\mathcal{L}^{-1}\left[\dfrac{1}{s} - \dfrac{1}{s+1}\right]$

∴ $1-e^{-t}$

**19** RL직렬회로에 직류 전압 5 [V]를 t = 0 에서 인가했더니 $i(t) = 50\left(1-e^{-20\times10^{-3}t}\right)$ [mA]이었다. 이 회로의 저항을 처음 값의 2배로 하면 시정수는 얼마가 되겠는가?

① 25 [msec]
② 250 [msec]
③ 25 [sec]
④ 250 [sec]

해설 | RL직렬회로의 과도전류
스위치 on인 경우

$i(t) = \dfrac{E}{R}\left(1-e^{-\frac{R}{L}t}\right)$에서

시정수 $= \dfrac{L}{R} = \dfrac{1}{20\times10^{-3}} = 50$ [sec]

$R$을 2배로 하면 $\dfrac{L}{2R} = 25$ [sec]

정답 16 ② 17 ① 18 ④ 19 ③

**20** 2전력계법을 이용한 평형 3상회로의 전력이 각각 500 [W] 및 300 [W]로 측정되었을 때, 부하의 역률은 약 몇 [%]인가?

① 70.7  ② 87.7
③ 89.2  ④ 91.8

해설 | 2전력계법 역률 $\cos\theta$ 계산

$$\cos\theta = \frac{P_1 + P_2}{2\sqrt{P_1^2 + P_2^2 - P_1 P_2}} \times 100$$

$$= \frac{300 + 500}{2\sqrt{300^2 + 500^2 - 300 \times 500}} \times 100$$

$$= 91.8 [\%]$$

정답 20 ④

**01** $f(t) = L^{-1}\left[\dfrac{2s+4}{s^2+2s+5}\right]$는?

① $2e^{-t}(\cos 2t - \sin 2t)$
② $2e^{-t}(\cos 2t + 2\sin 2t)$
③ $e^{-t}(2\cos 2t - 2\sin 2t)$
④ $e^{-t}(2\cos 2t + \sin 2t)$

해설 | 역라플라스 변환

$\dfrac{2s+4}{s^2+2s+5}$

$= \dfrac{2(s+1)+2}{(s+1)^2+2^2}$

$= 2\dfrac{(s+1)}{(s+1)^2+2^2} + \dfrac{2}{(s+1)^2+2^2}$

이므로 이 식을 역라플라스 변환하면
$f(t) = L^{-1}\left[\dfrac{2s+4}{s^2+2s+5}\right]$
$= 2e^{-t}\cdot\cos 2t + e^{-t}\cdot\sin 2t$

**02** 분포 정수회로에서 선로정수가 R, L, C, G이고 무왜형 조건이 RC = GL과 같은 관계가 성립될 때 선로의 특성 임피던스 $Z_0$는?

① $Z_0 = \dfrac{1}{\sqrt{LC}}$  ② $Z_0 = \sqrt{\dfrac{L}{C}}$
③ $Z_0 = \sqrt{LC}$  ④ $Z_0 = \sqrt{RG}$

해설 | 특성임피던스 $Z_0$

$Z_0 = \sqrt{\dfrac{Z}{Y}} = \sqrt{\dfrac{R+j\omega L}{G+j\omega C}} = \sqrt{\dfrac{L}{C}}$

**03** 그림과 같은 평형 3상 회로에서 전원 전압이 $V_{ab}$ = 220 [V]이고 부하 한상의 임피던스가 Z = 2−j2 [Ω]인 경우 전원과 부하 사이 선전류 $I_a$는 약 몇 [A]인가?

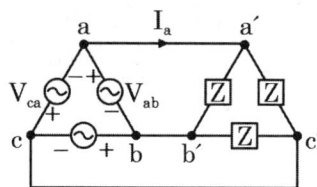

① 134.72 ∠ 15°
② 134.72 ∠ −15°
③ 134.72 ∠ −45°
④ 134.72 ∠ 45°

해설 | 평형 3상 회로(△결선)

- $V_\ell = V_p \angle 0°$
- $I_\ell = \sqrt{3}\,I_p \angle -30°$
- $|Z| = \sqrt{2^2+2^2} = \sqrt{8}$
- $I_p = \dfrac{V_p}{|Z|} = \dfrac{220}{\sqrt{8}\angle \tan^{-1}\left(\dfrac{-2}{2}\right)}$

∴ $I_\ell = \sqrt{3} \times \dfrac{220}{\sqrt{8}\angle -45°} \angle -30°$
$= 134.72 \angle 45° \angle -30°$
$= 134.72 \angle 15°$

정답  01 ④  02 ②  03 ①

## 04
회로에서 $I_1 = 2e^{-j\frac{\pi}{6}}[A]$, $I_2 = 5e^{j\frac{\pi}{6}}[A]$, $I_3 = 5.0[A]$, $Z_3 = 1.0[\Omega]$일 때 부하($Z_1, Z_2, Z_3$) 전체에 대한 복소전력은 약 몇 [VA] 인가?

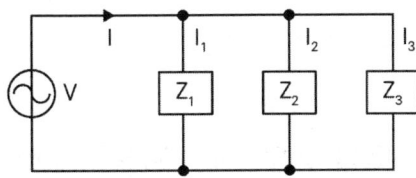

① 55.3 - j7.5     ② 55.3 + j7.5
③ 45 - j26        ④ 45 + j26

해설 | 복소전력
$V = I_3 \times Z_3 = 5 \times 1 = 5[V]$
$I = 2\angle -30° + 5\angle 30° + 5$
$= 11.06 + j1.5$
$P_a = V\overline{I}$
$= 5(11.06 - j1.5) = 55.3 - j7.5$

## 05
다음과 같은 비정현파의 평균전력은?

$v(t) = 100 + 50\sin\omega t\,[V]$
$i(t) = 10 + 3.58\sin(\omega t - \frac{\pi}{4})\,[A]$

① 965.7 [W]    ② 1040.3 [W]
③ 1063.3 [W]   ④ 1078.4 [W]

해설 | 평균전력 P 계산
$P_1 = V_1 I_1 = 100 \times 10 = 1000\,[W]$
$P_2 = \frac{V_2}{\sqrt{2}} \frac{I_2}{\sqrt{2}} \cos\theta = \frac{50 \times 3.58}{2} \times \frac{\sqrt{2}}{2}$
$= 63.29\,[W]$
$\therefore P = P_1 + P_2 = 1063.29\,[W]$

## 06
3상 회로의 각 상전류가 아래와 같을 때, 역상전류는 몇 [A]인가?
(단, 상순은 a-b-c 순이다)

▷ $I_a = 8\angle 15°$   ▷ $I_b = 12\angle -128°$
▷ $I_c = 8\angle 123°$

① 4.49∠1.58°     ② 13.47∠1.58°
③ 4.49∠-1.58°    ④ 13.47∠-1.58°

해설 | 대칭좌표법
역상전류 $I_2 = \frac{1}{3}(I_a + a^2 I_b + aI_c)$이므로
$I_a = 8\angle 15°$
$a^2 I_b = 1\angle 240° \times 12\angle -128°$
$= 12\angle 112°$
$aI_c = 1\angle 120° \times 8\angle 123° = 8\angle 243°$
$\therefore I_2 = \frac{1}{3}(I_a + a^2 I_b + aI_c)$
$= 4.49\angle -1.58°$

## 07
다음과 같은 회로에서 A정수는?

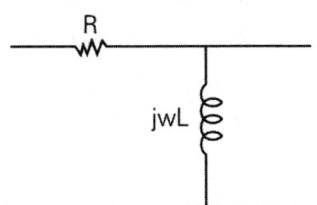

① $1 + \frac{R}{jwL}$     ② $\frac{R}{jwL}$
③ $R$                      ④ $jwL$

해설 | 4단자 정수
$B = R$, $C = \frac{1}{jwL}$, $D = 1$

## 08 회로에서 4 [Ω]에 흐르는 전류[A]는?

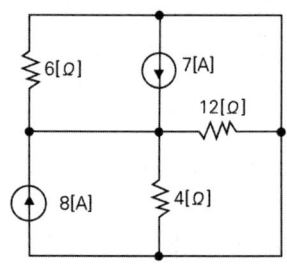

① 5   ② 10
③ 2.5   ④ 7.5

해설 | 중첩의 원리
- 7 [A] 전류원 개방

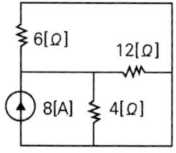 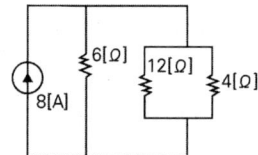

우측 병렬의 저항은 $\frac{12 \times 4}{12+4} = 3[\Omega]$이므로 6 [Ω]과 3 [Ω]의 병렬회로 형태 따라서 전류의 분배법칙을 이용하면 3 [Ω]쪽으로 흐르는 전류는

$$I_3 = \frac{R_6}{R_6+R_3} \times I = \frac{6}{6+3} \times 8 = \frac{16}{3} [A]$$

4 [Ω]에 흐르는 전류를 구해야 하므로

$$I_4 = \frac{R_{12}}{R_{12}+R_4} \times I_3$$
$$= \frac{12}{12+4} \times \frac{16}{3} = 4 [A]$$

- 8 [A] 전류원 개방

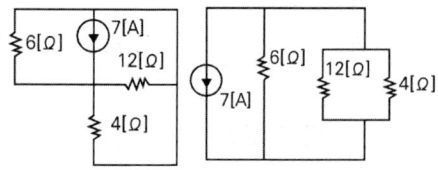

동일한 방법으로

$$I_3 = \frac{R_6}{R_6+R_3} \times I = \frac{6}{6+3} \times 7 = \frac{14}{3} [A]$$

$$I_4 = \frac{R_{12}}{R_{12}+R_4} \times I_3$$
$$= \frac{12}{12+4} \times \frac{14}{3} = 3.5 [A]$$

따라서 4 [Ω]에 흐르는 전류는
$4 + 3.5 = 7.5 [A]$

## 09 전압의 최댓값이 100 [V], 주파수 60 [Hz]인 정현파 전압에서 t = 0에서의 순싯값이 50 [V]이고 이 순간에 전압이 증가하고 있을 경우 t = 2 [ms]에서 전압의 순싯값은?

① $100\sin(30°)$   ② $100\sin(43.2°)$
③ $100\sin(73.2°)$   ④ $100\sin(103.2°)$

해설 | 교류의 순싯값
$v(t) = 100\sin(120\pi t + \theta)$에서
$t = 0$ 일 때 $v(0) = 100\sin\theta = 50$
$\sin\theta = \frac{1}{2}$ 이므로 $\theta = 30°$ or $150°$
증가하고 있는 순간이므로 $\theta = 30°$
- $t = 0.002$일 때의 순싯값
$v(0.002)$
$= 100\sin(120 \times 180 \times 0.002 + 30)$
$= 100\sin(73.2°)$

**10** R = 1000 [Ω], C = 50 [μF]인 RC직렬 회로에서 전압 100 [V]를 인가하고 0.2초 후, 이 회로의 과도전류는 몇 [mA]인가?

① 0.96  ② 1.83
③ 1.45  ④ 2.53

해설 | RC직렬회로의 과도전류(s/w- on)
RC회로에서 전압 인가 시 과도전류

$$i(t) = \frac{E}{R} \cdot e^{-\frac{1}{RC}t}[A]$$

$$= \frac{100}{1000} \times e^{-\frac{1}{10^3 \times 50 \times 10^{-6}} \times 0.2}$$

$$= 0.00183 [A] = 1.83 [mA]$$

**11** 그림과 같은 제어시스템이 안정하기 위한 k의 범위는?

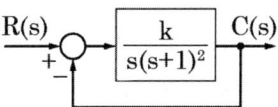

① k > 0  ② k > 1
③ 0 < k < 1  ④ 0 < k < 2

해설 | 시스템 안정되기 위한 K의 범위
- 전달함수

$$\frac{C(s)}{R(s)} = \frac{\frac{k}{s(s+1)^2}}{1-\left(-\frac{k}{s(s+1)^2}\right)}$$

$$= \frac{k}{s(s+1)^2 + k} \text{이므로}$$

- 특성방정식 $s(s+1)^2 + k = 0$
  $\Rightarrow s^3 + 2s^2 + s + k = 0$

TIP 전향경로(개루프) 전달함수 특성방정식
  : 분자 + 분모 = 0

- ※ Routh표 작성

| 차수 | 제1열 | 제2열 |
|---|---|---|
| $s^3$ | 1 | 1 |
| $s^2$ | 2 | k |
| $s^1$ | $\frac{1 \times 2 - 1 \times k}{2} = \frac{2-k}{2}$ | 0 |
| $s^0$ | k | 0 |

$2 - k > 0 \rightarrow k < 2$
$k > 0$
$\therefore 0 < k < 2$

**12** 함수 $f(t) = e^{-at}$의 z변환 함수 f(z)는?

① $\frac{2z}{z - e^{at}}$  ② $\frac{1}{z + e^{at}}$
③ $\frac{z}{z + e^{-at}}$  ④ $\frac{z}{z - e^{-at}}$

해설 | $\mathcal{L}$ 및 $z$ 변환

| $f(t)$ | $F(s)$ | $F(z)$ |
|---|---|---|
| $\delta(t)$ | 1 | 1 |
| $u(t)$ | $\frac{1}{s}$ | $\frac{z}{z-1}$ |
| $t$ | $\frac{1}{s^2}$ | $\frac{z}{(z-1)^2}$ |
| $e^{-at}$ | $\frac{1}{(s+a)}$ | $\frac{z}{z-e^{-at}}$ |
| $\sin\omega t$ | $\frac{\omega}{s^2+\omega^2}$ | $\frac{z\sin\omega T}{z^2 - 2z\cos\omega T + 1}$ |

정답 10 ② 11 ④ 12 ④

**13** 단위 피드백 제어계에서 개루프 전달함수 G(s)가 다음과 같이 주어졌을 때 단위 계단 입력에 대한 정상상태 편차는?

$$G(s) = \frac{5}{s(s+1)(s+2)}$$

① 0
② 1
③ 2
④ 3

해설 | 정상위치편차($e_{ssp}$) 계산
단위 계단 입력에 대한 정상 상태 편차는 정상위치편차를 구하면 된다.

$$K_p = \lim_{s \to 0} G(s) = \lim_{s \to 0} \frac{5}{s(s+1)(s+2)}$$
$$= \frac{5}{0} = \infty$$

TIP $K_p$ : 위치편차 상수

$$\therefore e_{ssp} = \frac{1}{1+K_p} = \frac{1}{1+\infty} = 0$$

**14** 2차계 과도응답에 대한 특성 방정식의 근은 $(s_1, s_2) = -\zeta\omega_n \pm j\omega_n\sqrt{1-\zeta^2}$ 이다. 임계진동이 나타날 때 $(s_1, s_2)$는?

① $-\zeta\omega_n \pm \omega_n\sqrt{\zeta^2-1}$
② $-\omega_n$
③ $\pm j\omega_n$
④ $-\zeta\omega_n \pm j\omega\sqrt{1-\zeta^2}$

해설 | 감쇠비 ζ와 제동 특성

| 특성 | 특성방정식의 근 |
| --- | --- |
| 과제동 (비진동) | $-\zeta\omega_n \pm \omega_n\sqrt{\zeta^2-1}$ |
| 임계진동 | $-\omega_n$ (중근) |
| 부족제동 (감쇠진동) | $-\zeta\omega_n \pm j\omega\sqrt{1-\zeta^2}$ |
| 무제동 (완전진동) | $\pm j\omega_n$ |

**15** 다음과 같은 상태방정식으로 표현되는 제어시스템의 특성 방정식은?

$$\begin{bmatrix} \dot{x}_1 \\ \dot{x}_2 \end{bmatrix} = \begin{bmatrix} 0 & 1 \\ -3 & 2 \end{bmatrix} \begin{bmatrix} x_1 \\ x_2 \end{bmatrix} + \begin{bmatrix} 1 \\ 0 \end{bmatrix} u$$

① $s^2 + 3s - 2 = 0$
② $s^2 - 3s + 2 = 0$
③ $s^2 - 2s + 3 = 0$
④ $-s^2 + 2s - 3 = 0$

해설 | 특성 방정식

$$sI - A = \begin{bmatrix} s & 0 \\ 0 & s \end{bmatrix} - \begin{bmatrix} 0 & 1 \\ -3 & 2 \end{bmatrix} = \begin{bmatrix} s & -1 \\ 3 & s-2 \end{bmatrix}$$

$$|sI - A| = s(s-2) + 3 = s^2 - 2s + 3 = 0$$

## 16 그림에서 ①에 알맞은 신호 이름은?

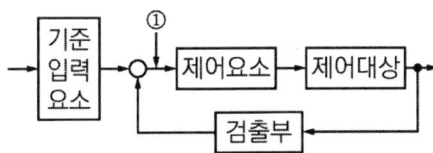

① 조작량 ② 제어량
③ 기준입력 ④ 동작신호

해설 | 동작신호
- 기준입력과 궤환신호와의 편차인 신호
- 제어동작을 일으키는 원인이 되는 신호

## 17 다음 블록선도의 전달함수의 출력은?

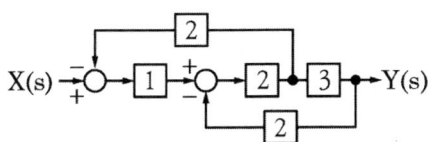

① $\dfrac{2}{5}$  ② $-\dfrac{4}{15}$
③ $\dfrac{6}{17}$  ④ $\dfrac{7}{15}$

해설 | 블록선도 정리
- $\dfrac{\sum 전향경로\ 이득}{1-\sum 폐루프\ 경로이득}$

전향경로 : $1 \times 2 \times 3$
폐루프경 : $-1 \times 2 \times 2,\ -2 \times 3 \times 2$

$\therefore \dfrac{Y(s)}{X(s)} = \dfrac{1 \cdot 2 \cdot 3}{1 + 1 \cdot 2 \cdot 2 + 2 \cdot 3 \cdot 2} = \dfrac{6}{17}$

## 18 개루프 전달함수 G(s)H(s)로부터 근궤적을 작성할 때 실수축에서의 점근선의 교차점은?

$$G(s)H(s) = \frac{K(s-2)(s-3)}{s^2(s+1)(s+2)(s+4)}$$

① 4 ② 6
③ -4 ④ -6

해설 | 교차점 $\sigma$ 계산
- $\sigma = \dfrac{\sum 극점 - \sum 영점}{P(극점\ 개수) - Z(영점\ 개수)}$

극점 0, 0, -1, -2, -4 : 5개
영점 2, 3 : 2개

$\therefore \sigma = \dfrac{-7-5}{5-2} = \dfrac{-12}{3} = -4$

## 19 다음과 같은 시퀀스회로와 등가인 것은?

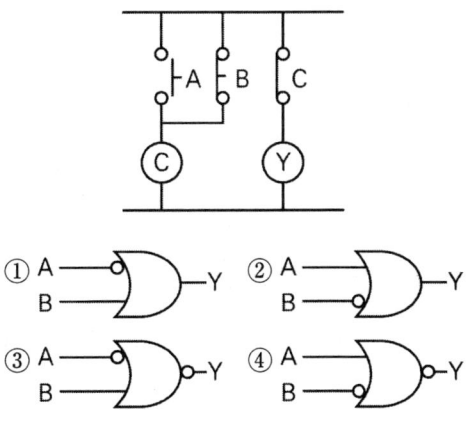

해설 | 논리회로
$\overline{(A + \overline{B})}$ 와 등가인 회로

**20** 그림과 같은 신호흐름선도에서 $\dfrac{C(s)}{R(s)}$ 는?

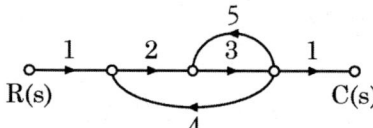

① $-\dfrac{6}{38}$      ② $\dfrac{6}{38}$

③ $-\dfrac{6}{41}$      ④ $\dfrac{6}{41}$

해설 | 신호흐름선도 $\dfrac{C}{R}$ 정리

$$\dfrac{C}{R} = \dfrac{\sum \text{전향경로의 이득}}{1 - \sum \text{페루프의 이득}}$$

$$= \dfrac{1 \times 2 \times 3 \times 1}{1-(3 \times 5 + 2 \times 3 \times 4)} = -\dfrac{6}{38}$$

정답 20 ①

## 2023년 1회

**01** 그림과 같은 RC회로에서 RC ≪ 1인 경우 어떤 요소의 회로인가?

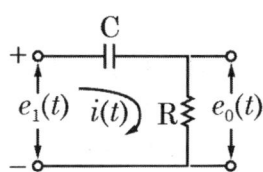

① 비례요소  ② 미분요소
③ 적분요소  ④ 1차지연미분요소

해설 | 제어요소
- 전달함수 $G(s)$ 정리

$$G(s) = \frac{E_0(s)}{E_i(s)} = \frac{R}{\frac{1}{Cs}+R} = \frac{RCs}{1+RCs}$$

- $RCs \times \dfrac{1}{1+RCs} = Ts \times \dfrac{1}{1+Ts}$

∴ 미분요소와 1차 지연요소가 같이 적용되어 1차 지연 미분요소이다.

**02** 폐루프 전달함수가 다음과 같을 때, 2차제어계에 대한 설명 중 틀린 것은?

$$\frac{C(s)}{R(s)} = \frac{\omega_n^2}{s^2+2\zeta\omega_n+\omega_n^2}$$

① 최대 오버슈트는 $e^{\frac{-\pi\zeta}{\sqrt{1-\zeta^2}}}$ 이다.
② 특성방정식은 $s^2+2\zeta\omega_n+\omega_n^2=0$
③ $\zeta=0.1$일 때 부족제동된 상태에 있다.
④ $\zeta$값을 작게 할수록 제동은 많이 걸리게 되어 비교안정도는 향상된다.

해설 | 폐루프 전달함수
- $0 < \zeta < 1$ : 부족제동
- $\zeta = 1$ : 임계제동
- $\zeta > 1$인 경우 : 과제동
∴ $\zeta$값이 작아질수록 제동은 적게 걸리고 안정도는 저하된다.

**03** 단위궤환 제어시스템의 전향경로 전달함수가 $G(s) = \dfrac{K}{s(s^2+3s+2)}$일 때, 이 시스템이 안정하기 위한 $K$의 범위는?

① $0 < K < 6$  ② $1 < K < 5$
③ $1 < K < 6$  ④ $0 < K < 5$

해설 | 시스템의 안정조건
- 특성방정식

$s(s^2+3s+2)+K=0$

$s^3+3s^2+2s+K=0$

TIP 전향경로(개루프) 전달함수 특성방정식
: 분자 + 분모 = 0

- 루스표 작성

| 차수 | 제1열 | 제2열 |
|---|---|---|
| $s^3$ | 1 | 2 |
| $s^2$ | 3 | K |
| $s^1$ | $\dfrac{6-K}{3}$ | 0 |
| $s^0$ | K | 0 |

제어계가 안정되기 위해서는 제1열의 부호가 모두 같아야 한다.

∴ $0 < K < 6$

정답  01 ④  02 ④  03 ①

## 04 근궤적에 관한 설명 중 틀린 것은?

① 근궤적은 실수축을 기준으로 대칭이다.
② 근궤적이 s평면의 좌반면을 지날 때 안정적이다.
③ 근궤적의 개수는 극점의 수와 같다.
④ 근궤적은 개루프 전달함수의 극점으로부터 출발한다.

해설 | 근궤적
- 실수축을 기준으로 상하 대칭
- 점근선은 실수축 상에서 교차
- 근궤적의 수 = 특성방정식의 차수
- 근궤적은 s평면의 좌반면을 지나야 안정하고 우반면을 지나면 불안정이다.
- 근궤적의 출발점은 극점이고 도착점은 영점이다.

## 05 근궤적이 s평면과 $j\omega$축과 교차할 때, 폐루프의 제어계는 어떠한 상태인가?

① 안정
② 불안정
③ 임계
④ 알 수 없음

해설 | 근의 위치에 따른 S 및 Z평면 안정도

| 안정도 | 근의 위치 | |
|---|---|---|
| | S평면 | Z평면 |
| 안정 | 좌반면 | 단위원 내부 |
| 불안정 | 우반면 | 단위원 외부 |
| 임계안정 | 허수측 | 단위 원주상 |

## 06 2차 제어계 G(s)H(s)의 나이퀴스트 선도의 특징이 아닌 것은?

① 이득 여유는 ∞이다.
② 교차량 |GH| = 0이다.
③ 모두 불안정한 제어계이다.
④ 부의 실축과 교차하지 않는다.

해설 | 2차 제어계 나이퀴스트 선도 특징
- 이득 여유는 ∞
- 교차량은 |GH| = 0
- 부의 실축과 교차하지 않음
- 음의 실수축과 교차하지 않을 때 2차 제어계는 안정

## 07 다음 블록선도의 전달함수는?

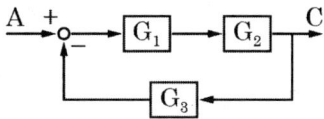

① $\dfrac{G_1 G_2}{1 - G_1 G_2 G_3}$
② $\dfrac{G_1 G_2}{1 + G_1 G_2 G_3}$
③ $\dfrac{G_1}{1 - G_1 G_2 G_3}$
④ $\dfrac{G_2}{1 + G_1 G_2 G_3}$

해설 | 블록선도 정리
- $\dfrac{\sum 전향경로 이득}{1 - \sum 폐루프 경로 이득}$

$\sum 전향경로 이득 \quad G_1 G_2$
$\sum 폐루프 경로 이득 \quad - G_1 G_2 G_3$

∴ $\dfrac{G_1 G_2}{1 - (-G_1 G_2 G_3)} = \dfrac{G_1 G_2}{1 + G_1 G_2 G_3}$

08 그림과 같은 논리회로의 출력 Y는?

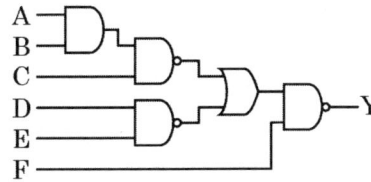

① $ABCDE+\overline{F}$
② $\overline{ABCDE}+F$
③ $\overline{A}+\overline{B}+\overline{C}+\overline{D}+\overline{E}+F$
④ $A+B+C+D+E+\overline{F}$

해설 | 논리회로 출력 Y
$\overline{\overline{ABC}+\overline{DE}\cdot F} = \overline{\overline{ABC}+\overline{DE}}+\overline{F}$
$= \overline{\overline{ABC}}\cdot\overline{\overline{DE}}+\overline{F}$
$= ABCDE+\overline{F}$

09 단위 피드벡제어계에서 개루프 전달함수 $G(s)$가 다음과 같이 주어지는 계의 단위 계단 입력에 대한 정상편차는?

$$G(s) = \frac{6}{(s+1)(s+3)}$$

① 1/2  ② 1/3
③ 1/4  ④ 1/6

해설 | 정상위치편차($e_{ssp}=\frac{1}{1+K_p}$)

$\dfrac{1}{1+\lim\limits_{s\to 0}G(s)} = \dfrac{1}{1+\lim\limits_{s\to 0}\dfrac{6}{(s+1)(s+3)}}$

$= \dfrac{1}{3}$

10 제어요소가 제어대상에 주는 양은?

① 동작신호  ② 조작량
③ 제어량    ④ 궤환량

해설 | 조작량
제어요소가 제어대상에 주는 양

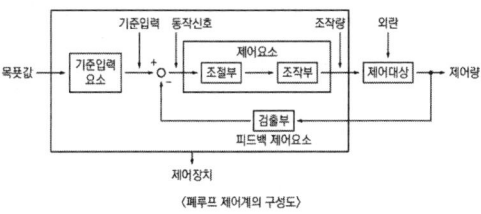

〈폐루프 제어계의 구성도〉

11 RL 직렬회로에서 R = 20 [Ω], L = 40 [mH]일 때, 이 회로의 시정수(sec)는?

① $2\times 10^3$  ② $2\times 10^{-3}$
③ $\dfrac{1}{2}\times 10^3$  ④ $\dfrac{1}{2}\times 10^{-3}$

해설 | RL직렬회로의 시정수
$\tau = \dfrac{L}{R} = \dfrac{40\times 10^{-3}}{20} = 2\times 10^{-3}[\text{sec}]$

※ RC 직렬회로의 시정수 $\tau = RC$

**12** 3상회로에서 단상 전력계 2개로 전력을 측정하였더니 각 전력계의 값이 각각 301 [W] 및 1327 [W]이었다. 이때의 역률은 약 얼마인가?

① 0.34　　② 0.62
③ 0.68　　④ 0.75

해설 | 2전력계법
$$\cos\theta = \frac{P_1 + P_2}{2\sqrt{P_1^2 + P_2^2 - P_1 \times P_2}}$$
$$= \frac{301 + 1327}{2\sqrt{301^2 + 1327^2 - 301 \times 1327}}$$
$$= 0.68$$

**13** 테브난의 정리를 이용하여 (a)회로를 (b)와 같은 등가회로로 바꾸려 한다. V [V]와 R [Ω]의 값은?

① 7 [V], 9.1 [Ω]　　② 10 [V], 9.1 [Ω]
③ 7 [V], 6.5 [Ω]　　④ 10 [V], 6.5 [Ω]

해설 | 테브난 등가회로
$a, b$가 개방되어 있으므로 폐회로의 7[Ω]에 걸리는 전압을 구해보면
$$V_{ab} = \frac{7}{3+7} \times 10 = 7[V]$$
직, 병렬회로의 합성저항
$$R_{ab} = 7 + \frac{3 \times 7}{3+7} = 9.1[\Omega]$$

**14** 전압의 순싯값이 다음과 같을 때 실횻값은 약 몇 [V]인가?

$$v(t) = 3 + 10\sqrt{2}\sin wt + 5\sqrt{2}\sin(3wt - 30°)[V]$$

① 11.6　　② 13.2
③ 16.4　　④ 20.1

해설 | 비정현파 실횻값 V 계산
$$V = \sqrt{(각\ 파의\ 실횻값\ 제곱의\ 합)}$$
$$= \sqrt{3^2 + 10^2 + 5^2} ≒ 11.6\ [V]$$

**15** 대칭 6상 성형(Star)결선에서 선간전압 크기와 상전압 크기의 관계로 옳은 것은?
(단, $V_\ell$ : 선간전압 크기, $V_p$ : 상전압 크기)

① $V_\ell = V_p$
② $V_\ell = \sqrt{3}\ V_p$
③ $V_\ell = \frac{1}{\sqrt{3}}\ V_p$
④ $V_\ell = \frac{2}{\sqrt{3}}\ V_p$

해설 | 대칭 $n$상회로의 성형결선
대칭 n상 성형결선에서 선간전압과 상전압의 관계는
$$V_\ell = 2V_p \sin\frac{\pi}{n}\ 이므로$$
대칭 6상인 경우 $V_\ell = 2V_p\sin\frac{\pi}{6} = V_p$
∴ $V_\ell = V_p$

정답　12 ③　13 ①　14 ①　15 ①

**16** 다음 중 $\mathcal{L}^{-1}\left[\dfrac{a^2}{s^2+a^2}\right]$과 같은 것은?

① $\dfrac{1}{a}\sin at$  ② $\dfrac{1}{a}\cos at$

③ $a\sin at$  ④ $a\cos at$

해설 | 역라플라스 변환

$\mathcal{L}[\sin at] = \dfrac{a}{s^2+a^2}$ 이므로

$\mathcal{L}[a\sin at] = a \times \dfrac{a}{s^2+a^2}$

∴ $\mathcal{L}^{-1}\left[\dfrac{a^2}{s^2+a^2}\right] = a\sin at$

**17** 다음과 같이 Y결선을 △결선으로 변환할 경우 $R_1$의 임피던스는 몇 [Ω]인가?

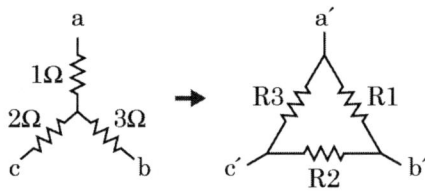

① 0.33  ② 3.67
③ 5.5  ④ 11

해설 | Y → △결선 등가변환 임피던스

$R_1 = \dfrac{R_a R_b + R_b R_c + R_c R_a}{R_c}$

$= \dfrac{1\times 3 + 3\times 2 + 2\times 1}{2} = 5.5[\Omega]$

**18** R = 50 [Ω], L = 200 [mH]의 직렬회로에서 주파수 50 [Hz]의 교류전원에 의한 역률은 약 몇 [%]인가?

① 62.3  ② 72.3
③ 82.3  ④ 92.3

해설 | 역률

$\cos\theta = \dfrac{R}{Z} = \dfrac{R}{\sqrt{R^2 + X_L^2}} \times 100$

$= \dfrac{50}{\sqrt{50^2 + (2\pi \times 50 \times 200 \times 10^{-3})^2}}$

$\times 100 = 62.3\%$

**19** 다음과 같은 회로에서 단자 a, b 사이의 합성저항[Ω]은?

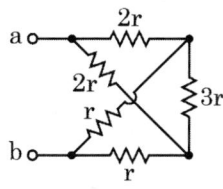

① $r$  ② $\dfrac{1}{2}r$

③ $\dfrac{3}{2}r$  ④ $3r$

해설 | 휘스톤 브리지

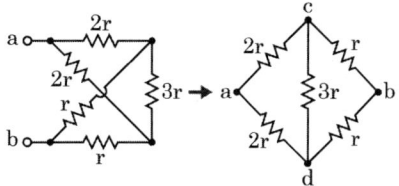

• 변환 시 3r 측에 전류 흐르지 못함
∴ 합성저항 $R$ 계산

$R = \dfrac{(2r+r)\times(2r+r)}{(2r+r)+(2r+r)} = \dfrac{3}{2}r[\Omega]$

**20** 분포정수회로가 무왜형 선로로 되는 조건은? (단, 선로의 단위길이당 저항은 R, 인덕턴스는 L, 정전용량은 C, 누설콘덕턴스는 G이다)

① RL = CG
② RC = LG
③ R = L/C
④ R = $\sqrt{LC}$

해설 | 무왜형 선로 조건
- 무손실 선로 조건 : R = G = 0
- 무왜형 선로 조건 : LG = RC

정답 20 ②

## 2023년 2회

**01** 보상기에서 기존시스템에 극점을 첨가하면 일어나는 현상은?

① 시스템의 안정도가 감소한다.
② 시스템의 과도응답시간이 짧아진다.
③ 근궤적이 s평면의 왼쪽으로 이동된다.
④ 안정도와는 무관하다.

해설 | 극점의 첨가
시스템에 극점을 첨가하면 s 차수의 증가로 과도응답시간이 길어지고 시스템의 안정도는 감소한다.

**02** 전달함수가 $G(s) = \dfrac{5s+3}{7s}$ 인 제어기의 종류는?

① 비례미분제어기
② 비례적분제어기
③ 미분제어기
④ 적분제어기

해설 | 제어기의 분류
$G(s) = \dfrac{5s+3}{7s} = \dfrac{5}{7} + \dfrac{3}{7s}$
∴ 비례적분제어기

TIP s 없을 시(상수) 비례제어
분모에 s가 있을 시 적분제어

**03** 다음 논리식을 간단히 하면?

$$((AB + A\overline{B}) + AB) + \overline{A}B$$

① $A + B$
② $A + \overline{B}$
③ $\overline{A} + B$
④ $\overline{A} + \overline{B}$

해설 | 논리식의 간소화
$((AB + A\overline{B}) + AB) + \overline{A}B$
$= (AB + A\overline{B}) + (AB + \overline{A}B)$
$= A(B + \overline{B}) + (A + \overline{A})B$
$= A + B$

**04** 다음과 같은 상태방정식으로 표현되는 제어시스템에 대한 특성방정식의 근은?

$$\begin{bmatrix} \dot{x}_1 \\ \dot{x}_2 \end{bmatrix} = \begin{bmatrix} 0 & -3 \\ 2 & -5 \end{bmatrix} \begin{bmatrix} x_1 \\ x_2 \end{bmatrix} + \begin{bmatrix} 1 \\ 0 \end{bmatrix} u$$

① 1, -3
② -1, -2
③ -1, -3
④ -2, -3

해설 | 특성방정식의 근
• 특성방정식 $|sI - A| = 0$
$|sI - A| = \begin{vmatrix} s & 0 \\ 0 & s \end{vmatrix} - \begin{vmatrix} 0 & -3 \\ 2 & -5 \end{vmatrix}$
$= \begin{vmatrix} s & 3 \\ -2 & s+5 \end{vmatrix}$
$= s(s+5) + 6$
$= (s+2)(s+3) = 0$
∴ $s = -2, -3$

정답 01 ① 02 ② 03 ① 04 ④

05 그림과 같은 블록선도에서 C(s)/R(s)의 값은?

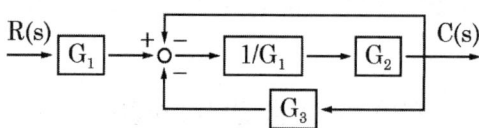

① $\dfrac{G_2}{G_1 - G_2 - G_3}$

② $\dfrac{G_2}{G_1 - G_2 - G_2 G_3}$

③ $\dfrac{G_1}{G_1 + G_2 + G_2 G_3}$

④ $\dfrac{G_1 G_2}{G_1 + G_2 + G_2 G_3}$

해설 | 블록선도의 전달함수

$$\dfrac{C(s)}{R(s)} = \dfrac{\sum 순방향\ 전달함수}{1 - \sum 피드백\ 전달함수}$$

$$= \dfrac{G_1 \times \dfrac{1}{G_1} \times G_2}{1 + \left(\dfrac{1}{G_1} \times G_2 \times G_3\right) + \left(\dfrac{1}{G_1} \times G_2\right)}$$

$$= \dfrac{G_2}{1 + \dfrac{G_2 G_3 + G_2}{G_1}}$$

$$= \dfrac{G_1 G_2}{G_1 + G_2 + G_2 G_3}$$

06 과도응답이 소멸되는 정도를 나타내는 감쇠비는?

① $\dfrac{최대오버슈트}{제2오버슈트}$  ② $\dfrac{제3오버슈트}{제2오버슈트}$

③ $\dfrac{제2오버슈트}{최대오버슈트}$  ④ $\dfrac{제2오버슈트}{제3오버슈트}$

해설 | 과도응답
- 감쇠비 = $\dfrac{제2오버슈트}{최대오버슈트}$
- 오버슈트 : 과도응답 중에 생기는 입력과 출력 사이의 최대 편차량

07 블록선도에서 ⓐ에 해당하는 신호는?

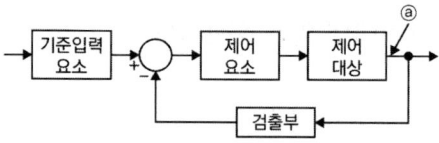

① 조작량  ② 제어량
③ 기준입력  ④ 동작신호

해설 | 폐회로제어계

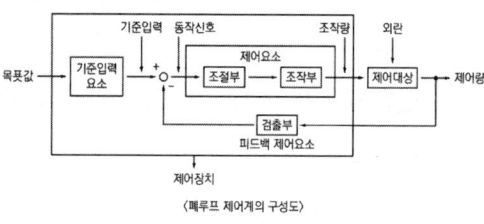

〈폐루프 제어계의 구성도〉

08 전달함수 $G(j\omega) = j5\omega$이고, $\omega = 0.02$일 때 이득 [dB]은?

① 20  ② 10
③ -20  ④ -10

해설 | 이득 계산

이득 $g = 20\log_{10}|G(jw)|$
$= 20\log_{10} 5w$
$= 20\log_{10} 0.1 = -20\,[dB]$

**09** $\dfrac{d^3}{dt^3}c(t)+8\dfrac{d^2}{dt^2}c(t)+19\dfrac{d}{dt}c(t)+12c(t)=6r(t)$의 미분방정식을 상태방정식 $\dfrac{dx(t)}{dt}=Ax(t)+Bu(t)$로 표현할 때, 행렬 A는?

① $A=\begin{bmatrix} 0 & 1 & 0 \\ 0 & 0 & 1 \\ -12 & -19 & -8 \end{bmatrix}$

② $A=\begin{bmatrix} 0 & 1 & 0 \\ 0 & 0 & 1 \\ -8 & -19 & -12 \end{bmatrix}$

③ $A=\begin{bmatrix} 0 & 1 & 0 \\ 0 & 0 & 1 \\ 12 & 19 & 8 \end{bmatrix}$

④ $A=\begin{bmatrix} 0 & 1 & 0 \\ 0 & 0 & 1 \\ 8 & 19 & 12 \end{bmatrix}$

해설 | 상태방정식
(1) 상태변수
$x_1(t)=C(t)$
$x_2(t)=\dfrac{d}{dt}C(t)=\dot{x}_1(t)$
$x_3(t)=\dfrac{d^2}{dt^2}C(t)=\dot{x}_2(t)$

(2) 상태방정식
$\dot{x}_1(t)=x_2(t)$
$\dot{x}_2(t)=x_3(t)$
$\dot{x}_3(t)=-12x_1(t)-19x_2(t)-8x_3(t)+6r(t)$

$\begin{bmatrix} \dot{x}_1(t) \\ \dot{x}_2(t) \\ \dot{x}_3(t) \end{bmatrix}=\begin{bmatrix} 0 & 1 & 0 \\ 0 & 0 & 1 \\ -12 & -19 & -8 \end{bmatrix}\begin{bmatrix} x_1(t) \\ x_2(t) \\ x_3(t) \end{bmatrix}+\begin{bmatrix} 0 \\ 0 \\ 6 \end{bmatrix}r(t)$

**10** 다음의 논리회로를 간단히 하면?

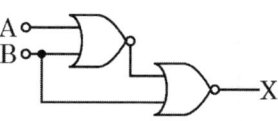

① $X=AB$ ② $X=A\overline{B}$
③ $X=\overline{A}B$ ④ $X=\overline{AB}$

해설 | 논리식 $X$ 정리
$X=\overline{(A+B)+B}=\overline{(A+B)}\cdot\overline{B}$
$\quad=(A+B)\cdot\overline{B}$
$\quad=A\cdot\overline{B}+B\cdot\overline{B}$
$\quad=A\cdot\overline{B}$

**11** $e=100\sqrt{2}\sin\omega t+75\sqrt{2}\sin3\omega t+20\sqrt{2}\sin5\omega t$ [V]인 전압을 R-L 직렬회로에 가할 때 제3고조파 전류의 실횻값은 몇 [A]인가? (단, $R=4\,[\Omega]$, $\omega L=1\,[\Omega]$이다)

① 15 ② $15\sqrt{2}$
③ 20 ④ $20\sqrt{2}$

해설 | 제3고조파 실횻값
$Z_3=R+j3\omega L=4+j3$
$I_3=\dfrac{V_3}{|Z_3|}=\dfrac{\dfrac{75\sqrt{2}}{\sqrt{2}}}{\sqrt{4^2+3^2}}=15\,[A]$

**12** 그림과 같은 파형에서 전압의 순싯값[V]은?

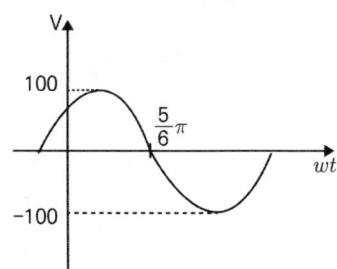

① $100\sin\left(\omega t + \dfrac{\pi}{6}\right)$

② $100\sqrt{2}\sin\left(\omega t + \dfrac{\pi}{6}\right)$

③ $100\sin\left(\omega t - \dfrac{\pi}{6}\right)$

④ $100\sqrt{2}\sin\left(\omega t - \dfrac{\pi}{6}\right)$

해설 | 정현파의 위상이동

주기가 $2\pi$이므로 $\pi \to \dfrac{5}{6}\pi$로 이동

즉, 진상으로 $\dfrac{\pi}{6}$만큼 이동한 파형

**13** $f(t) = e^{-2t}\sin 2t$ 함수를 라플라스 변환하면?

① $\dfrac{2}{(s+2)^2 + 2^2}$  ② $\dfrac{2}{(s+2)^2 - 2^2}$

③ $\dfrac{4}{(s+2)^2 + 2^2}$  ④ $\dfrac{4}{(s+2)^2 + 4^2}$

해설 | 라플라스 변환

$\sin 2t$의 라플라스 변환 : $\dfrac{2}{s^2 + 2^2}$

앞에 $e^{-2t}$가 곱해져 있기 때문에

$F(s) = \dfrac{2}{(s+2)^2 + 2^2}$

**14** RLC 직렬회로에서 진동조건은?

① $r < 2\sqrt{\dfrac{L}{C}}$  ② $r > 2\sqrt{\dfrac{L}{C}}$

③ $r < 2\sqrt{LC}$  ④ $r < \dfrac{1}{2\sqrt{LC}}$

해설 | RLC직렬회로의 과도응답 특성

| 조건 | 특성 |
|---|---|
| $R^2 > 4\cdot\dfrac{L}{C}$ | 과제동 (비진동) |
| $R^2 = 4\cdot\dfrac{L}{C}$ | 임계 제동 (임계 진동) |
| $R^2 < 4\cdot\dfrac{L}{C}$ | 부족 제동 (감쇠 진동) |

**15** 순시치 전류 $i(t) = I_m\sin(\omega t + \theta)$[A]의 파고율은 약 얼마인가?

① 0.577  ② 0.707
③ 1.414  ④ 1.732

해설 | 파형별 값 정리표

| 파형 | 실훗값 | 평균값 | 파형률 | 파고율 |
|---|---|---|---|---|
| 정현파 | $\dfrac{1}{\sqrt{2}}I_m$ | $\dfrac{2}{\pi}I_m$ | 1.11 | 1.414 |
| 반파 정현파 | $\dfrac{1}{2}I_m$ | $\dfrac{1}{\pi}I_m$ | 1.57 | 2 |
| 구형파 | $I_m$ | $I_m$ | 1 | 1 |
| 반파 구형파 | $\dfrac{1}{\sqrt{2}}I_m$ | $\dfrac{1}{2}I_m$ | 1.41 | 1.41 |
| 삼각파 | $\dfrac{1}{\sqrt{3}}I_m$ | $\dfrac{1}{2}I_m$ | 1.15 | 1.73 |

**16** 3상 불평형 전압 $V_a$, $V_b$, $V_c$가 주어진다면, 정상분 전압은? (단, $a = e^{j2\pi/3} = 1\angle 120°$ 이다)

① $V_a + a^2 V_b + a V_c$
② $V_a + a V_b + a^2 V_c$
③ $\frac{1}{3}(V_a + a^2 V_b + a V_c)$
④ $\frac{1}{3}(V_a + a V_b + a^2 V_c)$

해설 | 대칭좌표법

| 영상전압 $V_0$ | $\frac{1}{3}(V_a + V_b + V_c)$ |
|---|---|
| 정상전압 $V_1$ | $\frac{1}{3}(V_a + a V_b + a^2 V_c)$ |
| 역상전압 $V_2$ | $\frac{1}{3}(V_a + a^2 V_b + a V_c)$ |

**17** 다음 회로에서 a-b 사이의 단자전압 $V_{ab}$ [V]는?

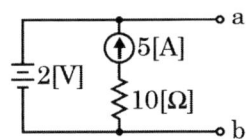

① 2    ② -2
③ 5    ④ -5

해설 | 중첩의 원리
- 전류원 개방 : $V_{ab}$ = 2 [V]
- 전압원 단락 : $V_{ab}$ = 0 [V]
∴ 2 + 0 = 2 [V]

**18** 그림과 같이 결선된 회로의 단자(a, b, c)에 선간전압 V [V]인 평형 3상 전압을 인가할 때 상전류 I [A]의 크기는?

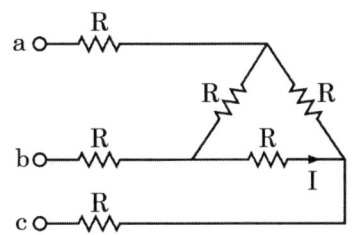

① $\frac{V}{4R}$    ② $\frac{3V}{4R}$
③ $\frac{\sqrt{3} V}{4R}$    ④ $\frac{V}{4\sqrt{3} R}$

해설 | 상전류 $I_p$ 계산
- $\triangle \rightarrow Y \rightarrow \triangle$ 등가회로 변환

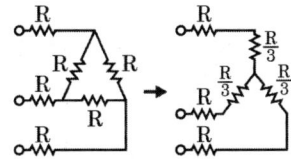

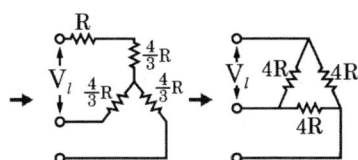

∴ △결선 시 상전류 $I_p$ 계산

$I_p = \dfrac{V}{4R}$

**19** 그림과 같은 파형의 파고율은?

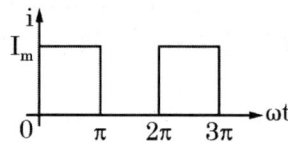

① 0.707
② 1.414
③ 1.732
④ 2.000

해설 | 파고율 계산

파고율 $= \dfrac{\text{최댓값}}{\text{실횻값}} = \dfrac{I_m}{\dfrac{I_m}{\sqrt{2}}} = 1.414$

**20** 다음 회로에서 입력 전압 $v_1(t)$에 대한 출력 전압 $v_2(t)$의 전달함수 $G(s)$는?

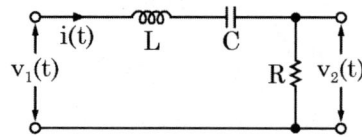

① $\dfrac{RCs}{LCs^2 + RCs + 1}$

② $\dfrac{RCs}{LCs^2 - RCs - 1}$

③ $\dfrac{Cs}{LCs^2 + RCs + 1}$

④ $\dfrac{Cs}{LCs^2 - RCs - 1}$

해설 | 전달함수 G(s) 정리

$G(s) = \dfrac{V_2(s)}{V_1(s)} = \dfrac{R}{Ls + \dfrac{1}{Cs} + R} \times \dfrac{Cs}{Cs}$

$= \dfrac{RCs}{LCs^2 + RCs + 1}$

정답 19 ② 20 ①

## 2023년 3회

**01** 다음 블록선도의 전달함수는?

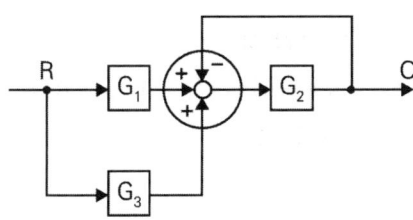

① $\dfrac{G_2(G_1+G_3)}{1+G_2}$   ② $\dfrac{G_2(G_1+G_3)}{1-G_2}$

③ $\dfrac{G_2(G_1-G_3)}{1+G_2}$   ④ $\dfrac{G_2(G_1-G_3)}{1-G_2}$

해설 | 블록선도의 전달함수

$$G(s)=\dfrac{\sum \text{순방향 전달함수}}{1-\sum \text{피드백 전달함수}}$$
$$=\dfrac{G_1G_2+G_1G_3}{1-(-G_2)}=\dfrac{G_2(G_1+G_3)}{1+G_2}$$

**02** $G(s)H(s)=\dfrac{K}{s(s+1)(s+4)}$ 의 $K\geq 0$ 에서의 분지점(Break away point)은?

① -2.867  ② 2.867
③ -0.467  ④ 0.467

해설 | 분지점 $\left(\dfrac{dK}{ds}=0\right)$

- $K$ 값 계산
$$1+G(s)H(s)=0$$
$$1+\dfrac{K}{s(s+1)(s+4)}=0$$
$$K=-s(s+1)(s+4)$$
$$=-s^3-5s^2-4s$$

- $K$ 값 미분
$$\dfrac{dK}{ds}=\dfrac{d}{ds}(-s^3-5s^2-4s)$$
$$=-3s^2-10s-4=0 \text{ 에서}$$
$$s=-0.46 \text{ 또는 } -2.86$$

- 근의 구간은 $-\infty \sim -4$ 또는 $-1 \sim 0$
(∵ 근은 홀수 번째 구간에만 존재)

∴ 분지점 $= -0.46$

**03** 그림과 같은 논리회로의 출력 Z는?

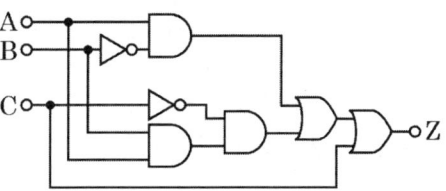

① $A+B$   ② $A+C$
③ $\overline{A}+\overline{B}$   ④ $\overline{A}+\overline{C}$

해설 | 논리회로의 간소화
$$Z=A\overline{B}+AB\overline{C}+C$$
$$=A\overline{B}(C+\overline{C})+AB\overline{C}+C(1+A)$$
$$=A\overline{B}C+A\overline{B}\,\overline{C}+AB\overline{C}+C+AC$$
$$=A\overline{B}(C+\overline{C})+A\overline{C}(B+\overline{B})+C+AC$$
$$=A\overline{B}+A\overline{C}+AC+C$$
$$=A(\overline{B}+\overline{C}+C)+C$$
$$=A+C$$

정답  01 ①  02 ③  03 ②

04 시스템행렬 A가 다음과 같을 때 상태천이행렬을 구하면?

$$A = \begin{bmatrix} 0 & 1 \\ -1 & -2 \end{bmatrix}$$

① $\begin{bmatrix} (1+t)e^{-t} & -te^{-t} \\ te^{-t} & (1-t)e^{-t} \end{bmatrix}$

② $\begin{bmatrix} (1+t)e^{-t} & e^{-t} \\ -e^{-t} & (1-t)e^{-t} \end{bmatrix}$

③ $\begin{bmatrix} (1+t)e^{-t} & -e^{-t} \\ e^{-t} & (1-t)e^{-t} \end{bmatrix}$

④ $\begin{bmatrix} (1+t)e^{-t} & te^{-t} \\ -te^{-t} & (1-t)e^{-t} \end{bmatrix}$

해설 | 상태천이행렬 $\phi(t)$ 계산

- $sI - A = \begin{bmatrix} s & 0 \\ 0 & s \end{bmatrix} - \begin{bmatrix} 0 & 1 \\ -1 & -2 \end{bmatrix}$
  $= \begin{bmatrix} s & -1 \\ 1 & s+2 \end{bmatrix}$

- $\det|sI - A| = s^2 + 2s + 1$

- $|sI - A|^{-1} = \dfrac{1}{(s+1)^2} \begin{vmatrix} s+2 & 1 \\ -1 & s \end{vmatrix}$

- $\phi(t) = \mathcal{L}^{-1}(|sI - A|^{-1})$

$\mathcal{L}^{-1} \begin{vmatrix} \dfrac{s+2}{(s+1)^2} & \dfrac{1}{(s+1)^2} \\ \dfrac{-1}{(s+1)^2} & \dfrac{s}{(s+1)^2} \end{vmatrix}$

$\mathcal{L}^{-1} \begin{vmatrix} \dfrac{s+1}{(s+1)^2} + \dfrac{1}{(s+1)^2} & \dfrac{1}{(s+1)^2} \\ \dfrac{-1}{(s+1)^2} & \dfrac{s+1}{(s+1)^2} - \dfrac{1}{(s+1)^2} \end{vmatrix}$

$\therefore \phi(t) = \begin{bmatrix} (1+t)e^{-t} & te^{-t} \\ -te^{-t} & (1-t)e^{-t} \end{bmatrix}$

05 전달함수가 $G(s) = \dfrac{s+1}{s(s^2 + 7s - 8)}$ 일 때, 특성방정식의 근은?

① 0, -1, 8
② 0, 1, -8
③ 0, 1, 8
④ 0, -1, -8

해설 | 특성방정식
$s(s^2 + 7s - 8) = s(s-1)(s+8) = 0$
$\therefore s = 0, 1, -8$

06 그림의 신호흐름선도에서 $\dfrac{C}{R}$를 구하면?

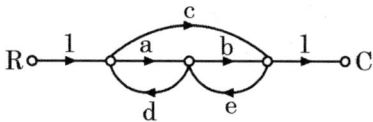

① $\dfrac{ab+c}{1 - (ad+be) - cde}$

② $\dfrac{ab+c}{1 + (ad+be) - cde}$

③ $\dfrac{ab+c}{1 - (ad+be)}$

④ $\dfrac{ab+c}{1 + (ad+be)}$

해설 | 신호흐름선도

$\dfrac{C}{R} = \dfrac{\sum \text{전향경로의 이득}}{1 - \sum \text{폐루프의 이득}}$

$= \dfrac{ab+c}{1 - (ad+be+cde)}$

$= \dfrac{ab+c}{1 - ad - be - cde}$

$= \dfrac{ab+c}{1 - (ad+be) - cde}$

정답 04 ④ 05 ② 06 ①

**07** $G(j\omega) = j0.1\omega$에서 $\omega = 0.01$ [rad/sec] 일 때, 계의 이득은 몇 [dB]인가?

① -40　　② -60
③ -80　　④ -100

해설 | 이득
$g = 20\log_{10}|G(j\omega)|$
$= 20\log_{10}|j0.1\omega|$
$= 20\log_{10}|j0.001|$
$= 20\log_{10}0.001 = -60\,[\mathrm{dB}]$

**08** Routh 안정도 판별법에 의한 방법 중 불안정한 제어계의 특성방정식은?

① $s^3 + 2s^2 + 3s + 4 = 0$
② $s^3 + s^2 + 5s + 4 = 0$
③ $s^3 + 4s^2 + 5s + 2 = 0$
④ $s^3 + 3s^2 + 2s + 10 = 0$

해설 | 제어계 시스템의 안정조건
- 모든 차수의 계수가 존재할 것
- 특성방정식의 모든 계수의 부호가 같아야 한다.
- 루스표를 작성하고 루스표의 1열 부호가 변화하지 않고 같아야 한다.

※ Routh표 작성

| 차수 | 제1열 | 제2열 |
|---|---|---|
| $s^3$ | 1 | 2 |
| $s^2$ | 3 | 10 |
| $s^1$ | $\dfrac{3\times 2 - 1\times 10}{3} = -\dfrac{4}{3}$ | 0 |
| $s^0$ | 10 | 0 |

**09** 그림에서 ①에 알맞은 신호 이름은?

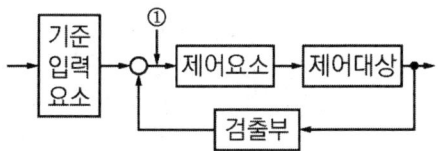

① 조작량　　② 제어량
③ 기준입력　④ 동작신호

해설 | 동작신호
- 기준입력과 궤환신호와의 편차인 신호
- 제어동작을 일으키는 원인이 되는 신호

**10** 다음 논리식과 등가인 것은?

$$Y = (A+B)(\overline{A}+B)$$

① $Y = A$　　② $Y = B$
③ $Y = \overline{A}$　　④ $Y = \overline{B}$

해설 | 논리식의 간소화
$Y = (A+B)(\overline{A}+B)$
$= A\overline{A} + AB + B\overline{A} + BB$
$= AB + B\overline{A} + B$
$= B(A + \overline{A} + 1) = B$

**11** 다음 회로에서 전압 $V_{ab}$는 몇 [V]인가?

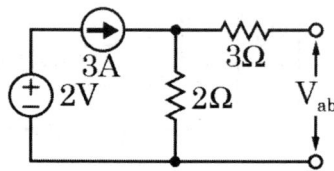

① 4　　　　② 6
③ 8　　　　④ 10

해설 | 중첩의 원리
- 전압원 단락
  전류는 2[Ω]쪽으로만 흐르므로
  $V_{ab} = IR = 3 \times 2 = 6[V]$
- 전류원 개방
  폐회로가 형성되지 않아 $V_{ab} = 0[V]$
  ∴ $V_{ab} = 6 + 0 = 6[V]$

**12** 다음 함수 $F(s) = \dfrac{2s+3}{(s+1)(s+2)}$의 역 라플라스 변환은?

① $e^{-2t} + e^{-3t}$　　② $e^{-2t} - e^{-3t}$
③ $e^{-t} - e^{-2t}$　　④ $e^{-t} + e^{-2t}$

해설 | 역라플라스 변환
$$F(s) = \frac{2s+3}{(s+1)(s+2)}$$
$$= \frac{1}{s+1} + \frac{1}{s+2}$$
$$= e^{-t} + e^{-2t}$$

**13** 비정현파 전류가
$i(t) = 10\sin\omega t + 20\sin3\omega t + 50\sin5\omega t$
로 표현될 때 왜형률은 약 얼마인가?

① 6.12　　② 4.56
③ 7.34　　④ 5.39

해설 | 비정현파의 왜형률
$$왜형률 = \frac{전\ 고조파의\ 실효값}{기본파의\ 실효값}$$
$$= \frac{\sqrt{\left(\dfrac{20}{\sqrt{2}}\right)^2 + \left(\dfrac{50}{\sqrt{2}}\right)^2}}{\dfrac{10}{\sqrt{2}}}$$
$$= \frac{\sqrt{2900}}{10} = \frac{53.85}{10} = 5.385$$

**14** 2전력계법으로 평형 3상 전력을 측정하였더니 한쪽의 지시가 500 [W], 다른 한쪽의 지시가 1500 [W]이었다. 피상 전력은 약 몇 [VA]인가?

① 2000　　② 2310
③ 2646　　④ 2771

해설 | 2전력계법에 의한 피상전력 $P_a$ 계산
$$P_a = 2\sqrt{P_1^2 + P_2^2 - P_1 P_2}$$
$$= 2\sqrt{500^2 + 1{,}500^2 - 500 \times 1500}$$
$$= 2646\ [VA]$$

**15** 임피던스 함수가 $Z(s) = \dfrac{s+50}{s^2+3s+2}$인 2단자회로망에 100[V]의 직류전압을 가했을 때, 회로의 전류는 몇 [A]인가?

① 4　　② 6
③ 8　　④ 10

해설 | 2단자회로망
직류 전압이 가해지면 $s = j\omega = 0$이므로
$Z = 25[\Omega]$
$\therefore I = \dfrac{V}{Z} = \dfrac{100}{25} = 4[A]$

**16** $f_e(t)$가 우함수이고 $f_0(t)$가 기함수일 때 주기함수 $f(t) = f_e(t) + f_0(t)$에 대한 다음 식 중 틀린 것은?

① $f_e(t) = f_e(-t)$
② $f_0(t) = -f_0(-t)$
③ $f_0(t) = \dfrac{1}{2}[f(t) - f(-t)]$
④ $f_e(t) = \dfrac{1}{2}[f(t) - f(-t)]$

해설 | 함수의 성질
우함수 $f_e(t) = f_e(-t)$
기함수 $f_0(t) = -f_0(-t)$
$\dfrac{1}{2}[f(t) - f(-t)]$
$\dfrac{1}{2}[f_e(t) + f_0(t) - f_e(-t) - f_0(-t)]$
$= \dfrac{1}{2}[f_e(t) + f_0(t) - f_e(t) + f_0(t)]$
$= \dfrac{1}{2}[f_0(t) + f_0(t)] = f_0(t)$

**17** 송전선로에서 전압이 $3 \times 10^8$ [m/s]인 광속으로 전파할 때 200 [MHz]인 주파수에 대한 위상정수는 몇 [rad/m]인가?

① $\dfrac{4}{3}\pi$　　② $\dfrac{2}{3}\pi$
③ $\dfrac{1}{3}\pi$　　④ $\pi$

해설 | 위상정수 $\beta$
전파속도 $v = \dfrac{\omega}{\beta}$, $\beta = \dfrac{\omega}{v}$
$\therefore \beta = \dfrac{2\pi \times 200 \times 10^6}{3 \times 10^8} = \dfrac{4}{3}\pi \, [\text{rad/m}]$

**18** 그림과 같은 회로의 임피던스 파라미터 $Z_{22}$는?

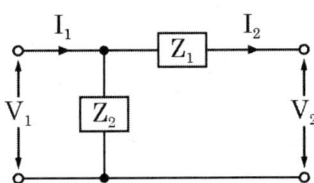

① $Z_1$　　② $Z_2$
③ $Z_1 + Z_2$　　④ $\dfrac{Z_1 Z_2}{Z_1 + Z_2}$

해설 | 임피던스 파라미터
$Z_{11} = Z_2$
$Z_{12} = Z_{21} = Z_2$
$Z_{22} = Z_1 + Z_2$

정답　15 ①　16 ④　17 ①　18 ③

**19** 그림과 같은 주기 파형에서 전류가 $i(t) = 10e^{-100t}$ [A]일 때, 평균값은 약 몇 [A]인가?

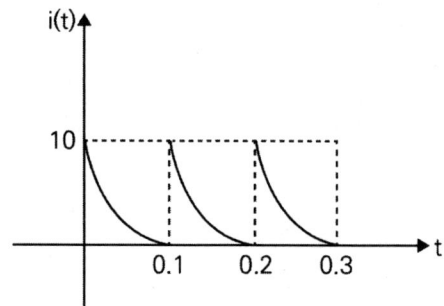

① 0.5      ② 1
③ 2      ④ 5

해설 | 비정현파의 평균값
$$I_{av} = \frac{1}{T}\int_0^T i(t)dt$$
$$= \frac{1}{0.1}\int_0^{0.1} 10e^{-100t}dt$$
$$= \frac{10}{0.1}\left[\frac{1}{-100}e^{-100t}\right]_0^{0.1}$$
$$= -(e^{-10}-1) = 1[A]$$

**20** 그림과 같은 4단자회로의 영상 임피던스 $Z_{02}$는 몇 [Ω]인가?

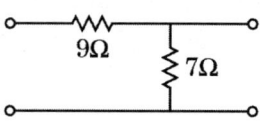

① 14      ② 12
③ 21/4      ④ 5/3

해설 | 영상 임피던스
- $T$형 회로 4단자 정수
$$\begin{bmatrix} A & B \\ C & D \end{bmatrix} = \begin{bmatrix} 1 & 9 \\ 0 & 1 \end{bmatrix}\begin{bmatrix} 1 & 0 \\ \frac{1}{7} & 1 \end{bmatrix} = \begin{bmatrix} \frac{16}{7} & 9 \\ \frac{1}{7} & 1 \end{bmatrix}$$

- 영상임피던스
$$Z_{02} = \sqrt{\frac{DB}{CA}} = \sqrt{\frac{9\times 1}{\frac{16}{7}\times\frac{1}{7}}} = \frac{21}{4}$$

※ $Z_{01} = \sqrt{\frac{AB}{CD}}$

# 2022년 1회

**01** $F(z) = \dfrac{(1-e^{-at})z}{(z-1)(z-e^{-at})}$ 의 역 $z$ 변환은?

① $1 - e^{-at}$   ② $1 + e^{-at}$
③ $t \cdot e^{-at}$   ④ $t \cdot e^{at}$

해설 | Z의 역변환
$$F(z) = \dfrac{(1-e^{-at})z}{(z-1)(z-e^{-at})}$$
$$= z\left(\dfrac{1}{z-1} - \dfrac{1}{z-e^{-at}}\right)$$
$$= \left(\dfrac{z}{z-1} - \dfrac{z}{z-e^{-at}}\right) = 1 - e^{-at}$$

**02** 다음의 특성 방정식 중 안정한 제어시스템은?

① $s^3 + 3s^2 + 4s + 5 = 0$
② $s^4 + 3s^3 - s^2 + s + 10 = 0$
③ $s^5 + s^3 + 2s^2 + 4s + 3 = 0$
④ $s^4 - 2s^3 - 3s^2 + 4s + 5 = 0$

해설 | 안정한 제어시스템
- 모든 차수의 계수가 존재할 것
- 특성방정식의 모든 계수의 부호가 같아야 한다.

**03** 그림의 신호흐름선도에서 전달함수 $\dfrac{C(s)}{R(s)}$ 는?

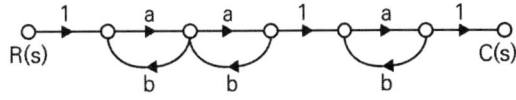

① $\dfrac{a^3}{(1-ab)^3}$   ② $\dfrac{a^3}{1-3ab+a^2b^2}$
③ $\dfrac{a^3}{1-3ab}$   ④ $\dfrac{a^3}{1-3ab+2a^2b^2}$

해설 | 신호흐름선도의 전달함수
$$G(s) = \dfrac{C(s)}{R(s)} = \dfrac{\sum 전향\,경로\,이득}{1 - \sum 폐루프\,경로\,이득}$$
$$= \dfrac{a^3}{1-3ab+2a^2b^2}$$

**04** 그림과 같은 블록선도의 제어시스템에 단위계단 함수가 입력되었을 때 정상상태 오차가 0.01이 되는 a의 값은?

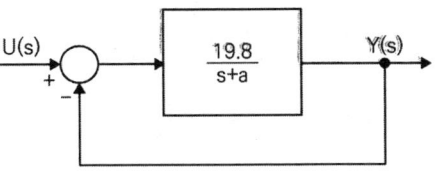

① 0.2   ② 0.6
③ 0.8   ④ 1.0

정답 01 ① 02 ① 03 ④ 04 ①

해설 | 정상위치편차

$$e_{ssp} = \frac{1}{1+K_p} = \frac{1}{1+\lim_{s\to 0}G(s)} = \frac{1}{100}$$

$$\lim_{s\to 0}G(s) = \lim_{s\to 0}\frac{19.8}{s+a} = 99$$

$$\frac{19.8}{a} = 99$$

$$\therefore a = \frac{19.8}{99} = 0.2$$

## 05 그림과 같은 보드선도의 이득선도를 갖는 제어시스템의 전달함수는?

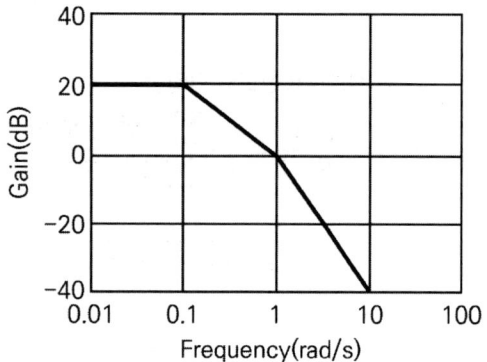

① $G(s) = \dfrac{10}{(s+1)(s+10)}$

② $G(s) = \dfrac{10}{(s+1)(10s+1)}$

③ $G(s) = \dfrac{20}{(s+1)(s+10)}$

④ $G(s) = \dfrac{20}{(s+1)(10s+1)}$

해설 | 보드선도의 이득곡선
절점주파수 s= 1 또는 0.1
따라서 분모는 (s+1)(10s+1)
이득 20 = 20log|$G(s)$| = 20log|$G(0)$|

$G(s) = \dfrac{k}{(s+1)(10s+1)}$ 으로 놓으면

$G(0) = \dfrac{k}{(0+1)(0+1)} = 10$ 이어야 하므로 $k = 10$

※ 출제 오류로 인한 문제 수정

## 06 그림과 같은 블록선도의 전달함수 $\dfrac{C(s)}{R(s)}$는?

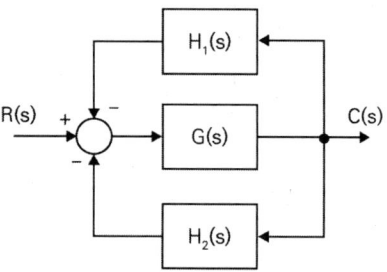

① $\dfrac{G(s)H_1(s)H_2(s)}{1+G(s)H_1(s)H_2(s)}$

② $\dfrac{G(s)}{1+G(s)H_1(s)H_2(s)}$

③ $\dfrac{G(s)}{1-G(s)(H_1(s)+H_2(s))}$

④ $\dfrac{G(s)}{1+G(s)(H_1(s)+H_2(s))}$

해설 | 블록선도의 전달함수

$$G(s) = \frac{C}{R} = \frac{\sum 전향\,경로\,이득}{1-\sum 폐루프\,경로\,이득}$$

$$= \frac{G(s)}{1-(-G(s)H_1(s)-G(s)H_2(s))}$$

$$= \frac{G(s)}{1+G(s)(H_1(s)+H_2(s))}$$

**07** 그림과 같은 논리회로와 등가인 것은?

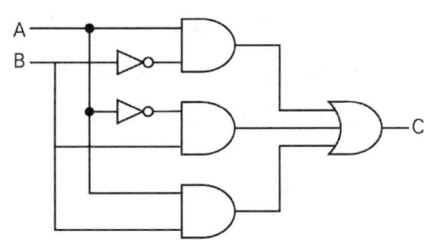

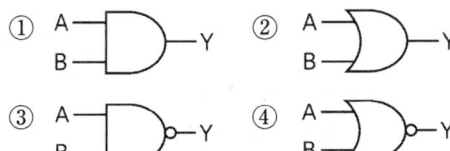

해설 | 논리회로의 등가회로
$A\overline{B} + \overline{A}B + AB = A\overline{B} + \overline{A}B + AB + AB$
$= A\overline{B} + AB + \overline{A}B + AB$
$= A(\overline{B} + B) + B(\overline{A} + A) = A + B$

**08** 다음의 개루프 전달함수에 대한 근궤적의 점근선이 실수축과 만나는 교차점은?

$$G(s)H(s) = \frac{K(s+3)}{s^2(s+1)(s+3)(s+4)}$$

① $\frac{5}{3}$  ② $-\frac{5}{3}$

③ $\frac{5}{4}$  ④ $-\frac{5}{4}$

해설 | 근궤적의 교차점

- $\sigma = \dfrac{\sum 극점 - \sum 영점}{P(극점\ 개수) - Z(영점\ 개수)}$
$= \dfrac{(-8)-(-3)}{5-1} = \left(-\dfrac{5}{4}\right)$

**09** 블록선도에서 ⓐ에 해당하는 신호는?

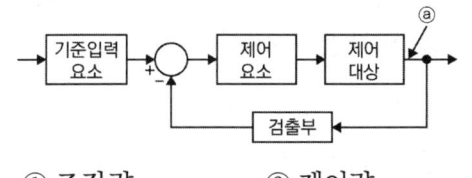

① 조작량  ② 제어량
③ 기준입력  ④ 동작신호

해설 | 폐회로제어계

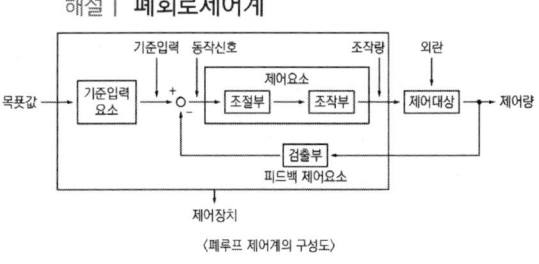

〈폐루프 제어계의 구성도〉

**10** 다음의 미분방정식과 같이 표현되는 제어시스템이 있다. 이 제어시스템을 상태방정식 $\dot{x} = Ax + Bu$ 로 나타내었을 때 시스템 행렬 A는?

$$\frac{d^3C(t)}{dt^3} + 5\frac{d^2C(t)}{dt^2} + \frac{dC(t)}{dt} + 2C(t) = r(t)$$

① $\begin{bmatrix} 0 & 1 & 0 \\ 0 & 0 & 1 \\ -2 & -1 & -5 \end{bmatrix}$  ② $\begin{bmatrix} 1 & 0 & 0 \\ 0 & 1 & 0 \\ -2 & -1 & -5 \end{bmatrix}$

③ $\begin{bmatrix} 0 & 1 & 0 \\ 0 & 0 & 1 \\ 2 & 1 & 5 \end{bmatrix}$  ④ $\begin{bmatrix} 1 & 0 & 0 \\ 0 & 1 & 0 \\ 2 & 1 & 5 \end{bmatrix}$

해설 | 시스템 행렬
$\dot{x}(t) = -2x_1(t) - x_2(t) - 5x_3(t) + r(t)$
$\therefore \begin{bmatrix} \dot{x}_1(t) \\ \dot{x}_2(t) \\ \dot{x}_3(t) \end{bmatrix} = \begin{bmatrix} 0 & 1 & 0 \\ 0 & 0 & 1 \\ -2 & -1 & -5 \end{bmatrix} \begin{bmatrix} x_1(t) \\ x_2(t) \\ x_3(t) \end{bmatrix} + \begin{bmatrix} 0 \\ 0 \\ 1 \end{bmatrix} r(t)$

정답  07 ②  08 ④  09 ②  10 ①

**11** $f_e(t)$가 우함수이고 $f_0(t)$가 기함수일 때 주기함수 $f(t)=f_e(t)+f_0(t)$에 대한 다음 식 중 틀린 것은?

① $f_e(t)=f_e(-t)$
② $f_0(t)=-f_0(-t)$
③ $f_0(t)=\dfrac{1}{2}[f(t)-f(-t)]$
④ $f_e(t)=\dfrac{1}{2}[f(t)-f(-t)]$

해설 | 함수의 성질
우함수 $f_e(t)=f_e(-t)$
기함수 $f_0(t)=-f_0(-t)$

$\dfrac{1}{2}[f(t)-f(-t)]$
$=\dfrac{1}{2}[f_e(t)+f_0(t)-f_e(-t)-f_0(-t)]$
$=\dfrac{1}{2}[f_e(t)+f_0(t)-f_e(t)+f_0(t)]$
$=\dfrac{1}{2}[f_0(t)+f_0(t)]=f_0(t)$

**12** 3상 평형회로에서 Y결선의 부하가 연결되어 있다. 이 부하에서의 선간전압이 $V_{ab}=100\sqrt{3}\angle 0°$ [V]일 때, 선전류가 $I_a=20\angle -60°$ [A]이었다. 이 부하의 한 상의 임피던스[Ω]는? (단, 3상 전압의 상순은 a-b-c이다)

① $5\angle 30°$  ② $5\sqrt{3}\angle 30°$
③ $5\angle 60°$  ④ $5\sqrt{3}\angle 60°$

해설 | Y결선의 임피던스
$V_p=\dfrac{V_\ell}{\sqrt{3}}=\dfrac{100\sqrt{3}\angle -30°}{\sqrt{3}}$
$Z_p=\dfrac{V_p}{I_p}=\dfrac{100\angle -30°}{20\angle -60°}=5\angle 30°$

**13** 그림의 회로에서 120 [V]와 30 [V]의 전압원(능동소자)에서의 전력은 각각 몇 [W]인가? (단, 전압원(능동소자)에서 공급 또는 발생하는 전력은 양수(+)이고, 소비 또는 흡수하는 전력은 음수(-)이다)

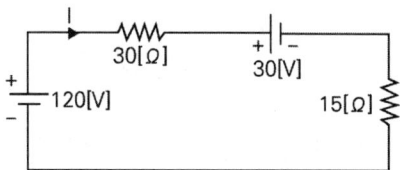

① 240 [W], 60 [W]
② 240 [W], -60 [W]
③ -240 [W], 60 [W]
④ -240 [W], -60 [W]

해설 | 전압원의 전력
$I=\dfrac{V}{R}=\dfrac{90}{45}=2[A]$
$P=VI$
$P_1=120\times 2=240$
$P_2=30\times 2=-60$ (전류와 반대방향)

**14** 각 상의 전압이 다음과 같을 때 영상분 전압[V]의 순시치는? (단, 3상 전압의 상순은 a-b-c이다)

$$v_a(t)=40\sin\omega t\,(V)$$
$$v_b(t)=40\sin\left(\omega t-\dfrac{\pi}{2}\right)(V)$$
$$v_c(t)=40\sin\left(\omega t+\dfrac{\pi}{2}\right)(V)$$

① $40\sin\omega t$
② $\dfrac{40}{3}\sin\omega t$
③ $\dfrac{40}{3}\sin\left(\omega t-\dfrac{\pi}{2}\right)$
④ $\dfrac{40}{3}\sin\left(\omega t+\dfrac{\pi}{2}\right)$

정답  11 ④  12 ①  13 ②  14 ②

해설 | 영상분 전압

$$\frac{1}{3}(V_a + V_b + V_c)$$
$$= \frac{1}{3}\left[40\sin\omega t + 40\sin\left(\omega t - \frac{\pi}{2}\right) + 40\sin\left(\omega t + \frac{\pi}{2}\right)\right]$$
$$= \frac{1}{3}[40\sin\omega t - 40\cos\omega t + 40\cos\omega t]$$
$$= \frac{40}{3}\sin\omega t$$

**15** 그림과 같이 3상 평형의 순저항 부하에 단상 전력계를 연결하였을 때 전력계가 W[W]를 지시하였다. 이 3상 부하에서 소모하는 전체 전력[W]는?

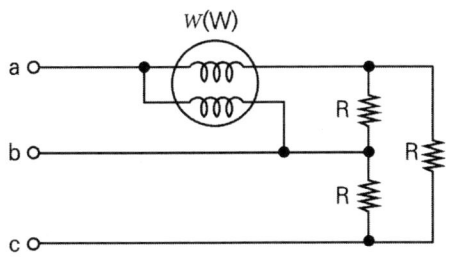

① 2[W]　　② 3[W]
③ $\sqrt{2}$[W]　　④ $\sqrt{3}$[W]

해설 | 1전력계법
- 유효전력 $P = 2W$　・무효전력 $P_r = 0$
- 피상전력 $P_a = P$　・역률 $\cos\theta = 1$

**16** 정전용량이 C(F)인 커패시터에 단위 임펄스의 전류원이 연결되어 있다. 이 커패시터의 전압 $v_c(t)$는? (단, u(t)는 단위 계단 함수이다)

① $v_c(t) = C$　　② $v_c(t) = Cu(t)$
③ $v_c(t) = \frac{1}{C}$　　④ $v_c(t) = \frac{1}{C}u(t)$

해설 | 커패시터의 전압
$$v_c(t) = \frac{1}{C}\int i(t)dt = \frac{1}{C}\int \delta(t)dt = \frac{1}{C}u(t)$$

**17** 그림의 회로에서 t = 0[s]에 스위치(S)를 닫은 후 t = 1[s]일 때 이 회로에 흐르는 전류는 약 몇 [A]인가?

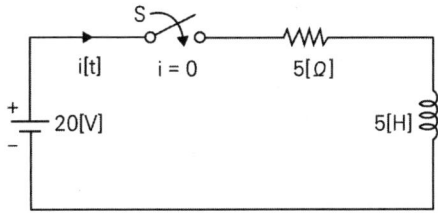

① 2.52　　② 3.16
③ 4.21　　④ 6.32

해설 | R-L직렬회로의 전류
스위치 on 일 때
$$i(t) = \frac{E}{R}\left(1 - e^{-\frac{R}{L}t}\right) = \frac{20}{5}\left(1 - e^{-\frac{5}{5}t}\right)$$
$$i(1) = 4(1 - e^{-1}) = 2.52[A]$$

**18** 순시치 전류 i(t) = $I_m\sin(\omega t + \theta)$ [A]의 파고율은 약 얼마인가?

① 0.577　　② 0.707
③ 1.414　　④ 1.732

해설 | 정현파의 파고율
- 파고율 = (최댓값/실효값) = $\sqrt{2}$ = 1.414
- 파형률 = (실효값/평균값) = 1.11

**19** 그림의 회로가 정저항회로가 되기 위한 L [mH]은? (단, R = 10 [Ω], C = 1000 [μF]이다)

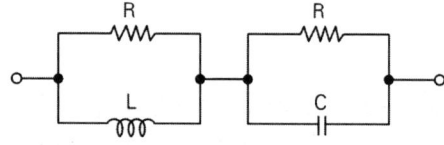

① 1  ② 10
③ 100  ④ 1000

해설 | 정저항회로

정저항조건 $RC = \dfrac{L}{R}$

$L = R^2 C = 10^2 \times (10^3 \times 10^{-6}) = 0.1 [\text{H}]$

∴ 100 [mH]

**20** 분포정수회로에 있어서 선로의 단위 길이당 저항이 100 [Ω/m], 인덕턴스가 200 [mH/m], 누설컨덕턴스가 0.5 [℧/m]일 때 일그러짐이 없는 조건(무왜형 조건)을 만족하기 위한 단위 길이당 커패시턴스는 몇 [μF/m]인가?

① 0.001  ② 0.1
③ 10  ④ 1000

해설 | 무왜형 선로조건

RC = LG

$C = \dfrac{LG}{R} = \dfrac{200 \times 10^{-3} \times 0.5}{100} = 10^{-3} [\text{F}]$

∴ 1000 [μF]

※ 무손실선로 R = G = 0

# 2022년 2회

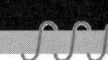

**01** 다음 블록선도의 전달함수 $\left(\dfrac{C(s)}{R(s)}\right)$는?

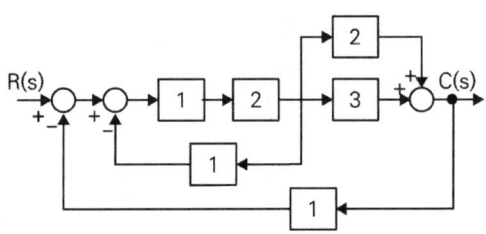

① 10/9  
② 10/13  
③ 12/9  
④ 12/13

**해설 | 블록선도의 전달함수**

$$G(s) = \frac{C(s)}{R(s)} = \frac{\sum 전향경로 이득}{1 - \sum 폐루프 경로 이득}$$

- 전향경로의 합  
  $(1 \times 2 \times 3) + (1 \times 2 \times 2) = 10$
- 폐루프경로의 합  
  $-[(1 \times 2 \times 1) + (1 \times 2 \times 3 \times 1)$  
  $+ (1 \times 2 \times 2 \times 1)] = -12$

$$\therefore \frac{10}{1-(-12)} = \frac{10}{13}$$

**02** 전달함수가 $G(s) = \dfrac{1}{0.1s(0.01s+1)}$과 같은 제어시스템에서 $\omega = 0.1$ [rad/sec]일 때의 이득[dB]과 위상각[°]은 약 얼마인가?

① 40 [dB], -90°  
② -40 [dB], 90°  
③ 40 [dB], -180°  
④ -40 [dB], -180°

**해설 | 제어시스템의 이득과 위상각**

- $G(s) = \dfrac{1}{j0.1\omega(j0.01\omega+1)}$  
  $= \dfrac{1}{-0.001\omega^2 + j0.1\omega}$  
  $= \dfrac{1}{-0.00001 + j0.01}$  
  $= \dfrac{100}{-0.001 + j}$  
  $= \dfrac{100(-0.001 - j)}{0.00001 + 1} = -j100$

$\therefore$ 위상은 $-90°$

- 이득  
  $20\log|G(s)| = 20\log|-j100|$  
  $= 20\log 100 = 40$

**03** 다음의 논리식과 등가인 것은?

$$Y = (A+B)(\overline{A}+B)$$

① $Y = A$  
② $Y = B$  
③ $Y = \overline{A}$  
④ $Y = \overline{B}$

**해설 | 논리식의 등가**

$Y = (A+B)(\overline{A}+B)$  
$\quad = A\overline{A} + AB + B\overline{A} + B$  
$\quad = AB + B\overline{A} + B = B(A+\overline{A}) + B = B$

정답 01 ② 02 ① 03 ②

**04** 다음의 개루프 전달함수에 대한 근궤적이 실수축에서 이탈하게 되는 분지점은 약 얼마인가?

$$G(s)H(s) = \frac{K}{s(s+3)(s+8)}, K \geq 0$$

① -0.93  ② -5.74
③ -6.0   ④ -1.33

**해설 | 근궤적의 분지점**
근궤적의 분지점은 특성방정식에서
$\frac{dK}{ds}=0$이 될 때의 s값이다.

$1+G(s)H(s) = 1 + \frac{K}{s(s+3)(s+8)} = 0$

분자만 0이면 되므로 특성방정식은
$K+s(s+3)(s+8)=0$
$K=-s^3-11s^2-24s$
$\frac{dK}{ds}=-3s^2-22s-24=0$
$3s^2+22s+24=(3s+4)(s+6)=0$
$s=-\frac{4}{3}$ or $-6$

극점이 -8, -3, 0이므로
근의 구간은 $-\infty \sim -8$ 또는 $-3 \sim 0$
(∵ 근은 홀수 번째 구간에만 존재)

따라서 $s=-\frac{4}{3}=-1.33$

**05** $F(z) = \frac{(1-e^{-aT})z}{(z-1)(z-e^{-aT})}$ 의 역 $z$ 변환은?

① $t \cdot e^{-at}$   ② $a^t \cdot e^{-at}$
③ $1+e^{-at}$   ④ $1-e^{-at}$

**해설 | Z의 역변환**

$F(z) = \frac{(1-e^{-at})z}{(z-1)(z-e^{-at})}$

$= z\left(\frac{1}{z-1} - \frac{1}{z-e^{-at}}\right)$

$= \left(\frac{z}{z-1} - \frac{z}{z-e^{-at}}\right) = 1-e^{-at}$

| $f(t)$ | $F(s)$ | $F(z)$ |
|---|---|---|
| $\delta(t)$ | 1 | 1 |
| $u(t)$ | $\frac{1}{s}$ | $\frac{z}{z-1}$ |
| $t$ | $\frac{1}{s^2}$ | $\frac{z}{(z-1)^2}$ |
| $e^{-at}$ | $\frac{1}{(s+a)}$ | $\frac{z}{z-e^{-at}}$ |

**06** 기본 제어요소인 비례요소의 전달함수는? (단, K는 상수이다)

① $G(s)=K$   ② $G(s)=Ks$
③ $G(s)=\frac{K}{s}$   ④ $G(s)=\frac{K}{s+K}$

**해설 | 제어요소의 전달함수**
- 비례요소 $G(s)=K$
- 미분요소 $G(s)=s$
- 적분요소 $G(s)=\frac{1}{s}$
- 비례미분요소 $G(s)=1+Ts \cdot$

정답 04 ④  05 ④  06 ①

**07** 다음의 상태방정식으로 표현되는 시스템의 상태천이행렬은?

$$\begin{bmatrix} \dfrac{dx_1}{dt} \\ \dfrac{dx_2}{dt} \end{bmatrix} = \begin{bmatrix} 0 & 1 \\ -3 & -4 \end{bmatrix} \begin{bmatrix} x_1 \\ x_2 \end{bmatrix}$$

① $\begin{bmatrix} 1.5e^{-t} - 0.5e^{-3t} & -1.5e^{-t} + 1.5e^{-3t} \\ 0.5e^{-t} - 0.5e^{-3t} & -0.5e^{-t} + 1.5e^{-3t} \end{bmatrix}$

② $\begin{bmatrix} 1.5e^{-t} - 0.5e^{-3t} & 0.5e^{-t} - 0.5e^{-3t} \\ -1.5e^{-t} + 1.5e^{-3t} & -0.5e^{-t} + 1.5e^{-3t} \end{bmatrix}$

③ $\begin{bmatrix} 1.5e^{-t} - 0.5e^{-4t} & 0.5e^{-t} - 0.5e^{-4t} \\ -1.5e^{-t} + 1.5e^{-4t} & -0.5e^{-t} + 1.5e^{-4t} \end{bmatrix}$

④ $\begin{bmatrix} 1.5e^{-t} - 0.5e^{-4t} & -1.5e^{-t} + 1.5e^{-4t} \\ 0.5e^{-t} - 0.5e^{-4t} & -0.5e^{-t} + 1.5e^{-4t} \end{bmatrix}$

해설 | 상태천이행렬

$\phi(t) = \mathcal{L}^{-1}[(sI-A)^{-1}]$

- $(sI-A)^{-1} = \begin{pmatrix} s & -1 \\ 3 & s+4 \end{pmatrix}^{-1}$

$= \dfrac{1}{s(s+4)-(-3)} \begin{pmatrix} s+4 & 1 \\ -3 & s \end{pmatrix}$

$= \begin{pmatrix} \dfrac{s+4}{(s+1)(s+3)} & \dfrac{1}{(s+1)(s+3)} \\ \dfrac{-3}{(s+1)(s+3)} & \dfrac{s}{(s+1)(s+3)} \end{pmatrix}$

$= \begin{pmatrix} \dfrac{1}{2}\left(\dfrac{3}{s+1} + \dfrac{-1}{s+3}\right) & \dfrac{1}{2}\left(\dfrac{1}{s+1} - \dfrac{1}{s+3}\right) \\ -\dfrac{3}{2}\left(\dfrac{1}{s+1} - \dfrac{1}{s+3}\right) & \dfrac{1}{2}\left(\dfrac{-1}{s+1} + \dfrac{3}{s+3}\right) \end{pmatrix}$

$= \begin{pmatrix} \dfrac{1}{2}(3e^{-t} - e^{-3t}) & \dfrac{1}{2}(e^{-t} - e^{-3t}) \\ -\dfrac{3}{2}(e^{-t} - e^{-3t}) & \dfrac{1}{2}(-e^{-t} + 3e^{-3t}) \end{pmatrix}$

**08** 제어시스템의 전달함수가

$T(s) = \dfrac{1}{4s^2 + s + 1}$ 과 같이 표현될 때 이 시스템의 고유주파수($\omega_n$ [rad/s])와 감쇠율($\zeta$)은?

① $\omega_n$=0.25, $\zeta$=1.0  ② $\omega_n$=0.5, $\zeta$=0.25
③ $\omega_n$=0.5, $\zeta$=0.5  ④ $\omega_n$=1.0, $\zeta$=0.5

해설 | 2차제어계의 전달함수

$M(s) = \dfrac{\omega_n^2}{s^2 + 2\zeta\omega_n s + \omega_n^2}$ 에서

특성방정식 $s^2 + 2\zeta\omega_n s + \omega_n^2 = 0$

따라서 $4s^2 + s + 1 = 0$

즉, $s^2 + \dfrac{1}{4}s + \dfrac{1}{4} = 0$와 계수비교하면

$\omega_n^2 = \dfrac{1}{4} \Rightarrow \omega_n = \dfrac{1}{2}$

$2\zeta\omega_n = \dfrac{1}{4} \Rightarrow \zeta = \dfrac{1}{4}$

**09** 그림의 신호흐름도를 미분방정식으로 표현한 것으로 옳은 것은? (단, 모든 초기 값은 0이다)

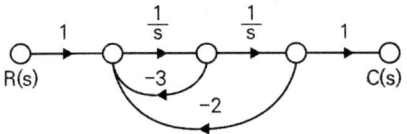

① $\dfrac{d^2c(t)}{dt^2} + 3\dfrac{dc(t)}{dt} + 2c(t) = r(t)$

② $\dfrac{d^2c(t)}{dt^2} + 2\dfrac{dc(t)}{dt} + 3c(t) = r(t)$

③ $\dfrac{d^2c(t)}{dt^2} - 3\dfrac{dc(t)}{dt} - 2c(t) = r(t)$

④ $\dfrac{d^2c(t)}{dt^2} - 2\dfrac{dc(t)}{dt} - 3c(t) = r(t)$

해설 | 미분방정식

$$\frac{C(s)}{R(s)} = \frac{\dfrac{2}{s^2}}{1-\left(\dfrac{-3}{s}+\dfrac{-2}{s^2}\right)}$$

$$= \frac{1}{s^2+3s+2}$$

$R(s) = s^2 C(s) + 3s C(s) + 2 C(s)$

$\therefore r(t) = \dfrac{d^2}{dt^2}c(t) + 3\dfrac{d}{dt}c(t) + 2c(t)$

**10** 제어시스템의 특성방정식이
$s^4 + s^3 - 3s^2 - s + 2 = 0$와 같을 때, 이 특성방정식에서 $s$ 평면의 오른쪽에 위치하는 근은 몇 개인가?

① 0
② 1
③ 2
④ 3

해설 | Routh 판별법

| 차수 | 제1열 | 제2열 | 제3열 |
|---|---|---|---|
| $s^4$ | 1 | $-3$ | 2 |
| $s^3$ | 1 | $-1$ | 0 |
| $s^2$ | $-3-(-1)=-2$ | 2 | |
| $s^1$ | $\dfrac{2-2}{-2}=0$ | 0 | |
| $s^0$ | 2 | | |

제1열의 부호변환이 2번 이루어지므로 불안정한 근은 2개. 따라서 우측에 2개가 위치한다.

**11** 회로에서 6 [Ω]에 흐르는 전류[A]는?

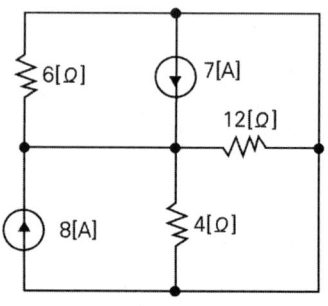

① 2.5
② 5
③ 7.5
④ 10

해설 | 중첩의 원리
• 7 [A] 전류원 개방

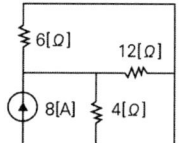 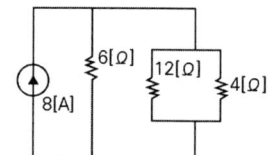

우측 병렬의 저항은 $\dfrac{12\times 4}{12+4}=3[\Omega]$이므로

6 [Ω]과 3 [Ω]의 병렬회로 형태
따라서 전류의 분배법칙을 이용하면
$I_1 = \dfrac{R_2}{R_1+R_2}\times I = \dfrac{3}{6+3}\times 8 = \dfrac{8}{3}\,[\text{A}]$

• 8 [A] 전류원 개방

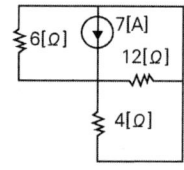 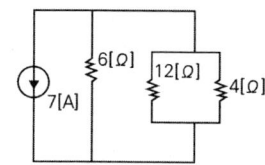

동일한 방법으로
$I_1 = \dfrac{R_2}{R_1+R_2}\times I = \dfrac{3}{6+3}\times 7 = \dfrac{7}{3}\,[\text{A}]$

따라서 6 [Ω]에 흐르는 전류는
$\dfrac{8}{3}+\dfrac{7}{3} = 5\,[\text{A}]$

**12** RL 직렬회로에서 시정수가 0.03 [sec], 저항이 14.7 [Ω]일 때 이 회로의 인덕턴스(mH)는?

① 441  ② 362
③ 17.6  ④ 2.53

해설 | R-L회로의 시정수
$\dfrac{L}{R} = 0.03$
$L = 0.03 \times 14.7 = 0.441 [\text{H}]$
$\therefore L = 441 [\text{mH}]$

**13** 상의 순서가 a-b-c인 불평형 3상 교류회로에서 각 상의 전류가 Ia = 7.28∠15.95° [A], Ib = 12.81∠-128.66° [A], Ic = 7.21∠123.69° [A]일 때 역상분 전류는 약 몇 [A] 인가?

① 8.95∠-1.14°
② 8.95∠1.14°
③ 2.51∠-96.55°
④ 2.51∠96.55°

해설 | 역상분 전류
$I_a = 7.28 \angle 15.95°$
$a^2 I_b = 1 \angle 240° \times 12.81 \angle -128.66°$
$\quad = 12.81 \angle 111.34°$
$a I_c = 1 \angle 120° \times 7.21 \angle 243.69°$
$\quad = 7.21 \angle 243.69°$
$\therefore I_2 = \dfrac{1}{3}(I_a + a^2 I_b + a I_c)$
$\quad = 2.51 \angle 96.55°$

**14** 그림과 같은 T형 4단자회로의 임피던스 파라미터 $Z_{22}$는?

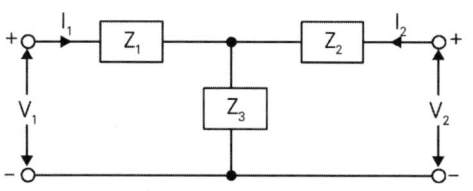

① $Z_3$  ② $Z_1 + Z_2$
③ $Z_1 + Z_3$  ④ $Z_2 + Z_3$

해설 | Z 파라미터

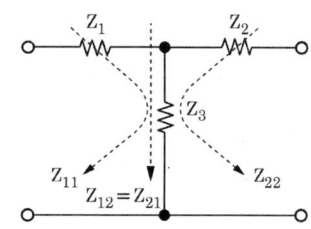

**15** 그림과 같은 부하에 선간전압이 V_ab = 100∠30° [V]인 평형 3상 전압을 가했을 때 선전류 I_a [A]는?

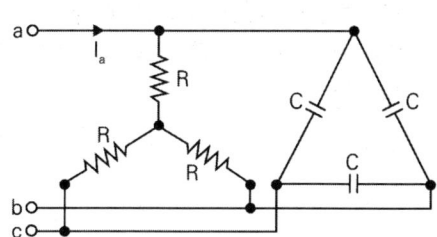

① $\dfrac{100}{\sqrt{3}}\left(\dfrac{1}{R} + j3\omega C\right)$

② $100\left(\dfrac{1}{R} + j\sqrt{3}\omega C\right)$

③ $\dfrac{100}{\sqrt{3}}\left(\dfrac{1}{R} + j\omega C\right)$

④ $100\left(\dfrac{1}{R} + j\omega C\right)$

정답 12 ① 13 ④ 14 ④ 15 ①

해설 | Y-△결선의 변환

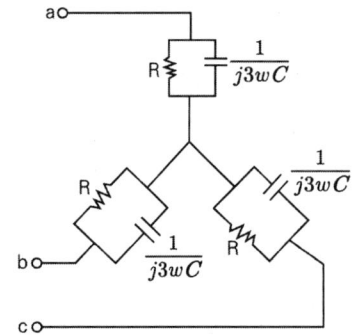

- 한 상의 어드미턴스

$Y = \dfrac{1}{R} + j3\omega C$

$I_a = \dfrac{\dfrac{V_\ell}{\sqrt{3}}}{Z} = \dfrac{100}{\sqrt{3}} \times Y$

$= \dfrac{100}{\sqrt{3}} \times \left(\dfrac{1}{R} + j3\omega C\right)$

**16** 분포정수로 표현된 선로의 단위 길이 당 저항이 0.5 [Ω/km], 인덕턴스가 1 [μH/km], 커패시턴스가 6 [μF/km]일 때 일그러짐이 없는 조건(무왜형 조건)을 만족하기 위한 단위 길이당 컨덕턴스[℧/km]는?

① 1      ② 2
③ 3      ④ 4

해설 | 무왜형 선로 조건
$RC = LG$
$0.5 \times 6 = 1 \times G$
$\therefore G = 3 \,[\text{℧/km}]$
※ 출제 오류로 인한 문제 수정

**17** 그림 (a)의 Y결선회로를 그림 (b)의 △결선회로로 등가 변환했을 때 $R_{ab}$, $R_{bc}$, $R_{ca}$는 각각 몇 [Ω] 인가? (단, $R_a = 2\,[\Omega]$, $R_b = 3\,[\Omega]$, $R_c = 4\,[\Omega]$)

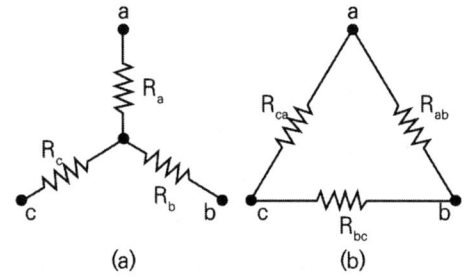

(a)      (b)

① $R_{ab} = \dfrac{6}{9}, R_{bc} = \dfrac{12}{9}, R_{ca} = \dfrac{9}{8}$

② $R_{ab} = \dfrac{1}{3}, R_{bc} = 1, R_{ca} = \dfrac{1}{2}$

③ $R_{ab} = \dfrac{13}{2}, R_{bc} = 13, R_{ca} = \dfrac{26}{3}$

④ $R_{ab} = \dfrac{11}{3}, R_{bc} = 11, R_{ca} = \dfrac{11}{2}$

해설 | Y-△결선의 등가변환

$R_{ab} = \dfrac{R_a R_b + R_b R_c + R_c R_a}{R_c}$

$= \dfrac{2 \times 3 + 3 \times 4 + 4 \times 2}{4} = \dfrac{13}{2}[\Omega]$

$R_{bc} = \dfrac{R_a R_b + R_b R_c + R_c R_a}{R_a}$

$= \dfrac{2 \times 3 + 3 \times 4 + 4 \times 2}{2} = 13[\Omega]$

$R_{ca} = \dfrac{R_a R_b + R_b R_c + R_c R_a}{R_b}$

$= \dfrac{2 \times 3 + 3 \times 4 + 4 \times 2}{3} = \dfrac{26}{3}[\Omega]$

**18** 다음과 같은 비정현파 교류 전압 v(t)와 전류 i(t)에 의한 평균전력은 약 몇 [W]인가?

$$v(t) = 200\sin 100\pi t + 80\sin(300\pi t - \frac{\pi}{2})\ (V)$$
$$i(t) = \frac{1}{5}\sin(100\pi t - \frac{\pi}{3}) + \frac{1}{10}\sin(300\pi t - \frac{\pi}{4})\ (A)$$

① 6.414  ② 8.586
③ 12.828  ④ 24.212

해설 | 비정현파의 평균전력
$$P_1 = \frac{200}{\sqrt{2}} \times \frac{1/5}{\sqrt{2}} \times \cos\frac{\pi}{3} = 10[W]$$
$$P_1 = \frac{80}{\sqrt{2}} \times \frac{1/10}{\sqrt{2}} \times \cos\frac{\pi}{4} = 2.828[W]$$
$$\therefore P = P_1 + P_2 = 12.828[W]$$

**19** 회로에서 $I_1 = 2e^{-j\frac{\pi}{6}}[A]$, $I_2 = 5e^{j\frac{\pi}{6}}[A]$ $I_3 = 5.0[A]$, $Z_3 = 1.0[\Omega]$일 때 부하 $(Z_1, Z_2, Z_3)$ 전체에 대한 복소전력은 약 몇 [VA]인가?

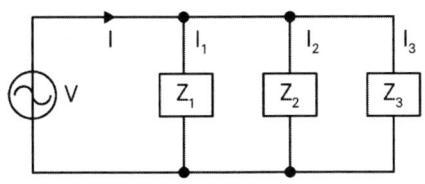

① 55.3 - j7.5  ② 55.3 + j7.5
③ 45 - j26  ④ 45 + j26

해설 | 복소전력
$$V = I_3 \times Z_3 = 5 \times 1 = 5[V]$$
$$I = 2\angle -30° + 5\angle 30° + 5$$
$$= 11.06 + j1.5$$
$$P_a = V\overline{I}$$
$$= 5(11.06 - j1.5) = 55.3 - j7.5$$

**20** $f(t) = L^{-1}\left[\dfrac{s^2+3s+2}{s^2+2s+5}\right]$는?

① $\delta(t) + e^{-t}(\cos 2t - \sin 2t)$
② $\delta(t) + e^{-t}(\cos 2t + 2\sin 2t)$
③ $\delta(t) + e^{-t}(\cos 2t - 2\sin 2t)$
④ $\delta(t) + e^{-t}(\cos 2t + \sin 2t)$

해설 | 역라플라스 변환
$$\frac{s^2+3s+2}{s^2+2s+5}$$
$$= 1 + \frac{s-3}{s^2+2s+5}$$
$$= 1 + \frac{(s+1)-4}{(s+1)^2+4}$$
$$= 1 + \frac{(s+1)}{(s+1)^2+2^2} - 2\frac{2}{(s+1)^2+2^2}$$
이므로 복소추이정리에 의해
$$L^{-1}\left[\frac{s^2+3s+2}{s^2+2s+5}\right]$$
$$= \delta(t) + e^{-t} \cdot \cos 2t - e^{-t} \cdot 2\sin 2t$$

# 2022년 3회

## 01 논리식을 간단히 한 것은?

$$Y = \overline{A}\,\overline{B} + \overline{A}B + AB$$

① $\overline{A} + \overline{B}$
② $\overline{A} + B$
③ $A + B$
④ $A + \overline{B}$

해설 | 논리식의 간소화
$Y = \overline{A}\,\overline{B} + \overline{A}B + AB$
$\quad = \overline{A}\,\overline{B} + \overline{A}B + AB + \overline{A}B$
$\quad = \overline{A}(\overline{B} + B) + B(A + \overline{A})$
$\quad = \overline{A} + B$

## 02 다음의 특성 방정식 중 안정한 제어시스템은?

① $s^4 - 2s^3 - 3s^2 + 4s + 5 = 0$
② $s^3 + 3s^2 + 4s + 5 = 0$
③ $s^4 + 3s^3 - s^2 + s + 10 = 0$
④ $s^5 + s^3 + 2s^2 + 4s + 3 = 0$

해설 | 루스 안정도 판별법
특성방정식에서의 안정조건
- 모든 차수의 계수가 존재할 것
- 특성방정식의 모든 계수의 부호가 같아야 함
- 루스표를 작성하고 루스표의 1열 부호가 변화하지 않고 같아야 함

## 03 f(t)의 z변환이 F(z)일 때, f(t)의 최종값은?

$$F(z) = \frac{9z}{(z-1)(z+0.5)}$$

① $-6$
② $\infty$
③ $0$
④ $6$

해설 | z변환의 최종값 정리
$\lim_{z \to 1}(1 - \frac{1}{z})F(z)$
$= \lim_{z \to 1}\left(\frac{z-1}{z}\right)\frac{9z}{(z-1)(z+0.5)}$
$= \lim_{z \to 1}\left(\frac{9}{z+0.5}\right) = 6$

## 04 2차 제어시스템의 특성 방정식이 $s^2 + 2\zeta\omega_n s + \omega_n^2 = 0$와 같을 때 감쇠비($\zeta$)가 $0 < \zeta < 1$인 경우 이 제어시스템의 과도 응답 상태는?

① 완전진동
② 임계진동
③ 비진동
④ 감쇠진동

해설 | 특성방정식의 과도응답
- $0 < \zeta < 1$ : 부족제동(감쇠진동)
- $\zeta = 1$ : 임계제동(임계진동)
- $\zeta > 1$인 경우 : 과제동(비진동)
- $\zeta = 0$ : 무제동(무한진동)

**05** 적분시간 4 [sec], 비례감도가 4인 비례적분동작을 하는 제어요소에 동작신호 z(t) = 2t를 주었을 때 이 제어요소의 조작량은? (단, 조작량의 초기값은 0이다)

① $t^2 + 8t$   ② $t^2 - 8t$
③ $t^2 + 2t$   ④ $t^2 - 2t$

해설 | 비례적분제어의 조작량

- $Y(s) = K_p\left(1 + \dfrac{1}{T_i s} + T_d s\right) Z(s)$

  $= 4\left(1 + \dfrac{1}{4s} + 0\right) \dfrac{2}{s^2} = \dfrac{2}{s^3} + \dfrac{8}{s^2}$

  $\therefore \mathcal{L}^{-1}\left[\dfrac{2}{s^3} + \dfrac{8}{s^2}\right] = t^2 + 8t$

**06** 그림과 같은 보드선도의 이득선도를 갖는 제어시스템의 전달함수는?

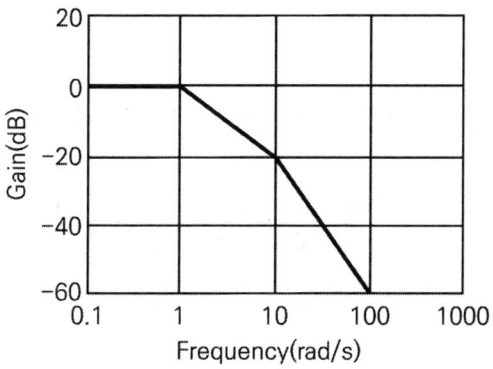

① $G(s) = \dfrac{100}{(s+1)(s+10)}$

② $G(s) = \dfrac{10}{(s+1)(s+10)}$

③ $G(s) = \dfrac{10}{(s+1)(10s+1)}$

④ $G(s) = \dfrac{1}{(s+1)(10s+1)}$

해설 | 보드선도의 이득곡선
절점주파수 s = 1 또는 10
따라서 분모는 (s+1)(s+10)
이득 $0 = 20\log|G(s)| = 20\log|G(0)|$

$G(s) = \dfrac{k}{(s+1)(s+10)}$ 으로 놓으면

$G(0) = \dfrac{k}{(0+1)(0+10)} = 1$ 이어야 하므로 $k = 10$

**07** 시스템 행렬 A가 다음과 같을 때 상태천이행렬을 구하면?

$$A = \begin{bmatrix} 0 & 1 \\ -2 & -3 \end{bmatrix}$$

① $\begin{bmatrix} 2e^{-t} - e^{-2t} & -e^{-t} + e^{-2t} \\ 2e^{-t} - 2e^{-2t} & -e^{-t} - 2e^{-2t} \end{bmatrix}$

② $\begin{bmatrix} 2e^{-t} - e^{-2t} & e^{-t} - e^{-2t} \\ -2e^{-t} + 2e^{-2t} & -e^{-t} - 2e^{2t} \end{bmatrix}$

③ $\begin{bmatrix} 2e^{-t} - e^{-2t} & e^{-t} - e^{-2t} \\ -2e^{-t} + 2e^{-2t} & -e^{-t} + 2e^{-2t} \end{bmatrix}$

④ $\begin{bmatrix} 2e^{t} - e^{2t} & -e^{t} + e^{2t} \\ 2e^{t} - 2e^{2t} & -e^{t} - 2e^{2t} \end{bmatrix}$

해설 | 상태천이행렬
$\phi(t) = \mathcal{L}^{-1}[(sI - A)^{-1}]$

- $(sI - A)^{-1} = \begin{pmatrix} s & -1 \\ 2 & s+3 \end{pmatrix}^{-1}$

  $= \dfrac{1}{s(s+3) - (-2)} \begin{pmatrix} s+3 & 1 \\ -2 & s \end{pmatrix}$

  $= \begin{pmatrix} \dfrac{s+3}{(s+1)(s+2)} & \dfrac{1}{(s+1)(s+2)} \\ \dfrac{-2}{(s+1)(s+2)} & \dfrac{s}{(s+1)(s+2)} \end{pmatrix}$

$$=\begin{pmatrix}\left(\dfrac{2}{s+1}+\dfrac{-1}{s+2}\right) & \left(\dfrac{1}{s+1}-\dfrac{1}{s+2}\right) \\ \left(\dfrac{-2}{s+1}+\dfrac{2}{s+2}\right) & \left(\dfrac{-1}{s+1}+\dfrac{2}{s+2}\right)\end{pmatrix}$$

$$=\begin{pmatrix} 2e^{-t}-e^{-2t} & e^{-t}-e^{-2t} \\ -2e^{-t}+2e^{-2t} & -e^{-t}+2e^{-2t}\end{pmatrix}$$

**08** 신호흐름선도에 대한 특성방정식의 근은?
(단, $G_1(s) = s + 2$, $G_2(s) = 1$, $H_1(s) = -(s + 1)$, $H_2(s) = -(s + 1)$)

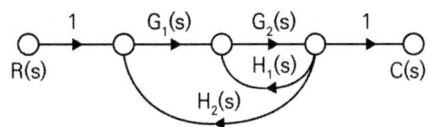

① -1, 2
② -2, -2
③ -1, -2
④ 1, 2

**해설 | 신호흐름선도**

$$\dfrac{C(s)}{R(s)}=\dfrac{G_1 G_2}{1-G_1 G_2 H_2 - G_2 H_1}$$

$$=\dfrac{s+2}{1+(s+2)(s+1)+(s+1)}$$

$$=\dfrac{s+2}{(s+2)^2}$$

따라서 특성방정식의 근은
$(s+2)^2 = 0$에서 $s = -2, -2$

**09** 개루프 전달함수가 다음과 같은 제어시스템의 근궤적이 $jw$(허수)축과 교차할 때 $K$는 얼마인가?

$$G(s)H(s) = \dfrac{K}{s(s+3)(s+4)}$$

① 84
② 48
③ 180
④ 30

**해설 | 개루프 전달함수**

특성방정식 $1 + G(s)H(s) = 0$에서

$1 + G(s)H(s) = \dfrac{s(s+3)(s+4)+K}{s(s+3)(s+4)}$

이므로 $s(s+3)(s+4) + K = 0$
또한 근궤적이 허수축과 교차하는 경우가
임계안정 조건이므로
$s^3 + 7s^2 + 12s + K = 0$에서
$7 \times 12 = 1 \times K$
$\therefore K = 84$

**10** 블록선도 (a)와 (b)가 등가이기 위한 k는?

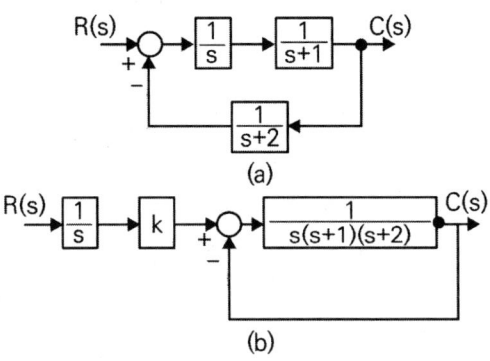

① $(s + 1)(s + 2)$
② $s(s + 1)$
③ $s^2$
④ $s(s + 2)$

해설 | 블록선도
• 블록선도 (a)

$$\frac{C(s)}{R(s)} = \frac{\frac{1}{s(s+1)}}{1 + \frac{1}{s(s+1)(s+2)}}$$

• 블록선도 (b)

$$\frac{C(s)}{R(s)} = \frac{\frac{1}{s} \times k \times \frac{1}{s(s+1)(s+2)}}{1 + \frac{1}{s(s+1)(s+2)}}$$

(a), (b)가 등가이기 위해서는

$$\frac{1}{s(s+1)} = \frac{1}{s} \times k \times \frac{1}{s(s+1)(s+2)}$$

이므로 양변에 $s(s+1)$을 곱해주면
∴ $k = s(s+2)$

해설 | Y-△결선의 변환
한 상의 어드미턴스

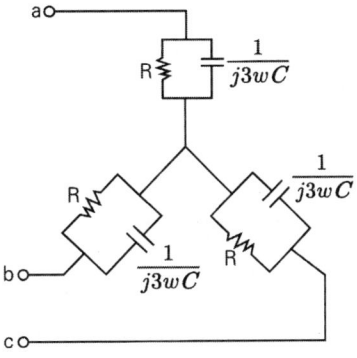

$Y = \frac{1}{R} + j3\omega C$

$I_a = \frac{\frac{V_\ell}{\sqrt{3}}}{Z} = \frac{100}{\sqrt{3}} \times Y$

$= \frac{100}{\sqrt{3}} \times \left(\frac{1}{R} + j3\omega C\right)$

**11** 그림과 같은 부하에 상전압이 $V_{an} = 100 \angle 0°$ [V]인 평형 3상 전압을 가했을 때 선전류 $I_a$ [A]는?

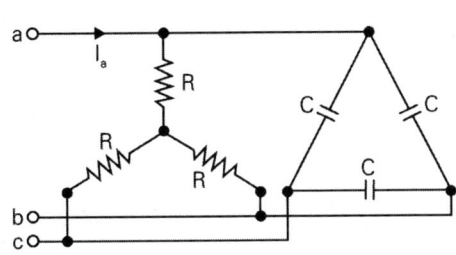

① $100(\frac{1}{R} + jwC)$
② $100(\frac{1}{R} + j3wC)$
③ $\frac{100}{\sqrt{3}}(\frac{1}{R} + j3wC)$
④ $\frac{100}{\sqrt{3}}(\frac{1}{R} + jwC)$

**12** 회로에서 4 [Ω]에 흐르는 전류[A]는?

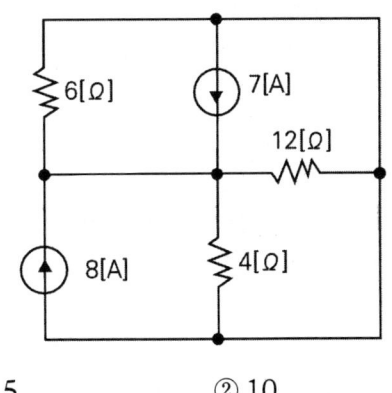

① 5
② 10
③ 2.5
④ 7.5

해설 | 중첩의 원리
• 7 [A] 전류원 개방

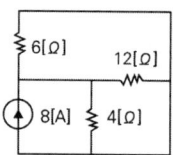 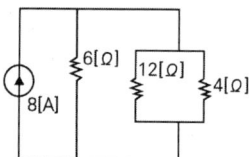

우측 병렬의 저항은 $\frac{12 \times 4}{12+4} = 3[\Omega]$이므로
6 [Ω]과 3 [Ω]의 병렬회로 형태
따라서 전류의 분배법칙을 이용하면 3 [Ω] 쪽으로 흐르는 전류는

$$I_3 = \frac{R_6}{R_6 + R_3} \times I = \frac{6}{6+3} \times 8 = \frac{16}{3}[A]$$

4 [Ω]에 흐르는 전류를 구해야하므로

$$I_4 = \frac{R_{12}}{R_{12} + R_4} \times I_3 = \frac{12}{12+4} \times \frac{16}{3} = 4[A]$$

• 8 [A] 전류원 개방

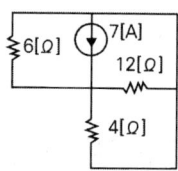 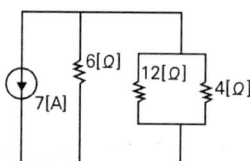

동일한 방법으로

$$I_3 = \frac{R_6}{R_6 + R_3} \times I = \frac{6}{6+3} \times 7 = \frac{14}{3}[A]$$

$$I_4 = \frac{R_{12}}{R_{12} + R_4} \times I_3 = \frac{12}{12+4} \times \frac{14}{3} = 3.5[A]$$

따라서 4 [Ω]에 흐르는 전류는
$4 + 3.5 = 7.5[A]$

**13** R = 4 [Ω], ωL = 3 [Ω]의 직렬회로에 전압
$v(t) = 100\sqrt{2}\sin\omega t + 50\sqrt{2}\sin 3\omega t [V]$
를 인가했을 때 이 회로에서 소비하는 평균전력은 약 몇 [W]인가?

① 2498  ② 6812
③ 1703  ④ 3406

해설 | 비정현파의 소비전력

$$P_1 = I^2 R = \left(\frac{V}{Z}\right)^2 R$$
$$= \left(\frac{100}{5}\right)^2 \times 4 = 1600[W]$$
$$P_2 = \left(\frac{V}{Z}\right)^2 R = \left(\frac{V}{\sqrt{R^2 + (3\omega L)^2}}\right)^2 R$$
$$= \left(\frac{50}{\sqrt{4^2 + 9^2}}\right)^2 \times 4 = 103.23[W]$$
$P = P_1 + P_2 = 1703.23[W]$

**14** 상의 순서가 a-b-c인 불평형 3상 교류회로에서 각상의 전류가 Ia = 7.28 ∠ 15.95° [A], Ib = 12.81 ∠ -128.66° [A], Ic = 7.21 ∠ 123.69° [A]일 때 역상분 전류는 약 몇 [A]인가?

① 8.95 ∠ 1.14°
② 2.51 ∠ 96.55°
③ 2.51 ∠ -96.55°
④ 8.95 ∠ -1.14°

해설 | 역상분 전류
$I_a = 7.28 \angle 15.95°$
$a^2 I_b = 1 \angle 240° \times 12.81 \angle -128.66°$
$\quad = 12.81 \angle 111.34°$
$a I_c = 1 \angle 120° \times 7.21 \angle 243.69°$
$\quad = 7.21 \angle 243.69°$
$\therefore I_2 = \frac{1}{3}(I_a + a^2 I_b + a I_c)$
$\quad = 2.51 \angle 96.55°$

**15** 그림과 같이 △회로를 Y회로로 등가 변환 하였을 때 임피던스 $Z_a$ [Ω]는?

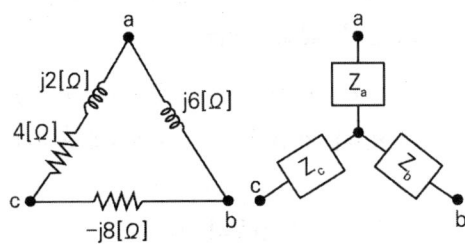

① -3+j6   ② 12
③ 4-j8    ④ 6+j8

해설 | Y-△회로의 등가변환
$$Z_a = \frac{Z_{ca}Z_{ab}}{Z_{ab}+Z_{bc}+Z_{ca}}[\Omega]$$
$$= \frac{j6 \times (4+j2)}{j6-j8+(4+j2)} = -3+j6[\Omega]$$

**16** 임피던스 함수 $Z(s) = \dfrac{s+10}{s^2+RLs+1}[\Omega]$
으로 주어지는 2단자회로망에 직류 전류 30 [A]를 흘렸을 때, 이 회로망의 정상상 태 단자 전압[V]은?

① 30    ② 300
③ 400   ④ 10

해설 | 2단자회로망
직류전류가 흐르면 $s = j\omega = 0$이므로
$Z = 10$
∴ $V = IZ = 30 \times 10 = 300[V]$

**17** $f(t) = L^{-1}\left[\dfrac{s^2+3s+8}{s^2+2s+5}\right]$는?

① $\delta(t) + e^{-t}(\cos 2t + \sin 2t)$
② $\delta(t) + e^{-t}(\cos 2t - 2\sin 2t)$
③ $\delta(t) + e^{-t}(\cos 2t + 2\sin 2t)$
④ $\delta(t) + e^{-t}(\cos 2t - \sin 2t)$

해설 | 역라플라스 변환
$$\frac{s^2+3s+8}{s^2+2s+5}$$
$$= 1 + \frac{s+3}{s^2+2s+5} = 1 + \frac{(s+1)+2}{(s+1)^2+4}$$
$$= 1 + \frac{(s+1)}{(s+1)^2+2^2} + \frac{2}{(s+1)^2+2^2}$$

이므로 복소추이정리에 의해
$$L^{-1}\left[\frac{s^2+3s+8}{s^2+2s+5}\right]$$
$$= \delta(t) + e^{-t}\cdot\cos 2t + e^{-t}\cdot\sin 2t$$

**18** RL 직렬회로에서 t = 0 [s]에 직류 전압 V 를 인가한 후, t = 0.01 [s]일 때 이 회로 에 흐르는 전류는 약 몇 [A]인가? (단, V = 100 [V], R = 100 [Ω], L = 1 [H])

① 3.62    ② 6.32
③ 0.632   ④ 0.362

해설 | R-L직렬회로의 과도전류
전압인가 시 과도전류
$$i(t) = \frac{E}{R}\left(1 - e^{-\frac{R}{L}t}\right)[A]$$
$$= \frac{100}{100}\left(1 - e^{-\frac{100}{1} \times 0.01}\right)$$
$$= 1 - e^{-1}[A]$$

정답  15 ①  16 ②  17 ①  18 ③

**19** 회로에서 $I_1 = 2e^{-j\frac{\pi}{3}}[A]$, $I_2 = 5e^{j\frac{\pi}{3}}[A]$, $I_3 = 1.0[A]$, $Z_3 = 10.0[\Omega]$일 때 부하($Z_1$, $Z_2$, $Z_3$) 전체에 대한 복소전력은 약 몇 [VA]인가?

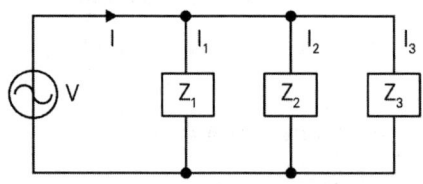

① 55.3 - j7.5
② 45 + j26
③ 45 - j26
④ 55.3 + j7.5

해설 | 복소전력
$V = I_3 \times Z_3 = 1 \times 10 = 10[V]$
$I = 2\angle -60° + 5\angle 60° + 1$
$\quad = 4.5 + j2.6$
$P_a = V\overline{I}$
$\quad\quad = 10(4.5 - j2.6) = 45 - j26$

**20** 1 [km]당 인덕턴스 25 [mH], 정전용량 0.005 [μF]의 선로가 있다. 무손실 선로라고 가정한 경우 진행파의 위상(전파)속도는 약 몇 [m/s]인가?

① $89.4 \times 10^4$   ② $8.94 \times 10^4$
③ $8.94 \times 10^3$   ④ $89.4 \times 10^5$

해설 | 무손실 선로의 전파속도
$v = \dfrac{1}{\sqrt{LC}} = \dfrac{1}{\sqrt{25 \times 10^{-3} \times 5 \times 10^{-9}}}$
$\quad = 8.94 \times 10^4 [m/s]$

# 2021년 1회

**01** 블록선도와 같은 단위 피드백 제어시스템의 상태방정식은? (단, 상태변수는 $x_1(t) = c(t)$, $x_2 = \dfrac{d}{dt}c(t)$로 한다)

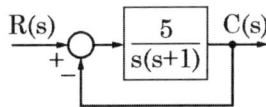

① $\dot{x}_1(t) = x_2(t)$
　$\dot{x}_2(t) = -5x_1(t) - x_2(t) + 5r(t)$

② $\dot{x}_1(t) = x_2(t)$
　$\dot{x}_2(t) = -5x_1(t) - x_2(t) - 5r(t)$

③ $\dot{x}_1(t) = -x_2(t)$
　$\dot{x}_2(t) = 5x_1(t) + x_2(t) - 5r(t)$

④ $\dot{x}_1(t) = -x_2(t)$
　$\dot{x}_2(t) = -5x_1(t) - x_2(t) + 5r(t)$

해설 | 블록선도 $\dfrac{C(s)}{R(s)}$ 정리

$$\dfrac{C(s)}{R(s)} = \dfrac{\sum \text{순방향 전달함수}}{1 - \sum \text{피드백 전달함수}}$$

$$= \dfrac{\dfrac{5}{s(s+1)}}{1 + \dfrac{5}{s(s+1)}} = \dfrac{5}{s^2 + s + 5}$$

$(s^2 + s + 5)C(s) = 5R(s)$

$\dfrac{d^2c(t)}{dt^2} + \dfrac{dc(t)}{dt} + 5c(t) = 5r(t)$

$\dot{x}_2(t) = -5c(t) - \dfrac{dc(t)}{dt} + 5r(t)$

$\dot{x}_2(t) = -5x_1(t) - x_2(t) + 5r(t)$

**02** 적분시간 3 [sec], 비례 감도가 3인 비례적분동작을 하는 제어요소가 있다. 이 제어요소에 동작신호 x(t) = 2t를 주었을 때 조작량은 얼마인가? (단, 초기 조작량 y(t)는 0으로 한다)

① $t^2 + 2t$
② $t^2 + 4t$
③ $t^2 + 6t$
④ $t^2 + 8t$

해설 | 비례적분제어의 조작량

- $Y(s) = K_p\left(1 + \dfrac{1}{T_i s} + T_d s\right)X(s)$

　$= 3\left(1 + \dfrac{1}{3s} + 0\right)\dfrac{2}{s^2}$

　$= \dfrac{2}{s^3} + \dfrac{6}{s^2}$

$\therefore \mathcal{L}^{-1}\left[\dfrac{2}{s^3} + \dfrac{6}{s^2}\right] = t^2 + 6t$

TIP K : 비례감도
$T_i$ : 적분시간
s : 라플라스 전달함수
X(s) : 동작신호

정답 01 ① 02 ③

03 블록선도의 제어시스템은 단위 램프 입력에 대한 정상상태 오차(정상편차)가 0.01이다. 이 제어시스템의 제어요소인 $G_{C1}(s)$의 k는?

$$G_{C1}(s) = k, \quad G_{C2}(s) = \frac{1+0.1s}{1+0.2s},$$
$$G_p(s) = \frac{200}{s(s+1)(s+2)}$$

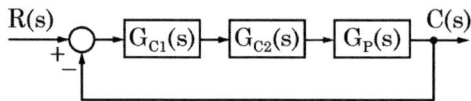

① 0.1  ② 1
③ 10  ④ 100

해설 | 제어시스템의 제어요소
- 속도편차 상수
$$k_v = \lim_{s \to 0} sG(s)$$
$$= \lim_{s \to 0} s \frac{k(1+0.1s) \times 200}{(1+0.2s)s(s+1)(s+2)}$$
$$= \frac{200k}{2} = 100k$$

- 정상편차 $e_{ssv} = \frac{1}{k_v} = \frac{1}{100k} = 0.01$

∴ $k = 1$

04 개루프 전달함수 G(s)H(s)로부터 근궤적을 작성할 때 실수축에서의 점근선의 교차점은?

$$G(s)H(s) = \frac{K(s-2)(s-3)}{s(s+1)(s+2)(s+4)}$$

① 2  ② 5
③ -4  ④ -6

해설 | 교차점 $\sigma$ 계산
- $\sigma = \dfrac{\sum 극점 - \sum 영점}{P(극점\ 개수) - Z(영점\ 개수)}$

극점 0, -1, -2, -4 : 4개
영점 2, 3 : 2개

∴ $\sigma = \dfrac{-7-5}{4-2} = \dfrac{-12}{2} = -6$

05 2차 제어시스템의 감쇠율(Damping Ratio, $\zeta$)이 $\zeta < 0$인 경우 제어시스템의 과도응답 특성은?

① 발산  ② 무제동
③ 임계제동  ④ 과제동

해설 | 감쇠비 $\zeta$와 제동 특성

| 크기 | 특성 |
| --- | --- |
| $\zeta > 1$ | 과제동 (비진동) |
| $\zeta = 1$ | 임계진동 |
| $0 < \zeta < 1$ | 부족제동 (감쇠진동) |
| $\zeta = 0$ | 무제동 (완전진동) |

06 특성 방정식이 $2s^4+10s^3+11s^2+5s+K=0$으로 주어진 제어시스템이 안정하기 위한 조건은?

① $0 < K < 2$
② $0 < K < 5$
③ $0 < K < 6$
④ $0 < K < 10$

해설 | 제어시스템의 안정조건
- Routh 표 작성

| 차수 | 제1열 | 제2열 | 제3열 |
|---|---|---|---|
| $s^4$ | 2 | 11 | K |
| $s^3$ | 10 | 5 | 0 |
| $s^2$ | $\frac{10 \times 11 - 2 \times 5}{10} = 10$ | K | 0 |
| $s^1$ | $\frac{10 \times 5 - 10K}{10}$ | 0 | 0 |
| $s^0$ | K | 0 | 0 |

- K 범위 계산
1열의 부호가 모두 양수이어야 하므로
$K > 0$, $\frac{10 \times 5 - 10K}{10} > 0$
$\therefore 5 > K > 0$

07 블록선도의 전달함수 $\frac{C(s)}{R(s)}$는?

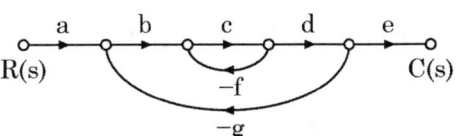

① $\frac{G(s)}{1+H(s)}$
② $\frac{G(s)}{1+G(s)H(s)}$
③ $\frac{1}{1+H(s)}$
④ $\frac{1}{1+G(s)H(s)}$

해설 | 블록선도 $\frac{C(s)}{R(s)}$ 정리

$\frac{C(s)}{R(s)} = \frac{\sum 순방향\ 전달함수}{1 - \sum 피드백\ 전달함수}$
$= \frac{G(s)}{1+H(s)}$

08 신호흐름선도에서 전달함수 $\frac{C(s)}{R(s)}$는?

① $\frac{abcde}{1-cg-bcdg}$
② $\frac{abcde}{1-cf+bcdg}$
③ $\frac{abcde}{1+cf-bcdg}$
④ $\frac{abcde}{1+cf+bcdg}$

해설 | 신호 흐름선도
- 전달함수

$\frac{C(s)}{R(s)} = \frac{\sum 전향\ 경로\ 이득}{1 - \sum 폐루프\ 경로\ 이득}$

$\therefore \frac{abcde}{1-(-cf-bcdg)}$

정답 06 ② 07 ① 08 ④

**09** e(t)의 z변환을 E(z)라고 했을 때 e(t)의 최종값 e(∞)은?

① $\lim_{z \to 1} E(z)$

② $\lim_{z \to \infty} E(z)$

③ $\lim_{z \to 1} (1-z^{-1}) E(z)$

④ $\lim_{z \to \infty} (1-z^{-1}) E(z)$

해설 | z변환 최종값

$f(\infty) = \lim_{z \to 1}(1-z^{-1}) E(z)$

※ 초기값 정리

$f(0) = \lim_{z \to \infty} E(z)$

**10** $\overline{A} + \overline{B} \cdot \overline{C}$와 등가인 논리식은?

① $\overline{A \cdot (B+C)}$
② $\overline{A + B \cdot C}$
③ $\overline{A \cdot B + C}$
④ $\overline{A \cdot B} + C$

해설 | 드모르간의 정리

$\overline{A} + \overline{B} \cdot \overline{C} = \overline{\overline{\overline{A} + \overline{B} \cdot \overline{C}}}$
$= \overline{\overline{\overline{A}} \cdot \overline{\overline{B} \cdot \overline{C}}}$
$= \overline{A \cdot \overline{(B+C)}}$
$= \overline{A \cdot (B+C)}$

**11** $F(s) = \dfrac{2s^2 + s - 3}{s(s^2 + 4s + 3)}$ 의 역라플라스 변환은?

① $1 - e^{-t} + 2e^{-3t}$
② $1 - e^{-t} - 2e^{-3t}$
③ $-1 - e^{-t} - 2e^{-3t}$
④ $-1 + e^{-t} + 2e^{-3t}$

해설 | 역라플라스 변환

$F(s) = \dfrac{2s^2 + s - 3}{s(s^2 + 4s + 3)}$
$= \dfrac{2s^2 + s - 3}{s(s+1)(s+3)}$
$= \dfrac{A}{s} + \dfrac{B}{s+1} + \dfrac{C}{s+3}$

이 식을 헤비사이드 정리를 이용하면
$A = -1, B = 1, C = 2$ 이므로

$F(s) = -\dfrac{1}{s} + \dfrac{1}{s+1} + \dfrac{2}{s+3}$

∴ 역라플라스 변환 ⇒ $-1 + e^{-t} + 2e^{-3t}$

**12** 전압 및 전류가 다음과 같을 때 유효전력 [W] 및 역률[%]은 각각 약 얼마인가?

$v(t) = 100\sin\omega t - 50\sin(3\omega t + 30°)$
$\quad + 20\sin(5\omega t + 45°)$ [V]
$I(t) = 20\sin(\omega t + 30°)$
$\quad + 10\sin(3\omega t - 30°)$
$\quad + 5\cos 5\omega t$ [A]

① 825 [W], 48.6 [%]
② 776.4 [W], 59.7 [%]
③ 1,120 [W], 77.4 [%]
④ 1,850 [W], 89.6 [%]

정답 09 ③ 10 ① 11 ④ 12 ②

해설 | 비정현파의 전력
- 유효전력 $P$ 계산

$$P_1 = \frac{100}{\sqrt{2}} \times \frac{20}{\sqrt{2}} \cos(30°) = 866.03 \,[\text{W}]$$

$$P_2 = -\frac{50}{\sqrt{2}} \times \frac{10}{\sqrt{2}} \cos(60°) = -125 \,[\text{W}]$$

$$P_3 = \frac{20}{\sqrt{2}} \times \frac{5}{\sqrt{2}} \cos(45°) = 35.36 \,[\text{W}]$$

$$\therefore P_1 + P_2 + P_3 = 776.4 \,[\text{W}]$$

- 실횻값 $V$ 및 $I$ 계산

$$V = \sqrt{V_1^2 + V_2^2 + V_3^2}$$
$$I = \sqrt{I_1^2 + I_2^2 + I_3^2}$$

- 피상전력 $P_a$ 계산

$$P_a = V \times I = 1301.2 \,[\text{VA}]$$

$\therefore$ 역률 $\cos\theta$ 계산

$$\cos\theta = \frac{P}{P_a} = \frac{776.4}{1301.2} \times 100 = 59.7 \,[\%]$$

**13** 회로에서 $t=0$초일 때 닫혀 있는 스위치 $S$를 열었다. 이때 $\dfrac{dv(0^+)}{dt}$의 값은? (단, $C$의 초기 전압은 $0\,[\text{V}]$이다)

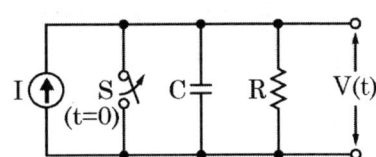

① $\dfrac{1}{RI}$  ② $\dfrac{C}{I}$

③ $RI$  ④ $\dfrac{I}{C}$

해설 | RC병렬회로의 과도전류
C에 흐르는 전류

$$i_C(t) = \frac{E}{R} \cdot e^{-\frac{1}{RC}t} = \frac{IR}{R} \cdot e^{-\frac{1}{RC}t}$$
$$= I \cdot e^{-\frac{1}{RC}t}$$

$$i_R(t) = I - i_C(t) = I - I \cdot e^{-\frac{1}{RC}t}$$

$$v(t) = i_R(t)R = RI - RI \cdot e^{-\frac{1}{RC}t}$$

$$\frac{dv(t)}{dt} = \frac{I}{C} e^{-\frac{1}{RC}t}$$

$$\therefore \frac{dv(0^+)}{dt} = \frac{I}{C}$$

**14** △결선된 대칭 3상 부하가 0.5 [Ω]인 저항만의 선로를 통해 평형 3상 전압원에 연결되어 있다. 이 부하의 소비전력이 1800 [W]이고 역률이 0.8(지상)일 때 선로에서 발생하는 손실이 50 [W]이면 부하의 단자전압(V)의 크기는?

① 627  ② 525
③ 326  ④ 225

해설 | △결선의 선로손실
- 소비전력 $P = \sqrt{3}\, V_\ell I_\ell \cos\theta$

$$V_\ell = \frac{P}{\sqrt{3}\, I_\ell \cos\theta} \text{에서}$$

선로손실 $3I_\ell^2 R = 50$이므로

$$I_\ell = \sqrt{\frac{50}{3 \times 0.5}},\ P=1800,\ \cos\theta = 0.8$$

$$\therefore V_\ell = \frac{P}{\sqrt{3}\, I_\ell \cos\theta}$$

$$= \frac{1800}{\sqrt{3} \times \frac{10\sqrt{3}}{3} \times 0.8} = 225\,[V]$$

**15** 그림과 같이 △회로를 Y회로로 등가 변환 하였을 때 임피던스 $Z_a$ [Ω]는?

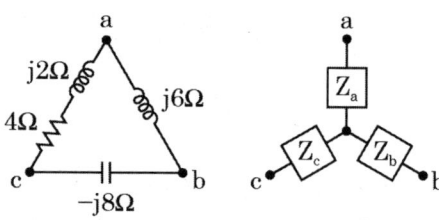

① 12  
② -3 + j6  
③ 4 - j8  
④ 6 + j8  

해설 | 임피던스의 등가변환

- $Z_a = \dfrac{Z_{ab}Z_{ca}}{Z_{ab}+Z_{bc}+Z_{ca}}$

  $= \dfrac{j6(4+j2)}{j6+(-j8)+(4+j2)} = -3+j6$

**16** 그림과 같은 H형 4단자회로망에서 4단자 정수(전송파라미터) A는? (단, $V_1$은 입력 전압이고, $V_2$는 출력전압이고, A는 출력 개방 시 회로망의 전압 이득 $\left(\dfrac{V_1}{V_2}\right)$이다)

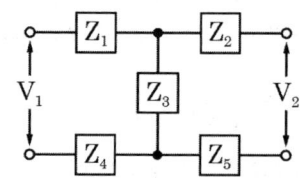

① $\dfrac{Z_1+Z_2+Z_3}{Z_3}$   ② $\dfrac{Z_1+Z_3+Z_4}{Z_3}$

③ $\dfrac{Z_2+Z_3+Z_5}{Z_3}$   ④ $\dfrac{Z_3+Z_4+Z_5}{Z_3}$

해설 | 4단자 정수

$\begin{vmatrix} 1 & Z_1+Z_4 \\ 0 & 1 \end{vmatrix} \begin{vmatrix} 1 & 0 \\ \dfrac{1}{Z_3} & 1 \end{vmatrix} \begin{vmatrix} 1 & Z_2+Z_5 \\ 0 & 1 \end{vmatrix}$

$\therefore A = \dfrac{Z_1+Z_3+Z_4}{Z_3}$

**17** 특성 임피던스가 400 [Ω]인 회로 말단에 1200 [Ω]의 부하가 연결되어 있다. 전원측에 20 [kV]의 전압을 인가할 때 반사파의 크기[kV]는? (단, 선로에서의 전압감쇠는 없는 것으로 간주한다)

① 3.3  ② 5  
③ 10   ④ 33

해설 | 반사파 크기

- 반사파 크기 : 반사계수 $\rho \times$ 인가된 전압

$\dfrac{Z_L-Z_0}{Z_L+Z_0} \times V_1 = \dfrac{1200-400}{1200+400} \times 20$

$= 10 kV$

**18** 회로에서 전압 $V_{ab}$ [V]는?

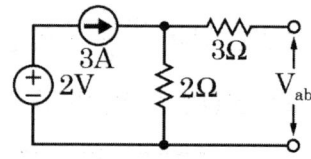

① 2  ② 3  
③ 6  ④ 9

해설 | 중첩의 원리

- 전류원 개방  $V_{ab} = 0 [V]$
- 전압원 단락  $V_{ab} = 2 \times 3 = 6 [V]$

$\therefore V_{ab} = 0+6 = 6 [V]$

**19** △결선된 평형 3상 부하로 흐르는 선전류가 $I_a$, $I_b$, $I_c$일 때, 이 부하로 흐르는 영상분 전류 $I_0$ (A)는?

① $3I_a$
② $I_a$
③ $\frac{1}{3}I_a$
④ 0

---

해설 | △결선의 영상전류

$I_0 = \frac{1}{3}(I_a + I_b + I_c)$ 에서 평형 3상이므로

$I_a + I_b + I_c = 0$

∴ $I_0 = 0\,[\text{A}]$

---

**20** 저항 R = 15 [Ω]과 인덕턴스 L = 3 [mH]를 병렬로 접속한 회로의 서셉턴스의 크기는 약 몇 [℧]인가? (단, $\omega = 2\pi \times 10^5$)

① $3.2 \times 10^{-2}$
② $8.6 \times 10^{-3}$
③ $5.3 \times 10^{-4}$
④ $4.9 \times 10^{-5}$

---

해설 | 서셉턴스

$B = \dfrac{1}{X_L} = \dfrac{1}{wL}$

$= \dfrac{1}{2\pi \times 10^5 \times 3 \times 10^{-3}}$

$= 5.3 \times 10^{-4}\,[\text{℧}]$

## 2021년 2회

**01** 전달함수가 $G_C(s) = \dfrac{s^2+3s+5}{2s}$ 인 제어기가 있다. 이 제어기는 어떤 제어기인가?

① 비례미분제어기
② 적분제어기
③ 비례미분제어기
④ 비례미분적분제어기

해설 | 제어기

$$G_c(s) = \frac{s^2+3s+5}{2s} = \frac{s}{2} + \frac{3}{2} + \frac{5}{2s}$$

∴ 비례미분적분제어기

TIP s 없을 시(상수) 비례제어
분자에 s가 있을 시 미분제어
분모에 s가 있을 시 적분제어

**02** 다음 논리회로의 출력 Y는?

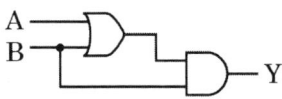

① A
② B
③ A + B
④ A · B

해설 | 논리회로의 출력
$(A+B)B = AB + BB = B(A+1) = B$

**03** 그림과 같은 제어시스템이 안정하기 위한 k의 범위는?

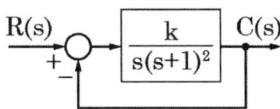

① k > 0
② k > 1
③ 0 < k < 1
④ 0 < k < 2

해설 | 시스템 안정되기 위한 K의 범위

• 전달함수

$$\frac{C(s)}{R(s)} = \frac{\dfrac{k}{s(s+1)^2}}{1-\left(-\dfrac{k}{s(s+1)^2}\right)}$$

$$= \frac{k}{s(s+1)^2 + k} \text{ 이므로}$$

• 특성방정식 $s(s+1)^2 + k = 0$
$\Rightarrow s^3 + 2s^2 + s + k = 0$

TIP 전향경로(개루프) 전달함수 특성방정식
: 분자 + 분모 = 0

• ※ Routh표 작성

| 차수 | 제1열 | 제2열 |
|---|---|---|
| $s^3$ | 1 | 1 |
| $s^2$ | 2 | k |
| $s^1$ | $\dfrac{1\times 2 - 1\times k}{2} = \dfrac{2-k}{2}$ | 0 |
| $s^0$ | k | 0 |

$2 - k > 0 \rightarrow k < 2$
$k > 0$ (∵ 1열의 부호는 모두 같아야 함)
∴ $0 < k < 2$

정답 01 ④ 02 ② 03 ④

04 다음과 같은 상태방정식으로 표현되는 제어시스템의 특성 방정식의 근($s_1$, $s_2$)은?

$$\begin{bmatrix} \dot{x_1} \\ \dot{x_2} \end{bmatrix} = \begin{bmatrix} 0 & 1 \\ -2 & -3 \end{bmatrix} \begin{bmatrix} x_1 \\ x_2 \end{bmatrix} + \begin{bmatrix} 1 \\ 0 \end{bmatrix} u$$

① 1, -3   ② -1, -2
③ -2, -3   ④ -1, -3

해설 | 특성 방정식

$sI - A = \begin{bmatrix} s & 0 \\ 0 & s \end{bmatrix} - \begin{bmatrix} 0 & 1 \\ -2 & -3 \end{bmatrix} = \begin{bmatrix} s & -1 \\ 2 & s+3 \end{bmatrix}$

$|sI - A| = s^2 + 3s + 2$
$= (s+2)(s+1) = 0$

∴ $s = -2, -1$

05 그림의 블록선도와 같이 표현되는 제어시스템에서 A = 1, B = 1일 때 블록선도의 출력 C는 약 얼마인가?

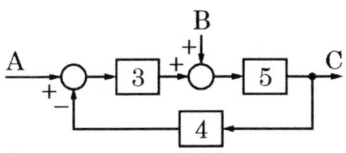

① 0.22   ② 0.33
③ 1.22   ④ 3.1

해설 | 블록선도의 출력

- $\dfrac{C_1}{A} = \dfrac{3 \times 5}{1 - (-3 \times 5 \times 4)} = \dfrac{15}{61}$
- $\dfrac{C_2}{B} = \dfrac{5}{1 - (-3 \times 5 \times 4)} = \dfrac{5}{61}$

$A = 1$, $B = 1$ 이므로

∴ $C = C_1 + C_2 = \dfrac{20}{61}$

06 제어요소가 제어대상에 주는 양은?

① 동작신호   ② 조작량
③ 제어량     ④ 궤환량

해설 | 폐회로제어계

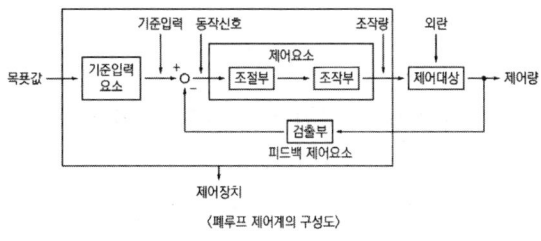

〈폐루프 제어계의 구성도〉

07 전달함수가 $\dfrac{C(s)}{R(s)} = \dfrac{1}{3s^2 + 4s + 1}$인 제어시스템의 과도 응답 특성은?

① 무제동     ② 부족제동
③ 임계제동   ④ 과제동

해설 | 제어시스템의 과도 응답 특성
• 2차 제어계의 전달함수

$\dfrac{C(s)}{R(s)} = \dfrac{\omega_n^2}{s^2 + 2\zeta w_n s + w_n^2} = 0$ 에서

$\dfrac{C(s)}{R(s)} = \dfrac{1}{3s^2 + 4s + 1} = \dfrac{\frac{1}{3}}{s^2 + \frac{4}{3}s + \frac{1}{3}}$

이므로
• 고유 진동 각 주파수 $\omega_n$에 대하여

$\omega_n^2 = \dfrac{1}{3} \rightarrow \omega_n = \dfrac{1}{\sqrt{3}}$

• 제동비 $\zeta$에 대하여

$2\zeta\omega_n = \dfrac{4}{3} \rightarrow 2\zeta \dfrac{1}{\sqrt{3}} = \dfrac{4}{3} \rightarrow \zeta = \dfrac{4\sqrt{3}}{6}$

∴ $\zeta = \dfrac{4\sqrt{3}}{6} > 1$ 이므로 과제동

정답  04 ②  05 ②  06 ②  07 ④

• 제동비 $\zeta$와 제동 특성

| 크기 | 특성 |
|---|---|
| $\zeta > 1$ | 과제동 (비진동) |
| $\zeta = 1$ | 임계진동 |
| $0 < \zeta < 1$ | 부족제동 (감쇠진동) |
| $\zeta = 0$ | 무제동 (완전진동) |

**08** 함수 $f(t) = e^{-at}$의 z변환 함수 f(z)는?

① $\dfrac{2z}{z-e^{at}}$  ② $\dfrac{1}{z+e^{at}}$

③ $\dfrac{z}{z+e^{-at}}$  ④ $\dfrac{z}{z-e^{-at}}$

해설 | $\mathcal{L}$ 및 $z$ 변환

| $f(t)$ | $F(s)$ | $F(z)$ |
|---|---|---|
| $\delta(t)$ | 1 | 1 |
| $u(t)$ | $\dfrac{1}{s}$ | $\dfrac{z}{z-1}$ |
| $t$ | $\dfrac{1}{s^2}$ | $\dfrac{z}{(z-1)^2}$ |
| $e^{-at}$ | $\dfrac{1}{(s+a)}$ | $\dfrac{z}{z-e^{-at}}$ |
| $\sin\omega t$ | $\dfrac{\omega}{s^2+\omega^2}$ | $\dfrac{z\sin\omega T}{z^2-2z\cos\omega T+1}$ |

**09** 제어시스템의 주파수 전달함수가 $G(j\omega) = j5\omega$이고, 주파수가 $\omega = 0.02$ [rad/sec]일 때 이 제어시스템의 이득[dB]은?

① 20  ② 10
③ -10  ④ -20

해설 | 이득 계산

이득 $g = 20\log_{10}|G(jw)|$
$= 20\log_{10}5w$
$= 20\log_{10}0.1 = -20[dB]$

**10** 그림과 같은 제어시스템의 폐루프 전달함수 $T(s) = \dfrac{C(s)}{R(s)}$에 대한 감도 $S_K^T$는?

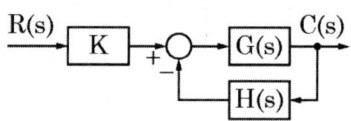

① 0.5
② 1
③ $\dfrac{G}{1+GH}$
④ $\dfrac{-GH}{1+GH}$

해설 | 감도 $S_k^T$ 계산

• 전달함수 $T = \dfrac{C(s)}{R(s)} = \dfrac{KG}{1+GH}$

∴ 감도 $S_k^T$ 계산

$S_k^T = \dfrac{K}{T} \cdot \dfrac{dT}{dK}$

$= \dfrac{K}{\dfrac{KG}{1+GH}} \cdot \dfrac{d}{dK}\left(\dfrac{KG}{1+GH}\right)$

$= \dfrac{1+GH}{G} \times \dfrac{G}{1+GH} = 1$

정답 08 ④  09 ④  10 ②

**11** 그림 (a)와 같은 회로에 대한 구동점 임피던스의 극점과 영점이 각각 그림 (b)에 나타낸 것과 같고 Z(0) = 1일 때 이 회로에서 R [Ω], L [H], C [F]의 값은?

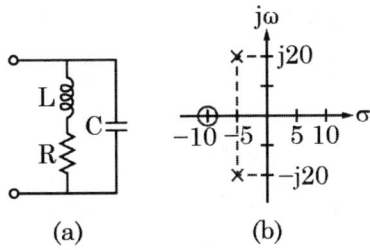

(a)    (b)

① R = 1.0 [Ω], L = 0.1 [H], C = 0.0235 [F]
② R = 1.0 [Ω], L = 0.2 [H], C = 1.0 [F]
③ R = 2.0 [Ω], L = 0.1 [H], C = 0.0235 [F]
④ R = 2.0 [Ω], L = 0.2 [H], C = 1.0 [F]

해설 | R, L, C 계산
- (a)에 의해

$$Z(s) = \frac{(R+Ls)\frac{1}{Cs}}{(R+Ls)+\frac{1}{Cs}}$$

$$= \frac{\frac{1}{C}(s+\frac{R}{L})}{s^2+\frac{R}{L}s+\frac{1}{LC}}$$

$Z(0) = 1 = \frac{R}{1} \rightarrow R = 1[\Omega]$

- (b)에 의해 영점이 -10 이므로

$\frac{R}{L} = 10 \rightarrow L = 0.1[H]$

그리고 극점이 $-5 \pm j20$이므로

$s^2 + \frac{R}{L}s + \frac{1}{LC}$
$= (s+5+j20)(s+5-j20)$
$= s^2 + 10s + 425$에서

$\frac{1}{LC} = 425 \rightarrow C = \frac{1}{42.5} = 0.0235[F]$

**12** 회로에서 저항 1 [Ω]에 흐르는 전류 I [A]는?

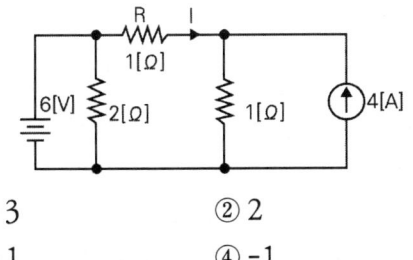

① 3          ② 2
③ 1          ④ -1

해설 | 중첩의 원리
- 전류원 개방 - 병렬회로

 전체저항 $R = \frac{2 \times 2}{2+2} = 1[\Omega]$

 전체전류 $I = \frac{V}{R} = \frac{6}{1} = 6[A]$

 전류분배법칙에 의해

 $I_1 = \frac{R_2}{R_1+R_2} \times I = \frac{1}{2} \times 6 = 3[A]$

- 전압원 단락 - 병렬회로
 2[Ω]쪽으로는 전류가 흐르지 않으므로

 $I_1' = \frac{R_2}{R_1+R_2} \times I = \frac{1}{2} \times 4 = 2[A]$에서

 방향이 반대이므로 $I_1' = -2[A]$

 $\therefore I_1 + I_1' = 1[A]$

**13** 파형이 톱니파인 경우 파형률은 약 얼마인가?

① 1.155  ② 1.732
③ 1.414  ④ 0.577

해설 | 파형률, 파고율 계산

| 파형 | 실횻값 | 평균값 | 파형률 | 파고율 |
|---|---|---|---|---|
| 정현파 | $\frac{1}{\sqrt{2}}I_m$ | $\frac{2}{\pi}I_m$ | 1.11 | 1.41 |
| 반파 정현파 | $\frac{1}{2}I_m$ | $\frac{1}{\pi}I_m$ | 1.57 | 2 |
| 구형파 | $I_m$ | $I_m$ | 1 | 1 |
| 반파 구형파 | $\frac{1}{\sqrt{2}}I_m$ | $\frac{1}{2}I_m$ | 1.41 | 1.41 |
| 삼각파 톱니파 | $\frac{1}{\sqrt{3}}I_m$ | $\frac{1}{2}I_m$ | 1.15 | 1.73 |

**14** 무한장 무손실 전송선로의 임의의 위치에서 전압이 100 [V]이었다. 이 선로의 인덕턴스가 7.5 [μH/m]이고, 커패시턴스가 0.012 [μF/m]일 때 이 위치에서 전류(A)는?

① 2  ② 4
③ 6  ④ 8

해설 | 무한장 무손실 전송선로
특성임피던스

$Z_0 = \sqrt{\frac{L}{C}} = \sqrt{\frac{7.5 \times 10^{-6}}{0.012 \times 10^{-6}}} = 25$

전류 $I = \frac{V}{Z_0}$ 이므로

$\therefore I = \frac{V}{Z_0} = \frac{100}{25} = 4 [A]$

**15** 전압 $v(t) = 14.14\sin\omega t + 7.07\sin(3\omega t + \frac{\pi}{6})$ [V]의 실횻값은 약 몇 [V]인가?

① 3.87  ② 11.2
③ 15.8  ④ 21.2

해설 | 비정현파의 실횻값

실횻값 $= \sqrt{V_1^2 + V_2^2 + V_3^2 + \cdots}$
$= \sqrt{\left(\frac{14.14}{\sqrt{2}}\right)^2 + \left(\frac{7.07}{\sqrt{2}}\right)^2} = 11.2$

**16** 그림과 같은 평형 3상회로에서 전원 전압이 $V_{ab}$ = 200 [V]이고 부하 한상의 임피던스가 Z = 4 + j3 [Ω]인 경우 전원과 부하 사이 선전류 $I_a$는 약 몇 [A]인가?

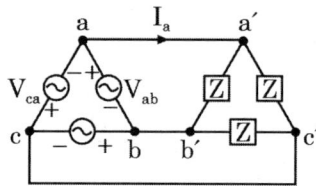

① $40\sqrt{3} \angle 36.87°$
② $40\sqrt{3} \angle -36.87°$
③ $40\sqrt{3} \angle 66.87°$
④ $40\sqrt{3} \angle -66.87°$

해설 | 평형 3상회로(△결선)
- $V_\ell = V_p \angle 0°$
- $I_\ell = \sqrt{3} I_p \angle -30°$
- $|Z = 4 + j3| = \sqrt{4^2 + 3^2} = 5$
- $I_p = \frac{V_p}{|Z|} = \frac{200}{5 \angle \tan^{-1}\left(\frac{3}{4}\right)}$

$$\therefore I_\ell = \sqrt{3} \times 40 \angle \tan^{-1}\left(\frac{3}{4}\right) \angle -30°$$
$$= \sqrt{3} \times 40 \angle -36.87° \angle -30°$$
$$= 40\sqrt{3} \angle -66.87°$$

**17** 정상상태에서 t = 0초인 순간에 스위치 S를 열었다. 이때 흐르는 전류 i(t)는?

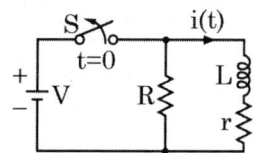

① $\frac{V}{R}e^{-\frac{R+r}{L}t}$  ② $\frac{V}{r}e^{-\frac{R+r}{L}t}$

③ $\frac{V}{R}e^{-\frac{L}{R+r}t}$  ④ $\frac{V}{r}e^{-\frac{L}{R+r}t}$

해설 | RL회로의 과도전류

• 전원 제거 시 $i(t) = I \cdot e^{-\frac{R+r}{L}t}$

$\therefore i(t) = \frac{V}{r}e^{-\frac{R+r}{L}t}$ [A]

**18** 선간전압이 150 [V], 선전류가 $10\sqrt{3}$ [A], 역률이 80 [%]인 평형 3상 유도성 부하로 공급되는 무효전력 [Var]은?

① 3,600  ② 3,000
③ 2,700  ④ 1,800

해설 | 무효전력
$P_r = \sqrt{3} \, VI\sin\theta$
$= \sqrt{3} \times 150 \times 10\sqrt{3} \times 0.6$
$= 2700$ [Var]

**19** 그림과 같은 함수의 라플라스 변환은?

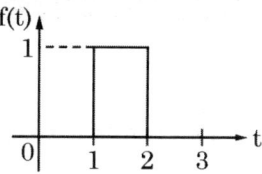

① $\frac{1}{s}(e^s - e^{2s})$  ② $\frac{1}{s}(e^{-s} - e^{-2s})$

③ $\frac{1}{s}(e^{-2s} - e^{-s})$  ④ $\frac{1}{s}(e^{-s} + e^{-2s})$

해설 | 라플라스 변환
$f(t) = u(t-1) - u(t-2)$
$\therefore F(s) = \frac{1}{s}e^{-s} - \frac{1}{s}e^{-2s}$
$= \frac{1}{s}(e^{-s} - e^{-2s})$

**20** 상의 순서가 a-b-c인 불평형 3상 전류가 $I_a$ = 15 + j2 [A], $I_b$ = -20 - j14 [A], $I_c$ = -3 + j10 [A]일 때 영상분 전류 $I_0$는 약 몇 [A]인가?

① 2.67 + j0.38
② 2.02 + j6.98
③ 15.5 - j3.56
④ -2.67 - j0.67

해설 | 영상분 전류
$I_0 = \frac{1}{3}(I_a + I_b + I_c)$
$= \frac{1}{3}(15 + j2 - 20 - j14 - 3 + j10)$
$= -2.67 - j0.67$

# 2021년 3회

## 01 그림의 제어시스템이 안정하기 위한 K의 범위는?

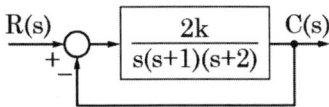

① 0 < K < 3   ② 0 < K < 4
③ 0 < K < 5   ④ 0 < K < 6

해설 | 시스템 안정되기 위한 K의 범위

(1) 특성방정식 $s(s+1)(s+2) + 2K = 0$
$s^3 + 3s^2 + 2s + 2K = 0$

TIP 전향경로(개루프) 전달함수 특성방정식
: 분자 + 분모 = 0

(2) Routh 표

| 차수 | 제1열 | 제2열 |
|---|---|---|
| $s^3$ | 1 | 2 |
| $s^2$ | 3 | 2K |
| $s^1$ | $\dfrac{6-2K}{3}$ | 0 |
| $s^0$ | 2K | 0 |

(3) 안정된 시스템 조건
- 모든 차수의 계수가 존재할 것
- 특성방정식의 모든 계수의 부호가 같아야 한다.
- 루스표를 작성하고 루스표의 1열 부호가 변화하지 않고 같아야 한다.

(4) K 범위 계산
$s^1 = \dfrac{6-2K}{3} > 0,\ K < 3$
$s^0 = K > 0$

∴ $0 < K < 3$

## 02 블록선도의 전달함수가 C(s)/R(s) = 10과 같이 되기 위한 조건은?

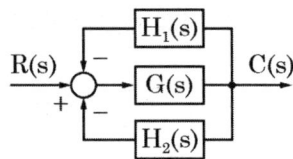

① $G = \dfrac{1}{1 - H_1 - H_2}$

② $G = \dfrac{10}{1 - H_1 - H_2}$

③ $G = \dfrac{1}{1 - 10H_1 - 10H_2}$

④ $G = \dfrac{10}{1 - 10H_1 - 10H_2}$

해설 | 전달함수 G(s)

- $G(s) = \dfrac{C}{R} = \dfrac{\sum 전향경로 이득}{1 - \sum 폐루프 경로 이득}$
$= \dfrac{G}{1 + GH_1 + GH_2}$

- $G(s) = 10$이 되는 조건
$\dfrac{G}{1 + GH_1 + GH_2} = 10$

$G = 10 + 10GH_1 + 10GH_2$

$G(1 - 10H_1 - 10H_2) = 10$

∴ $G = \dfrac{10}{1 - 10H_1 - 10H_2}$

정답 01 ①　02 ④

## 03
주파수 전달함수가 $G(j\omega) = \dfrac{1}{j100\omega}$ 인 계에서 $\omega = 1.0$ [rad/s]일 때의 이득 [dB]과 위상각 $\theta$ [deg]는 각각 얼마인가?

① 20 [dB], 90°  ② 40 [dB], 90°
③ -20 [dB], -90°  ④ -40 [dB], -90°

해설 | 이득 g 및 위상각 $\theta$ 계산
- $G(s)$ 정리

$$|G(j\omega)| = \dfrac{1}{j100\omega}|_{\omega=1.0}$$
$$= \left|\dfrac{1}{j100}\right| = \dfrac{1}{100}$$

- 이득 $g$ 계산

$$g = 20\log_{10}|G(j\omega)| = 20\log_{10}\dfrac{1}{100}$$
$$= -40 [dB]$$

- 위상각 $\theta$ 계산

$$\dfrac{1}{j} = -j = -90°$$

TIP $j$가 분모에 위치할 시 부호는 -

## 04
개루프 전달함수가 다음과 같은 제어시스템의 근궤적이 $j\omega$(허수)축과 교차할 때 K는 얼마인가?

$$G(s)H(s) = \dfrac{K}{s(s+3)(s+4)}$$

① 30  ② 48
③ 84  ④ 180

해설 | 제어시스템의 K값 계산
- 특성방정식 $s(s+3)(s+4) + K = 0$
$s^3 + 7s^2 + 12s + K = 0$

- Routh표

| 차수 | 제1열 | 제2열 |
|---|---|---|
| $s^3$ | 1 | 12 |
| $s^2$ | 7 | K |
| $s^1$ | $\dfrac{84-K}{7}$ | 0 |
| $s^0$ | K | 0 |

허수축과 교차 시 임계안정이므로
∴ $\dfrac{84-K}{7} = 0$
따라서 $K = 84$

## 05
그림과 같은 신호흐름선도에서 $\dfrac{C(s)}{R(s)}$ 는?

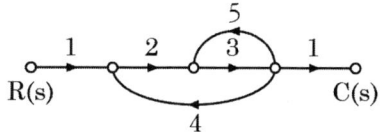

① $-\dfrac{6}{38}$  ② $\dfrac{6}{38}$
③ $-\dfrac{6}{41}$  ④ $\dfrac{6}{41}$

해설 | 신호흐름선도 $\dfrac{C}{R}$ 정리

$$\dfrac{C}{R} = \dfrac{\sum \text{전향경로의 이득}}{1 - \sum \text{폐루프의 이득}}$$
$$= \dfrac{1 \times 2 \times 3 \times 1}{1 - (3 \times 5 + 2 \times 3 \times 4)} = -\dfrac{6}{38}$$

## 06 단위계단 함수 u(t)를 z변환하면?

① $\dfrac{1}{z-1}$    ② $\dfrac{z}{z-1}$

③ $\dfrac{1}{Tz-1}$    ④ $\dfrac{Tz}{Tz-1}$

**해설 | z 변환**

| $f(t)$ | $F(s)$ | $F(z)$ |
|---|---|---|
| $u(t)$ | $\dfrac{1}{s}$ | $\dfrac{z}{z-1}$ |
| $t$ | $\dfrac{1}{s^2}$ | $\dfrac{z}{(z-1)^2}$ |
| $e^{-at}$ | $\dfrac{1}{(s+a)}$ | $\dfrac{z}{z-e^{-at}}$ |
| $\sin\omega t$ | $\dfrac{\omega}{s^2+\omega^2}$ | $\dfrac{z\sin\omega T}{z^2-2z\cos\omega T+1}$ |

## 07 제어요소의 표준 형식인 적분요소에 대한 전달함수는? (단, K는 상수이다)

① $Ks$    ② $\dfrac{K}{s}$

③ $K$    ④ $\dfrac{K}{1+Ts}$

**해설 | 제어요소의 전달함수**

- $Ks$ : 미분요소
- $\dfrac{K}{s}$ : 적분요소
- $K$ : 비례요소
- $\dfrac{K}{1+Ts}$ : 1차 지연요소

**TIP** s가 분모일 때는 후분요소임

## 08 그림의 논리회로와 등가인 논리식은?

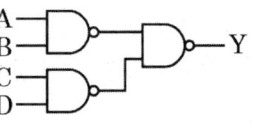

① $Y=A\cdot B\cdot C\cdot D$
② $Y=A\cdot B+C\cdot D$
③ $Y=\overline{A\cdot B}+\overline{C\cdot D}$
④ $Y=(\overline{A}+\overline{B})+(\overline{C}+\overline{D})$

**해설 | 논리회로와 논리식**

$\overline{\overline{AB}\cdot\overline{CD}}=\overline{\overline{AB}}+\overline{\overline{CD}}=AB+CD$

## 09 다음과 같은 상태방정식으로 표현되는 제어시스템에 대한 특성방정식의 근($s_1$, $s_2$)은?

$$\begin{bmatrix}\dot{x_1}\\\dot{x_2}\end{bmatrix}=\begin{bmatrix}0 & -3\\2 & -5\end{bmatrix}\begin{bmatrix}x_1\\x_2\end{bmatrix}+\begin{bmatrix}1\\0\end{bmatrix}u$$

① 1, -3    ② -1, -2
③ -2, -3   ④ -1, -3

**해설 | 특성방정식의 근**

- 특성방정식 $|sI-A|=0$

$|sI-A|=\begin{vmatrix}s & 0\\0 & s\end{vmatrix}-\begin{vmatrix}0 & -3\\2 & -5\end{vmatrix}$

$=\begin{vmatrix}s & 3\\-2 & s+5\end{vmatrix}$

$=s(s+5)-(-2\times 3)$

$=s^2+5s+6$

$=(s+2)(s+3)=0$

$\therefore S=-2$ or $-3$

정답 06 ② 07 ② 08 ② 09 ③

**10** 블록선도의 제어시스템은 단위 램프 입력에 대한 정상상태 오차(정상편차)가 0.01 이다. 이 제어시스템의 제어요소인 $G_{C1}(s)$의 k는?

$$G_{C1}(s) = k, \quad G_{C2} = \frac{1+0.1s}{1+0.2s},$$
$$G_P(s) = \frac{20}{s(s+1)(s+2)}$$

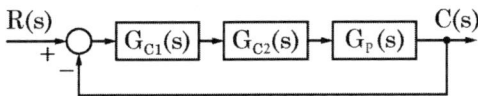

① 0.1　　② 1
③ 10　　④ 100

해설 | 정상속도편차

• 정상속도편차 $e_{ssv} = \dfrac{1}{\lim\limits_{s \to 0} s\, G(s)} = \dfrac{1}{K_v}$

(∵ 단위 램프 입력에 대한 정상편차에 관한 문제이므로 1형 제어계에 해당)

• $\lim\limits_{s \to 0} s\, G(s)$
$= \lim\limits_{s \to 0} s \times \dfrac{k \times (1+0.1s) \times 20}{(1+0.2s) \times s(s+1)(s+2)}$
$= 10k$

• $e_{ssv} = \dfrac{1}{10k} = 0.01$

∴ $k = 10$

$K_v$ : 정상속도편차 상수
$G(s)$ : 개루프 전달함수

**11** 평형 3상 부하에 선간전압의 크기가 200 [V]인 평형 3상 전압을 인가했을 때, 흐르는 선전류의 크기가 8.6 [A]이고 무효전력이 1298 [Var]이었다. 이때 이 부하의 역률은 약 얼마인가?

① 0.6　　② 0.7
③ 0.8　　④ 0.9

해설 | 부하의 역률
무효전력 $P_r = \sqrt{3}\, VI \sin\theta$
$\sin\theta = \dfrac{P_r}{\sqrt{3}\, VI} = \dfrac{1298}{\sqrt{3} \times 200 \times 8.6}$
$= 0.436$
∴ $\cos\theta = \sqrt{1^2 - (0.436)^2} = 0.9$

**12** 단위길이당 인덕턴스 및 커패시턴스가 각각 L 및 C일 때 전송선로의 특성 임피던스는? (단, 전송선로는 무손실 선로이다)

① $\sqrt{\dfrac{L}{C}}$　　② $\sqrt{\dfrac{C}{L}}$
③ $\dfrac{L}{C}$　　④ $\dfrac{C}{L}$

해설 | 특성 임피던스 $Z_0$
$Z_0 = \sqrt{\dfrac{Z}{Y}} = \sqrt{\dfrac{R+j\omega L}{G+j\omega C}} = \sqrt{\dfrac{L}{C}}$
(∵ 무손실 선로 : $R = G = 0$)

**13** 각 상의 전류가 $i_a(t) = 90\sin\omega t$ [A], $i_b(t) = 90\sin(\omega t - 90°)$ [A], $i_c(t) = 90\sin(\omega t + 90°)$ [A]일 때 영상분 전류[A]의 순시치는?

① $30\cos\omega t$  ② $30\sin\omega t$
③ $90\sin\omega t$  ④ $90\cos\omega t$

해설 | 영상분 전류 $I_0$ 계산

$$i_0 = \frac{1}{3}(i_a + i_b + i_c)$$
$$= \frac{1}{3}[90\sin\omega t + 90\sin(\omega t - 90°) + 90\sin(\omega t + 90°)]$$
$$= \frac{1}{3} \times 90\sin\omega t = 30\sin\omega t$$

TIP $i_b$와 $i_c$는 서로 상쇄되므로
$$i_b - i_c = 0$$

**14** 내부 임피던스가 $0.3 + j2$ [Ω]인 발전기에 임피던스가 $1.1 + j3$ [Ω]인 선로를 연결하여 어떤 부하에 전력을 공급하고 있다. 이 부하의 임피던스가 몇 [Ω]일 때 발전기로부터 부하로 전달되는 전력이 최대가 되는가?

① $1.4 - j5$  ② $1.4 + j5$
③ $1.4$  ④ $j5$

해설 | 최대 전력 조건
부하의 임피던스($Z_L$)와 발전기의 임피던스($Z_G$)의 켤레복소수값(공액)이 같아야 한다.
$Z_G = (0.3 + j2) + (1.1 + j3) = 1.4 + j5$
∴ $Z_L = \overline{Z_G} = 1.4 - j5$

**15** 그림과 같은 파형의 라플라스 변환은?

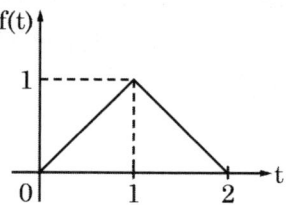

① $\dfrac{1}{s^2}(1 - 2e^S)$

② $\dfrac{1}{s^2}(1 - 2e^{-S})$

③ $\dfrac{1}{s^2}(1 - 2e^S + e^{2S})$

④ $\dfrac{1}{s^2}(1 - 2e^{-S} + e^{-2S})$

해설 | 라플라스 변환
$f(t) = t[u(t) - u(t-1)]$
$\quad + (-t + 2)[u(t-1) - u(t-2)]$
$= t \cdot u(t) - 2(t-1) \cdot u(t-1)$
$\quad + (t-2) \cdot u(t-2)$

시간추이 정리에 의해
$$F(s) = \frac{1}{s^2} - \frac{2}{s^2}e^{-s} + \frac{1}{s^2}e^{-2s}$$

$$\therefore F(s) = \frac{1}{s^2}(1 - 2e^{-s} + e^{-2s})$$

※ 그래프에서, 시간의 지연이 1초, 2초일 때 일어나므로 $e^{-S}$와 $e^{-2S}$를 포함하고 있는 함수를 찾으면 정답

정답 13 ② 14 ① 15 ④

**16** 어떤 회로에서 t = 0초에 스위치를 닫은 후 I = 2t + 3t² [A]의 전류가 흘렀다. 30초까지 스위치를 통과한 총 전기량[Ah]은?

① 4.25  ② 6.75
③ 7.75  ④ 8.25

해설 | 전기량 q 계산

$i = \dfrac{dQ}{dt}$ 이므로 $Q = \int i(t)dt$

$Q = \int_0^{30} (3t^2 + 2t)\, dt$

$= [t^3 + t^2]_0^{30} = 27900\ [C = A \cdot sec]$

$= \dfrac{27900}{3600} = 7.75\ [Ah]$

---

**17** 전압 $v(t)$를 RL직렬회로에 인가했을 때 제3고조파 전류의 실훗값[A]의 크기는?
(단, $R=8\,[\Omega]$, $\omega L=2\,[\Omega]$,
$v(t) = 100\sqrt{2}\sin\omega t + 200\sqrt{2}\sin 3\omega t$
$\qquad + 50\sqrt{2}\sin 5\omega t\ [V]$이다)

① 10  ② 14
③ 20  ④ 28

해설 | 제3고조파 전류의 실훗값

$I_3 = \dfrac{E_3}{|Z_3|} = \dfrac{200}{\sqrt{R^2 + (3\omega L)^2}}$

$= \dfrac{200}{\sqrt{8^2 + 6^2}} = \dfrac{200}{10} = 20\ [A]$

---

**18** 회로에서 t = 0 초에 전압 $V_1(t) = e^{-4t}$ [V]를 인가하였을 때 $V_2(t)$는 몇 [V]인가? (단, R = 2 [Ω], L = 1 [H]이다)

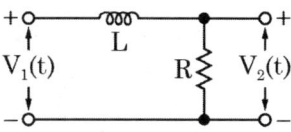

① $e^{-2t} - e^{-4t}$
② $2e^{-2t} - 2e^{-4t}$
③ $-2e^{-2t} + 2e^{-4t}$
④ $-2e^{-2t} - 2e^{-4t}$

해설 | $V_2(t)$ 계산

$G(s) = \dfrac{V_2(s)}{V_1(s)} = \dfrac{R}{Ls + R} = \dfrac{2}{s+2}$

$V_2(s) = \dfrac{2}{s+2} \times V_1(s) = \dfrac{2}{s+2} \times \dfrac{1}{s+4}$

- 부분분수전개

$\dfrac{A}{s+2} + \dfrac{B}{s+4}$

- $A = \dfrac{2}{s+4}$ : $s$에 $-2$ 대입 $\Rightarrow 1$

  $B = \dfrac{2}{s+2}$ : $s$에 $-4$ 대입 $\Rightarrow -1$

$\therefore V_2(s) = \dfrac{1}{s+2} - \dfrac{1}{s+4}$

- 역 라플라스

$v_2(t) = e^{-2t} - e^{-4t}$

---

정답  16 ③  17 ③  18 ①

**19** 동일한 저항 R [Ω] 6개를 그림과 같이 결선하고 대칭 3상 전압 V [V]를 가하였을 때 전류 I [A]의 크기는?

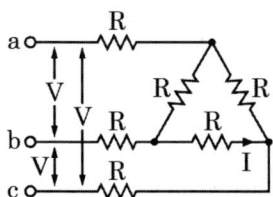

① $\dfrac{V}{R}$   ② $\dfrac{V}{2R}$

③ $\dfrac{V}{4R}$   ④ $\dfrac{V}{5R}$

해설 | △ → Y 등가변환회로
- △ → Y → △ 등가회로 변환

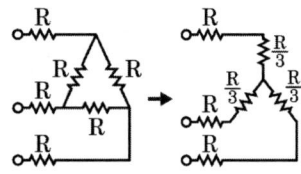

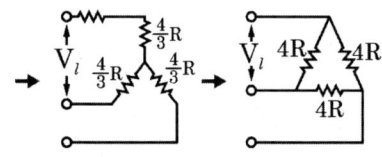

∴ △결선 시 상전류 $I_p$ 계산

$I_p = \dfrac{V}{4R}$

TIP △결선 시 상전압 = 선간전압

TIP △결선 특성 : $I_p = \dfrac{I_\ell}{\sqrt{3}}$

**20** 어떤 선형 회로망의 4단자 정수가 A = 8, B = j2, D = 1.625 + j일 때 이 회로망의 4단자 정수 C는?

① 24 - j14   ② 8 - j11.5
③ 4 - j6     ④ 3 - j4

해설 | 4단자 정수의 관계식
- 4단자회로망 특성
  $AD - BC = 1$
  $\therefore C = \dfrac{AD-1}{B} = \dfrac{8(1.625+j)-1}{j2}$
  $= 4 - j6$

정답  19 ③   20 ③

# 2020년 1, 2회

**01** 특성방정식이 $s^3 + 2s^2 + Ks + 10 = 0$로 주어지는 제어시스템이 안정하기 위한 K의 범위는?

① K > 0
② K > 5
③ K < 0
④ 0 < K < 5

해설 | 시스템 안정되기 위한 K의 범위

• Routh표

| 차수 | 제1열 | 제2열 |
|---|---|---|
| $s^3$ | 1 | K |
| $s^2$ | 2 | 10 |
| $s^1$ | $\dfrac{2K-10}{2}$ | 0 |
| $s^0$ | 10 | 0 |

• 제어계가 안정될 필요조건
  ① 모든 차수의 계수가 존재할 것
  ② 특성방정식의 모든 계수의 부호가 같아야 한다.
  ③ 루스표를 작성하고 루스표의 1열 부호가 변화하지 않고 같아야 한다.

• K 범위 계산
$s^1 = 2K - 10 > 0 \rightarrow K > 5$

$\therefore K > 5$

**02** $z$ 변환된 함수 $F(z) = \dfrac{3z}{z - e^{-3T}}$ 에 대응되는 라플라스 변환 함수는?

① $\dfrac{1}{(s+3)}$
② $\dfrac{3}{(s-3)}$
③ $\dfrac{1}{(s-3)}$
④ $\dfrac{3}{(s+3)}$

해설 | $z$ 변환 함수 라플라스 변환

$F(z) = \dfrac{3z}{z - e^{-3t}} = 3 \times \dfrac{z}{z - e^{-3t}}$

$f(t) = 3e^{-3t}$

$\therefore F(s) = \dfrac{3}{s+3}$

보충 $\mathcal{L}$ 및 z 변환

| $f(t)$ | $F(s)$ | $F(z)$ |
|---|---|---|
| $\delta(t)$ | 1 | 1 |
| $u(t)$ | $\dfrac{1}{s}$ | $\dfrac{z}{z-1}$ |
| $t$ | $\dfrac{1}{s^2}$ | $\dfrac{z}{(z-1)^2}$ |
| $e^{-at}$ | $\dfrac{1}{(s+a)}$ | $\dfrac{z}{z-e^{-at}}$ |
| $\sin\omega t$ | $\dfrac{\omega}{s^2+\omega^2}$ | $\dfrac{z\sin\omega T}{z^2 - 2z\cos\omega T + 1}$ |

정답 01 ② 02 ④

**03** 그림과 같은 논리회로의 출력 Y는?

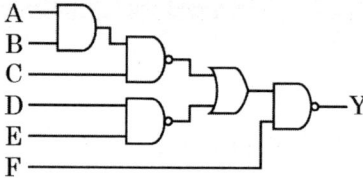

① $ABCDE + \overline{F}$
② $\overline{ABCDE} + F$
③ $\overline{A} + \overline{B} + \overline{C} + \overline{D} + \overline{E} + F$
④ $A + B + C + D + E + \overline{F}$

해설 | 논리회로 출력 Y
$$\overline{(\overline{ABC} + \overline{DE}) \cdot F} = \overline{\overline{ABC} + \overline{DE}} + \overline{F}$$
$$= \overline{\overline{ABC}} \cdot \overline{\overline{DE}} + \overline{F}$$
$$= ABCDE + \overline{F}$$

**04** 안정한 제어시스템의 보드선도에서 이득여유는?

① -20 ~ 20 [dB] 사이에 있는 크기[dB] 값이다.
② 0 ~ 20 [dB] 사이에 있는 크기 선도의 길이이다.
③ 위상이 0°가 되는 주파수에서 이득의 크기[dB]이다.
④ 위상이 -180°가 되는 주파수에서 이득의 크기[dB]이다.

해설 | 이득여유 GM

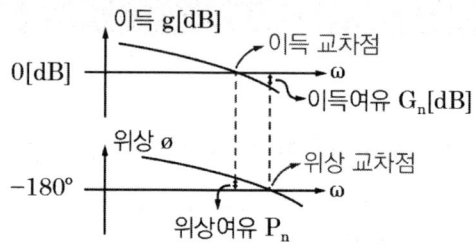

∴ 위상이 -180°에 도달했을 때의 이득 크기 [dB]

**05** 그림과 같은 제어시스템의 전달함수 $\dfrac{C(s)}{R(s)}$는?

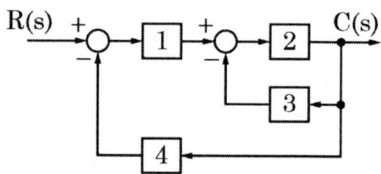

① 1/15
② 2/15
③ 3/15
④ 4/15

해설 | 전달함수 $\dfrac{C(s)}{R(s)}$ 정리

$$\dfrac{C(s)}{R(s)} = \dfrac{\sum \text{전향 경로 이득}}{1 - \sum \text{폐루프 경로 이득}}$$
$$= \dfrac{1 \times 2}{1 - (-2 \times 3 - 1 \times 2 \times 4)}$$
$$= \dfrac{2}{15}$$

정답 03 ① 04 ④ 05 ②

**06** 다음과 같은 미분방정식으로 표현되는 제어시스템의 시스템 행렬 A는?

$$\frac{d^2c(t)}{dt^2}+5\frac{dc(t)}{dt}+3c(t)=r(t)$$

① $\begin{bmatrix} -5 & -3 \\ 0 & 1 \end{bmatrix}$  ② $\begin{bmatrix} -3 & -5 \\ 0 & 1 \end{bmatrix}$

③ $\begin{bmatrix} 0 & 1 \\ -3 & -5 \end{bmatrix}$  ④ $\begin{bmatrix} 0 & 1 \\ -5 & -3 \end{bmatrix}$

해설 | 시스템 행렬 A

$\dot{x}_1(t) = x_2(t)$

$\dot{x}_2(t) = -3x_1(t) - 5x_2(t) + r(t)$

$\therefore \begin{bmatrix} \dot{x}_1(t) \\ \dot{x}_2(t) \end{bmatrix} = \begin{bmatrix} 0 & 1 \\ -3 & -5 \end{bmatrix} \begin{bmatrix} x_1(t) \\ x_2(t) \end{bmatrix} + \begin{bmatrix} 0 \\ 1 \end{bmatrix} r(t)$

**07** 그림의 신호흐름선도에서 전달함수 $\frac{C(s)}{R(s)}$는?

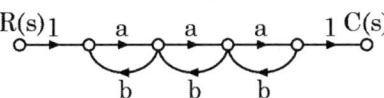

① $\frac{a^3}{(1-ab)^3}$

② $\frac{a^3}{(1-3ab+a^2b^2)}$

③ $\frac{a^3}{(1-3ab)}$

④ $\frac{a^3}{(1-3ab+2a^2b^2)}$

해설 | 신호흐름선도 $\frac{C(s)}{R(s)}$ 정리

- $G$ 전향 경로 이득  $a \times a \times a = a^3$
- $loop$ 전향경로에 접촉하지 않은 루프 0

- $\triangle_1$ 서로 다른 루프이득의 합
  $ab+ab+ab = 3ab$
- $\triangle_2$ 서로 접촉하지 않는 두 개 루프의 곱
  $ab \times ab = a^2b^2$
- $\triangle_3$ 서로 접촉하지 않는 세 개 루프의 곱 0

$\therefore G(s) = \frac{\sum[G(1-loop)]}{1-(\triangle_1-\triangle_2+\triangle_3)}$

$= \frac{a^3}{1-3ab+a^2b^2}$

**08** 제어시스템의 개루프 전달함수가

$G(s)H(s) = \frac{K(s+30)}{s^4+s^3+2s^2+s+7}$ 로

주어질 때, 다음 중 $K > 0$ 인 경우 근궤적의 점근선이 실수축과 이루는 각 (°)은?

① 20°  ② 60°
③ 90°  ④ 120°

해설 | 점근선 각도 $\alpha_k$ 계산

- $\alpha_k = \frac{2k+1}{P-Z} \times \pi(180°)$

  극점 개수 $P$  $s^4$(4차 방정식) : 4개
  영점 개수 $Z$  $s^1$(1차 방정식) : 1개
  $P-Z = 3$ 이므로 계산식에 $k = 0, 1, 2$ 을 차례로 대입해보면

  $\alpha_k = \frac{(2k+1)|_{k=0}}{3} \times 180° = 60°$

  $\alpha_k = \frac{(2k+1)|_{k=1}}{3} \times 180° = 180°$

  $\alpha_k = \frac{(2k+1)|_{k=2}}{3} \times 180° = 300°$

$\therefore \alpha_k$ 가 될 수 있는 것은 60°

정답  06 ③  07 ②  08 ②

**09** 단위 피드백 제어계에서 개루프 전달함수 G(s)가 다음과 같이 주어졌을 때 단위 계단 입력에 대한 정상상태 편차는?

$$G(s) = \frac{5}{s(s+1)(s+2)}$$

① 0   ② 1
③ 2   ④ 3

해설 | 정상위치편차($e_{ssp} = \frac{1}{1+K_p}$) 계산

단위 계단 입력에 대한 정상 상태 편차는 정상위치편차를 구하면 된다.

$$K_p = \lim_{s \to 0} G(s) = \lim_{s \to 0} \frac{5}{s(s+1)(s+2)}$$
$$= \frac{5}{0} = \infty$$

TIP $K_p$ : 위치편차 상수

$$\therefore e_{ssp} = \frac{1}{1+K_p} = \frac{1}{1+\infty} = 0$$

**10** 전달함수가 $G_c(s) = \frac{2s+5}{7s}$ 인 제어기가 있다. 이 제어기는 어떤 제어기인가?

① 비례미분제어기
② 적분제어기
③ 비례적분제어기
④ 비례적분미분제어기

해설 | 제어기

$$G_c(s) = \frac{2s+5}{7s} = \frac{2s}{7s} + \frac{5}{7s} = \frac{2}{7} + \frac{5}{7s}$$

∴ 비례적분제어기

TIP s 없을 시(상수) 비례제어
분자에 s가 있을 시 미분제어
분모에 s가 있을 시 적분제어

**11** $f(t) = t^2 e^{-at}$ 를 라플라스 변환하면?

① $\frac{2}{(s+a)^2}$   ② $\frac{3}{(s+a)^2}$
③ $\frac{2}{(s+a)^3}$   ④ $\frac{3}{(s+a)^3}$

해설 | 라플라스 변환(복소추이 정리)

$$\mathcal{L}[t^2 e^{-at}] = \frac{2!}{s^{2+1}}\Big|_{s=\frac{1}{s+a}}$$
$$= \frac{2}{s^3}\Big|_{s=\frac{1}{s+a}} = \frac{2}{(s+a)^3}$$

**12** 3상 전류가 $I_a$ = 10 + j3 [A], $I_b$ = -5 - j2 [A], $I_c$ = -3 + j4 [A]일 때 정상분 전류의 크기는 약 몇 [A]인가?

① 5     ② 6.4
③ 10.5  ④ 13.34

해설 | 정상분 전류 $I_1$ 계산

$$I_1 = \frac{1}{3}(I_a + aI_b + a^2 I_c)$$
$$= \frac{1}{3}\left[10+j3+\left(-\frac{1}{2}+j\frac{\sqrt{3}}{2}\right)(-5-j2)\right.$$
$$\left.+\left(-\frac{1}{2}-j\frac{\sqrt{3}}{2}\right)(-3+j4)\right]$$
$$= 6.39 + j0.08$$
$$\therefore \sqrt{6.39^2 + 0.08^2} = 6.4[A]$$

정답 09 ① 10 ③ 11 ③ 12 ②

**13** 선로의 단위 길이 당 인덕턴스, 저항, 정전용량, 누설 컨덕턴스를 각각 L, R, C, G라 하면 전파정수는?

① $\sqrt{\dfrac{R+jwL}{G+jwC}}$

② $\sqrt{(R+jwL)(G+jwC)}$

③ $\sqrt{\dfrac{(R+jwC)}{(G+jwL)}}$

④ $\sqrt{\dfrac{(G+jwC)}{(R+jwL)}}$

해설 | 전파정수 $\gamma$
$\gamma = \sqrt{ZY} = \sqrt{(R+j\omega L)(G+j\omega C)}$
$= \alpha + j\beta$

TIP $\alpha$ : 감쇠정수, $\beta$ : 위상정수

**14** $v(t) = 3 + 5\sqrt{2}\sin\omega t + 10\sqrt{2}\sin(3\omega t - \pi/3)\,(V)$의 실횻값 크기는 약 몇 [V]인가?

① 9.6  ② 10.6
③ 11.6  ④ 12.6

해설 | 실횻값 V 계산
$V = \sqrt{3^2 + 5^2 + 10^2} = 11.6\,[V]$

**15** 회로에서 0.5 [Ω] 양단 전압[V]은 약 몇 [V]인가?

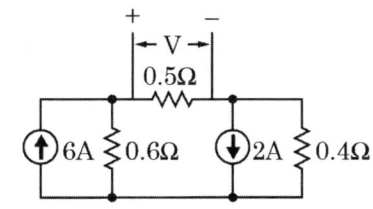

① 0.6  ② 0.93
③ 1.47  ④ 1.5

해설 | 테브난의 정리

| 각 지점 $V_{th}$, $R_{th}$ 계산 | |
| --- | --- |

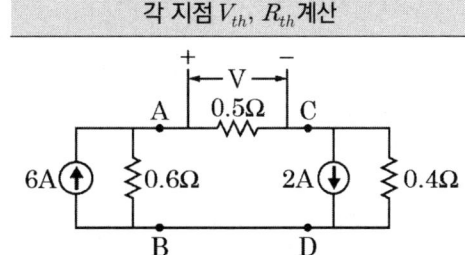

| a-b 지점 $V_{th}$, $R_{th}$ | c-d 지점 $V_{th}$, $R_{th}$ |
| --- | --- |
| $V_{th} = 6 \times 0.6$ $= 3.6\,[V]$ $R_{th} = 0.6\,[\Omega]$ | $V_{th} = 2 \times 0.4$ $= 0.8\,[V]$ $R_{th} = 0.4\,[\Omega]$ |

| 테브난 등가회로 변환 및 전압 $V_{0.5\Omega}$ 계산 |
| --- |

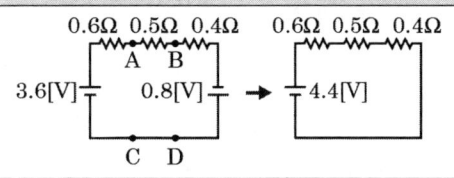

$V_{0.5\Omega} = \dfrac{0.5}{0.6 + 0.5 + 0.4} \times 4.4 = 1.47\,[V]$

**16** 그림은 회로에서 영상 임피던스 $Z_{01}$이 6 [Ω]일 때 저항 R의 값은 몇 [Ω]인가?

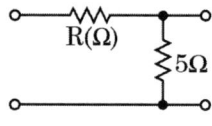

① 2 ② 4
③ 6 ④ 9

해설 | 저항 R 계산
- $T$형 회로 4단자 정수

$$\begin{bmatrix} A & B \\ C & D \end{bmatrix} = \begin{bmatrix} 1 & R \\ 0 & 1 \end{bmatrix} \begin{bmatrix} 1 & 0 \\ \frac{1}{5} & 1 \end{bmatrix} \begin{bmatrix} 1 & 0 \\ 0 & 1 \end{bmatrix}$$

$$= \begin{bmatrix} 1+\frac{R}{5} & R \\ \frac{1}{5} & 1 \end{bmatrix}$$

- 영상임피던스 $Z_{01} = \sqrt{\dfrac{AB}{CD}}$

- 저항 $R$ 계산

$$6[\Omega] = \sqrt{\dfrac{\left(1+\dfrac{R}{5}\right) \times R}{\dfrac{1}{5} \times 1}}$$

∴ $R = 4[\Omega]$

**17** 8 + j6 [Ω]인 임피던스에 13 + j20 [V]의 전압을 인가할 때 복소전력은 약 몇 [VA]인가?

① 12.7 + j34.1  ② 12.7 + j55.5
③ 45.5 + j34.1  ④ 45.5 + j55.5

해설 | 복소전력 $P_a$ 계산
- 전류 $I$ 계산

$$I = \dfrac{V}{Z} = \dfrac{13+j20}{8+j6} = 2.24 + j0.82 [A]$$

∴ 복소전력 $P_a$ 계산

$$P_a = V\overline{I} = (13+j20)(2.24-j0.82)$$
$$= 45.5 + j34.1 [VA]$$

**18** 그림과 같이 결선된 회로의 단자(a, b, c)에 선간전압 V [V]인 평형 3상 전압을 인가할 때 상전류 I [A]의 크기는?

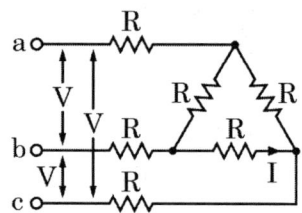

① $\dfrac{V}{4R}$ ② $\dfrac{3V}{4R}$
③ $\dfrac{\sqrt{3}\,V}{4R}$ ④ $\dfrac{V}{4\sqrt{3}\,R}$

해설 | 상전류 $I_p$ 계산
- △ → Y → △ 등가회로 변환

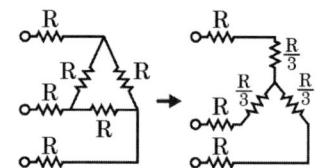

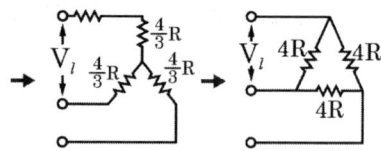

∴ △결선 시 상전류 $I_p$ 계산

$$I_p = \dfrac{V}{4R}$$

TIP △결선 시 상전압 = 선간전압

정답 16 ② 17 ③ 18 ①

**19** Y결선의 평형 3상회로에서 선간전압 $V_{ab}$와 상전압 $V_{an}$의 관계로 옳은 것은? (단, $V_{bn} = V_{an}e^{-j(2\pi/3)}, V_{cn} = V_{bn}e^{-j(2\pi/3)}$)

① $V_{ab} = \dfrac{1}{\sqrt{3}}e^{j(\pi/6)}V_{an}$

② $V_{ab} = \sqrt{3}e^{j(\pi/6)}V_{an}$

③ $V_{ab} = \dfrac{1}{\sqrt{3}}e^{-j(\pi/6)}V_{an}$

④ $V_{ab} = \sqrt{3}e^{-j(\pi/6)}V_{an}$

해설 | Y결선 시 선간 및 상전압의 관계

- $V_{ab} = \sqrt{3}\,V_{an} \angle \dfrac{\pi}{6}$

  선간전압이 상전압보다 $\sqrt{3}$배 크고 위상은 $30°(= \dfrac{\pi}{6})$ 앞선다.

- $\dfrac{\pi}{6}$ 지수함수로 변환 시 $e^{j\frac{\pi}{6}}$

  $\therefore V_{ab} = \sqrt{3}e^{j(\pi/6)}V_{an}$

**20** RLC 직렬회로의 파라미터가 $R^2 = \dfrac{4L}{C}$의 관계를 가진다면, 이 회로에 직류 전압을 인가하는 경우 과도 응답특성은?

① 무제동　　② 과제동
③ 부족제동　④ 임계제동

해설 | 과도 응답특성

| 특성 | 조건 |
|---|---|
| 과제동(비진동) | $R^2 > \dfrac{4L}{C}$ |
| 부족제동(진동) | $R^2 < \dfrac{4L}{C}$ |
| 임계제동(임계진동) | $R^2 = \dfrac{4L}{C}$ |

정답 19 ②　20 ④

## 2020년 3회

**01** 그림과 같이 피드백제어 시스템에서 입력이 단위계단함수일 때 정상상태 오차상수인 위치상수($K_p$)는?

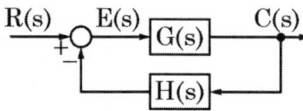

① $K_p = \lim_{s \to 0} G(s)H(s)$

② $K_p = \lim_{s \to 0} \dfrac{G(s)}{H(s)}$

③ $K_p = \lim_{s \to \infty} G(s)H(s)$

④ $K_p = \lim_{s \to \infty} \dfrac{G(s)}{H(s)}$

해설 | 위치편차 상수 $K_p$ 계산

$e_{ssp} = \lim_{s \to 0} s \cdot \dfrac{1}{1+G(s)H(s)} R(s) \Big|_{R(s)=\frac{1}{s}}$

$= \lim_{s \to 0} \dfrac{1}{1+G(s)H(s)}$

$= \dfrac{1}{1+\lim_{s \to 0} G(s)H(s)} = \dfrac{1}{1+K_p}$

$\therefore K_p = \lim_{s \to 0} G(s)H(s)$

**02** 적분시간 4 sec, 비례 감도가 4인 비례적분 동작을 하는 제어요소에 동작신호 z(t) = 2t를 주었을 때 이 제어요소의 조작량은? (단, 조작량의 초기값은 0이다)

① $t^2 + 8t$  ② $t^2 + 2t$
③ $t^2 - 8t$  ④ $t^2 - 2t$

해설 | 조작량 Y(s) 계산

• $Y(s) = K_p\left(1 + \dfrac{1}{T_i s} + T_d s\right) Z(s)$

$= 4\left(1 + \dfrac{1}{4s} + 0\right)\dfrac{2}{s^2} = \dfrac{2}{s^3} + \dfrac{8}{s^2}$

$\therefore \mathcal{L}^{-1}\left[\dfrac{2}{s^3} + \dfrac{8}{s^2}\right] = t^2 + 8t$

$K_p$ : 비례감도  $T_d$ : 미분시간  $T_i$ : 적분시간
 $s$ : 라플라스 전달함수  $Z(s)$ : 동작신호

**03** 시간함수 f(t) = sinωt의 z 변환은? (단, T는 샘플링 주기이다)

① $\dfrac{z \sin \omega T}{z^2 + 2z \cos \omega T + 1}$

② $\dfrac{z \sin \omega T}{z^2 - 2z \cos \omega T + 1}$

③ $\dfrac{z \cos \omega T}{z^2 - 2z \sin \omega T + 1}$

④ $\dfrac{z \cos \omega T}{z^2 + 2z \sin \omega T + 1}$

정답 01 ① 02 ① 03 ②

해설 | ℒ 및 z 변환

| $f(t)$ | $F(s)$ | $F(z)$ |
|---|---|---|
| $\delta(t)$ | 1 | 1 |
| $u(t)$ | $\dfrac{1}{s}$ | $\dfrac{z}{z-1}$ |
| $t$ | $\dfrac{1}{s^2}$ | $\dfrac{z}{(z-1)^2}$ |
| $e^{-at}$ | $\dfrac{1}{(s+a)}$ | $\dfrac{z}{z-e^{-at}}$ |
| $\sin\omega t$ | $\dfrac{\omega}{s^2+\omega^2}$ | $\dfrac{z\sin\omega T}{z^2-2z\cos\omega T+1}$ |
| $\cos\omega t$ | $\dfrac{s}{s^2+\omega^2}$ | $\dfrac{z(1-\cos\omega T)}{z^2-2z\cos\omega T+1}$ |

## 04 다음과 같은 신호흐름선도에서 C(s)/R(s)의 값은?

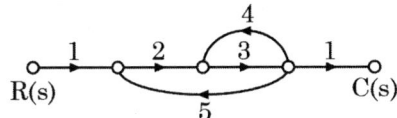

① $-\dfrac{1}{41}$  
② $-\dfrac{3}{41}$  
③ $-\dfrac{6}{41}$  
④ $-\dfrac{8}{41}$  

해설 | 신호흐름선도 $\dfrac{C(s)}{R(s)}$ 정리

$$\dfrac{C(s)}{R(s)} = \dfrac{\sum \text{전향 경로 이득}}{1-\sum \text{폐루프 경로 이득}}$$
$$= \dfrac{6}{1-12-30} = -\dfrac{6}{41}$$

## 05 Routh-Hurwitz 방법으로 특성방정식이 $s^4 + 2s^3 + s^2 + 4s + 2 = 0$인 시스템의 안정도를 판별하면?

① 안정  
② 불안정  
③ 임계안정  
④ 조건부 안정  

해설 | Routh 판별법
- Routh표

| 차수 | 제1열 | 제2열 | 제3열 |
|---|---|---|---|
| $s^4$ | 1 | 1 | 2 |
| $s^3$ | 2 | 4 | 0 |
| $s^2$ | $\dfrac{2-4}{2}=-1$ | $\dfrac{4-0}{2}=2$ | 0 |
| $s^1$ | $\dfrac{-4-4}{-1}=8$ | 0 | 0 |
| $s^0$ | 2 | 0 | 0 |

- 제어계가 안정될 필요조건
  ① 모든 차수의 계수가 존재할 것
  ② 특성방정식의 모든 계수의 부호가 같아야 한다.
  ③ 루스표를 작성하고 루스표의 1열 부호가 변화하지 않고 같아야 한다.

∴ 제1열의 부호 변화가 있으므로 불안정하다.

정답 04 ③ 05 ②

## 06 제어시스템의 상태방정식이

$\frac{dx(t)}{dt} = Ax(t) + Bu(t)$, $A = \begin{bmatrix} 0 & 1 \\ -3 & 4 \end{bmatrix}$,

$B = \begin{bmatrix} 1 \\ 1 \end{bmatrix}$일 때 특성방정식을 구하면?

① $s^2 - 4s - 3 = 0$  ② $s^2 - 4s + 3 = 0$
③ $s^2 + 4s + 3 = 0$  ④ $s^2 + 4s - 3 = 0$

해설 | 특성 방정식
$sI - A = 0$ 을 만족시키는 방정식이므로
$sI - A = \begin{bmatrix} s & 0 \\ 0 & s \end{bmatrix} - \begin{bmatrix} 0 & 1 \\ -3 & 4 \end{bmatrix} = \begin{bmatrix} s & -1 \\ 3 & s-4 \end{bmatrix}$
$\det|sI - A| = s^2 - 4s + 3$
∴ $s^2 - 4s + 3 = 0$

## 07 어떤 제어시스템의 개루프 이득이

$G(s)H(s) = \frac{K(s+2)}{s(s+1)(s+3)(s+4)}$

일 때 이 시스템이 가지는 근궤적의 가지(Branch) 수는?

① 1        ② 3
③ 4        ④ 5

해설 | 근궤적 가지 수
• 특성방정식의 차수
• 영점과 극점 중 개수가 많은 것과 일치
  극점 0, -1, -3, -4 : 4개
  영점 -2           : 1개
∴ 4개

## 08 다음 회로에서 입력 전압 $v_1(t)$에 대한 출력 전압 $v_2(t)$의 전달함수 $G(s)$는?

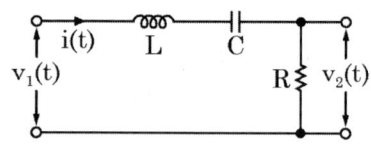

① $\frac{RCs}{LCs^2 + RCs + 1}$

② $\frac{RCs}{LCs^2 - RCs - 1}$

③ $\frac{Cs}{LCs^2 + RCs + 1}$

④ $\frac{Cs}{LCs^2 - RCs - 1}$

해설 | 전달함수 G(s) 정리
$G(s) = \frac{V_2(s)}{V_1(s)} = \frac{R}{Ls + \frac{1}{Cs} + R} \times \frac{Cs}{Cs}$

$= \frac{RCs}{LCs^2 + RCs + 1}$

## 09 특성방정식의 모든 근이 s평면(복소평면)의 jω축(허수축)에 있을 때 이 제어시스템의 안정도는?

① 알 수 없다.     ② 안정하다.
③ 불안정하다.     ④ 임계안정이다.

해설 | s 평면 근궤적 위치별 상태

| 위치 | 상태 |
| --- | --- |
| 좌반평면 | 안정 |
| jω축 교차 | 임계안정 |
| 우반평면 | 불안정 |

정답  06 ②  07 ③  08 ①  09 ④

## 10 논리식 $((AB+A\overline{B})+AB)+\overline{A}B$ 를 간단히 하면?

① $A+B$
② $\overline{A}+B$
③ $A+\overline{B}$
④ $A+A \cdot B$

해설 | 논리식 정리

$((AB+A\overline{B})+AB)+\overline{A}B$
$= A(B+\overline{B})+(AB+\overline{A}B)$
$= A+(A+\overline{A})B$
$= A+B$

보충 불대수 정리

- $A+\overline{A}=1$
- $A \cdot \overline{A}=0$
- $A+1=1$
- $A \cdot 1=A$
- $(A+B) \cdot (A+C)=A+(B \cdot C)$

## 11 선간 전압이 $V_{ab}$ [V]인 3상 평형 전원에 대칭 부하 R [Ω]이 그림과 같이 접속되어 있을 때 a, b 두 상 간에 접속된 전력계의 지시값이 W [W]라면 C상 전류의 크기 [A]는?

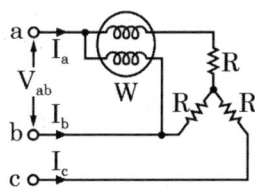

① $\dfrac{W}{3V_{ab}}$
② $\dfrac{2W}{3V_{ab}}$
③ $\dfrac{2W}{\sqrt{3}\,V_{ab}}$
④ $\dfrac{\sqrt{3}\,W}{V_{ab}}$

해설 | 1전력계법

$P=2W=\sqrt{3}\,V_\ell I_\ell \cos\theta$

$\therefore I_\ell = \dfrac{2W}{\sqrt{3}\,V_\ell}$

보충 1전력계법 특성

- 순저항 = 무유도 저항
- $P_a = P,\ P_r = 0$
  $P = 2W = \sqrt{3}\,VI$
- 역률 $\cos\theta = 1$

## 12 불평형 3상 전류가 $I_a$ =15 + j2 [A], $I_b$ = -20 - j14 [A], $I_c$ = -3 + j10 [A]일 때 역상분 전류 $I_2$ [A]는?

① 1.91 + j6.24
② 15.74 - j3.57
③ -2.67 - j0.67
④ -8 - j2

해설 | 대칭좌표법

역상분 전류

$I_2 = \dfrac{1}{3}(I_a + a^2 I_b + a I_c)$

$= \dfrac{1}{3}\{(15+j2)+(-\dfrac{1}{2}-j\dfrac{\sqrt{3}}{2})(-20-j4)$
$\qquad +(-\dfrac{1}{2}+j\dfrac{\sqrt{3}}{2})(-3+j10)\}$

$= 1.91+j6.24$

**13** 회로에서 20[Ω]의 저항이 소비하는 전력은 몇 [W]인가?

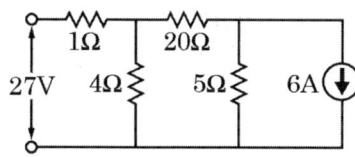

① 14　　② 27
③ 40　　④ 80

해설 | 테브난의 정리
• 20[Ω]에 흐르는 전류 $I$ 계산

| 각 지점 $V_{th}$, $R_{th}$계산 |
|---|

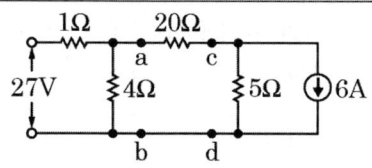

| a-b 지점 $V_{th}$, $R_{th}$ | c-d 지점 $V_{th}$, $R_{th}$ |
|---|---|
| $V_{th} = \dfrac{4}{1+4} \times 27$ $= 21.6[V]$ $R_{th} = \dfrac{1 \times 4}{1+4} = 0.8[\Omega]$ | $V_{th} = 5 \times 6 = 30[A]$ $R_{th} = 5[\Omega]$ |

| 테브난 등가회로 변환 및 전류 $I$ 계산 |
|---|

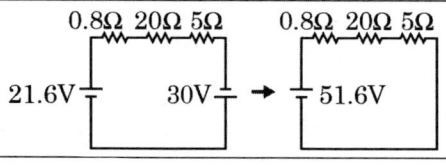

$$I = \frac{V}{R} = \frac{51.6}{25.8} = 2[A]$$

∴ 소비 전력 $P$ 계산
$$P = I^2 R = 2^2 \times 20 = 80[W]$$

**14** RC 직렬회로에서 직류전압 $V(V)$가 인가되었을 때 전류 $i(t)$에 대한 전압 방정식 $(KVL)$이 $V = Ri(t) + \dfrac{1}{C}\int i(t)dt [V]$이다. 전류 $i(t)$의 라플라스 변환인 $I(s)$는? (단, C에는 초기 전하가 없다)

① $I(s) = \dfrac{V}{R} \dfrac{1}{s - \dfrac{1}{RC}}$

② $I(s) = \dfrac{C}{R} \dfrac{1}{s + \dfrac{1}{RC}}$

③ $I(s) = \dfrac{V}{R} \dfrac{1}{s + \dfrac{1}{RC}}$

④ $I(s) = \dfrac{R}{C} \dfrac{1}{s - \dfrac{1}{RC}}$

해설 | 전압방정식의 라플라스 변환
• $Vu(t) = Ri(t) + \dfrac{1}{C}\int i(t)dt$

　　TIP 직류전압일 시 $V \rightarrow Vu(t)$

• $\mathcal{L}[Vu(t) = Ri(t) + \dfrac{1}{C}\int i(t)dt]$

$\Rightarrow V \cdot \dfrac{1}{s} = RI(s) + \dfrac{1}{Cs}I(s)$

• $I(s)$ 기준으로 정리

$$I(s) = \frac{V}{s(R + \dfrac{1}{Cs})} = \frac{V}{Rs + \dfrac{1}{C}} \times \frac{\dfrac{1}{R}}{\dfrac{1}{R}}$$

∴ $\dfrac{V}{R} \dfrac{1}{s + \dfrac{1}{RC}}$

**15** 선간전압이 100 [V]이고, 역률이 0.6인 평형 3상 부하에서 무효전력이 Q = 10 [kVar]일 때, 선전류의 크기는 약 몇 [A]인가?

① 57.7   ② 72.2
③ 96.2   ④ 125

해설 | 무효전력의 계산
- $P_r = \sqrt{3}\, V_\ell I_\ell \sin\theta$
- $10000[\text{kVar}] = \sqrt{3} \times 100 \times I_\ell \times 0.8$
- $\therefore I_\ell = 72.2[\text{A}]$

**16** 그림과 같은 T형 4단자회로망에서 4단자 정수 A와 C는?

(단, $z_1 = \dfrac{1}{Y_1},\ z_2 = \dfrac{1}{Y_2},\ z_3 = \dfrac{1}{Y_3}$)

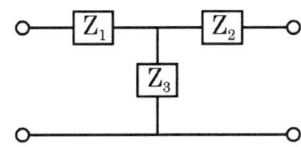

① $A = 1 + \dfrac{Y_3}{Y_1},\ C = Y_2$

② $A = 1 + \dfrac{Y_3}{Y_1},\ C = \dfrac{1}{Y_3}$

③ $A = 1 + \dfrac{Y_3}{Y_1},\ C = Y_3$

④ $A = 1 + \dfrac{Y_1}{Y_3},\ C = \left(1 + \dfrac{Y_1}{Y_3}\right)\dfrac{Y_1}{Y_3} + \dfrac{1}{Y_2}$

해설 | 4단자 정수 A, C 값 계산

$$\begin{bmatrix} A & B \\ C & D \end{bmatrix} = \begin{bmatrix} 1 & Z_1 \\ 0 & 1 \end{bmatrix} \begin{bmatrix} 1 & 0 \\ \dfrac{1}{Z_3} & 1 \end{bmatrix} \begin{bmatrix} 1 & Z_2 \\ 0 & 1 \end{bmatrix}$$

$$= \begin{bmatrix} 1 + \dfrac{Z_1}{Z_3} & Z_1 + Z_2 + \dfrac{Z_1 Z_2}{Z_3} \\ \dfrac{1}{Z_3} & 1 + \dfrac{Z_2}{Z_3} \end{bmatrix}$$

$\therefore A = 1 + \dfrac{Z_1}{Z_3} = 1 + \dfrac{Y_3}{Y_1}$

$C = \dfrac{1}{Z_3} = Y_3$

**17** 어떤 회로의 유효전력이 300 [W], 무효전력이 400 [Var]이다. 이 회로의 복소전력의 크기[VA]는?

① 350   ② 500
③ 600   ④ 700

해설 | 복소전력 $P_a$ 크기 계산
$P_a = 300 + j400\,[\text{VA}]$
$\therefore \sqrt{300^2 + 400^2} = 500\,[\text{VA}]$

정답  15 ②   16 ③   17 ②

**18** $R=4[\Omega]$, $\omega L=3[\Omega]$의 직렬회로의 $e=100\sqrt{2}\sin\omega t+50\sqrt{2}\sin3\omega t$ [V]를 인가할 때 이 회로의 소비전력은 약 몇 [W] 인가?

① 1000　② 1414
③ 1560　④ 1703

해설 | 소비전력 $P_t$ 계산

- $P_1 = I_1^2 R = \left(\dfrac{V}{\sqrt{R^2+(\omega L)^2}}\right)^2 \times R$

  $= \left(\dfrac{100}{\sqrt{4^2+3^2}}\right)^2 \times 4 = 1600\,[\text{W}]$

- $P_3 = I_3^2 R = \left(\dfrac{V}{\sqrt{R^2+(3\omega L)^2}}\right)^2 \times R$

  $= \left(\dfrac{50}{\sqrt{4^2+(3\times3)^2}}\right) \times 4 = 103\,[\text{W}]$

  $\therefore P_1 + P_2 = 1703\,[\text{W}]$

**19** 단위길이당 인덕턴스가 L [H/m]이고, 단위길이당 정전용량이 C [F/m]인 무손실 선로에서의 진행파 속도 [m/s]는?

① $\sqrt{LC}$　② $\dfrac{1}{\sqrt{LC}}$
③ $\sqrt{\dfrac{C}{L}}$　④ $\sqrt{\dfrac{L}{C}}$

해설 | 무손실 선로 진행파 속도 $v$ 계산

$v = \dfrac{\omega}{\beta} = \dfrac{\omega}{\omega\sqrt{LC}} = \dfrac{1}{\sqrt{LC}}$

**20** t = 0에서 스위치(S)를 닫았을 때 t = $0^+$에서의 i(t)는 몇 [A]인가? (단, 커패시터에 초기 전하는 없다)

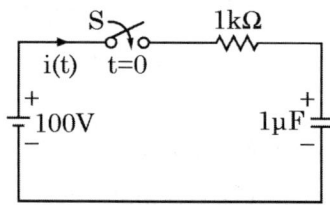

① 0.1　② 0.2
③ 0.4　④ 1.0

해설 | R-C 직렬회로 t = $0^+$일 때 i(t) 계산

$i(t) = \dfrac{E}{R}e^{-\frac{1}{RC}t}\,|\,t=0$

$= \dfrac{E}{R} = \dfrac{100}{1000} = 0.1\,[\text{A}]$

# 2020년 4회

**01** 전달함수가 $G(s) = \dfrac{10}{s^2+3s+2}$으로 표현되는 제어시스템에서 직류 이득은 얼마인가?

① 1
② 2
③ 3
④ 5

해설 | 직류이득 계산
$s = j\omega = j2\pi f|_{f=0} = 0$ (직류일 때, $f=0$)
$\therefore \dfrac{10}{s^2+3s+2}\bigg|_{s=0} = 5$

**02** 시스템행렬 A가 다음과 같을 때 상태천이 행렬을 구하면?

$$A = \begin{bmatrix} 0 & 1 \\ -2 & -3 \end{bmatrix}$$

① $\begin{bmatrix} 2e^t - e^{2t} & -e^t + e^{2t} \\ 2e^t - 2e^{2t} & -e^t - 2e^{2t} \end{bmatrix}$

② $\begin{bmatrix} 2e^{-t} - e^{-2t} & e^{-t} + e^{-2t} \\ -2e^t + 2e^{-2t} & -e^{-t} - 2e^{-2t} \end{bmatrix}$

③ $\begin{bmatrix} 2e^{-t} - e^{-2t} & -e^{-t} + e^{-2t} \\ 2e^t - 2e^{-2t} & -e^{-t} - 2e^{-2t} \end{bmatrix}$

④ $\begin{bmatrix} 2e^{-t} - e^{-2t} & e^{-t} - e^{-2t} \\ -2e^t - 2e^{-2t} & -e^{-t} + 2e^{-2t} \end{bmatrix}$

해설 | 상태 천이 행렬 $\phi(t)$ 계산

$|sI - A| = \begin{bmatrix} s & 0 \\ 0 & s \end{bmatrix} - \begin{bmatrix} 0 & 1 \\ -2 & -3 \end{bmatrix} = \begin{bmatrix} s & -1 \\ 2 & s+3 \end{bmatrix}$

• $\det|sI - A| = s^2 + 3s + 2$

• $|sI - A|^{-1} = \dfrac{1}{s^2+3s+2} \begin{vmatrix} s+3 & 1 \\ -2 & s \end{vmatrix}$

• $\phi(t) = \mathcal{L}^{-1}(|sI - A|^{-1})$

$\mathcal{L}^{-1}\left[\begin{vmatrix} \dfrac{s+3}{(s+1)(s+2)} & \dfrac{1}{(s+1)(s+2)} \\ \dfrac{-2}{(s+1)(s+2)} & \dfrac{s}{(s+1)(s+2)} \end{vmatrix}\right]$

$\therefore \phi(t) = \begin{bmatrix} 2e^{-t} - e^{-2t} & e^{-t} - e^{-2t} \\ -2e^{-t} + 2e^{-2t} & -e^{-t} + 2e^{-2t} \end{bmatrix}$

**03** Routh-Hurwitz 안정도 판별법을 이용하여 특성방정식이 $s^3 + 3s^2 + 3s + 1 + K = 0$으로 주어진 제어시스템이 안정하기 위한 K의 범위를 구하면?

① $-1 \leq K < 8$
② $-1 < K \leq 8$
③ $-1 < K < 8$
④ $K < -1$ 또는 $K > 8$

해설 | Routh 판별법
• Routh표

| 차수 | 제1열 | 제2열 |
| --- | --- | --- |
| $s^3$ | 1 | 3 |
| $s^2$ | 3 | $1+K$ |
| $s^1$ | $\dfrac{9-(1+K)}{3} = \dfrac{8-K}{3}$ | 0 |
| $s^0$ | $1+K$ | 0 |

정답 01 ④ 02 ④ 03 ③

- 제어계가 안정될 필요조건
  ① 모든 차수의 계수가 존재할 것
  ② 특성방정식의 모든 계수의 부호가 같아야 한다.
  ③ 루스표를 작성하고 루스표의 1열 부호가 변화하지 않고 같아야 한다.

- K 범위 계산
  $s^1 = 8 - K > 0 \rightarrow K < 8$
  $s^0 = 1 + K > 0 \rightarrow K > -1$
  $\therefore -1 < K < 8$

## 04 근궤적의 성질 중 틀린 것은?

① 근궤적은 실수축을 기준으로 대칭이다.
② 점근선은 허수축 상에서 교차한다.
③ 근궤적의 가지 수는 특성방정식의 차수와 같다.
④ 근궤적은 개루프 전달함수의 극점으로부터 출발한다.

해설 | 근궤적
- 실수축을 기준으로 상하 대칭
- 점근선은 실수축 상에서 교차
- 근궤적의 수 = 특성방정식의 차수
- 근궤적은 s평면의 좌반면을 지나야 안정하고 우반면을 지나면 불안정이다.
- 근궤적의 출발점은 극점이고 도착점은 영점이다.

## 05 그림과 같은 블록선도의 제어시스템에서 속도편차 상수 $K_v$는 얼마인가?

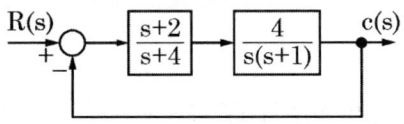

① 0  ② 0.5
③ 2  ④ ∞

해설 | 속도편차 상수 $K_v$ 계산
- $K_v = \lim_{s \to 0} s\, G(s) H(s)$

$G(s) = \dfrac{4(s+2)}{s(s+1)(s+4)}, H(s) = 1$

$\therefore K_v = \lim_{s \to 0} s\, G(s) H(s)$

$= s \times \dfrac{4(s+2)}{s(s+1)(s+4)} = 2$

## 06 그림의 신호흐름선도에서 C(s)/R(s)는?

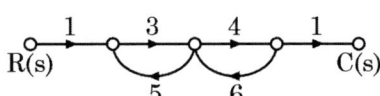

① $-\dfrac{2}{5}$  ② $-\dfrac{6}{19}$
③ $-\dfrac{12}{29}$  ④ $-\dfrac{12}{37}$

해설 | 신호흐름선도 $\dfrac{C(s)}{R(s)}$ 정리

$\dfrac{C(s)}{R(s)} = \dfrac{\sum \text{전향 경로 이득}}{1 - \sum \text{폐루프 경로 이득}}$

$= \dfrac{3 \times 4}{1 - (3 \times 5 + 4 \times 6)}$

$= -\dfrac{12}{38} = -\dfrac{6}{19}$

정답 04 ② 05 ③ 06 ②

## 07 다음 논리식을 간단히 한 것은?

$$Y = \overline{A}BC\overline{D} + \overline{A}BCD + \overline{A}\,\overline{B}\,C\overline{D} + \overline{A}\,\overline{B}CD$$

① $Y = \overline{A}C$
② $Y = A\overline{C}$
③ $Y = AB$
④ $Y = BC$

**해설 | 논리식의 간소화**

$$Y = \overline{A}BC\overline{D} + \overline{A}BCD + \overline{A}\,\overline{B}\,C\overline{D} + \overline{A}\,\overline{B}CD$$
$$= \overline{A}BC(\overline{D}+D) + \overline{A}\,\overline{B}C(\overline{D}+D)$$
$$= \overline{A}BC + \overline{A}\,\overline{B}C = \overline{A}C(B+\overline{B}) = \overline{A}C$$

## 08 전달함수가 $\dfrac{C(s)}{R(s)} = \dfrac{25}{s^2+6s+25}$인 2차 제어시스템의 감쇠 진동 주파수($\omega_d$)는 몇 [rad/sec]인가?

① 3
② 4
③ 5
④ 6

**해설 | 감쇠 진동 주파수 $\omega_d$ 계산**

- 2차 제어계 전달함수 $M_s$

$$M_s = \dfrac{\omega_n^2}{s^2 + 2\zeta\omega_n s + \omega_n^2}$$
$$= \dfrac{25}{s^2+6s+25} \text{에서}$$

- 고유 진동 각 주파수 $\omega_n = 5$
- $2\zeta\omega_n = 6$이므로 $\zeta = \dfrac{6}{10}(=0.6)$

∴ 감쇠 진동 주파수 $\omega_d$ [rad/sec]
$$\omega_d = \omega_n\sqrt{1-\zeta^2} = 5\sqrt{1-0.6^2} = 4$$

## 09 폐루프 시스템에서 응답의 잔류 편차 또는 정상상태오차를 제거하기 위한 제어기법은?

① 비례제어
② 적분제어
③ 미분제어
④ on-off제어

**해설 | 자동제어의 분류**

- 비례동작(P제어)
  off-set 잔류편차, 정상편차, 정상오차가 발생. 속응성(응답속도)이 나쁨
- 미분제어(D제어)
  진동을 억제하여 속응성(응답속도)을 개선 → 진상보상
- 적분제어(I제어)
  응답특성을 개선하여 off-set 잔류편차, 정상편차, 정상오차를 제어 → 지상보상

## 10 r(t)의 z 변환을 E(z)라고 했을 때 e(t)의 초기값 e(0)는?

① $\lim\limits_{z \to 1} E(z)$
② $\lim\limits_{z \to \infty} E(z)$
③ $\lim\limits_{z \to 1}(1-z^{-1})E(z)$
④ $\lim\limits_{z \to \infty}(1-z^{-1})E(z)$

**해설 | 초기값 및 최종값 정리**

- 초기값 정리 $\lim\limits_{k \to 0} e(kT) = \lim\limits_{z \to \infty} E(z)$
- 최종값 정리
  $\lim\limits_{k \to \infty} e(kT) = \lim\limits_{z \to 1}(1-z^{-1})E(z)$

## 11
RL 직렬회로에 순시치 전압
$v(t) = 20 + 100\sin\omega t + 40\sin(3\omega t + 60°)$
$+ 40\sin 5\omega t [V]$를 가할 때
제5고조파 전류의 실횻값 크기는 약 몇 [A]인가? (단, $R = 4[\Omega]$, $\omega L = 1[\Omega]$이다)

① 4.4  ② 5.66
③ 6.25  ④ 8.0

해설 | 제5고조파의 실횻값 계산
$$I_5 = \frac{V_5}{\sqrt{R^2 + (5\omega L)^2}} = \frac{\frac{40}{\sqrt{2}}}{\sqrt{4^2 + (5 \times 1)^2}}$$
$= 4.4[A]$

## 12
대칭 3상 전압이 공급되는 3상 유도전동기에서 각 계기의 지시는 다음과 같다. 유도전동기의 역률은 약 얼마인가?

전력계($W_1$) : 2.84 [kW]
전력계($W_2$) : 6.00 [kW]
전압계(V) : 200 [V]
전류계(A) : 30 [A]

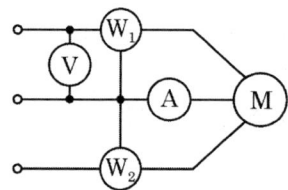

① 0.70  ② 0.75
③ 0.80  ④ 0.85

해설 | 제2전력계법
$\cos\theta = \dfrac{유효전력}{피상전력} = \dfrac{P_1 + P_2}{\sqrt{3}\,VI}$
$= \dfrac{(2.84 + 6.00) \times 10^3}{\sqrt{3} \times 200 \times 30} = 0.85$

## 13
불평형 3상 전류 $I_a = 25 + j4$ [A], $I_b = -18 - j16$ [A], $I_c = 7 + j15$ [A]일 때, 영상전류 $I_0$ [A]는?

① 2.67 + j  ② 2.67 + j2
③ 4.67 + j  ④ 4.67 + j2

해설 | 영상전류 $I_0$ 계산
$I_0 = \dfrac{1}{3}(I_a + I_b + I_c)$
$= \dfrac{1}{3}(25 + j4 - 18 - j16 + 7 + 15i)$
$= 4.67 + j$

## 14
회로의 단자 a와 b 사이에 나타나는 전압 $V_{ab}$는 몇 [V]인가?

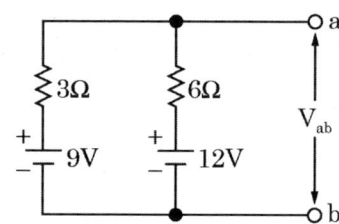

① 3  ② 9
③ 10  ④ 12

해설 | 밀만의 정리
$V_{ab} = IZ = \dfrac{I}{Y} = \dfrac{\dfrac{V_1}{Z_1} + \dfrac{V_2}{Z_2} \cdots \dfrac{V_n}{Z_n}}{\dfrac{1}{Z_1} + \dfrac{1}{Z_2} \cdots + Z_n}$
$= \dfrac{\dfrac{9}{3} + \dfrac{12}{6}}{\dfrac{1}{3} + \dfrac{1}{6}} = 10[V]$

**15** 4단자 정수 A, B, C, D 중에서 전압이득의 차원을 가진 정수는?

① A
② B
③ C
④ D

해설 | 4단자 정수

| A | 개방전압 이득 |
|---|---|
| B | 단락 임피던스 |
| C | 개방 어드미턴스 |
| D | 단락 전류이득 |

**16** 분포정수회로에서 직렬 임피던스를 Z, 병렬 어드미턴스를 Y라 할 때, 선로의 특성 임피던스 $Z_0$는?

① $ZY$
② $\sqrt{ZY}$
③ $\sqrt{\dfrac{Y}{Z}}$
④ $\sqrt{\dfrac{Z}{Y}}$

해설 | 특성임피던스 $Z_0$

$$Z_0 = \sqrt{\dfrac{Z}{Y}} = \sqrt{\dfrac{R+j\omega L}{G+j\omega C}} = \sqrt{\dfrac{L}{C}}$$

**17** 그림과 같은 회로의 구동점 임피던스 Z [Ω]는?

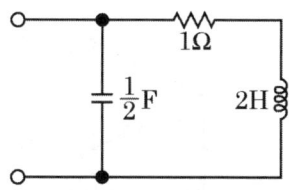

① $\dfrac{2(2s+1)}{2s^2+s+2}$
② $\dfrac{2s^2+s-2}{-2(2s+1)}$
③ $\dfrac{-2(2s+1)}{2s^2+s-2}$
④ $\dfrac{2s^2+s+2}{2(2s+1)}$

해설 | 구동점 임피던스 Z 계산

- $\dfrac{1}{Cs}\Big|_{C=\frac{1}{2}} \to = \dfrac{1}{\frac{s}{2}} = \dfrac{2}{s}[\Omega]$

- $R = 1[\Omega]$
- $Ls|_{L=2} = 2s[\Omega]$

- $Z = \dfrac{\dfrac{2}{s} \times (1+2s)}{\dfrac{2}{s}+1+2s} \times \dfrac{s}{s} = \dfrac{2(1+2s)}{2+s+2s^2}$

∴ $Z = \dfrac{2(2s+1)}{2s^2+s+2}[\Omega]$

**18** △결선으로 운전 중인 3상 변압기에서 하나의 변압기 고장에 의해 V결선으로 운전하는 경우 V결선으로 공급할 수 있는 전력은 고장 전 △결선으로 공급할 수 있는 전력에 비해 약 몇 [%]인가?

① 86.6
② 75.0
③ 66.7
④ 57.7

해설 | V결선 출력비

$\dfrac{\sqrt{3}}{3} = 57.7[\%]$

정답 15 ① 16 ④ 17 ① 18 ④

**19** 그림의 교류 브리지회로가 평형이 되는 조건은?

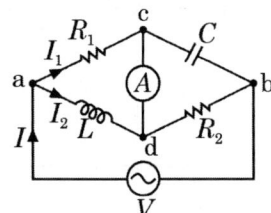

① $L = \dfrac{R_1 R_2}{C}$  ② $L = \dfrac{C}{R_1 R_2}$

③ $L = R_1 R_2 C$  ④ $L = \dfrac{R_2}{R_1} C$

해설 | 브리지회로 평형 조건

$R_1 R_2 = X_L X_C \rightarrow R_1 R_2 = \omega L \dfrac{1}{\omega C}$

$\therefore L = R_1 R_2 C$

**20** $f(t) = t^n$의 라플라스 변환식은?

① $n/s^n$  ② $n+1/s^{n+1}$

③ $n!/s^{n+1}$  ④ $n+1/s^{n!}$

해설 | 라플라스 변환

$\mathcal{L}[t^n] = \dfrac{n!}{s^{n+1}}$

# 2019년 1회

**01** 다음의 신호흐름선도를 메이슨의 공식을 이용하여 전달함수를 구하고자 한다. 이 신호흐름선도에서 루프(Loop)는 몇 개인가?

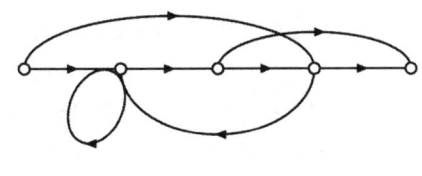

① 0　　　　② 1
③ 2　　　　④ 3

해설 | 루프(Loop)
어느 한 점에서 출발하여 다시 그 점으로 돌아오는 경로

**02** 특성 방정식 중에서 안정된 시스템인 것은?

① $2s^3 + 3s^2 + 4s + 5 = 0$
② $s^4 + 3s^3 - s^2 + s + 10 = 0$
③ $s^5 + s^3 + 2s^2 + 4s + 3 = 0$
④ $s^4 - 2s^3 - 3s^2 + 4s + 5 = 0$

해설 | 안정된 시스템 조건
• 모든 차수의 계수가 존재할 것
• 특성방정식의 모든 계수의 부호가 같아야 한다.
• 루스표를 작성하고 루스표의 1열 부호가 변화하지 않고 같아야 한다.

**03** 타이머에서 입력신호가 주어지면 바로 동작하고, 입력신호가 차단된 후에는 일정시간이 지난 후에 출력이 소멸되는 동작형태는?

① 한시동작 순시복귀
② 순시동작 순시복귀
③ 한시동작 한시복귀
④ 순시동작 한시복귀

해설 | 순시동작 한시복귀
• 입력신호가 주어지면 바로 동작
• 입력신호가 차단된 후에는 일정시간이 지난 후에 출력이 소멸되는 동작

**04** 단위궤환 제어시스템의 전향경로 전달함수가 $G(s) = \dfrac{K}{s(s^2+5s+4)}$ 일 때, 이 시스템이 안정하기 위한 $K$의 범위는?

① $K < -20$　　　② $-20 < K < 0$
③ $0 < K < 20$　　④ $20 < K$

해설 | 시스템 안정되기 위한 K의 범위
• 특성방정식 $s^3 + 5s^2 + 4s + K = 0$

TIP 전향경로(개루프) 전달함수 특성방정식
분자 + 분모 = 0

• Routh표

| 차수 | 제1열 | 제2열 | 차수 | 제1열 | 제2열 |
|---|---|---|---|---|---|
| $s^3$ | 1 | 4 | $s^1$ | $\dfrac{20-K}{5}$ | 0 |
| $s^2$ | 5 | $K$ | $s^0$ | $K$ | 0 |

정답 01 ③　02 ①　03 ④　04 ③

- 안정된 시스템 조건
  ① 모든 차수의 계수가 존재할 것
  ② 특성방정식의 모든 계수의 부호가 같아야 한다.
  ③ 루스표를 작성하고 루스표의 1열 부호가 변화하지 않고 같아야 한다.
- K 범위 계산

$s^1 = 20 - K > 0 \rightarrow K < 20$

$s^0 = K > 0$

$\therefore 0 < K < 20$

## 05 $R(z) = \dfrac{(1-e^{-aT})Z}{(Z-1)(Z-e^{-aT})}$ 의 역변환은?

① $te^{aT}$   ② $te^{-aT}$
③ $1 - e^{-aT}$   ④ $1 + e^{-aT}$

해설 | 역라플라스 변환

$R(z) = \dfrac{(1-e^{-aT})Z}{(Z-1)(Z-e^{-aT})}$

$= \dfrac{(1-e^{-aT})Z - Z^2 + Z^2}{(Z-1)(Z-e^{-aT})}$

$= \dfrac{Z(Z-e^{-aT}) - Z(Z-1)}{(Z-1)(Z-e^{-aT})}$

$= \dfrac{Z}{(Z-1)} - \dfrac{Z}{(Z-e^{-aT})}$

$\therefore 1 - e^{-aT}$

보충 $\mathcal{L}$ 및 $z$ 변환

| $f(t)$ | $F(s)$ | $F(z)$ |
|---|---|---|
| $u(t)$ | $\dfrac{1}{s}$ | $\dfrac{z}{z-1}$ |
| $t$ | $\dfrac{1}{s^2}$ | $\dfrac{z}{(z-1)^2}$ |
| $e^{-at}$ | $\dfrac{1}{(s+a)}$ | $\dfrac{z}{z-e^{-at}}$ |
| $\sin\omega t$ | $\dfrac{\omega}{s^2+\omega^2}$ | $\dfrac{z\sin\omega T}{z^2-2z\cos\omega T+1}$ |

## 06 시간영역에서 자동제어계를 해석할 때 기본 시험입력에 보통 사용되지 않는 입력은?

① 정속도 입력
② 정현파 입력
③ 단위계단 입력
④ 정가속도 입력

해설 | 자동제어계 기본 시험입력(시간영역)

| 입력 | 편차 |
|---|---|
| 단위계단입력 | 정상위치편차 |
| 정속도입력 | 정상속도편차 |
| 정가속도입력 | 정상가속도편차 |

## 07 $G(s)H(s) = \dfrac{K(s-1)}{s(s+1)(s-4)}$ 에서 점근선의 교차점을 구하면?

① -1   ② 0
③ 1   ④ 2

해설 | 교차점 $\sigma$ 계산

- $\sigma = \dfrac{\sum 극점 - \sum 영점}{P(극점\ 개수) - Z(영점\ 개수)}$

극점 0, -1, 4 : 3개
영점 1 : 1개

$\therefore \sigma = \dfrac{(-1+4)-(1)}{3-1} = \dfrac{2}{2} = 1$

정답 05 ③　06 ②　07 ③

**08** n차 선형 시불변 시스템의 상태방정식을 $\frac{d}{dt}X(t) = AX(t) + Br(t)$로 표시할 때 상태천이 행렬 $\Phi(t)$ ($n \times n$행렬)에 관하여 틀린 것은?

① $\Phi(t) = e^{At}$
② $\frac{d\Phi(t)}{dt} = A \cdot \Phi(t)$
③ $\Phi(t) = \mathcal{L}^{-1}[(sI-A)^{-1}]$
④ $\Phi(t)$는 시스템의 정상상태응답을 나타낸다.

해설 | 상태천이 행렬 $\phi(t)$
선형제어계의 과도응답(변해가는 과정)
· 상태 천이 행렬식
　$\phi(t) = \mathcal{L}^{-1}[(sI-A)^{-1}]$
· 특성 방정식
　$|sI-A| = 0$　$A$ : 시스템 행렬
· 성질
　① $\phi(0) = I$　$I$ : 단위행렬
　② $\phi^{-1}(t) = \phi(-t) = e^{-At}$
　③ $\phi(t_2-t_1)\phi(t_1-t_0) = \phi(t_2-t_0)$
　④ $[\phi(t)]^k = \phi(kt)$

**09** 다음의 신호흐름선도에서 C/R는?

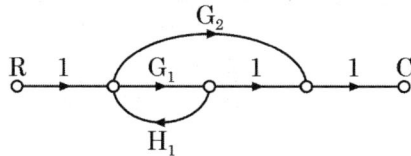

① $\frac{G_1+G_2}{1-G_1H_1}$　　② $\frac{G_1G_2}{1-G_1H_1}$
③ $\frac{G_1+G_2}{1+G_1H_1}$　　④ $\frac{G_1G_2}{1+G_1H_1}$

해설 | 신호흐름선도 $\frac{C}{R}$ 정리
$\frac{C}{R} = \frac{\text{전향 경로 이득}}{1-\text{폐루프 경로 이득}}$
$= \frac{G_1+G_2}{1-G_1H_1}$

**10** PD 조절기와 전달함수 G(s) = 1.2 + 0.02s의 영점은?

① -60　　② -50
③ 50　　④ 60

해설 | 영점 s 계산
G(s) = 1.2 + 0.02s = 0
∴ s = -60

**11** $e = 100\sqrt{2}\sin\omega t + 75\sqrt{2}\sin3\omega t + 20\sqrt{2}\sin5\omega t$ [V]인 전압을 R-L 직렬회로에 가할 때 제3고조파 전류의 실횻값은 몇 [A]인가? (단, $R=4[\Omega]$, $\omega L=1[\Omega]$이다)

① 15　　② $15\sqrt{2}$
③ 20　　④ $20\sqrt{2}$

해설 | 제3고조파 실횻값
$Z_3 = R + j3\omega L = 4 + j3$
$I_3 = \frac{V_3}{|Z_3|} = \frac{V_3}{\sqrt{R^2+(3\omega L)^2}}$
$= \frac{\frac{75\sqrt{2}}{\sqrt{2}}}{\sqrt{4^2+3^2}} = 15$ [A]

정답　08 ④　09 ①　10 ①　11 ①

**12** 전원과 부하가 △결선된 3상 평형회로가 있다. 전원전압이 200 [V], 부하 1상의 임피던스가 6 + j8 [Ω]일 때 선전류 [A]는?

① 20
② $20\sqrt{3}$
③ $\dfrac{20}{\sqrt{3}}$
④ $\dfrac{\sqrt{3}}{20}$

해설 | △ 결선 선전류 계산
- △ 결선 상전류
$$I_p = \frac{V}{Z} = \frac{200}{\sqrt{6^2+8^2}} = 20 \text{ [A]}$$

∴ △ 결선 선전류 계산
$$I_\ell = \sqrt{3}\,I_p = \sqrt{3} \times 20 = 20\sqrt{3} \text{ [A]}$$

TIP △결선 선간 및 상전류 관계 $\sqrt{3}\,I_p = I_\ell$

**13** 분포정수 선로에서 무왜형 조건이 성립하면 어떻게 되는가?

① 감쇠량이 최소로 된다.
② 전파속도가 최대로 된다.
③ 감쇠량은 주파수에 비례한다.
④ 위상정수가 주파수에 관계없이 일정하다.

해설 | 무왜형 선로
송전단 파형이 수전단으로 보내질 때 파형의 일그러짐이 없으므로 감쇠량이 최소
- 무왜형 선로 조건 : LG = RC
- $Z_0 = \sqrt{\dfrac{Z}{Y}} = \sqrt{\dfrac{R+j\omega L}{G+j\omega C}} = \sqrt{\dfrac{L}{C}}$
- 전파속도 $v = \dfrac{1}{\sqrt{LC}}$

**14** 회로에서 V = 10[V], R = 10[Ω], L = 1[H], C = 10[μF] 그리고 $V_c(0) = 0$일 때 스위치 $K$를 닫은 직후 전류의 변화율 $\dfrac{di}{dt}(0^+)$의 값 [A/sec]은?

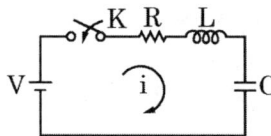

① 0
② 1
③ 5
④ 10

해설 | $\dfrac{di}{dt}(0^+)$ 계산
$$V = L\frac{di(0+)}{dt} \text{[V]},\quad \frac{V}{L} = \frac{di(0+)}{dt}$$
$$\therefore \frac{10}{1} = 10 \text{[A/sec]}$$

**15** $F(s) = \dfrac{2s+15}{s^3+s^2+3s}$일 때 $f(t)$의 최종값은?

① 2
② 3
③ 5
④ 15

해설 | 최종값 정리
$$F(s) = \frac{2s+15}{s^3+s^2+3s} = \frac{2s+15}{s(s^2+s+3)}$$
$$\therefore \lim_{s \to 0} s \cdot \frac{2s+15}{s(s^2+s+3)} = \frac{15}{3} = 5$$

정답 12 ② 13 ① 14 ④ 15 ③

**16** 대칭 5상 교류 성형결선에서 선간전압과 상전압 간의 위상차는 몇 도인가?

① 27°  ② 36°
③ 54°  ④ 72°

해설 | 대칭 n상회로의 위상차

$$\theta = \frac{\pi}{2}\left(1 - \frac{2}{n}\right)\Big|_{n=5}$$
$$= \frac{180}{2}\left(1 - \frac{2}{5}\right) = 90° \times \frac{3}{5} = 54°$$

**17** 정현파 교류 $V = V_m \sin\omega t$의 전압을 반파 정류하였을 때의 실횻값은 몇 [V]인가?

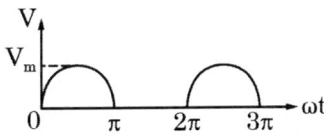

① $V_m/\sqrt{2}$  ② $V_m/2$
③ $V_m/2\sqrt{2}$  ④ $\sqrt{2}\,V_m$

해설 | 각 파형별 값 정리표

| 파형 | 실횻값 | 평균값 | 파형률 | 파고율 |
|---|---|---|---|---|
| 정현파 | $\frac{1}{\sqrt{2}}V_m$ | $\frac{2}{\pi}V_m$ | 1.11 | 1.414 |
| 반파 정현파 | $\frac{1}{2}V_m$ | $\frac{1}{\pi}V_m$ | 1.57 | 2 |
| 구형파 | $V_m$ | $V_m$ | 1 | 1 |
| 반파 구형파 | $\frac{1}{\sqrt{2}}V_m$ | $\frac{1}{2}V_m$ | 1.41 | 1.41 |
| 삼각파 | $\frac{1}{\sqrt{3}}V_m$ | $\frac{1}{2}V_m$ | 1.15 | 1.73 |

**18** 회로망 출력단자 a-b에서 바라본 등가 임피던스는? (단, $V_1$ = 6 [V], $V_2$ = 3 [V], $I_1$ = 10 [A], $R_1$ = 15 [Ω], $R_2$ = 10 [Ω], L = 2 [H], $j\omega$ = s이다)

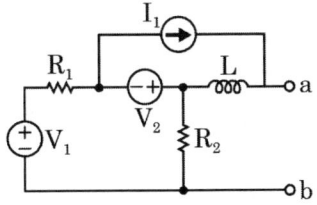

① $s + 15$  ② $2s + 6$
③ $\dfrac{3}{s+2}$  ④ $\dfrac{1}{s+3}$

해설 | 등가회로의 변환
전압원은 단락시키고 전류원은 개방

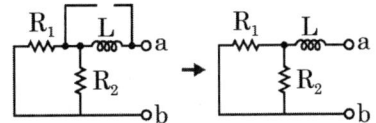

∴ $Z_{ab}$ 계산

$$Z_{ab} = \frac{R_1 R_2}{R_1 + R_2} + Ls$$
$$= \frac{15 \times 10}{15 + 10} + 2s = 6 + 2s$$

정답  16 ③  17 ②  18 ②

**19** 대칭상 전압이 a상 $V_a$, b상 $V_b = a^2 V_a$, c상 $V_c = aV_a$일 때 a상을 기준으로 한 대칭분 전압 중 정상분 $V_1$ [V]은 어떻게 표시되는가?

① $\frac{1}{3}V_a$   ② $V_a$

③ $aV_a$   ④ $a^2 V_a$

해설 | 정상분 $V_1$ 계산

$$V_1 = \frac{1}{3}(V_a + aV_b + a^2 V_c)$$
$$= \frac{1}{3}(V_a + a \times a^2 V_a + a^2 \times aV_a)$$
$$= \frac{1}{3}(V_a + V_a + V_a) = V_a$$

**20** 다음과 같은 비정현파 기전력 및 전류에 의한 평균전력을 구하면 몇 [W]인가?

$$e = 100\sin\omega t - 50\sin(3\omega t + 30°)$$
$$+ 20\sin(5\omega t + 45°) \text{ [V]}$$
$$i = 20\sin\omega t + 10\sin(3\omega t - 30°)$$
$$+ 5\sin(5\omega t - 45°) \text{ [A]}$$

① 825   ② 875
③ 925   ④ 1175

해설 | 평균전력 P 계산

$$P = V_1 I_1 \cos\theta_1 + V_3 I_3 \cos\theta_3 + V_5 I_5 \cos\theta_5$$
$$= \frac{100}{\sqrt{2}} \times \frac{20}{\sqrt{2}} \times \cos 0°$$
$$+ \frac{-50}{\sqrt{2}} \times \frac{10}{\sqrt{2}} \times \cos 60°$$
$$+ \frac{20}{\sqrt{2}} \times \frac{5}{\sqrt{2}} \times \cos 90° = 875 \text{ [W]}$$

# 2019년 2회

**01** 다음 회로망에서 입력전압을 $V_1(t)$, 출력전압을 $V_2(t)$라 할 때 $\dfrac{V_2(s)}{V_1(s)}$에 대한 고유주파수 $\omega_n$과 제동비 $\zeta$의 값은? (단, $R=100[\Omega]$, $L=2[\mathrm{H}]$, $C=200[\mu\mathrm{F}]$이고, 모든 초기전하는 0이다)

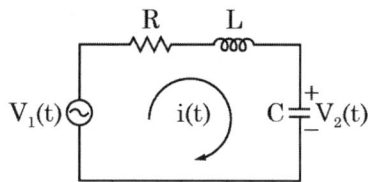

① $\omega_n = 50,\ \zeta = 0.5$
② $\omega_n = 50,\ \zeta = 0.7$
③ $\omega_n = 250,\ \zeta = 0.5$
④ $\omega_n = 250,\ \zeta = 0.7$

해설 | 고유주파수 $\omega_n$과 제동비 $\zeta$ 계산
• 전달함수 $G(s)$ 계산

$$G(s) = \dfrac{V_2(s)}{V_1(s)} = \dfrac{\dfrac{1}{Cs}}{R + Ls + \dfrac{1}{Cs}}$$

$$= \dfrac{1}{LCs^2 + RCs + 1}$$

• 2차 제어계 전달함수 형태 변환

$$\dfrac{1}{LCs^2 + RCs + 1} \div \dfrac{LC}{LC}$$

$$= \dfrac{\dfrac{1}{LC}}{s^2 + \dfrac{R}{L}s + \dfrac{1}{LC}}$$

2차 제어계 전달함수 형태가

$$\dfrac{\omega_n^2}{s^2 + 2\zeta\omega_n s + \omega_n^2}$$ 이므로 계수를 비교하면

• 고유주파수 $\omega_n$

$$\omega_n^2 = \dfrac{1}{LC}$$

$$\omega_n = \sqrt{\dfrac{1}{LC}} = \sqrt{\dfrac{1}{2 \times 200 \times 10^{-6}}}$$

$$= 50$$

• 제동비 $\zeta$ 계산

$$2\zeta\omega_n = \dfrac{R}{L} = \dfrac{100}{2} = 50$$

$$\zeta = \dfrac{50}{2\omega_n} = \dfrac{50}{2 \times 50} = 0.5$$

∴ $\omega_n = 50,\ \zeta = 0.5$

**02** 다음 신호 흐름선도의 일반식은?

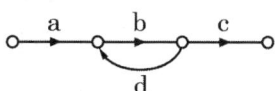

① $G = \dfrac{1-bd}{abc}$  ② $G = \dfrac{1+bd}{abc}$
③ $G = \dfrac{abc}{1+bd}$  ④ $G = \dfrac{abc}{1-bd}$

해설 | 신호 흐름선도 정리

$$\dfrac{\sum 전향\ 경로\ 이득}{1 - \sum 폐루프\ 경로\ 이득} = \dfrac{abc}{1-bd}$$

정답 01 ① 02 ④

03 폐루프 전달함수 $\dfrac{G(s)}{1+G(s)H(s)}$의 극의 위치를 개루프 전달함수 $G(s)H(s)$의 이득상수 $K$의 함수로 나타내는 기법은?

① 근궤적법  ② 보드 선도법
③ 이득 선도법  ④ Nyguist 판정법

해설 | 근궤적법
폐루프 전달함수 $\dfrac{G(s)}{1+G(s)H(s)}$의 극의 위치를 개루프 전달함수 $G(s)H(s)$의 이득상수 $K$의 함수로 나타내는 기법

04 2차계 과도응답에 대한 특성 방정식의 근은 $S_1$, $S_2 = -\zeta\omega_n \pm j\omega_n\sqrt{1-\zeta^2}$ 이다. 감쇠비 $\zeta$가 $0 < \zeta < 1$ 사이에 존재할 때 나타나는 현상은?

① 과제동  ② 무제동
③ 부족제동  ④ 임계제동

해설 | 감쇠비 $\zeta$와 제동 특성

| 크기 | 특성 |
|---|---|
| $\zeta > 1$ | 과제동 (비진동) |
| $\zeta = 1$ | 임계진동 |
| $0 < \zeta < 1$ | 부족제동 (감쇠진동) |
| $\zeta = 0$ | 무제동 (완전진동) |

05 다음의 블록선도에서 특성방정식의 근은?

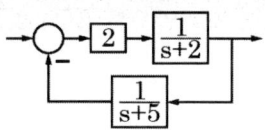

① -2, -5  ② 2, 5
③ -3, -4  ④ 3, 4

해설 | 특정방정식의 근 계산
• 전달함수 $G(s)H(s) = \dfrac{2}{(s+2)(s+5)}$
• 특성방정식 $1 + G(s)H(s) = 0$
$(s+2)(s+5) + 2 = s^2 + 7s + 12$
$= (s+3)(s+4) = 0$
∴ $s = -3$ 또는 $-4$

TIP 전향경로(개루프) 전달함수 특성방정식
분자 + 분모 = 0

06 다음 중 이진값 신호가 아닌 것은?

① 디지털 신호
② 아날로그 신호
③ 스위치의 On-Off 신호
④ 반도체 소자의 동작, 부동작 상태

해설 | 2진값
• 이진수 0, 1로 표현
• 스위치 신호
• 반도체 소자의 동작, 부동작 상태
• 불연속계 신호(디지털 신호)
※ 아날로그 신호 : 연속계

07 보드 선도에서 이득여유에 대한 정보를 얻을 수 있는 것은?

① 위상곡선 0°에서의 이득과 0 [dB]과의 차이
② 위상곡선 180°에서의 이득과 0 [dB]과의 차이
③ 위상곡선 -90°에서의 이득과 0 [dB]과의 차이
④ 위상곡선 -180°에서의 이득과 0 [dB]과의 차이

해설 | 이득여유 GM

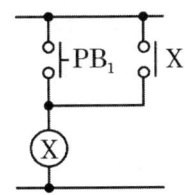

∴ 위상이 -180°에 도달했을 때의 이득 크기 [dB]

08 블록선도 변환이 틀린 것은?

해설 | 블록선도의 변환
① $X_3 = (X_1 + X_2)G$
② $X_2 = X_1 G$
③ $X_2 = X_1$, $X_3 = X_1 G$
④ $X_3 = (X_1 G + X_2) \neq X_3 = (X_1 + X_2 G)G$

09 그림의 시퀀스회로에서 전자접촉기 X에 의한 A접점(Normal open contact)의 사용 목적은?

① 자기유지회로
② 지연회로
③ 우선 선택회로
④ 인터록(Interlock)회로

해설 | 자기유지회로
• $PB_1$ 누를 시 X 여자
• X- a 접점이 투입되어 $PB_1$에서 손을 떼어도 X 여자 지속

**10** 단위 궤환제어계의 개루프 전달함수가 $G(s) = \dfrac{K}{s(s+2)}$일 때, $K$가 $-\infty$로부터 $+\infty$까지 변하는 경우 특성방정식의 근에 대한 설명으로 틀린 것은?

① $-\infty < K < 0$에 대하여 근은 모두 실근이다.
② $0 < K < 1$에 대하여 2개의 근은 모두 음의 실근이다.
③ $K = 0$에 대하여 $s_1 = 0$, $s_2 = -2$의 근은 $G(s)$의 극점과 일치한다.
④ $1 < K < \infty$에 대하여 2개의 근은 음의 실수부 중근이다.

해설 | 특성방정식
- $s(s+2) + K = 0$
  $s^2 + 2s + K = 0$

  **TIP** 전향경로(개루프) 전달함수 특성방정식
  분자 + 분모 = 0

- 특성근 계산
  $s = \dfrac{-b \pm \sqrt{b^2 - 4ac}}{2a} = -1 \pm \sqrt{1-K}$
  $-\infty < K < 0$ : 모두 실근
  $0 < K < 1$ : 서로 다른 음의 두 실근
  $K = 0$ : 극점과 일치하는 두 실근
  $1 < K < \infty$ : 2개의 음의 실수부를 갖는 공액복소근
  ∴ 특성방정식에서 2개의 음수를 중근으로 가지려면 $K = 1$이어야 한다.

**11** 길이에 따라 비례하는 저항 값을 가진 어떤 전열선에 $E_0[V]$의 전압을 인가하면 $P_0[W]$의 전력이 소비된다. 이 전열선을 잘라 원래 길이의 $\dfrac{2}{3}$로 만들고 $E[V]$의 전압을 가한다면 소비전력 $P[W]$는?

① $P = \dfrac{P_0}{2}\left(\dfrac{E}{E_0}\right)^2$
② $P = \dfrac{3P_0}{2}\left(\dfrac{E}{E_0}\right)^2$
③ $P = \dfrac{2P_0}{3}\left(\dfrac{E}{E_0}\right)^2$
④ $P = \dfrac{\sqrt{3}P_0}{2}\left(\dfrac{E}{E_0}\right)^2$

해설 | 전열선 길이의 $\dfrac{2}{3}$배 한 후의 소비전력 $P$
- 기존 소비전력 $P$ 계산
  $P_0 = \dfrac{E_0^2}{R}[W]$, $R = \dfrac{E_0^2}{P_0}$에서
- 저항은 길이에 비례하므로
  $R = \rho\dfrac{\ell}{S}$, $\ell = \dfrac{2}{3}$일 때, $R = \dfrac{2}{3}$배
- 길이 $\dfrac{2}{3}$일 때 소비전력 $P$ 계산
  $P = \dfrac{E^2}{\dfrac{2}{3}R}\bigg|_{R = \dfrac{E_0^2}{P_0}}[W]$
  ∴ $P = \dfrac{3P_0}{2}\left(\dfrac{E}{E_0}\right)^2$

정답 10 ④ 11 ②

**12** 회로에서 4단자 정수 A, B, C, D의 값은?

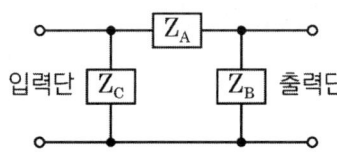

① $A = 1 + \dfrac{Z_A}{Z_B}$, $B = Z_A$
   $C = \dfrac{1}{Z_A}$, $D = 1 + \dfrac{Z_B}{Z_A}$

② $A = 1 + \dfrac{Z_A}{Z_B}$, $B = Z_A$
   $C = \dfrac{1}{Z_B}$, $D = 1 + \dfrac{Z_A}{Z_B}$

③ $A = 1 + \dfrac{Z_A}{Z_B}$, $B = Z_A$
   $C = \dfrac{Z_A + Z_B + Z_C}{Z_B Z_C}$, $D = 1 + \dfrac{1}{Z_B Z_C}$

④ $A = 1 + \dfrac{Z_A}{Z_B}$, $B = Z_A$
   $C = \dfrac{Z_A + Z_B + Z_C}{Z_B Z_C}$, $D = 1 + \dfrac{Z_A}{Z_C}$

해설 | 4단자 정수 계산

$$\begin{bmatrix} A & B \\ C & D \end{bmatrix} = \begin{bmatrix} 1 & 0 \\ \dfrac{1}{Z_C} & 1 \end{bmatrix} \begin{bmatrix} 1 & Z_A \\ 0 & 1 \end{bmatrix} \begin{bmatrix} 1 & 0 \\ \dfrac{1}{Z_B} & 1 \end{bmatrix}$$

$$= \begin{bmatrix} 1 & Z_A \\ \dfrac{1}{Z_C} & 1 + \dfrac{Z_A}{Z_C} \end{bmatrix} \begin{bmatrix} 1 & 0 \\ \dfrac{1}{Z_B} & 1 \end{bmatrix}$$

$$= \begin{bmatrix} 1 + \dfrac{Z_A}{Z_B} & Z_A \\ \dfrac{1}{Z_B} + \dfrac{1}{Z_C} + \dfrac{Z_A}{Z_B Z_C} & 1 + \dfrac{Z_A}{Z_C} \end{bmatrix}$$

**13** 어떤 콘덴서를 300 [V]로 충전하는 데 9 [J]의 에너지가 필요하였다. 이 콘덴서의 정전용량은 몇 [μF]인가?

① 100　② 200
③ 300　④ 400

해설 | 콘덴서 정전용량 C 계산

• $W = \dfrac{1}{2} CV^2$ [J]

∴ $C = \dfrac{2W}{V^2} = \dfrac{2 \times 9}{300^2} = 2 \times 10^{-4}$

$= 200 \times 10^{-6}$ [F]

$= 200 \, [\mu F]$

**14** 그림과 같은 순 저항회로에서 대칭 3상 전압을 가할 때 각 선에 흐르는 전류가 같으려면 R의 값은 몇 [Ω]인가?

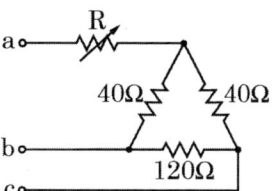

① 8　② 12
③ 16　④ 20

해설 | Y 등가회로 변환

• $R_a = \dfrac{40 \times 40}{40 + 40 + 120} = 8 \, [\Omega]$

• $R_b = \dfrac{40 \times 120}{40 + 40 + 120} = 24 \, [\Omega]$

• $R_c = \dfrac{120 \times 40}{40 + 40 + 120} = 24 \, [\Omega]$

∴ $R_A$ 측 16 [Ω] 연결

정답  12 ④  13 ②  14 ③

**15** 그림과 같은 RC 저역통과 필터회로에 단위 임펄스를 입력으로 가했을 때 응답 h(t)는?

$\delta(t)$ —[R]— •—— h(t)
         C⊥

① $h(t) = RCe^{-\frac{t}{RC}}$

② $h(t) = \frac{1}{RC}e^{-\frac{t}{RC}}$

③ $h(t) = \frac{R}{1+j\omega RC}$

④ $h(t) = \frac{1}{RC}e^{-\frac{C}{R}t}$

해설 | 응답 h(t) 계산
- 전달함수 $G(s)$ 정리

$$G(s) = \frac{\frac{1}{Cs}}{R+\frac{1}{Cs}} \times \frac{Cs}{Cs}$$

$$= \frac{1}{RCs+1} \times \frac{\frac{1}{RC}}{\frac{1}{RC}} = \frac{\frac{1}{RC}}{s+\frac{1}{RC}}$$

∴ 응답 $h(t)$ 계산

$$\mathcal{L}^{-1}\left[\frac{\frac{1}{RC}}{s+\frac{1}{RC}}\right] \Rightarrow h(t) = \frac{1}{RC}e^{-\frac{1}{RC}t}$$

**TIP** 임펄스 응답과 전달함수의 역라플라스 변환값은 같다.

**16** 전류 I(t) = 30sinωt + 40sin(3ωt + 45°) [A]의 실횻값 [A]은?

① 25   ② $25\sqrt{2}$
③ 50   ④ $50\sqrt{2}$

해설 | 전류 실횻값 I 계산

$$I = \sqrt{\left(\frac{30}{\sqrt{2}}\right)^2 + \left(\frac{40}{\sqrt{2}}\right)^2}$$

$$= \sqrt{\frac{30^2+40^2}{2}} = 25\sqrt{2} \text{ [A]}$$

**17** 평형 3상 3선식 회로에서 부하는 Y결선이고, 선간전압이 173.2 ∠ 0° [V]일 때 선전류는 20 ∠ -120° [A]이었다면 Y결선된 부하 한 상의 임피던스는 약 몇 [Ω]인가?

① 5∠60°   ② 5∠90°
③ $5\sqrt{3}∠60°$   ④ $5\sqrt{3}∠90°$

해설 | 한 상의 임피던스 Z 계산

$$Z = \frac{V_p}{I_p} = \frac{\frac{173.2}{\sqrt{3}}\angle(0-30°)}{20\angle-120°}$$

$$= \frac{100}{20}\angle(120-30) = 5\angle 90°$$

**TIP** Y결선 특성
$V_\ell = \sqrt{3}\,V_p\angle 30°,\ I_\ell = I_P$

정답 15 ② 16 ② 17 ②

**18** 2전력계법으로 평형 3상 전력을 측정하였더니 한쪽의 지시가 500 [W], 다른 한쪽의 지시가 1500 [W]이었다. 피상전력은 약 몇 [VA]인가?

① 2000　　② 2310
③ 2646　　④ 2771

해설 | 2전력계법에 의한 피상전력 $P_a$

$$P_a = 2\sqrt{P_1^2 + P_2^2 - P_1 P_2}$$
$$= 2\sqrt{500^2 + 1500^2 - 500 \times 1500}$$
$$= 2646 \,[\text{VA}]$$

**19** 1 km당 인덕턴스 25 [mH], 정전용량 0.005 [μF]의 선로가 있다. 무손실 선로라고 가정한 경우 진행파의 위상(전파) 속도는 약 몇 [km/s]인가?

① $8.95 \times 10^4$　　② $9.95 \times 10^4$
③ $89.5 \times 10^4$　　④ $99.5 \times 10^4$

해설 | 전파속도 $v$ 계산

$$v = \frac{1}{\sqrt{LC}}$$
$$= \frac{1}{\sqrt{25 \times 10^{-3} \times 0.005 \times 10^{-6}}}$$
$$= 8.95 \times 10^4 \,[\text{km/s}]$$

**20** $f(t) = e^{j\omega t}$의 라플라스 변환은?

① $\dfrac{1}{s - j\omega}$　　② $\dfrac{1}{s + j\omega}$
③ $\dfrac{1}{s^2 + \omega^2}$　　④ $\dfrac{\omega}{s^2 + \omega^2}$

해설 | 라플라스 변환

| $f(t)$ | $F(s)$ | $F(z)$ |
|---|---|---|
| $u(t)$ | $\dfrac{1}{s}$ | $\dfrac{z}{z-1}$ |
| $t$ | $\dfrac{1}{s^2}$ | $\dfrac{z}{(z-1)^2}$ |
| $e^{-at}$ | $\dfrac{1}{(s+a)}$ | $\dfrac{z}{z - e^{-at}}$ |

$\therefore \dfrac{1}{s - j\omega}$

정답　18 ③　19 ①　20 ①

# 2019년 3회

**01** 그림의 벡터 궤적을 갖는 계의 주파수 전달함수는?

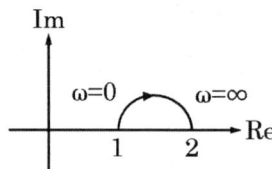

① $\dfrac{1}{j\omega+1}$    ② $\dfrac{1}{j2\omega+1}$

③ $\dfrac{j\omega+1}{j2\omega+1}$    ④ $\dfrac{j2\omega+1}{j\omega+1}$

해설 | 주파수 전달함수

$\lim\limits_{\omega\to 0} G(j\omega)=1$, $\lim\limits_{\omega\to\infty} G(j\omega)=2$

$G(j\omega)=\dfrac{j2\omega+1}{j\omega+1}$ 일 때,

$\lim\limits_{\omega\to 0}\dfrac{j2\omega+1}{j\omega+1}=1$, $\lim\limits_{\omega\to\infty}\dfrac{j2\omega+1}{j\omega+1}=2$

**02** 근궤적에 관한 설명으로 틀린 것은?

① 근궤적은 실수축에 대하여 상하 대칭으로 나타난다.
② 근궤적의 출발점은 극점이고, 근궤적의 도착점은 영점이다.
③ 근궤적의 가지 수는 극점의 수와 영점의 수중에서 큰 수와 같다.
④ 근궤적이 s평면의 우반면에 위치하는 K의 범위는 시스템이 안정하기 위한 조건이다.

해설 | s 및 z 평면 안정도 판별

| 안정도 | 근의 위치 | |
|---|---|---|
| | S평면 | Z평면 |
| 안정 | 좌반면 | 단위원 내부 |
| 불안정 | 우반면 | 단위원 외부 |
| 임계안정 | 허수측 | 단위 원주상 |

**03** 제어시스템에서 출력이 얼마나 목푯값을 잘 추종하는지를 알아볼 때, 시험용으로 많이 사용되는 신호로 다음 식의 조건을 만족하는 것은?

$$u(t-a)=\begin{cases}0,\ t<a\\ 1,\ t\geq a\end{cases}$$

① 사인함수    ② 임펄스함수
③ 램프함수    ④ 단위계단함수

해설 | 단위계단함수

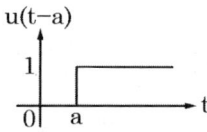

∴ t < 0 = 0,  t ≥ a = 1

정답  01 ④  02 ④  03 ④

04 특성방정식 $s^2 + Ks + 2K - 1 = 0$인 계가 안정하기 위한 $K$의 범위는?

① $K > 0$
② $K > \dfrac{1}{2}$
③ $K < \dfrac{1}{2}$
④ $0 < K < \dfrac{1}{2}$

해설 | Routh 판별법

• Routh표

| 차수 | 제1열 | 제2열 |
|---|---|---|
| $s^2$ | 1 | 2K-1 |
| $s^1$ | K | 0 |
| $s^0$ | 2K-1 | 0 |

• 안정된 시스템 조건
  ① 모든 차수의 계수가 존재할 것
  ② 특성방정식의 모든 계수의 부호가 같아야 한다.
  ③ 루스표를 작성하고 루스표의 1열 부호가 변화하지 않고 같아야 한다.

• K 범위 계산
$$s^1 = K > 0$$
$$s^0 = 2K - 1 > 0 \rightarrow K > \dfrac{1}{2}$$
$$\therefore K > \dfrac{1}{2}$$

05 상태공간 표현식 $\dot{x} = Ax + Bu$로 표현되는 선형시스템에서 $A = \begin{bmatrix} 0 & 1 & 0 \\ 0 & 0 & 1 \\ -2 & -9 & -8 \end{bmatrix}$, $y = Cx$

$B = \begin{bmatrix} 0 \\ 0 \\ 5 \end{bmatrix}$, $C = [1\ 0\ 0]$, $D = 0$, $x = \begin{bmatrix} x_1 \\ x_2 \\ x_3 \end{bmatrix}$

이면 시스템 전달함수 $\dfrac{Y(s)}{U(s)}$는?

① $\dfrac{1}{s^3 + 8s^2 + 9s + 2}$

② $\dfrac{1}{s^3 + 2s^2 + 9s + 8}$

③ $\dfrac{5}{s^3 + 8s^2 + 9s + 2}$

④ $\dfrac{5}{s^3 + 2s^2 + 9s + 8}$

해설 | 시스템 전달함수 $\dfrac{Y(s)}{U(s)}$ 계산

$$\dot{x}(t) = -2x_1(t) - x_2(t) - 5x_3(t) + r(t)$$

$$\begin{bmatrix} \dot{x}_1(t) \\ \dot{x}_2(t) \\ \dot{x}_3(t) \end{bmatrix} = \begin{bmatrix} 0 & 1 & 0 \\ 0 & 0 & 1 \\ -2 & -9 & -8 \end{bmatrix} \begin{bmatrix} x_1(t) \\ x_2(t) \\ x_3(t) \end{bmatrix} + \begin{bmatrix} 0 \\ 0 \\ 5 \end{bmatrix} u(t)$$

$x_1 = y(t)$이므로

$$\dot{x}_1 = x_2 = \dfrac{d}{dt} y(t)\ \dot{x}_2 = x_3 = \dfrac{d^2}{d^2 t} y(t)$$

$$\dot{x}_3 = -2x_1 - 9x_2 - 8x_3 + 5u$$

$$\dfrac{d^3}{d^3 t} y(t)$$
$$= -2y(t) - 9\dfrac{d}{dt} y(t) - 8\dfrac{d^2}{d^2 t} y(t) + 5u(t)$$

$$s^3 Y(s) = (-2 - 9s - 8s^2) Y(s) + 5U(s)$$
$$(s^3 + 8s^2 + 9s + 2) Y(s) = 5U(s)$$
$$\therefore \dfrac{Y(s)}{U(s)} = \dfrac{5}{s^3 + 8s^2 + 9s + 2}$$

정답 04 ② 05 ③

**06** Routh-Hurwitz 표에서 제1열의 부호가 변하는 횟수로부터 알 수 있는 것은?

① s-평면의 좌반면에 존재하는 근의 수
② s-평면의 우반면에 존재하는 근의 수
③ s-평면의 허수축에 존재하는 근의 수
④ s-평면의 원점에 존재하는 근의 수

해설 | Routh표의 안정도 판별
제1열의 부호가 변하는 횟수
= s-평면의 우반면에 존재하는 근의 수
= 불안정한 근의 수

**07** 그림의 블록선도에 대한 전달함수 $\dfrac{C}{R}$는?

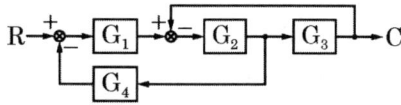

① $\dfrac{G_1G_2G_3}{1+G_1G_2+G_1G_2G_4}$

② $\dfrac{G_1G_2G_4}{1+G_2G_3+G_1G_2G_3}$

③ $\dfrac{G_1G_2G_3}{1+G_2G_3+G_1G_2G_4}$

④ $\dfrac{G_1G_2G_4}{1+G_2G_3+G_1G_2G_3}$

해설 | 블록선도 $\dfrac{C}{R}$ 정리

- $\dfrac{C}{R} = \dfrac{\sum 전향경로 이득}{1-\sum 폐루프 경로 이득}$

전향 경로 이득 $G_1G_2G_3$
폐루프 경로 이득 $-G_1G_2G_4$, $-G_2G_3$

∴ $\dfrac{G_1G_2G_3}{1+G_2G_3+G_1G_2G_4}$

**08** 부울대수 중 틀린 것은?

① $A \cdot \overline{A} = 1$
② $A + 1 = 1$
③ $A + A = A$
④ $A \cdot A = A$

해설 | 부울대수 정리

- $A \cdot A = A$
- $A + A = A$
- $A + \overline{A} = 1$
- $\underline{A \cdot \overline{A} = 0}$
- $A + 1 = 1$
- $A \cdot 1 = A$
- $(A+B) \cdot (A+C) = A + (B \cdot C)$

**09** 신호흐름선도의 전달함수 $T(s) = \dfrac{C(s)}{R(s)}$ 로 옳은 것은?

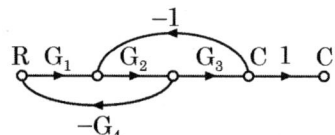

① $\dfrac{G_1G_2G_3}{1-G_2G_3+G_1G_2G_4}$

② $\dfrac{G_1G_2G_3}{1+G_1G_2G_4+G_2G_3}$

③ $\dfrac{G_1G_2G_3}{1+G_1G_3-G_1G_2G_4}$

④ $\dfrac{G_1G_2G_3}{1-G_1G_3-G_1G_2G_4}$

해설 | 신호 흐름선도 T(s) 정리

$T(s) = \dfrac{C(s)}{R(s)} = \dfrac{\sum 전향 경로 이득}{1-\sum 폐루프 경로 이득}$

∴ $\dfrac{G_1G_2G_3}{1+G_1G_2G_4+G_2G_3}$

정답 06 ② 07 ③ 08 ① 09 ②

## 10 함수 $e^{-at}$의 z 변환으로 옳은 것은?

① $\dfrac{z}{z-e^{-aT}}$   ② $\dfrac{z}{z-a}$

③ $\dfrac{1}{z-e^{-aT}}$   ④ $\dfrac{1}{z-a}$

**해설 | 라플라스 변환 및 z 변환**

| $f(t)$ | $F(s)$ | $F(z)$ |
|---|---|---|
| $\delta(t)$ | 1 | 1 |
| $u(t)$ | $\dfrac{1}{s}$ | $\dfrac{z}{z-1}$ |
| $t$ | $\dfrac{1}{s^2}$ | $\dfrac{z}{(z-1)^2}$ |
| $e^{-at}$ | $\dfrac{1}{(s+a)}$ | $\dfrac{z}{z-e^{-aT}}$ |
| $\sin\omega t$ | $\dfrac{\omega}{s^2+\omega^2}$ | $\dfrac{z\sin\omega T}{z^2-2z\cos\omega T+1}$ |

## 11 4단자회로망에서 4단자 정수가 A, B, C, D일 때 영상 임피던스 $\dfrac{Z_{01}}{Z_{02}}$은?

① $\dfrac{D}{A}$   ② $\dfrac{B}{C}$

③ $\dfrac{C}{B}$   ④ $\dfrac{A}{D}$

**해설 | 영상 임피던스**

$\dfrac{Z_{01}}{Z_{02}} = \dfrac{\sqrt{\dfrac{AB}{CD}}}{\sqrt{\dfrac{BD}{AC}}} = \dfrac{A}{D}$

**보충** $Z_{01} = \sqrt{\dfrac{AB}{CD}}$, $Z_{02} = \sqrt{\dfrac{BD}{AC}}$

## 12 RL직렬회로에서 R = 20 [Ω], L = 40 [mH]일 때 이 회로의 시정수 [sec]는?

① $2 \times 10^3$   ② $2 \times 10^{-3}$

③ $\dfrac{1}{2} \times 10^3$   ④ $\dfrac{1}{2} \times 10^{-3}$

**해설 | RL직렬회로의 시정수**

$\tau = \dfrac{L}{R} = \dfrac{40 \times 10^{-3}}{20} = 2 \times 10^{-3}$ [sec]

## 13 비정현파 전류가
$i(t) = 56\sin\omega t + 20\sin 2\omega t$
$\quad + 30\sin(3\omega t + 30°)$
$\quad + 40\sin(4\omega t + 60°)$
로 표현될 때 왜형률은 약 얼마인가?

① 1.0   ② 0.96
③ 0.55   ④ 0.11

**해설 | 왜형률 계산**

왜형률 $= \dfrac{\text{전 고조파의 실횻값}}{\text{기본파의 실횻값}}$

$= \dfrac{\sqrt{\left(\dfrac{20}{\sqrt{2}}\right)^2 + \left(\dfrac{30}{\sqrt{2}}\right)^2 + \left(\dfrac{40}{\sqrt{2}}\right)^2}}{\dfrac{56}{\sqrt{2}}}$

$= \dfrac{53.85}{56} = 0.96$

**정답** 10 ①   11 ④   12 ②   13 ②

**14** 대칭 6상 성형(Star)결선에서 선간전압 크기와 상전압 크기의 관계로 옳은 것은? (단, $V_\ell$ : 선간전압 크기, $V_p$ : 상전압 크기)

① $V_\ell = V_p$
② $V_\ell = \sqrt{3}\, V_p$
③ $V_\ell = \dfrac{1}{\sqrt{3}} V_p$
④ $V_\ell = \dfrac{2}{\sqrt{3}} V_p$

해설 | 대칭 $n$상회로의 성형결선
대칭 n상 성형결선에서 선간전압과 상전압의 관계는
$V_\ell = 2 V_p \sin \dfrac{\pi}{n}$ 이므로

대칭 6상인 경우 $V_\ell = 2V_p \sin \dfrac{\pi}{6} = V_p$
∴ $V_\ell = V_p$

**15** 3상 불평형 전압 $V_a$, $V_b$, $V_c$가 주어진다면, 정상분 전압은? (단, $a = e^{j2\pi/3} = 1\angle 120°$이다)

① $V_a + a^2 V_b + a V_c$
② $V_a + a V_b + a^2 V_c$
③ $\dfrac{1}{3}(V_a + a^2 V_b + a V_c)$
④ $\dfrac{1}{3}(V_a + a V_b + a^2 V_c)$

해설 | 대칭좌표법

| | |
|---|---|
| 영상전압 $V_0$ | $\dfrac{1}{3}(V_a + V_b + V_c)$ |
| 정상전압 $V_1$ | $\dfrac{1}{3}(V_a + a V_b + a^2 V_c)$ |
| 역상전압 $V_2$ | $\dfrac{1}{3}(V_a + a^2 V_b + a V_c)$ |

**16** 송전선로가 무손실 선로일 때 L = 96 [mH]이고, C = 0.6 [μF]이면 특성임피던스 [Ω]는?

① 100
② 200
③ 400
④ 600

해설 | 특성임피던스 $Z_0$
• $Z_0 = \sqrt{\dfrac{Z}{Y}} = \sqrt{\dfrac{(R+j\omega L)}{(G+j\omega C)}} = \sqrt{\dfrac{L}{C}}$

• $\sqrt{\dfrac{L}{C}} = \sqrt{\dfrac{96 \times 10^{-3}}{0.6 \times 10^{-6}}} = \sqrt{160000}$

∴ $400[\Omega]$

**17** 커패시터와 인덕터에서 물리적으로 급격히 변화할 수 없는 것은?

① 커패시터와 인덕터에서 모두 전압
② 커패시터와 인덕터에서 모두 전류
③ 커패시터에서 전류, 인덕터에서 전압
④ 커패시터에서 전압, 인덕터에서 전류

해설 | 인덕턴스 및 커패시터 특성
• 인덕턴스 $v_L = L\dfrac{di}{dt}$

• 커패시터 $i_C = C\dfrac{dv}{dt}$

∴ 인덕턴스는 $i$, 커패시터는 $v$가 급격히 변화할 수 없음

**18** 2전력계법을 이용한 평형 3상회로의 전력이 각각 500 [W] 및 300 [W]로 측정되었을 때 부하의 역률은 약 몇 [%]인가?

① 70.7　　② 87.7
③ 89.2　　④ 91.8

해설 | 2전력계법 역률 cosθ 계산

$$\cos\theta = \frac{P_1+P_2}{2\sqrt{P_1^2+P_2^2-P_1P_2}} \times 100$$

$$= \frac{300+500}{2\sqrt{300^2+500^2-300\times500}} \times 100$$

$$= 91.8[\%]$$

**19** 인덕턴스가 0.1 [H]인 코일에 실횻값 100 [V], 60 [Hz], 위상 30도인 전압을 가했을 때 흐르는 전류의 실횻값 크기는 약 몇 [A]인가?

① 43.7　　② 37.7
③ 5.46　　④ 2.65

해설 | 코일에 흐르는 전류

$$I = \frac{E}{X_L} = \frac{E}{\omega L} = \frac{100}{2\pi \times 60 \times 0.1}$$

$$= 2.65 [A]$$

**20** $f(t) = \delta(t-T)$의 라플라스변환 $F(s)$는?

① $e^{Ts}$　　② $e^{-Ts}$
③ $\frac{1}{s}e^{Ts}$　　④ $\frac{1}{s}e^{-Ts}$

해설 | 라플라스 변환

$$\mathcal{L}[\delta(t-T)] = 1e^{-Ts} = e^{-Ts}$$

보충 $\mathcal{L}$ 및 $z$ 변환

| $f(t)$ | $F(s)$ | $F(z)$ |
|---|---|---|
| $\delta(t)$ | 1 | 1 |
| $u(t)$ | $\frac{1}{s}$ | $\frac{z}{z-1}$ |
| $t$ | $\frac{1}{s^2}$ | $\frac{z}{(z-1)^2}$ |
| $e^{-at}$ | $\frac{1}{(s+a)}$ | $\frac{z}{z-e^{-at}}$ |
| $\sin\omega t$ | $\frac{\omega}{s^2+\omega^2}$ | $\frac{z\sin\omega T}{z^2-2z\cos\omega T+1}$ |

정답  18 ④  19 ④  20 ②

## 2018년 1회 — 전기기사 회로이론 및 제어공학

**01** 개루프 전달함수 G(s)가 다음과 같이 주어지는 단위 부궤환계가 있다. 단위 계단입력이 주어졌을 때 정상상태 편차가 0.05가 되기 위해서는 K의 값은 얼마인가?

$$G(s) = \frac{6K(s+1)}{(s+2)(s+3)}$$

① 19  ② 20
③ 0.95  ④ 0.05

해설 | 정상위치편차

$$e_{ssp} = \frac{1}{1+\lim_{s\to 0} G(s)}$$

$$= \frac{1}{1+\lim_{s\to 0} \frac{6K(s+1)}{(s+2)(s+3)}}$$

$$= \frac{1}{1+\frac{6K}{6}} = \frac{1}{1+K} = \frac{1}{20} = 0.05$$

∴ $K = 19$

**02** 제어량의 종류에 따른 분류가 아닌 것은?

① 자동조정  ② 서보기구
③ 적응제어  ④ 프로세스제어

해설 | 제어량 종류에 의한 분류
- 프로세스제어 : 온도, 압력, 유량, 밀도, 농도
- 서보기구제어 : 위치, 방향, 각도, 거리
- 자동조정제어 : 전압, 주파수, 장력, 속도

**03** 개루프 전달함수가

$$G(s)H(s) = \frac{K(s-5)}{s(s-1)^2(s+2)^2}$$ 일 때 주어지는 계에서 점근선 교차점은?

① -3/2  ② -7/4
③ 5/3  ④ -1/5

해설 | 점근선의 교차점

- $\sigma = \dfrac{\sum 극점 - \sum 영점}{P(극점\ 개수) - Z(영점\ 개수)}$

극점 : 0, 1(중근), -2(중근) : 5개
영점 : 5 : 1개

∴ $\sigma = \dfrac{(0+1+1-2-2)-(5)}{5-1} = -\dfrac{7}{4}$

**04** 단위계단함수의 라플라스변환과 z변환함수는?

① $\dfrac{1}{s}, \dfrac{z}{z-1}$  ② $s, \dfrac{z}{z-1}$
③ $\dfrac{1}{s}, \dfrac{z-1}{z}$  ④ $s, \dfrac{z-1}{z}$

해설 | $\mathcal{L}$ 및 z 변환

| $f(t)$ | $F(s)$ | $F(z)$ |
|---|---|---|
| $u(t)$ | $\dfrac{1}{s}$ | $\dfrac{z}{z-1}$ |
| $t$ | $\dfrac{1}{s^2}$ | $\dfrac{z}{(z-1)^2}$ |
| $e^{-at}$ | $\dfrac{1}{(s+a)}$ | $\dfrac{z}{z-e^{-at}}$ |

정답  01 ①  02 ③  03 ②  04 ①

## 05
다음 방정식으로 표시되는 제어계가 있다. 이 계를 상태 방정식 $\dot{x}(t) = Ax(t) + Bu(t)$로 나타내면 계수 행렬 $A$는?

$$\frac{d^3}{dt^3}c(t) + 5\frac{d^2}{dt^2}c(t) + \frac{d}{dt}c(t) + 2c(t) = r(t)$$

① $\begin{bmatrix} 0 & 1 & 0 \\ 0 & 0 & 1 \\ -2 & -1 & -5 \end{bmatrix}$  ② $\begin{bmatrix} 0 & 1 & 0 \\ 1 & 0 & 0 \\ 5 & 1 & 2 \end{bmatrix}$

③ $\begin{bmatrix} 0 & 0 & 1 \\ 1 & 0 & 0 \\ 1 & 5 & 2 \end{bmatrix}$  ④ $\begin{bmatrix} 0 & 1 & 0 \\ 0 & 0 & 1 \\ -2 & -1 & 0 \end{bmatrix}$

**해설 | 계수 행렬 A**

$\dot{x}_1 = x_2$

$\dot{x}_2 = x_3$

$\dot{x}_3(t) = -2x_1(t) - x_2(t) - 5x_3(t) + r(t)$

$\therefore \begin{bmatrix} \dot{x}_1(t) \\ \dot{x}_2(t) \\ \dot{x}_3(t) \end{bmatrix} = \begin{bmatrix} 0 & 1 & 0 \\ 0 & 0 & 1 \\ -2 & -1 & -5 \end{bmatrix} \begin{bmatrix} x_1(t) \\ x_2(t) \\ x_3(t) \end{bmatrix} + \begin{bmatrix} 0 \\ 0 \\ 1 \end{bmatrix} r(t)$

## 06
안정한 제어계에 임펄스 응답을 가했을 때 제어계의 정상상태 출력은?

① 0
② +∞ 또는 -∞
③ +의 일정한 값
④ -의 일정한 값

**해설 | 안정한 제어계**

임펄스 응답 가할 시

$\lim_{t \to \infty} e^{-t} \times \delta(t) = 0$ 이므로

정상상태 출력은 0

## 07
그림과 같은 블록선도에서 $\frac{C(s)}{R(s)}$ 값은?

① $\dfrac{G_1}{G_1 - G_2}$  ② $\dfrac{G_2}{G_1 - G_2}$

③ $\dfrac{G_2}{G_1 + G_2}$  ④ $\dfrac{G_1 G_2}{G_1 + G_2}$

**해설 | 블록선도 $\dfrac{C(s)}{R(s)}$ 정리**

$\dfrac{C(s)}{R(s)} = \dfrac{\sum 전향\ 경로\ 이득}{1 - \sum 폐루프\ 경로\ 이득}$

$= \dfrac{G_1 \cdot \dfrac{1}{G_1} \cdot G_2}{1 - (-\dfrac{1}{G_1} \cdot G_2)}$

$= \dfrac{G_2}{1 + \dfrac{G_2}{G_1}} = \dfrac{G_2}{\dfrac{G_1 + G_2}{G_1}}$

$= \dfrac{G_1 G_2}{G_1 + G_2}$

**정답** 05 ① 06 ① 07 ④

**08** 신호흐름선도에서 전달함수 C/R를 구하면?

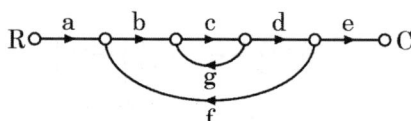

① $\dfrac{abcdg}{1-abcde}$  ② $\dfrac{abcde}{1-cg-bcdf}$

③ $\dfrac{abcde}{1-cg-cgf}$  ④ $\dfrac{abcde}{c+cg+cgf}$

해설 | 신호흐름선도 $\dfrac{C}{R}$ 정리

- $\dfrac{\sum \text{전향 경로 이득}}{1-\sum \text{폐루프 경로 이득}}$

전향경로이득 $abcde$
폐루프경로이득 $cg,\ bcdf$

∴ $\dfrac{abcde}{1-cg-bcdf}$

**09** 특성방정식이 $s^3+2s^2+Ks+5=0$가 안정하기 위한 K의 값은?

① $K>0$  ② $K<0$
③ $K>\dfrac{5}{2}$  ④ $K<\dfrac{5}{2}$

해설 | Routh 판별법
- Routh표

| 차수 | 제1열 | 제2열 |
|---|---|---|
| $s^3$ | 1 | $K$ |
| $s^2$ | 2 | 5 |
| $s^1$ | $\dfrac{2K-5}{2}$ | 0 |
| $s^0$ | 5 | 0 |

- 제어계가 안정될 필요조건
  ① 모든 차수의 계수가 존재할 것
  ② 특성방정식의 모든 계수의 부호가 같아야 한다.
  ③ 루스표를 작성하고 루스표의 1열 부호가 변화하지 않고 같아야 한다.

- K 범위 계산
$s^1 = \dfrac{2K-5}{2} > 0 \rightarrow K > \dfrac{5}{2}$

∴ $K > \dfrac{5}{2}$

**10** 다음과 같은 진리표를 갖는 회로의 종류는?

| 입력 | | 출력 |
|---|---|---|
| A | B | |
| 0 | 0 | 0 |
| 0 | 1 | 1 |
| 1 | 0 | 1 |
| 1 | 1 | 0 |

① AND  ② NOR
③ NAND  ④ EX-OR

해설 | EX-OR회로
입력 A, B가 서로 다른 입력일 시 출력 발생

| A | B | AND | OR | NAND | NOR |
|---|---|---|---|---|---|
| 0 | 0 | 0 | 0 | 1 | 1 |
| 0 | 1 | 0 | 1 | 1 | 0 |
| 1 | 0 | 0 | 1 | 1 | 0 |
| 1 | 1 | 1 | 1 | 0 | 0 |

정답 08 ② 09 ③ 10 ④

**11** 대칭좌표법에서 대칭분을 각 상전압으로 표시한 것 중 틀린 것은?

① $E_0 = \frac{1}{3}(E_a + E_b + E_c)$

② $E_1 = \frac{1}{3}(E_a + aE_b + a^2E_c)$

③ $E_2 = \frac{1}{3}(E_a + a^2E_b + aE_c)$

④ $E_3 = \frac{1}{3}(E_a^2 + E_b^2 + E_c^2)$

해설 | 대칭좌표법

| 영상전압 $E_0$ | $\frac{1}{3}(E_a + E_b + E_c)$ |
|---|---|
| 정상전압 $E_1$ | $\frac{1}{3}(E_a + aE_b + a^2E_c)$ |
| 역상전압 $E_2$ | $\frac{1}{3}(E_a + a^2E_b + aE_c)$ |

**12** R-L 직렬회로에서 스위치 $S$가 1번 위치에 오랫동안 있다가 $t=0+$에서 위치 2번으로 옮겨진 후, $\frac{L}{R}[S]$ 후에 $L$에 흐르는 전류 $[A]$는?

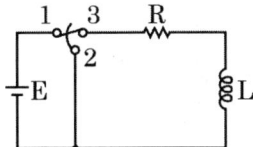

① $\frac{E}{R}$  ② $0.5\frac{E}{R}$

③ $0.368\frac{E}{R}$  ④ $0.632\frac{E}{R}$

해설 | R-L 직렬회로의 과도현상
스위치를 off 시 과도전류

$i(t) = \frac{E}{R}e^{-\frac{R}{L}t}\big|_{t=\frac{L}{R}}$

$= \frac{E}{R}e^{-\frac{R}{L}\times\frac{L}{R}}$

$= \frac{E}{R}e^{-1} = 0.368\frac{E}{R}$

TIP $e^{-1} = 0.368$

**13** 분포 정수회로에서 선로정수가 R, L, C, G 이고 무왜형 조건이 RC = GL과 같은 관계가 성립될 때 선로의 특성 임피던스 $Z_0$는? (단, 선로의 단위길이당 저항을 R, 인덕턴스를 L, 정전용량을 C, 누설컨덕턴스를 G 라 한다)

① $Z_0 = \frac{1}{\sqrt{LC}}$

② $Z_0 = \sqrt{\frac{L}{C}}$

③ $Z_0 = \sqrt{LC}$

④ $Z_0 = \sqrt{RG}$

해설 | 특성임피던스 $Z_0$

$Z_0 = \sqrt{\frac{Z}{Y}} = \sqrt{\frac{R+j\omega L}{G+j\omega C}} = \sqrt{\frac{L}{C}}$

**14** 그림과 같은 4단자회로망에서 하이브리드 파라미터 $H_{11}$은?

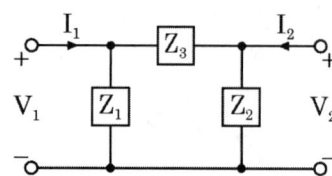

① $\dfrac{Z_1}{Z_1+Z_3}$  ② $\dfrac{Z_1}{Z_1+Z_2}$

③ $\dfrac{Z_1 Z_3}{Z_1+Z_3}$  ④ $\dfrac{Z_1 Z_2}{Z_1+Z_2}$

해설 | 하이브리드 파라미터

- $\begin{pmatrix} V_1 \\ I_2 \end{pmatrix} = \begin{pmatrix} H_{11} & H_{12} \\ H_{21} & H_{22} \end{pmatrix} \begin{pmatrix} I_1 \\ V_2 \end{pmatrix}$

- $V_1 = H_{11}I_1 + H_{12}V_2$

  $I_2 = H_{21}I_1 + H_{22}V_2$

- $H_{11}$은 2차 측 임피던스 $Z_2$를 단락하고 1차 측에서 바라본 합성 임피던스이므로

  $\therefore H_{11} = \dfrac{Z_1 Z_3}{Z_1+Z_3}$

**15** 내부저항 0.1 [Ω]인 건전지 10개를 직렬로 접속하고 이것을 한조로 하여 5조 병렬로 접속하면 합성 내부저항은 몇 [Ω]인가?

① 5  ② 1
③ 0.5  ④ 0.2

해설 | 합성 저항 계산

$R_0 = \dfrac{0.1 \times 10}{5}\ [\Omega]$

**16** 함수 f(t)의 라플라스 변환은 어떤 식으로 정의되는가?

① $\displaystyle\int_0^\infty f(t)e^{st}dt$

② $\displaystyle\int_0^\infty f(t)e^{-st}dt$

③ $\displaystyle\int_0^\infty f(-t)e^{st}dt$

④ $\displaystyle\int_{-\infty}^\infty f(-t)e^{-st}dt$

해설 | 라플라스 변환 계산식

$\mathcal{L}[f(t)] = F(s) = \displaystyle\int_0^\infty f(t)\,e^{-st}dt$

**17** 대칭좌표법에서 불평형률을 나타내는 것은?

① $\dfrac{영상분}{정상분} \times 100$

② $\dfrac{정상분}{역상분} \times 100$

③ $\dfrac{정상분}{영상분} \times 100$

④ $\dfrac{역상분}{정상분} \times 100$

해설 | 불평형률

불평형률 $= \dfrac{역상전압}{정상전압} \times 100$

**18** 그림의 왜형파를 푸리에의 급수로 전개할 때, 옳은 것은?

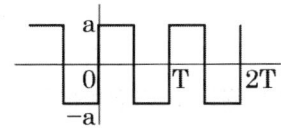

① 우수파만 포함한다.
② 기수파만 포함한다.
③ 우수파, 기수파 모두 포함한다.
④ 푸리에의 급수로 전개할 수 없다.

해설 | 푸리에 급수
위의 그림은 원점대칭 형태의 그래프이므로 홀수항(기수파)만 존재

**19** 최댓값이 $E_m$인 반파 정류 정현파의 실횻값은 몇 [V]인가?

① $\dfrac{2E_m}{\pi}$  ② $\sqrt{2}\,E_m$

③ $\dfrac{E_m}{\sqrt{2}}$  ④ $\dfrac{E_m}{2}$

해설 | 각 파형별 값 정리표

| 파형 | 실횻값 | 평균값 | 파형률 | 파고율 |
|---|---|---|---|---|
| 정현파 | $\dfrac{1}{\sqrt{2}}E_m$ | $\dfrac{2}{\pi}E_m$ | 1.11 | 1.414 |
| 반파 정현파 | $\dfrac{1}{2}E_m$ | $\dfrac{1}{\pi}E_m$ | 1.57 | 2 |
| 구형파 | $E_m$ | $E_m$ | 1 | 1 |
| 반파 구형파 | $\dfrac{1}{\sqrt{2}}E_m$ | $\dfrac{1}{2}E_m$ | 1.41 | 1.41 |
| 삼각파 | $\dfrac{1}{\sqrt{3}}E_m$ | $\dfrac{1}{2}E_m$ | 1.15 | 1.73 |

**20** 그림과 같이 R [Ω]의 저항을 Y결선으로 하여 단자의 a, b 및 c에 비대칭 3상 전압을 가할 때, a 단자의 중성점 N에 대한 전압은 약 몇 [V] 인가? (단, $V_{ab}$ = 210 [V], $V_{bc}$ = -90 - j180 [V], $V_{ca}$ = -120 + j180 [V])

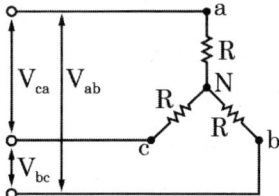

① 100  ② 116
③ 121  ④ 125

해설 | 중성점 N에 대한 전압
• 전압 조건 정리
$$V_{ab} = V_a - V_b = 210[V] \cdots ①$$
$$V_{bc} = V_b - V_c = -90 - j180[V] \cdots ②$$
$$V_{ca} = V_c - V_a = -120 + j180[V] \cdots ③$$
$$V_{ab} + V_{bc} + V_{ca} = 0$$
$$\rightarrow V_a + V_b + V_c = 0$$

• 전압 $V_a$ 계산

$V_a + V_c = -V_b$를 ①식에 대입하면
$$2V_a + V_c = 210 \cdots ④$$
① - ④를 계산하면
$$3V_a = 330 - j180$$
$$V_a = 110 - j60$$
$$\therefore |V_a| = \sqrt{110^2 + 60^2} = 125[V]$$

# 2018년 2회

**01** $G(s) = \dfrac{1}{0.005s(0.1s+1)^2}$ 에서 $\omega = 10[rad/s]$ 일 때의 이득 및 위상각은?

① 20 [dB], -90°
② 20 [dB], -180°
③ 40 [dB], -90°
④ 40 [dB], -180°

해설 | 이득 $g$ 및 위상각 $\theta$ 계산
- $G(s)$ 정리

$$G(j\omega) = \dfrac{1}{0.005j\omega(0.1j\omega+1)^2}\bigg|_{\omega=10}$$
$$= \dfrac{1}{0.05j(j+1)^2}$$
$$= \dfrac{1}{0.05j(-1+2j+1)}$$
$$= \dfrac{1}{0.05j(2j)}$$
$$= \dfrac{1}{0.1j^2} = \dfrac{10}{j^2} = -10$$

- 이득 $g$ 계산
$g = 20\log_{10}|G(j\omega)| = 20\log_{10}10 = 20$
- 위상각 $\theta$ 계산
$\theta = 90° \times 2 = -180°$
$\therefore g = 20,\ \theta = -180°$

TIP $j$가 분모에 위치 할 시 부호는 -

**02** 그림과 같은 논리회로는?

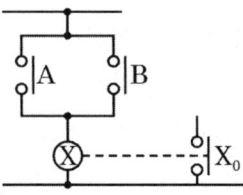

① OR회로　② AND회로
③ NOT회로　④ NOR회로

해설 | OR회로
입력 A, B 둘 중 어느 하나의 입력이 주어지면 X가 여자되어 출력 발생

**03** 그림은 제어계와 그 제어계의 근궤적을 작도한 것이다. 이것으로부터 결정된 이득여유 값은?

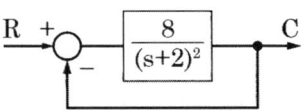

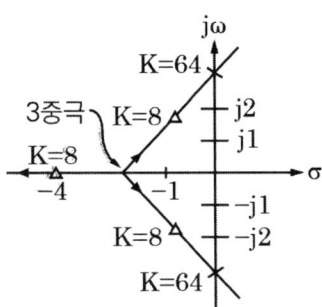

① 2　　② 4
③ 8　　④ 64

정답 01 ② 02 ① 03 ③

해설 | 이득여유 G.M 계산

$G.M = \dfrac{\text{허수축의 교차값 } K}{\text{이득정수 } K} = \dfrac{64}{8} = 8$

TIP 이득 정수 K = 개루프 전달함수분자값

## 04 그림과 같은 스프링 시스템을 전기적 시스템으로 변환했을 때 이에 대응하는 회로는?

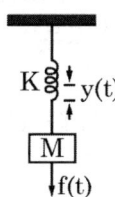

① 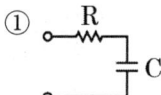  ② R L

③ C L  ④ C L R

해설 | 스프링 시스템 및 전기 시스템 관계표

| 전기계 | 기계계 | |
|---|---|---|
| | 직선 운동계 | 회전 운동계 |
| 저항 R | 제동계수 B | 제동계수 B |
| 인덕턴스 L | 질량 M | 관성모멘트 J |
| 정전용량 C | 스프링 상수 K | 스프링 상수 K |

## 05 $\dfrac{d^2}{dt^2}c(t) + 5\dfrac{d}{dt}c(t) + 4c(t) = r(t)$와 같은 함수를 상태함수로 변환하였다. 벡터 A, B의 값으로 적당한 것은?

$$\dfrac{d}{dt}X(t) = AX(t) + Br(t)$$

① $A = \begin{pmatrix} 0 & 1 \\ -5 & -4 \end{pmatrix}, B = \begin{pmatrix} 0 \\ 1 \end{pmatrix}$

② $A = \begin{pmatrix} 0 & 1 \\ 5 & 4 \end{pmatrix}, B = \begin{pmatrix} 0 \\ 1 \end{pmatrix}$

③ $A = \begin{pmatrix} 0 & 1 \\ -4 & -5 \end{pmatrix}, B = \begin{pmatrix} 0 \\ 1 \end{pmatrix}$

④ $A = \begin{pmatrix} 0 & 1 \\ 4 & 5 \end{pmatrix}, B = \begin{pmatrix} 0 \\ 1 \end{pmatrix}$

해설 | 계수 행렬 A 및 제어행렬 B값 계산

- $\dot{x}_1 = x_2$
- $\dot{x}_2 = -4x_1(t) - 5x_2(t) + r(t)$
- $\begin{bmatrix} \dot{x}_1(t) \\ \dot{x}_2(t) \end{bmatrix} = \begin{bmatrix} 0 & 1 \\ -4 & -5 \end{bmatrix} \begin{bmatrix} x_1(t) \\ x_2(t) \end{bmatrix} + \begin{bmatrix} 0 \\ 1 \end{bmatrix} r(t)$
- $\therefore A = \begin{pmatrix} 0 & 1 \\ -4 & -5 \end{pmatrix}, B = \begin{pmatrix} 0 \\ 1 \end{pmatrix}$

06 전달함수 $G(s) = \dfrac{1}{s+a}$ 일 때 이 계의 임펄스응답 $c(t)$를 나타내는 것은?(단, $a$는 상수이다)

①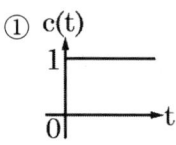
②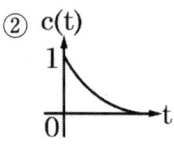
③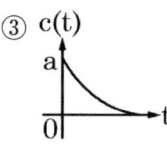
④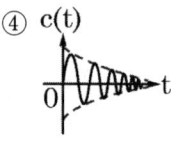

해설 | 임펄스 응답 c(t) 그래프
- $G(s) = \dfrac{1}{s+a}$
- $\mathcal{L}^{-1}\left[\dfrac{1}{s+a}\right] = e^{-at}$

보충 임펄스 응답과 전달함수의 역라플라스 변환값은 같다.

07 궤환(Feed back)제어계의 특징이 아닌 것은?

① 정확성이 증가한다.
② 대역폭이 증가한다.
③ 구조가 간단하고 설치비가 저렴하다.
④ 계(系)의 특성 변화에 대한 입력 대 출력비의 감도가 감소한다.

해설 | 피드백제어계의 특징
구조가 복잡하고 설치비가 비쌈

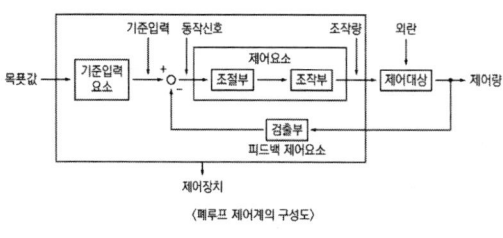
〈폐루프 제어계의 구성도〉

08 이산시스템(Discrete data system)에서의 안정도 해석에 대한 설명 중 옳은 것은?

① 특성방정식의 모든 근이 z평면의 음의 반평면에 있으면 안정하다.
② 특성방정식의 모든 근이 z평면의 양의 반평면에 있으면 안정하다.
③ 특성방정식의 모든 근이 z평면의 단위원 내부에 있으면 안정하다.
④ 특성방정식의 모든 근이 z평면의 단위원 외부에 있으면 안정하다.

해설 | 근의 위치에 따른 S 및 Z평면 안정도

| 안정도 | 근의 위치 | |
|---|---|---|
| | S평면 | Z평면 |
| 안정 | 좌반면 | 단위원 내부 |
| 불안정 | 우반면 | 단위원 외부 |
| 임계안정 | 허수측 | 단위 원주상 |

09 노내 온도를 제어하는 프로세스제어계에서 검출부에 해당하는 것은?

① 노
② 밸브
③ 증폭기
④ 열전대

해설 | 열전대
- 제백효과를 이용하여 온도차를 열기전력으로 변환시키는 소자
- 제어대상에서 제어량을 검출하는 요소로 프로세스제어계의 검출부에 해당
※ 노내 : 원자로에서 핵분열 연쇄반응이 이루어지는 부분

정답 06 ② 07 ③ 08 ③ 09 ④

**10** 단위 부궤환 제어시스템의 루프전달함수 G(s)H(s)가 다음과 같이 주어져 있다. 이 득여유가 20 [dB]이면 이때 K의 값은?

$$G(s)H(s) = \frac{K}{(s+1)(s+3)}$$

① 3/10 ② 3/20
③ 1/20 ④ 1/40

해설 | K값 계산
• |GH|값 계산

$$G(s)H(s) = \frac{K}{(j\omega+1)(j\omega+3)}\bigg|_{\omega=0} = \frac{K}{3}$$

$$|GH| = \frac{K}{3}$$

• 이득 여유 G.M 계산식

$$G.M = 20\log\frac{1}{|GH|} = 20 \text{ [dB]}$$

• K값 계산

$$G.M = 20\log_{10}\frac{3}{K} = 20 \text{ [dB]}$$

$$\therefore K = \frac{3}{10}$$

**11** R=100 [Ω], $X_c$ = 100 [Ω]이고 L만을 가변할 수 있는 RLC 직렬회로가 있다. 이때 f = 500 [Hz], E = 100 [V]를 인가하여 L을 변화시킬 때 L의 단자전압 $E_L$의 최댓값은 몇 [V]인가? (단, 공진회로이다)

① 50 ② 100
③ 150 ④ 200

해설 | RLC 직렬회로 공진 시 $E_L$ 최댓값 계산

• 공진조건 : 허수부가 0 ($\omega L = \frac{1}{\omega C}$)

• 공진 시 전류 $I = \frac{E}{R} = \frac{100}{100} = 1$ [A]

$$E_L = I \cdot X_L = I \cdot X_c = 1 \times 100 = 100 \text{ [V]}$$

**12** 어떤 회로에 전압을 115 [V] 인가하였더니 유효전력이 230 [W], 무효전력이 345 [Var]를 지시한다면 회로에 흐르는 전류는 약 몇 [A]인가?

① 2.5 ② 5.6
③ 3.6 ④ 4.5

해설 | 전류 I 계산
• $P_a = P + jP_r$

• $|P_a| = \sqrt{P^2 + P_r^2}$
  $= \sqrt{230^2 + 345^3} = 414.64 \text{[VA]}$

$$\therefore I = \frac{P_a}{V} = \frac{414.64}{115} = 3.6 \text{ [A]}$$

## 13 시정수의 의미를 설명한 것 중 틀린 것은?

① 시정수가 작으면 과도현상이 짧다.
② 시정수가 크면 정상상태에 늦게 도달한다.
③ 시정수는 $\tau$로 표기하며 단위는 초(sec)이다.
④ 시정수는 과도 기간 중 변화해야 할 양의 0.632 [%]가 변화하는 데 소요된 시간이다.

해설 | 시정수 $\tau$

- $\tau = \dfrac{R}{L}$
- 정상전류의 63.2 [%] 도달 시의 시간
- 시정수가 작으면 과도현상이 짧음
- 시정수가 크면 정상상태에 늦게 도달

## 14 무손실 선로에 있어서 감쇠정수 $\alpha$, 위상정수를 $\beta$라 하면 $\alpha$와 $\beta$의 값은? (단, R, G, L, C는 선로 단위 길이당의 저항, 컨덕턴스, 인덕턴스 커패시턴스이다)

① $\alpha = \sqrt{RG}$, $\beta = 0$
② $\alpha = 0$, $\beta = \dfrac{1}{\sqrt{LC}}$
③ $\alpha = 0$, $\beta = \omega\sqrt{LC}$
④ $\alpha = \sqrt{RG}$, $\beta = \omega\sqrt{LC}$

해설 | 감쇠정수 $\alpha$ 및 위상정수 $\beta$값 계산

- 무손실 선로 조건 $R = G = 0$
- 전파정수 $\gamma$
$\gamma = \sqrt{ZY} = \sqrt{(R+j\omega L)(G+j\omega C)}\,|_{R=G=0}$
$= j\omega\sqrt{LC} = \alpha + j\beta$
∴ $\alpha = 0$, $\beta = \omega\sqrt{LC}$

## 15 어떤 소자에 걸리는 전압이 $100\sqrt{2}\cos(314t - \dfrac{\pi}{6})[V]$이고, 흐르는 전류가 $3\sqrt{2}\cos(314t + \dfrac{\pi}{6})[A]$일 때 소비되는 전력 (W)은?

① 100  ② 150
③ 250  ④ 300

해설 | 소비전력 P 계산

- $P = VI\cos\theta$
- 전압과 전류의 위상차 $\cos\theta$
$-\dfrac{\pi}{6} - \dfrac{\pi}{6} = -\dfrac{2\pi}{6} = -60°$
∴ $P = VI\cos\theta = 100 \times 3 \times \cos(-60°)$
$= 150\,[W]$

## 16 그림(a)와 그림(b)가 역회로 관계에 있으려면 L의 값은 몇 [mH]인가?

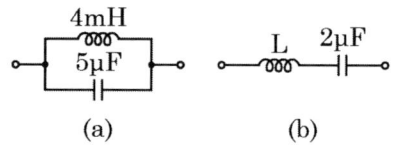

(a)  (b)

① 1   ② 2
③ 5   ④ 10

해설 | 역회로

- 회로가 역회로 관계일 때
$\dfrac{L_1}{C_1} = \dfrac{L_2}{C_2} = K^2$
∴ $L_2 = \dfrac{L_1}{C_1} \times C_2 = \dfrac{4\times 10^{-3}}{2\times 10^{-6}} \times 5\times 10^{-6}$
$= 10\times 10^{-3} = 10\,[mH]$

정답 13 ④  14 ③  15 ②  16 ④

**17** 2개의 전력계로 평형 3상 부하의 전력을 측정하였더니 한쪽의 지시가 다른 쪽 전력계 지시의 3배였다면 부하의 역률은 약 얼마인가?

① 0.46  ② 0.56
③ 0.65  ④ 0.76

해설 | 2전력계법

$$\cos\theta = \frac{P_1+P_2}{2\sqrt{P_1^2+P_2^2-P_1P_2}}\bigg|_{P_1=3P_2}$$

$$= \frac{3P_2+P_2}{2\sqrt{(3P_2)^2+P_2^2-3P_2P_2}}$$

$$= \frac{4P_2}{2\sqrt{10P_2^2-3P_2^2}} = 0.76$$

**18** $F(s) = \dfrac{1}{s(s+a)}$ 의 역라플라스 변환은?

① $e^{-at}$  ② $1-e^{-at}$
③ $a(1-e^{-at})$  ④ $\dfrac{1}{a}(1-e^{-at})$

해설 | 역라플라스 변환 계산

• $F(s) = \dfrac{1}{s(s+a)} = \dfrac{k_1}{s} + \dfrac{k_2}{s+a}$

$k_1 = \dfrac{1}{a},\ k_2 = -\dfrac{1}{a}$

• $\mathcal{L}^{-1}\left[\dfrac{1}{a}\left(\dfrac{1}{s}-\dfrac{1}{s+1}\right)\right]$

∴ $\dfrac{1}{a}(1-e^{-at})$

**19** 선간전압이 200 [V]인 대칭 3상 전원에 평형 3상 부하가 접속되어 있다. 부하 1상의 저항은 10 [Ω], 유도리액턴스 15 [Ω], 용량리액턴스 5 [Ω]가 직렬로 접속된 것이다. 부하가 △결선일 경우 선로전류 [A] 와 3상 전력 (W)은 약 얼마인가?

① $I_l = 10\sqrt{6},\ P_3 = 6000$
② $I_l = 10\sqrt{6},\ P_3 = 8000$
③ $I_l = 10\sqrt{3},\ P_3 = 6000$
④ $I_l = 10\sqrt{3},\ P_3 = 8000$

해설 | 선전류 $I_l$ 및 3상 전력 $P_3$ 계산

• 등가회로

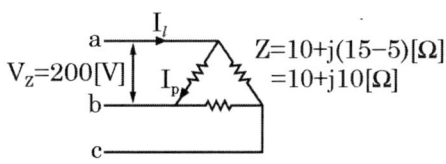

• 임피던스 $Z$ 계산
$Z = R + j(X_L - X_c)$
$= 10 + j(15-5) = 10 + j10\,[\Omega]$

• 상전류 $I_p$ 계산
$I_p = \dfrac{V_p}{Z} = \dfrac{200}{\sqrt{10^2+10^2}} = 10\sqrt{2}\ [A]$

• 3상 전력 $P_3$ 계산
$P_3 = 3I_p^2 R = 3 \times (10\sqrt{2})^2 \times 10$
$= 6000\ [W]$

• 선전류 $I_l$ 계산
$I_l = \sqrt{3}\,I_p = \sqrt{3} \times 10\sqrt{2} = 10\sqrt{6}\ [A]$

∴ $I_l = 10\sqrt{6}\,[A],\ P_3 = 6000\,[W]$

**20** 공간적으로 서로 $\dfrac{2\pi}{n}$ [rad]의 각도를 두고 배치한 $n$개의 코일에 대칭 $n$상 교류를 흘리면 그 중심에 생기는 회전자계의 모양은?

① 원형 회전자계
② 타원형 회전자계
③ 원통형 회전자계
④ 원추형 회전자계

해설 | n상 교류에 의한 회전자계

| n상 대칭 전류 | n상 비대칭 전류 |
| --- | --- |
| 원형 회전자계 | 타원형 회전자계 |

정답 20 ①

# 2018년 3회

**전기기사 — 회로이론 및 제어공학**

## 01 다음의 회로를 블록선도로 그리는 것 중 옳은 것은?

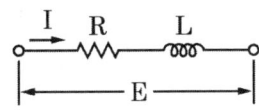

① I(s) → [R], [Ls] → E(s)

② I(s) → [R], [Ls] → E(s)

③ I(s) → [R], [1/Ls] → E(s)

④ I(s) → [R], [1/Ls] → E(s)

**해설 | 블록선도**

- 회로 라플라스 방정식
  $E(s) = (R + Ls)I(s)$

- 전달함수 $G(s)$ 계산
  $$\frac{E(s)}{I(s)} = \frac{\sum 전향\ 경로\ 이득}{1 - \sum 폐루프\ 경로\ 이득}$$
  $$\frac{E(s)}{I(s)} = \frac{R + Ls}{1 - 0} = R + Ls$$

∴ 블록선도 표시
  두 신호($R, Ls$)를 +신호로 합한 형태

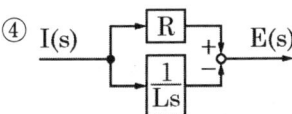

## 02 특성방정식 $s^2 + 2\zeta\omega_n s + \omega_n^2 = 0$에서 감쇠진동을 하는 제동비 $\zeta$의 값은?

① $\zeta > 1$    ② $\zeta = 1$
③ $\zeta = 0$    ④ $0 < \zeta < 1$

**해설 | 제동비 $\zeta$와 제동 특성**

| 크기 | 특성 |
|---|---|
| $\zeta > 1$ | 과제동(비진동) |
| $\zeta = 1$ | 임계진동 |
| $0 < \zeta < 1$ | 부족제동(감쇠진동) |
| $\zeta = 0$ | 무제동(완전진동) |

## 03 다음 그림의 전달함수 $\dfrac{Y(z)}{R(z)}$는 다음 중 어느 것인가?

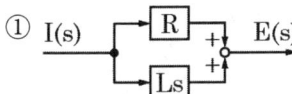

〈이상적 표본기〉

① $G(z)z$    ② $G(z)z^{-1}$
③ $G(z)Tz^{-1}$    ④ $G(z)Tz$

**해설 |** 전달함수 $\dfrac{Y(z)}{R(z)}$ 계산

$$\frac{Y(z)}{R(z)} = G(z)z^{-1}$$

※ $z$변환 : 시간 영역에 표시된 신호를 $z^{-1}$에 대한 다항식으로 나타낸 것

**정답** 01 ① 02 ④ 03 ②

## 04 일정 입력에 대해 잔류편차가 있는 제어계는?

① 비례제어계
② 적분제어계
③ 비례적분제어계
④ 비례적분미분제어계

해설 | 자동제어의 분류
- 비례동작(P제어)
  off-set 잔류편차, 정상편차, 정상오차가 발생. 속응성(응답속도)이 나쁨
- 미분제어(D제어)
  진동을 억제하여 속응성(응답속도)을 개선 → 진상보상
- 적분제어(I제어)
  응답특성을 개선하여 off-set 잔류편차, 정상편차, 정상오차를 제어 → 지상보상

## 05 일반적인 제어시스템에서 안정의 조건은?

① 입력이 있는 경우 초기값에 관계없이 출력이 0으로 간다.
② 입력이 없는 경우 초기값에 관계없이 출력이 무한대로 간다.
③ 시스템이 유한한 입력에 대해서 무한한 출력을 얻는 경우
④ 시스템이 유한한 입력에 대해서 유한한 출력을 얻는 경우

해설 | 제어시스템 안정 조건
시스템이 일정한 입력에 대해서 일정한 출력을 얻는 경우

## 06 개루프 전달함수 G(s)H(s)가 다음과 같이 주어지는 부궤환계에서 근궤적 점근선의 실수축과 교차점은?

$$G(s)H(s) = \frac{K}{s(s+4)(s+5)}$$

① 0
② -1
③ -2
④ -3

해설 | 점근선 교차점

$$\sigma = \frac{\sum 극점 - \sum 영점}{P(극점\ 개수) - Z(영점\ 개수)}$$

극점 0, -4, -5 : 3개
영점 : 0개

$$\therefore \frac{(0-4-5)-0}{3} = \frac{-9}{3} = -3$$

## 07 $s^3 + 11s^2 + 2s + 40 = 0$에는 양의 실수부를 갖는 근은 몇 개 있는가?

① 1
② 2
③ 3
④ 없다.

해설 | Routh 판별법
- Routh표

| 차수 | 제1열 | 제2열 |
| --- | --- | --- |
| $s^3$ | 1 | 2 |
| $s^2$ | 11 | 40 |
| $s^1$ | $\frac{22-40}{11} = -\frac{18}{11}$ | 0 |
| $s^0$ | 40 | 0 |

- 제어계가 안정될 필요조건
  ① 모든 차수의 계수가 존재할 것
  ② 특성방정식의 모든 계수의 부호가 같아야 한다.

③ 루스표를 작성하고 루스표의 1열 부호가 변화하지 않고 같아야 한다.
∴ 제1열의 부호 변화가 두 번 있으므로 불안정한 근이 두 개 존재

**08** 논리식 $L = \bar{x}\cdot\bar{y} + \bar{x}\cdot y + x\cdot y$를 간략화한 것은?

① $x + y$
② $\bar{x} + y$
③ $x + \bar{y}$
④ $\bar{x} + \bar{y}$

해설 | 논리식의 간소화
$L = \bar{x}\cdot\bar{y} + \bar{x}\cdot y + x\cdot y = \bar{x}(\bar{y} + y) + xy$
$= \bar{x} + xy = (\bar{x} + x)(\bar{x} + y) = \bar{x} + y$

**09** 그림과 같은 블록선도에서 전달함수 C(s)/R(s)를 구하면?

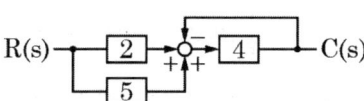

① 1/8
② 5/28
③ 28/5
④ 8

해설 | 블록선도 $\dfrac{C(s)}{R(s)}$ 정리

• $\dfrac{C(s)}{R(s)} = \dfrac{\sum \text{전향 경로 이득}}{1 - \sum \text{폐루프 경로 이득}}$

$\sum$ 전향 경로 이득 : $2 \times 4 + 5 \times 4 = 28$

$\sum$ 폐루프 경로 이득 : $-4$

∴ $\dfrac{28}{1 - (-4)} = \dfrac{28}{5}$

**10** $G(j\omega) = \dfrac{K}{j\omega(j\omega + 1)}$에 있어서 진폭 A 및 위상각 θ는?

$$\lim_{\omega \to \infty} G(j\omega) = A \angle \theta$$

① A = 0, θ = -90°
② A = 0, θ = -180°
③ A = ∞, θ = -90°
④ A = ∞, θ = -180°

해설 | 진폭 A 및 위상각 θ 계산
• 진폭 A 계산
$A = \lim_{\omega \to \infty} G(jw) = \lim_{\omega \to \infty} \dfrac{K}{jw(jw+1)}$
$= \lim_{\omega \to \infty} \dfrac{K}{-w^2 + jw} = 0$

• 위상각 θ 계산
$\theta = \lim_{w \to \infty} \angle G(j\omega)$
$= \lim_{w \to \infty} \angle \dfrac{K}{jw(j\omega+1)}$
$= \lim_{w \to \infty} \angle \dfrac{K}{(j\omega)^2} = -180°$

**11** R = 100 [Ω], C = 30 [μF]의 직렬회로에 f = 60 [Hz], V = 100 [V]의 교류전압을 인가할 때 전류는 약 몇 [A]인가?

① 0.42 ② 0.64
③ 0.75 ④ 0.81

해설 | 전류 i 계산
$$i = \frac{V}{Z} = \frac{V}{\sqrt{R^2 + X_C^2}}$$
$$= \frac{100}{\sqrt{100^2 + \left(\frac{1}{2\pi \times 60 \times 30 \times 10^{-6}}\right)^2}}$$
$$= 0.75 [A]$$

**12** 무손실 선로의 정상상태에 대한 설명으로 틀린 것은?

① 전파정수 $\gamma$은 $jw\sqrt{LC}$이다.
② 특성 임피던스 $Z_0 = \sqrt{\frac{C}{L}}$이다.
③ 진행파의 전파속도 $v = \frac{1}{\sqrt{LC}}$이다.
④ 감쇠정수 $\alpha = 0$, 위상정수 $\beta = w\sqrt{LC}$이다.

해설 | 무손실 선로
- 조건 : R = G = 0
- 특성임피던스 $Z_0 = \sqrt{\frac{L}{C}}$
- 전파정수 $\gamma = \sqrt{ZY} = j\omega\sqrt{LC}$
- 전파속도
$$v = \frac{\omega}{\beta} = \frac{\omega}{\omega\sqrt{LC}} = \frac{1}{\sqrt{LC}} [m/s]$$

**13** 그림과 같은 파형의 Laplace 변환은?

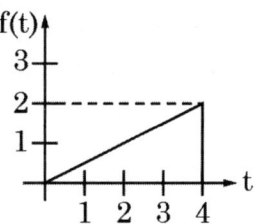

① $\frac{1}{2s^2}(1 - e^{-4s} - se^{-4s})$
② $\frac{1}{2s^2}(1 - e^{-4s} - 4e^{-4s})$
③ $\frac{1}{2s^2}(1 - se^{-4s} - 4e^{-4s})$
④ $\frac{1}{2s^2}(1 - e^{-4s} - 4se^{-4s})$

해설 | 라플라스 변환
- $f(t)$ 계산
$$f(t) = \frac{1}{2}tu(t) - 2u(t-4) - \frac{1}{2}(t-4)u(t-4)$$
$$f(t) = \frac{1}{2}[tu(t) - 4u(t-4) - (t-4)u(t-4)]$$

$f(x)$를 라플라스 변환시키면
$$\Rightarrow F(s) = \frac{1}{2}\left(\frac{1}{s^2} - \frac{4}{s}e^{-4s} - \frac{1}{s^2}e^{-4s}\right)$$
$$= \frac{1}{2s^2}(1 - 4se^{-4s} - e^{-4s})$$
$$= \frac{1}{2s^2}(1 - e^{-4s} - 4se^{-4s})$$

정답 11 ③ 12 ② 13 ④

**14** 2전력계법으로 평형 3상 전력을 측정하였더니 한쪽의 지시가 700 [W], 다른 쪽의 지시가 1400 [W]이었다. 피상전력은 약 몇 [VA]인가?

① 2425　　② 2771
③ 2873　　④ 2974

해설 | 2전력계법에 의한 피상전력 $P_a$ 계산
$$P_a = 2\sqrt{P_1^2 + P_2^2 - P_1 P_2}$$
$$= \sqrt{700^2 + 1400^2 - 700 \times 1,400}$$
$$= 2424.87 \, [\text{VA}]$$

**15** 최댓값이 $I_m$인 정현파 교류의 반파정류 파형의 실횻값은?

① $\dfrac{I_m}{2}$　　② $\dfrac{I_m}{\sqrt{2}}$
③ $\dfrac{2I_m}{\pi}$　　④ $\dfrac{\pi I_m}{2}$

해설 | 각 파형별 값 정리표

| 파형 | 실횻값 | 평균값 | 파형률 | 파고율 |
|---|---|---|---|---|
| 정현파 | $\dfrac{1}{\sqrt{2}}I_m$ | $\dfrac{2}{\pi}I_m$ | 1.11 | 1.414 |
| 반파 정현파 | $\dfrac{1}{2}I_m$ | $\dfrac{1}{\pi}I_m$ | 1.57 | 2 |
| 구형파 | $I_m$ | $I_m$ | 1 | 1 |
| 반파 구형파 | $\dfrac{1}{\sqrt{2}}I_m$ | $\dfrac{1}{2}I_m$ | 1.41 | 1.41 |
| 삼각파 | $\dfrac{1}{\sqrt{3}}I_m$ | $\dfrac{1}{2}I_m$ | 1.15 | 1.73 |

**16** 그림과 같은 파형의 파고율은?

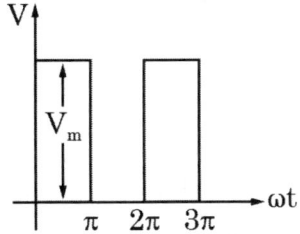

① 1　　② $\dfrac{1}{\sqrt{2}}$
③ $\sqrt{2}$　　④ $\sqrt{3}$

해설 | 반파 구형파 파고율 계산
$$\text{파고율} = \frac{\text{최댓값}}{\text{실횻값}} = \frac{V_m}{\dfrac{V_m}{\sqrt{2}}} = \sqrt{2}$$

**17** 그림과 같이 10 [Ω]의 저항에 권수비가 10 : 1의 결합회로를 연결했을 때 4단자 정수 A, B, C, D는?

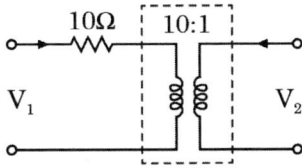

① A = 1, B = 10, C = 0, D = 10
② A = 10, B = 1, C = 0, D = 10
③ A = 10, B = 0, C = 1, D = 1/10
④ A = 10, B = 1, C = 0, D = 1/10

해설 | 4단자 정수 계산
$$\begin{bmatrix} A & B \\ C & D \end{bmatrix} = \begin{bmatrix} 1 & 10 \\ 0 & 1 \end{bmatrix} \begin{bmatrix} 10 & 0 \\ 0 & \dfrac{1}{10} \end{bmatrix} = \begin{bmatrix} 10 & 1 \\ 0 & \dfrac{1}{10} \end{bmatrix}$$

정답  14 ①  15 ①  16 ③  17 ④

**18** 그림과 같은 RC회로에서 스위치를 넣은 순간 전류는? (단, 초기조건은 0이다)

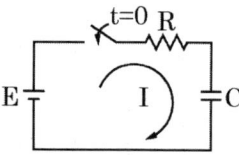

① 불변전류이다.
② 진동전류이다.
③ 증가함수로 나타난다.
④ 감쇠함수로 나타난다.

해설 | RC 직렬회로 과도현상

- 과도전류 $i(t) = \dfrac{E}{R} e^{-\frac{1}{RC}t}$

∴ 지속적으로 감소하는 전류

**19** 회로에서 저항 R에 흐르는 전류 I [A]는?

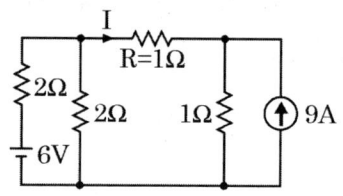

① -1  ② -2
③ 2   ④ 4

해설 | 저항 R에 흐르는 전류 I 계산

- 테브난 등가회로

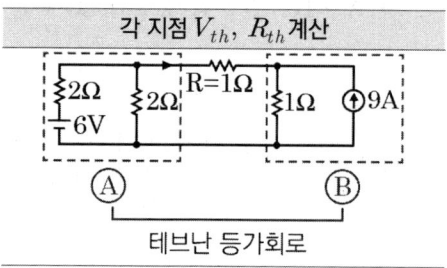

| $A$ 테브난 등가회로 | $B$ 테브난 등가회로 |
|---|---|
| 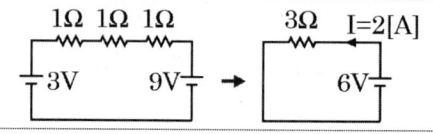 | |

$R_{th} = \dfrac{2 \times 2}{2+2} = 1[\Omega]$

$V_{th} = \dfrac{2}{2+2} \times 6 = 3[V]$

$R_{th} = 1[\Omega]$

$V_{th} = 1 \times 9 = 9[V]$

**테브난 등가회로 변환 및 전류 $I$ 계산**

$I = \dfrac{V}{R} = \dfrac{6}{3} = 2[A]$

∴ 전류의 방향의 반대이므로 $-2[A]$

**20** 전류의 대칭분을 $I_0$, $I_1$, $I_2$ 유기기전력을 $E_a$, $E_b$, $E_c$ 단자전압의 대칭분을 $V_0$, $V_1$, $V_2$라 할 때 3상 교류발전기의 기본식 중 정상분 $V_1$ 값은? (단, $Z_0$, $Z_1$, $Z_2$는 영상, 정상, 역상 임피던스이다)

① $-Z_0 I_0$
② $-Z_2 I_2$
③ $E_a - Z_1 I_1$
④ $E_b - Z_2 I_2$

해설 | 발전기 기본식

| 영상전압 $V_0$ | $-Z_0 I_0$ |
|---|---|
| 정상전압 $V_1$ | $E_a - Z_1 I_1$ |
| 역상전압 $V_2$ | $-Z_2 I_2$ |

정답 18 ④  19 ②  20 ③

# 2017년 1회

**01** 다음과 같은 시스템에 단위계단입력 신호가 가해졌을 때 지연시간에 가장 가까운 값 [sec]은?

$$\frac{C(s)}{R(s)} = \frac{1}{s+1}$$

① 0.5  ② 0.7
③ 0.9  ④ 1.2

해설 | 지연시간에 가장 가까운 t값 계산
- 단위계단입력 $u(t) = 1$
- $C(s)$ 계산

$$\frac{C(s)}{R(s)} = \frac{1}{s+1}$$

$$C(s) = \frac{1}{s+1} \cdot R(s) = \frac{1}{s(s+1)}$$

- 역라플라스 변환(부분 분수 전개)

$$\frac{1}{s(s+1)} = \frac{A}{s} + \frac{B}{s+1}$$

$$= \frac{1}{s} - \frac{1}{s+1}$$

$$\therefore \mathcal{L}^{-1}\left[\frac{1}{s(s+1)}\right] = 1 - e^{-t}$$

TIP $A = \frac{1}{s(s+1)} \times s\big|_{s=0} = 1$

$B = \frac{1}{s(s+1)} \times s\big|_{s=-1} = -1$

- 지연시간 : 응답이 최종값의 50%에 도달하는 데 소요하는 시간 $1 \times 0.5 = 0.5$
- $1 - e^{-t} = 0.5$

$e^{-t} = 0.5$

$\ln e^{-t} = \ln 0.5$

$-t = -0.67 \qquad \therefore t = 0.7 \,[\text{sec}]$

**02** 그림에서 ⓘ에 알맞은 신호 이름은?

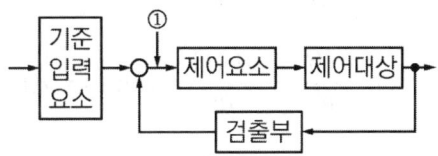

① 조작량  ② 제어량
③ 기준입력  ④ 동작신호

해설 | 동작신호
- 기준입력과 궤환신호와의 편차인 신호
- 제어동작을 일으키는 원인이 되는 신호

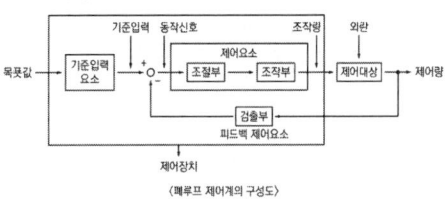

〈폐루프 제어계의 구성도〉

**03** 드모르간의 정리를 나타낸 식은?

① $\overline{A+B} = A \cdot B$
② $\overline{A+B} = \overline{A} + \overline{B}$
③ $\overline{A \cdot B} = \overline{A} \cdot \overline{B}$
④ $\overline{A+B} = \overline{A} \cdot \overline{B}$

해설 | 드모르간의 정리
- $\overline{A+B} = \overline{A} \cdot \overline{B}$
- $\overline{A \cdot B} = \overline{A} + \overline{B}$

정답 01 ②  02 ④  03 ④

04 다음 단위 궤환제어계의 미분방정식은?

U(s) →+⊖→ [2/(s(s+1))] → C(s)

① $\dfrac{d^2c(t)}{dt^2}+\dfrac{dc(t)}{dt}+c(t)=2u(t)$

② $\dfrac{d^2c(t)}{dt^2}+\dfrac{dc(t)}{dt}+2c(t)=u(t)$

③ $\dfrac{d^2c(t)}{dt^2}+\dfrac{dc(t)}{dt}+2c(t)=5u(t)$

④ $\dfrac{d^2c(t)}{dt^2}+\dfrac{dc(t)}{dt}+2c(t)=2u(t)$

해설 | 전달함수 G(s) 계산

- $G(s)=\dfrac{C(s)}{U(s)}=\dfrac{\dfrac{2}{s(s+1)}}{1+\dfrac{2}{s(s+1)}}$

  $=\dfrac{2}{s(s+1)+2}$

  $=\dfrac{2}{s^2+s+2}$

- $\dfrac{C(s)}{U(s)}=\dfrac{2}{s^2+s+2}$

  $2U(s)=s^2C(s)+sC(s)+2C(s)$

- 역라플라스 변환

  $\mathcal{L}^{-1}[2U(s)=s^2C(s)+sC(s)+2C(s)]$

  $\therefore 2u(t)=\dfrac{d^2}{dt^2}c(t)+\dfrac{d}{dt}c(t)+2c(t)$

05 특성방정식이 다음과 같다. 이를 z 변환하여 z 평면도에 도시할 때 단위 원 밖에 놓일 근은 몇 개인가?

(s + 1)(s + 2)(s − 3)=0

① 0     ② 1
③ 2     ④ 3

해설 | z 평면도에서 불안정한 근의 개수
- 특성 방정식 근
  (s + 1)(s + 2)(s − 3) = 0
  $\therefore$ s = −1, −2, 3
- s 평면일 때 안정 및 불안정한 근 개수
  안정 −1, −2 : 2개
  불안정 3 : 1개
- s 평면 → z 평면 변환 시 같음
$\therefore$ z 평면도에서 불안정한 근의 개수 1개

보충 근의 위치에 따른 s 및 z평면 안정도

| 안정도 | 근의 위치 | |
|---|---|---|
| | s 평면 | z 평면 |
| 안정 | 좌반면 | 단위원 내부 |
| 불안정 | 우반면 | 단위원 외부 |
| 임계안정 | 허수측 | 단위 원주상 |

정답 04 ④  05 ②

## 06 다음 진리표의 논리소자는?

| 입력 | | 출력 |
|---|---|---|
| A | B | C |
| 0 | 0 | 1 |
| 0 | 1 | 0 |
| 1 | 0 | 0 |
| 1 | 1 | 0 |

① OR  ② NOR
③ NOT  ④ NAND

해설 | NOR회로
A, B 둘 중 어느 한 개라도 1이면 0이 되는 회로

## 07 근궤적이 s 평면의 jω축과 교차할 때 폐루프의 제어계는?

① 안정하다.  ② 알 수 없다.
③ 불안정하다.  ④ 임계상태이다.

해설 | 근의 위치에 따른 S 및 Z평면 안정도

| 안정도 | 근의 위치 | |
|---|---|---|
| | S평면 | Z평면 |
| 안정 | 좌반면 | 단위원 내부 |
| 불안정 | 우반면 | 단위원 외부 |
| 임계안정 | 허수측 | 단위 원주상 |

## 08 특성방정식 $s^3 + 2s^2 + (k+3)s + 10 = 0$ 에서 Routh 안정도 판별법으로 판별시 안정하기 위한 K의 범위는?

① $k > 2$  ② $k < 2$
③ $k > 1$  ④ $k < 1$

해설 | 안정하기 위한 K의 범위
- Routh표

| 차수 | 제1열 | 제2열 |
|---|---|---|
| $s^3$ | 1 | $k+3$ |
| $s^2$ | 2 | 10 |
| $s^1$ | $\dfrac{2\times(k+3)-1\times10}{2}=\dfrac{2k-4}{2}$ | 0 |
| $s^0$ | 10 | 0 |

- 제어계가 안정될 필요조건
  ① 모든 차수의 계수가 존재할 것
  ② 특성방정식의 모든 계수의 부호가 같아야 한다.
  ③ 루스표를 작성하고 루스표의 1열 부호가 변화하지 않고 같아야 한다.

- K 범위 계산
  $s^1 = 2k-4 > 0 \rightarrow 2k > 4 \rightarrow k > 2$
  $\therefore k > 2$

정답  06 ②  07 ④  08 ①

## 09 그림과 같은 신호흐름선도에서 전달함수 $\dfrac{Y(s)}{X(s)}$는 무엇인가?

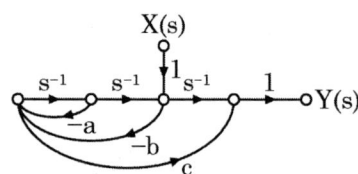

① $\dfrac{s+a}{s^2+as-b^2}$ 　② $\dfrac{-bcs^2+s}{s^2+as+b}$

③ $\dfrac{-bcs^2+s+a}{s^2+as}$ 　④ $\dfrac{-bcs^2+s+a}{s^2+as+b}$

해설 | 신호흐름선도 $\dfrac{Y(s)}{X(s)}$

- $G$ 전향 경로 이득

  $s^{-1},\ -bc$

- $loop$ 전향경로에 접촉하지 않은 루프

  $-as^{-1}$

- $\triangle_1$ 서로 다른 루프이득의 합

  $-as^{-1},\ -bs^{-2}$

- 신호흐름선도 전달함수 $G(s)$

  $G(s)=\dfrac{\sum[G(1-loop)]}{1-(\triangle_1)}$

  $=\dfrac{s^{-1}(1+as^{-1})-bc}{(1+as^{-1}+bs^{-2})}$

- $\dfrac{s^{-1}(1+as^{-1})-bc}{(1+as^{-1}+bs^{-2})}$ 정리

  $\dfrac{s^{-1}(1+as^{-1})-bc}{(1+as^{-1}+bs^{-2})}\times\dfrac{s^2}{s^2}$

  $\therefore\ \dfrac{-bcs^2+s+a}{s^2+as+b}$

## 10 $G(s)H(s)=\dfrac{2}{(s+1)(s+2)}$의 이득여유 [dB]는?

① 20 　② -20
③ 0 　④ ∞

해설 | 이득여유 GM 계산

$GM=20\log\dfrac{1}{|GH|}$

$=20\log\dfrac{1}{\left|\dfrac{2}{(s+1)(s+2)}\right|}\Big|_{\omega=0}$

$=20\log\dfrac{1}{1}=0$

TIP $s=j\omega$

## 11 $R_1=R_2=100\,[\Omega]$이며, $L_1=5\,[H]$인 회로에서 시정수는 몇 [sec]인가?

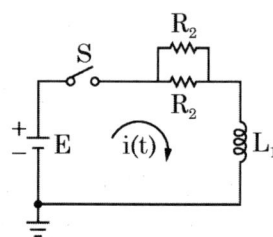

① 0.001 　② 0.01
③ 0.1 　④ 1

해설 | 시정수 $\tau$

- $\tau=\dfrac{L}{R}$

- $L=5$

- $R=\dfrac{R_1R_2}{R_1+R_2}=\dfrac{100\times100}{100+100}=50\,[\Omega]$

  $\therefore\ \tau=\dfrac{5}{50}=0.1\,[\sec]$

정답　09 ④　10 ③　11 ③

## 12
최댓값이 10 [V]인 정현파 전압이 있다. t = 0에서의 순싯값이 5[V]이고 이 순간에 전압이 증가하고 있다. 주파수가 60 [Hz]일 때 t = 2 [ms]에서의 전압의 순싯값 [V]은?

① 10sin30°  ② 10sin43.2°
③ 10sin73.2°  ④ 10sin103.2°

해설 | t = 2 [m/s]일 때 전압의 순싯값
- $t = 0$일 때, 순싯값 $v$
  $v = V_m \sin(\omega t + \theta)$
  $v = 5[V]$,  $5 = 10\sin\theta$
  $\sin\theta = \frac{1}{2}$,  $\theta = 30°$
  $\therefore v = 10\sin(\omega t + 30°)$
- $t = 2 \times 10^{-3}$ [sec]일 때, 순싯값 $v$
  $\therefore v = 10\sin(2\pi \times 60 \times 2 \times 10^{-3} + 30°)$
  $= 10\sin 73.2°$

TIP sin 각도이므로 π = 180°로 계산

## 13
비접지 3상 Y회로에서 전류 $I_a$ = 15 + j2 [A], $I_b$ = -20 - j14 [A]일 경우 $I_c$ [A]는?

① 5 + j12  ② -5 + j12
③ 5 - j12  ④ -5 - j12

해설 | 평형 3상 Y회로
- Y결선 시 $I_a + I_b + I_c = 0$
- $I_a + I_b = -I_c$,  $I_c = -(I_a + I_b)$
∴ $I_c$ = -{(15 + j2) + (-20 - j14)}
    = 5 + j12 [A]

## 14
그림과 같은 회로의 구동점 임피던스 $Z_{ab}$는?

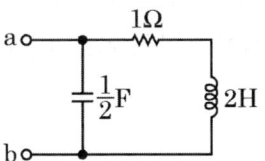

① $\dfrac{2(2s+1)}{2s^2+s+2}$  ② $\dfrac{2s+1}{2s^2+s+2}$

③ $\dfrac{2(2s-1)}{2s^2+s+2}$  ④ $\dfrac{2s^2+s+2}{2(2s+1)}$

해설 | 구동점 임피던스 Z 계산
- $\dfrac{1}{Cs}\big|_{C=\frac{1}{2}} \to = \dfrac{1}{\frac{s}{2}} = \dfrac{2}{s}[\Omega]$

- $R = 1[\Omega]$
- $Ls|_{L=2} = 2s[\Omega]$
- $Z = \dfrac{\frac{2}{s} \times (1+2s)}{\frac{2}{s} + 1 + 2s} \times \dfrac{s}{s} = \dfrac{2(1+2s)}{2+s+2s^2}$

$\therefore Z = \dfrac{2(2s+1)}{2s^2+s+2}[\Omega]$

정답 12 ③  13 ①  14 ①

**15** 콘덴서 C [F]에 단위 임펄스의 전류원을 접속하여 동작 시키면 콘덴서의 전압 $V_c(t)$는? (단, u(t)는 단위계단 함수이다)

① $V_c(t) = C$   ② $V_c(t) = Cu(t)$

③ $V_c(t) = \dfrac{1}{C}$   ④ $V_c(t) = \dfrac{1}{C}u(t)$

해설 | 콘덴서 전압 $V_c(t)$ 라플라스 변환
- 콘덴서 전압 $V_c(t) = \dfrac{1}{C}\int i\,dt$

$$\mathcal{L}\left[V_c(t) = \dfrac{1}{C}\int i\,dt\right] = \dfrac{1}{Cs}\cdot I(s)$$

TIP I(s) = 단위 임펄스 전류 $\delta(t) = 1$

$V(s) = \dfrac{1}{Cs}$

- 역라플라스 변환

$\mathcal{L}^{-1}\left[\dfrac{1}{C}\cdot\dfrac{1}{s}\right]$

$\therefore V_c(t) = \dfrac{1}{C}u(t)$

**16** 그림과 같은 구형파의 라플라스 변환은?

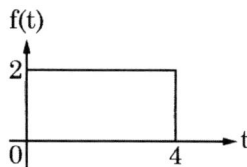

① $\dfrac{2}{s}(1-e^{4s})$   ② $\dfrac{2}{s}(1-e^{-4s})$

③ $\dfrac{4}{s}(1-e^{4s})$   ④ $\dfrac{4}{s}(1-e^{-4s})$

해설 | 구형파 라플라스 변환
- $f(t) = 2u(t) - 2u(t-4)$
- $\mathcal{L}[2u(t) - 2u(t-4)]$

$\therefore F(s) = \dfrac{2}{s} - \dfrac{2}{s}e^{4s} = \dfrac{2}{s}(1-e^{-4s})$

**17** 그림과 같은 회로의 컨덕턴스 $G_2$에 흐르는 전류 $i$는 몇 [A]인가?

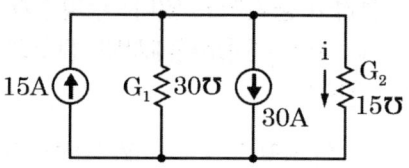

① -5   ② 5
③ -10   ④ 10

해설 | 전류원의 합성
- 회로 등가변환

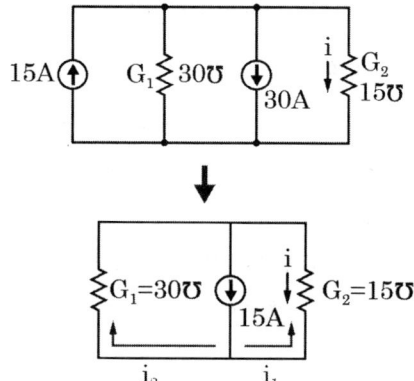

- 전류 $i$ 계산

$$i_1 = \dfrac{G_2}{G_1+G_2} = \dfrac{15}{30+15}\times 15$$

$\therefore$ 전류 방향이 반대이므로 $-5[A]$

정답 15 ④  16 ②  17 ①

**18** 분포정수 전송회로에 대한 설명이 아닌 것은?

① $\dfrac{R}{L} = \dfrac{G}{C}$인 회로를 무왜형회로라 한다.
② R = G = 0인 회로를 무손실회로라 한다.
③ 무손실회로와 무왜형회로의 감쇠정수는 $\sqrt{RG}$이다.
④ 무손실회로와 무왜형회로에서의 위상 속도는 $\dfrac{1}{\sqrt{LC}}$이다.

해설 | 선로별 감쇠정수 값
- 무손실선로 감쇠정수 $\alpha = 0$
- 무왜형선로 감쇠정수 $\alpha = \sqrt{RG}$

**19** 다음 회로에서 절점 a와 절점 b의 전압이 같은 조건은?

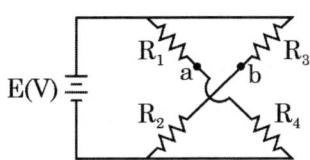

① $R_1 R_3 = R_2 R_4$
② $R_1 R_2 = R_3 R_4$
③ $R_1 + R_3 = R_2 + R_4$
④ $R_1 + R_2 = R_3 + R_4$

해설 | 휘스톤 브리지회로

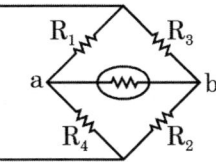

∴ $R_1 R_2 = R_3 R_4$일 때, $V_a = V_b$

**20** 그림과 같은 파형의 파고율은?

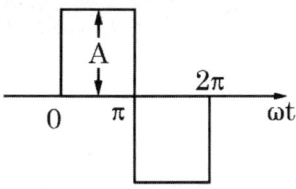

① 1
② 2
③ $\sqrt{2}$
④ $\sqrt{3}$

해설 | 구형파의 파형률, 파고율

| 파형 | 파형률 | 파고율 |
|---|---|---|
| 정현파 | 1.11 | 1.414 |
| 구형파 | 1 | 1 |
| 삼각파 | 1.15 | 1.73 |

TIP 파형률 = $\dfrac{실횻값}{평균값}$  파고율 = $\dfrac{최댓값}{실횻값}$

정답 18 ③ 19 ② 20 ①

# 2017년 2회

**01** 기준 입력과 주궤환량과의 차로서, 제어계의 동작을 일으키는 원인이 되는 신호는?

① 조작 신호
② 동작 신호
③ 주궤환 신호
④ 기준 입력 신호

해설 | 동작신호
- 기준입력과 궤환신호와의 편차인 신호
- 제어동작을 일으키는 원인이 되는 신호

**02** 폐루프 전달함수 $\dfrac{C(s)}{R(s)}$가 다음과 같은 2차 제어계에 대한 설명 중 틀린 것은?

$$\dfrac{C(s)}{R(s)} = \dfrac{\omega_n^2}{s^2 + 2\delta\omega_n s + \omega_n^2}$$

① 최대 오버슈트는 $e^{-\pi\delta/\sqrt{1-\delta^2}}$이다.
② 이 폐루프계의 특성 방정식은 $s^2 + 2\delta w_n s + w_n^2 = 0$이다.
③ 이 계는 $\delta = 0.1$일 때 부족 제동된 상태에 있게 된다.
④ $\delta$값을 작게 할수록 제동은 많이 걸리게 되니 비교 안정도는 향상된다.

해설 | 2차 제어계
$\delta$ 값을 작게 할수록 제동은 적게 걸림

**03** 3차인 이산치 시스템의 특성 방정식의 근이 -0.3, -0.2, +0.5로 주어져 있다. 이 시스템의 안정도는?

① 이 시스템은 안정한 시스템이다.
② 이 시스템은 불안정한 시스템이다.
③ 이 시스템은 임계 안정한 시스템이다.
④ 위 정보로서는 이 시스템의 안정도를 알 수 없다.

해설 | z 평면 안정도(= 이산치 시스템)
-0.3, -0.2, +0.5 단위원 내부 존재
∴ |z| = 1인 단위원 안쪽에 존재 시 안정

**04** 다음의 특성 방정식을 Routh-Hurwitz 방법으로 안정도를 판별하고자 한다. 이때 안정도를 판별하기 위하여 가장 잘 해석한 것은 어느 것인가?

$$q(s) = s^5 + 2s^4 + 2s^3 + 4s^2 + 11s + 10$$

① s평면의 우반면에 근은 없으나 불안정하다.
② s평면의 우반면에 근이 1개 존재하여 불안정하다.
③ s평면의 우반면에 근이 2개 존재하여 불안정하다.
④ s평면의 우반면에 근이 3개 존재하여 불안정하다.

정답 01 ② 02 ④ 03 ① 04 ③

해설 | Routh표

| 차수 | 1열 | 2열 | 3열 |
|---|---|---|---|
| $s^5$ | 1 | 2 | 11 |
| $s^4$ | 2 | 4 | 10 |
| $s^3$ | $\frac{4-4}{2}=0$ | $\frac{22-10}{2}=6$ | 0 |
| $s^2$ | $\frac{0-12}{0}=-\infty$ | 10 | 0 |
| $s^1$ | $\frac{-72-0}{-\infty}=0$ | 0 | 0 |
| $s^0$ | 10 | 0 | 0 |

- 제어계가 안정될 필요조건
  ① 모든 차수의 계수가 존재할 것
  ② 특성방정식의 모든 계수의 부호가 같아야 한다.
  ③ 루스표를 작성하고 루스표의 1열 부호가 변화하지 않고 같아야 한다.

∴ 제1열의 부호가 두 번 바뀌므로 s 평면의 우반면에 근이 2개 존재하여 불안정

## 05 전달함수 $G(s)H(s) = \frac{K(s+1)}{s(s+1)(s+2)}$ 일 때 근궤적의 수는?

① 1
② 2
③ 3
④ 4

해설 | 근궤적 가지수
- 특성방정식의 차수
- 영점과 극점 중 개수가 많은 것과 일치
  영점 -1 : 1개
  극점 0, -1, -2 : 3개

∴ 3개

## 06 다음의 미분 방정식을 신호흐름선도에 옳게 나타낸 것은? (단, $c(t) = X_1(t)$, $X_2(t) = \frac{d}{dt}X_1(t)$로 표시한다)

$$2\frac{dc(t)}{dt} + 5c(t) = r(t)$$

①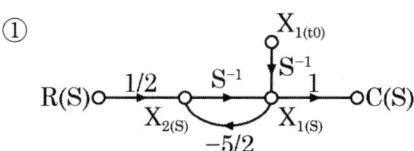

②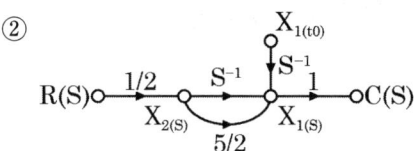

③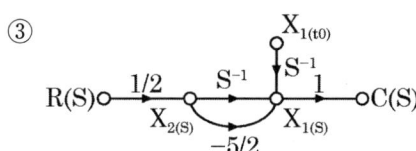

④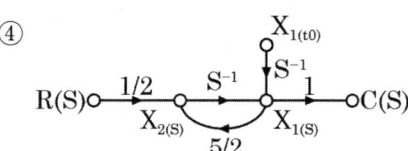

해설 | 미분방정식을 신호흐름선도로 표현

$2\frac{dc(t)}{dt} + 5c(t) = r(t)$을 라플라스 변환하면 $2sC(s) + 5C(s) = R(s)$

→ $C(s)(2s+5) = R(s)$ 에서

$\frac{C(s)}{R(s)} = \frac{1}{2s+5}$ 이므로

∴ R(S)○─1/2─○─$S^{-1}$─○─$S^{-1}$─○─1─○C(S)
         X₂(S)    X₁(S)
         (with -5/2 feedback and X₁(t0) input)

07 다음 블록선도의 전체 전달함수가 1이 되기 위한 조건은?

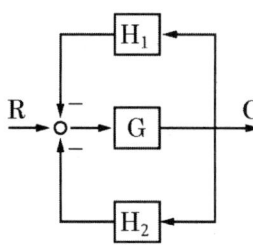

① $G = \dfrac{1}{1 - H_1 - H_2}$

② $G = \dfrac{1}{1 + H_1 + H_2}$

③ $G = \dfrac{-1}{1 - H_1 - H_2}$

④ $G = \dfrac{-1}{1 + H_1 + H_2}$

해설 | 전달함수 G(s)

- $G(s) = \dfrac{C}{R} = \dfrac{\sum 전향경로 이득}{1 - \sum 폐루프 경로 이득}$

  $= \dfrac{G}{1 + GH_1 + GH_2}$

- $G(s) = 1$이 되는 조건

  $\dfrac{G}{1 + GH_1 + GH_2} = 1$

  $G = 1 + GH_1 + GH_2$

  $G(1 - H_1 - H_2) = 1$

  $\therefore G = \dfrac{1}{1 - H_1 - H_2}$

08 특성 방정식의 모든 근이 s 복소평면의 좌반면에 있으면 이 계는 어떠한가?

① 안정  ② 준안정
③ 불안정  ④ 조건부 안정

해설 | 근의 위치에 따른 s 및 z 평면 안정도

| 안정도 | 근의 위치 | |
|---|---|---|
|  | s 평면 | z 평면 |
| 안정 | 좌반면 | 단위원 내부 |
| 불안정 | 우반면 | 단위원 외부 |
| 임계안정 | 허수측 | 단위 원주상 |

09 그림의 회로는 어느 게이트(Gate)에 해당되는가?

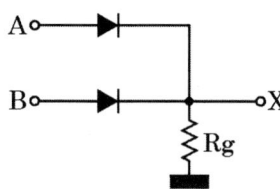

① OR  ② AND
③ NOT  ④ NOR

해설 | OR회로

| 입력 | | 출력 |
|---|---|---|
| A | B | C |
| 0 | 0 | 0 |
| 0 | 1 | 1 |
| 1 | 0 | 1 |
| 1 | 1 | 1 |

## 10 전달함수가 $G(s) = \dfrac{Y(s)}{X(s)} = \dfrac{1}{s^2(s+1)}$ 로 주어진 시스템의 단위 임펄스 응답은?

① $y(t) = 1 - t + e^{-t}$
② $y(t) = 1 + t + e^{-t}$
③ $y(t) = t - 1 + e^{-t}$
④ $y(t) = t - 1 - e^{-t}$

해설 | 전달함수의 단위 임펄스 응답
- 라플라스 변환(부분분수 전개법)
$$G(s) = \frac{Y(s)}{X(s)} = \frac{1}{s^2(s+1)}$$
$$= \frac{Y(s)}{X(s)} = \frac{k_1}{s^2} + \frac{k_2}{s} + \frac{k_3}{(s+1)}$$
- $k_1 = 1,\ k_2 = -1,\ k_3 = 1$
$$\therefore Y(s) = \frac{1}{s^2} - \frac{1}{s} + \frac{1}{(s+1)}$$

- 역라플라스 변환
$$\mathcal{L}^{-1}\left[Y(s) = \frac{1}{s^2} - \frac{1}{s} + \frac{1}{(s+1)}\right]$$
$$\therefore y(t) = t - 1 + e^{-t}$$

TIP 임펄스 응답과 전달함수의 역라플라스 변환값은 같다.

## 11 다음과 같은 회로망에서 영상파라미터(영상전달정수) $\theta$는?

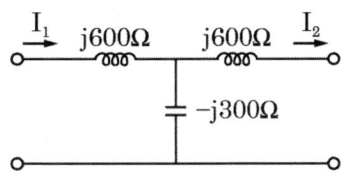

① 10  ② 2
③ 1   ④ 0

해설 | 영상전달정수 $\theta$
- 4단자 정수 계산
$$\begin{bmatrix} A & B \\ C & D \end{bmatrix} = \begin{bmatrix} 1 & j600 \\ 0 & 1 \end{bmatrix} \begin{bmatrix} 1 & 0 \\ \dfrac{1}{-j300} & 1 \end{bmatrix} \begin{bmatrix} 1 & j600 \\ 0 & 1 \end{bmatrix}$$
$$= \begin{bmatrix} -1 & j600 \\ \dfrac{1}{-j300} & 1 \end{bmatrix} \begin{bmatrix} 1 & j600 \\ 0 & 1 \end{bmatrix}$$
$$= \begin{bmatrix} -1 & 0 \\ \dfrac{1}{-j300} & -1 \end{bmatrix}$$

- 영상전달정수
$$\therefore \theta = \log_e(\sqrt{AD} + \sqrt{BC})$$
$$= \log_e 1 = 0$$

## 12 △결선된 대칭 3상 부하가 있다. 역률이 0.8(지상)이고 소비전력이 1800 [W]이다. 선로의 저항 0.5 [Ω]에서 발생하는 선로 손실이 50 [W]이면 부하단자 전압[V]은?

① 627  ② 525
③ 326  ④ 225

해설 | 부하단자 전압 V 계산

- 전류 $I$ 계산

  선로손실 $P_\ell = 3I^2 R\,[\text{W}]$ 이므로
  $$I = \sqrt{\frac{P_\ell}{3R}} = \sqrt{\frac{50}{3 \times 0.5}} = \sqrt{\frac{50}{1.5}}\,[\text{A}]$$

- 소비전력 $P = \sqrt{3}\,VI\cos\theta\,[\text{W}]$

- 부하단자 $V$ 계산

$$\therefore V = \frac{P}{\sqrt{3}\,I\cos\theta} = \frac{1800}{\sqrt{3} \times \sqrt{\frac{50}{1.5}} \times 0.8} = 225\,[\text{V}]$$

**13** E = 40 + j30 [V]의 전압을 가하면 I = 30 + j10 [A]의 전류가 흐르는 회로의 역률은?

① 0.949　　② 0.831
③ 0.764　　④ 0.651

해설 | 역률 $\cos\theta$ 계산

- 임피던스 $Z$ 계산

$$Z = \frac{E}{I} = \frac{40+j30}{30+j10} \times \frac{(30-j10)}{(30-j10)}$$
$$= \frac{1{,}200 - j400 + j900 + 300}{900 + 100}$$
$$= 1.5 + j0.5\,[\Omega]$$

$\therefore$ 역률 $\cos\theta$ 계산

$$\cos\theta = \frac{R}{Z} = \frac{1.5}{\sqrt{1.5^2 + 0.5^5}} = 0.949$$

**14** 그림과 같은 회로에서 스위치 S를 닫았을 때 과도분을 포함하지 않기 위한 R [Ω]은?

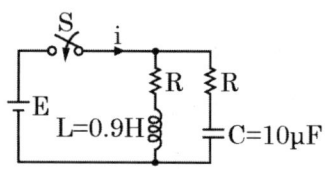

① 100　　② 200
③ 300　　④ 400

해설 | 정저항 R값 계산

$$R^2 = \frac{L}{C}$$

$$\therefore R = \sqrt{\frac{L}{C}} = \sqrt{\frac{0.9}{10 \times 10^{-6}}} = 300\,[\Omega]$$

TIP 정저항 R 조건일 때 과도현상 방지

**15** 분포정수회로에서 직렬 임피던스를 Z, 병렬 어드미턴스를 Y라 할 때 선로의 특성임피던스 $Z_0$는?

① $ZY$　　② $\sqrt{ZY}$
③ $\sqrt{\dfrac{Y}{Z}}$　　④ $\sqrt{\dfrac{Z}{Y}}$

해설 | 장거리 송전선로의 특성 임피던스

$$Z_0 = \sqrt{\frac{Z}{Y}} = \sqrt{\frac{L}{C}}$$

**16** 다음과 같은 회로의 공진 시 어드미턴스는?

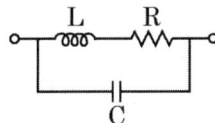

① $\dfrac{LR}{C}$  ② $\dfrac{RC}{L}$

③ $\dfrac{L}{RC}$  ④ $\dfrac{R}{LC}$

해설 | 공진 시 합성 어드미턴스 $Y$ 계산
- 어드미턴스 $Y$ 정리

$$Y = \dfrac{1}{R+j\omega L} + j\omega C$$
$$= \dfrac{1}{R+j\omega L} \times \dfrac{(R-j\omega L)}{(R-j\omega L)} + j\omega C$$
$$= \dfrac{R-j\omega L}{R^2+\omega^2 L^2} + j\omega C$$
$$= \dfrac{R}{R^2+\omega^2 L^2} - \dfrac{j\omega L}{R^2+\omega^2 L^2} + j\omega C$$
$$= \dfrac{R}{R^2+\omega^2 L^2} - j\left(\dfrac{\omega L}{R^2+\omega^2 L^2} - \omega C\right)$$

- 공진조건 = 허수부가 0

$$\omega C - \dfrac{\omega L}{R^2+\omega^2 L^2} = 0$$
$$\omega C = \dfrac{\omega L}{R^2+\omega^2 L^2} \rightarrow \dfrac{L}{C} = R^2+\omega^2 L^2$$

$$\therefore Y = \dfrac{R}{R^2+\omega^2 L^2} = \dfrac{R}{\dfrac{L}{C}} = \dfrac{CR}{L}$$

**17** 그림과 같은 회로에서 전류 I [A]는?

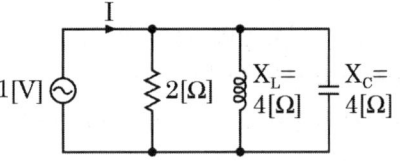

① 0.2  ② 0.5
③ 0.7  ④ 0.9

해설 | 병렬 공진회로
$X_L = X_C$이므로 공진회로이다.
$I = I_R + I_L + I_C = I_R + j(I_L - I_C)$
$= \dfrac{1}{2} + j\dfrac{1}{4} - j\dfrac{1}{4} = \dfrac{1}{2} = 0.5$

**18** $F(s) = \dfrac{s+1}{s^2+2s}$로 주어졌을 때 $F(s)$의 역변환은?

① $\dfrac{1}{2}(1+e^t)$  ② $\dfrac{1}{2}(1+e^{-2t})$

③ $\dfrac{1}{2}(1+e^{-t})$  ④ $\dfrac{1}{2}(1-e^{-2t})$

해설 | 역라플라스 변환
- $F(s) = \dfrac{s+1}{s^2+2s} = \dfrac{s+1}{s(s+2)}$
$= \dfrac{k_1}{s} + \dfrac{k_2}{s+2}$

$k_1 = \dfrac{1}{2}, \ k_2 = \dfrac{1}{2}$

- 역라플라스 변환

$$F(s) = \dfrac{\dfrac{1}{2}}{s} + \dfrac{\dfrac{1}{2}}{s+2} = \dfrac{1}{2}\left(\dfrac{1}{s} + \dfrac{1}{s+2}\right)$$

$\mathcal{L}^{-1}\left[\dfrac{1}{2}\left(\dfrac{1}{s} + \dfrac{1}{s+2}\right)\right] \quad \therefore \dfrac{1}{2}(1+e^{-2t})$

정답 16 ② 17 ② 18 ②

**19** $e(t) = 100\sqrt{2}\sin\omega t + 150\sqrt{2}\sin 3\omega t + 260\sqrt{2}\sin 5\omega t$ [V]인 전압을 $R-L$ 직렬회로에 가할 때 제5고조파 전류의 실횻값은 약 몇 [A]인가?
(단, $R = 12[\Omega]$, $\omega L = 1[\Omega]$이다)

① 10  ② 15
③ 20  ④ 25

해설 | 제5고조파 전류 실횻값 $I_5$ 계산

$I_5 = \dfrac{E_5}{Z_5} = \dfrac{E_5}{\sqrt{R^2 + (5\omega L)^2}}$

$= \dfrac{260}{\sqrt{12^2 + 5^2}} = \dfrac{260}{13} = 20\,[\text{A}]$

**20** 그림과 같은 파형의 전압 순싯값은?

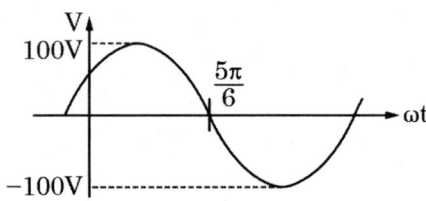

① $100\sin\left(\omega t + \dfrac{\pi}{6}\right)$

② $100\sqrt{2}\sin\left(\omega t + \dfrac{\pi}{6}\right)$

③ $100\sin\left(\omega t - \dfrac{\pi}{6}\right)$

④ $100\sqrt{2}\sin\left(\omega t - \dfrac{\pi}{6}\right)$

해설 | 전압 순싯값

전압의 최댓값이 100 [V]이고, 위상은 $\dfrac{\pi}{6}$ 만큼 빠르므로

$v = V_m \sin(\omega t + \theta) = 100\sin\left(\omega t + \dfrac{\pi}{6}\right)$

# 2017년 3회

**01** 다음 블록선도의 전달함수는?

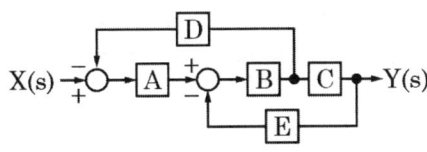

① $\dfrac{Y(s)}{X(s)} = \dfrac{ABC}{1+BCD+ABE}$

② $\dfrac{Y(s)}{X(s)} = \dfrac{ABC}{1+BCD+ABD}$

③ $\dfrac{Y(s)}{X(s)} = \dfrac{ABC}{1+BCE+ABD}$

④ $\dfrac{Y(s)}{X(s)} = \dfrac{ABC}{1+BCE+ABE}$

해설 | 블록선도 정리

- $\dfrac{\sum 전향경로\ 이득}{1-\sum 폐루프\ 경로이득}$

  전향경로이득 : $ABC$

  폐루프경로이득 : $-ABD, -BCE$

- $\therefore \dfrac{Y(s)}{X(s)} = \dfrac{ABC}{1+ABD+BCE}$

**02** 주파수 특성의 정수 중 대역폭이 좁으면 좁을수록 이때의 응답속도는 어떻게 되는가?

① 빨라진다.
② 늦어진다.
③ 빨라졌다 늦어진다.
④ 늦어졌다 빨라진다.

해설 | 대역폭

- $0.707\,M_0$ 또는 $20\log M_0 - 3$ [dB]의 주파수
- 대역폭이 넓을수록 응답속도 빠름
- 대역폭이 좁을수록 응답속도가 느림

**03** 다음 논리회로가 나타내는 식은?

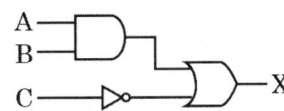

① $X = (A \cdot B) + \overline{C}$
② $X = \overline{(A \cdot B)} + \overline{C}$
③ $X = \overline{(A \cdot B)} \cdot \overline{C}$
④ $X = (A + B) \cdot \overline{C}$

해설 | 논리회로의 논리식 표현
출력식 $X = (A \cdot B) + \overline{C}$

## 04 그림과 같은 요소는 제어계의 어떤 요소인가?

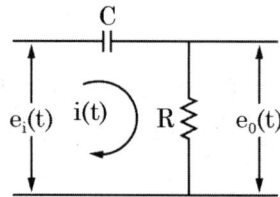

① 적분요소  ② 미분요소
③ 1차 지연요소  ④ 1차 지연 미분요소

해설 | 제어계의 요소
• 전달함수 $G(s)$ 정리

$$G(s) = \frac{E_0(s)}{E_i(s)} = \frac{R}{\frac{1}{Cs}+R} = \frac{RCs}{1+RCs}$$

• $RCs \times \frac{1}{1+RCs} = Ts \times \frac{1}{1+Ts}$

∴ 미분요소와 1차 지연요소가 같이 적용되어 1차 지연 미분요소이다.

• 전달함수 종류

| $G(s)$ | 종류 |
|---|---|
| $K$ | 비례요소 |
| $Ks$ | 미분요소 |
| $\frac{K}{s}$ | 적분요소 |
| $\frac{K}{Ts+1}$ | 1차 지연 요소 |
| $\frac{\omega_n^2}{s^2+2\delta\omega_n s+\omega_n^2}$ | 2차 지연 요소 |
| $Ke^{-Ls}$ | 부동작 시간요소 |

## 05 상태방정식으로 표시되는 제어계의 천이행렬 $\Phi(t)$는?

$$\dot{X} = \begin{pmatrix} 0 & 1 \\ 0 & 0 \end{pmatrix}X + \begin{pmatrix} 0 \\ 1 \end{pmatrix}U$$

① $\begin{pmatrix} 0 & t \\ 1 & 1 \end{pmatrix}$  ② $\begin{pmatrix} 1 & 1 \\ 0 & t \end{pmatrix}$
③ $\begin{pmatrix} 1 & t \\ 0 & 1 \end{pmatrix}$  ④ $\begin{pmatrix} 0 & t \\ 1 & 0 \end{pmatrix}$

해설 | 상태 천이 행렬 $\phi(t)$ 계산

• $|sI-A| = \begin{vmatrix} s & 0 \\ 0 & s \end{vmatrix} - \begin{vmatrix} 0 & 1 \\ 0 & 0 \end{vmatrix} = \begin{vmatrix} s & -1 \\ 0 & s \end{vmatrix}$

• $\det|sI-A| = s^2$

• $|sI-A|^{-1} = \frac{1}{s^2}\begin{vmatrix} s & 1 \\ 0 & s \end{vmatrix} = \begin{vmatrix} \frac{1}{s} & \frac{1}{s^2} \\ 0 & \frac{1}{s} \end{vmatrix}$

• $\phi(t) = \mathcal{L}^{-1}[|sI-A|^{-1}] = \mathcal{L}^{-1}\left[\begin{vmatrix} \frac{1}{s} & \frac{1}{s^2} \\ 0 & \frac{1}{s} \end{vmatrix}\right]$

∴ $\phi(t) = \begin{vmatrix} 1 & t \\ 0 & 1 \end{vmatrix}$

## 06 제어장치가 제어대상에 가하는 제어신호로 제어장치의 출력인 동시에 제어대상의 입력인 신호는?

① 목표값  ② 조작량
③ 제어량  ④ 동작신호

해설 | 조작량

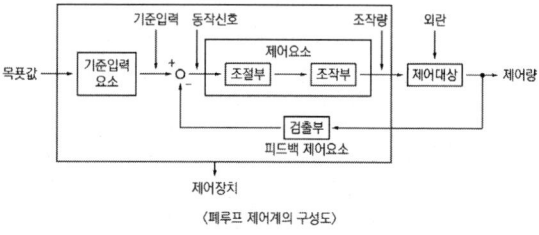

〈폐루프 제어계의 구성도〉

정답 04 ④  05 ③  06 ②

**07** 제어기에서 적분제어의 영향으로 가장 적합한 것은?

① 대역폭이 증가한다.
② 응답 속응성을 개선시킨다.
③ 작동오차의 변화율에 반응하여 동작한다.
④ 정상상태의 오차를 줄이는 효과를 갖는다.

해설 | 자동제어의 분류
- 비례동작(P제어)
  off-set 잔류편차, 정상편차, 정상오차가 발생. 속응성(응답속도)이 나쁨
- 미분제어(D제어)
  진동을 억제하여 속응성(응답속도)을 개선 → 진상보상
- 적분제어(I제어)
  응답특성을 개선하여 off-set 잔류편차, 정상편차, 정상오차를 제어 → 지상보상

**08** $G(j\omega) = \dfrac{1}{j\omega T+1}$ 의 크기와 위상각은?

① $G(j\omega) = \sqrt{\omega^2 T^2+1} \angle \tan^{-1}\omega T$
② $G(j\omega) = \sqrt{\omega^2 T^2+1} \angle -\tan^{-1}\omega T$
③ $G(j\omega) = \dfrac{1}{\sqrt{\omega^2 T^2+1}} \angle \tan^{-1}\omega T$
④ $G(j\omega) = \dfrac{1}{\sqrt{\omega^2 T^2+1}} \angle -\tan^{-1}\omega T$

해설 | $G(j\omega)$ 크기 $|G(j\omega)|$ 및 위상각 $\theta$ 계산
- 크기

$$|G(j\omega)| = \frac{\sqrt{1^2}}{\sqrt{(\omega Y)^2+1^2}} = \frac{1}{\sqrt{\omega^2 T^2+1}}$$

- 위상각 : $\theta = \angle -\tan^{-1}\omega T$

$$\theta = \frac{\angle \tan^{-1}\dfrac{0}{1}}{\angle \tan^{-1}\dfrac{\omega T}{1}} = \angle(0° - \tan^{-1}\omega T)$$
$$= \angle -\tan^{-1}\omega T$$

**09** Routh 안정 판별표에서 수열의 제1열이 다음과 같을 때 이 계통의 특성 방정식에 양의 실수부를 갖는 근이 몇 개인가?

| 1 |
| 2 |
| -1 |
| 3 |
| 1 |

① 전혀 없다.  ② 1개 있다.
③ 2개 있다.  ④ 3개 있다.

해설 | 안정도 판별 – 근의 개수
제1열의 부호변화가 두 번 있으므로 불안정한 근은 두 개가 존재

**10** 특성 방정식 $s^5 + 2s^4 + 2s^3 + 3s^2 + 4s + 1 = 0$을 루스 판별법으로 분석한 결과로 옳은 것은?

① s평면의 우반면에 근이 존재하지 않기 때문에 안정한 시스템이다.
② s평면의 우반면에 근이 1개 존재하기 때문에 불안정한 시스템이다.
③ s평면의 우반면에 근이 2개 존재하기 때문에 불안정한 시스템이다.
④ s평면의 우반면에 근이 3개 존재하기 때문에 불안정한 시스템이다.

해설 | Routh 판별법
• Routh표

| 차수 | 제1열 | 제2열 | 제3열 |
|---|---|---|---|
| $s^5$ | 1 | 2 | 4 |
| $s^4$ | 2 | 3 | 1 |
| $s^3$ | $\dfrac{4-3}{2}=\dfrac{1}{2}$ | $\dfrac{8-1}{2}=\dfrac{7}{2}$ | 0 |
| $s^2$ | $\dfrac{\frac{3}{2}-\frac{14}{2}}{\frac{1}{2}}=-11$ | 1 | 0 |
| $s^1$ | $\dfrac{-\frac{77}{2}-\frac{1}{2}}{-11}=\dfrac{38}{11}$ | 0 | 0 |
| $s^0$ | 1 | 0 | 0 |

• 제어계가 안정될 필요조건
 ① 모든 차수의 계수가 존재할 것
 ② 특성방정식의 모든 계수의 부호가 같을 것
 ③ 루스표를 작성하고 루스표의 1열 부호가 변화하지 않고 같을 것
∴ s평면의 우반면에 근이 2개 존재하기 때문에 불안정한 시스템

**11** 회로에서의 전류 방향을 옳게 나타낸 것은?

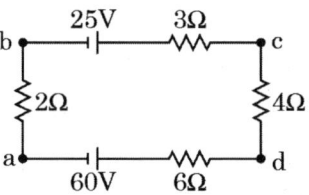

① 알 수 없다.
② 시계 방향이다.
③ 흐르지 않는다.
④ 반시계 방향이다.

해설 | 전류 방향
높은 전위에서 낮은 전위로 이동
∴ 60 [V] → 25 [V](반시계 방향)

**12** 입력신호 x(t)와 출력신호 y(t)의 관계가 다음과 같을 때 전달함수는?

$$\dfrac{d^2}{dt^2}y(t)+5\dfrac{d}{dt}y(t)+6y(t)=x(t)$$

① $\dfrac{1}{(s+2)(s+3)}$
② $\dfrac{s+1}{(s+2)(s+3)}$
③ $\dfrac{s+4}{(s+2)(s+3)}$
④ $\dfrac{s}{(s+2)(s+3)}$

해설 | 전달함수 정리
• $s^2Y(s)+5sY(s)+6Y(s)=X(s)$
• $(s^2+5s+6)Y(s)=X(s)$
∴ $\dfrac{Y(s)}{X(s)}=\dfrac{1}{s^2+5s+6}$
$=\dfrac{1}{(s+2)(s+3)}$

정답 10 ③ 11 ④ 12 ①

**13** 회로에서 10[mH]의 인덕턴스에 흐르는 전류는 일반적으로 I(t) = A + Be$^{-at}$로 표시된다. a의 값은?

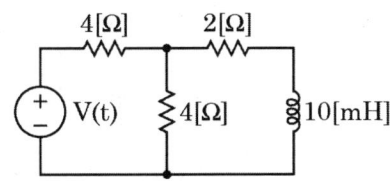

① 100   ② 200
③ 400   ④ 500

해설 | 테브난의 정리
- 테브난 등가회로 변환

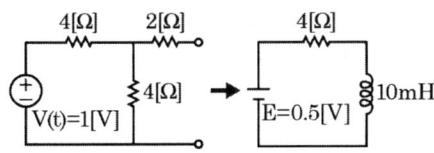

- 테브난 전압 $V_{th}$ 및 저항 $R_{th}$ 계산

$$V_{th} = \frac{4}{4+4} \times 1 = 0.5[V]$$

$$R_{th} = 2 + \frac{4 \times 4}{4+4} = 4[\Omega]$$

- $RL$ 과도현상 $i(t)$ 계산

$$i(t) = \frac{E}{R}(1 - e^{-\frac{R}{L}t})$$

$$= \frac{0.5}{4}(1 - e^{-\frac{4}{10 \times 10^{-3}}t})$$

$$= 0.125(1 - e^{-400t})$$

∴ $a = 400$

**14** R-L 직렬회로에 e = 100sin(120πt) [V]의 전압을 인가하여 I = 2sin(120πt − 45°) [A]의 전류가 흐르도록 하려면 저항은 몇 [Ω]인가?

① 25.0   ② 35.4
③ 50.0   ④ 70.7

해설 | RL직렬회로

$$Z = \frac{E}{I} = \frac{\frac{100}{\sqrt{2}} \angle 0°}{\frac{2}{\sqrt{2}} \angle -45°} = 50 \angle 45°$$

$$= 50(\cos 45° + j\sin 45°)$$

$$= R + jX = 35.35 + j35.35$$

∴ $R = 35.4[\Omega]$

**15** 3상 △부하에서 각 선전류를 $I_a$, $I_b$, $I_c$라 하면 전류의 영상분 [A]은? (단, 회로는 평형 상태이다)

① ∞   ② 1
③ 1/3   ④ 0

해설 | 영상분전류

$I_0 = \frac{1}{3}(I_a + I_b + I_c)$에서 평형 3상이므로

$I_a + I_b + I_c = 0$

∴ $I_0 = 0[A]$

**16** 정현파 교류전원 $e = E_m \sin(\omega t + \theta)[V]$가 인가된 RLC 직렬회로에 있어서 $\omega L > \dfrac{1}{\omega C}$일 경우 이 회로에 흐르는 전류 $I[A]$의 위상은 인가전압 $e[V]$의 위상보다 어떻게 되는가?

① $\tan^{-1}\dfrac{\omega L - \dfrac{1}{\omega C}}{R}$ 앞선다.

② $\tan^{-1}\dfrac{\omega L - \dfrac{1}{\omega C}}{R}$ 뒤진다.

③ $\tan^{-1}R\left(\dfrac{1}{\omega L} - \omega C\right)$ 앞선다.

④ $\tan^{-1}R\left(\dfrac{1}{\omega L} - \omega C\right)$ 뒤진다.

해설 | 위상 $\theta$ 계산
- RLC 직렬회로 위상 $\theta$

$$\theta = \tan^{-1}\dfrac{\omega L - \dfrac{1}{\omega C}}{R}$$

- 유도성회로($\omega L > \dfrac{1}{\omega C}$)인 경우, 전류의 위상은 전압보다 뒤진다.
- 용량성회로($\omega L < \dfrac{1}{\omega C}$)인 경우, 전류의 위상은 전압보다 앞선다.

**17** 그림과 같은 R-C 병렬회로에서 전원전압이 $e(t) = 3e^{-5t}$인 경우 이 회로의 임피던스는?

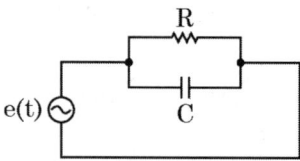

① $\dfrac{j\omega RC}{1 + j\omega RC}$  ② $\dfrac{R}{1 - 5RC}$

③ $\dfrac{R}{1 + RCs}$  ④ $\dfrac{1 + j\omega RC}{R}$

해설 | 회로 임피던스 $Z$ 계산
- 오일러의 공식

$e^{j\theta} = e^{j\omega t} \rightarrow e(t) = 3e^{-5t}$

$\therefore j\omega = -5$

- 병렬회로 합성 임피던스 $Z$ 계산

$$Z = \dfrac{R \times \dfrac{1}{j\omega C}}{R + \dfrac{1}{j\omega C}} = \dfrac{\dfrac{R}{j\omega C}}{R + \dfrac{1}{j\omega C}} \times \dfrac{j\omega C}{j\omega C}$$

$$= \dfrac{R}{j\omega RC + 1}\bigg|_{j\omega = -5}$$

$\therefore \dfrac{R}{1 - 5RC}$

**18** 분포정수 선로에서 위상정수를 $\beta$ [rad/m]라 할 때 파장은?

① $2\pi\beta$  ② $2\pi/\beta$
③ $4\pi\beta$  ④ $4\pi/\beta$

해설 | 분포정수회로의 파장

$$\lambda = \dfrac{v}{f} = \dfrac{\omega}{\beta} \times \dfrac{1}{f} = \dfrac{2\pi}{\beta}[m]$$

정답 16 ② 17 ② 18 ②

**19** 성형(Y)결선의 부하가 있다. 선간전압 300[V]의 3상 교류를 가했을 때 선전류가 40[A]이고, 역률이 0.8이라면 리액턴스는 약 몇 [Ω]인가?

① 1.66  ② 2.60
③ 3.56  ④ 4.33

해설 | 리액턴스 X 계산

- $Y$ 결선 한 상의 임피던스 $Z$ 계산

$$Z = \frac{V}{I} = \frac{\frac{300}{\sqrt{3}}}{40} = \frac{7.5}{\sqrt{3}} = 4.33[\Omega]$$

TIP $Y$ 결선 선간 및 상전압 관계

$$\frac{V_\ell}{\sqrt{3}} = V_p$$

∴ 리액턴스 $X$ 계산

$$X = Z\sin\theta = 4.33 \times \sqrt{1^2 - 0.8^2}$$
$$= 2.6[\Omega]$$

**20** 그림의 회로에서 합성 인덕턴스는?

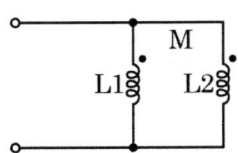

① $\dfrac{L_1L_2 - M^2}{L_1 + L_2 - 2M}$  ② $\dfrac{L_1L_2 + M^2}{L_1 + L_2 - 2M}$

③ $\dfrac{L_1L_2 - M^2}{L_1 + L_2 + 2M}$  ④ $\dfrac{L_1L_2 + M^2}{L_1 + L_2 + 2M}$

해설 | 합성인덕턴스

- 가동접속 : $\dfrac{L_1L_2 - M^2}{L_1 + L_2 - 2M}$

- 차동접속 : $\dfrac{L_1L_2 - M^2}{L_1 + L_2 + 2M}$

## 모아 전기기사 회로이론 및 제어공학 필기 이론 + 과년도 8개년

| | |
|---|---|
| **발행일** | 2024년 9월 13일 초판 1쇄 |
| **지은이** | 김영언 |
| **발행인** | 황모아 |
| **발행처** | (주)모아교육그룹 |
| **주 소** | 서울특별시 영등포구 영신로 32길 29 세화빌딩 2층 |
| **전 화** | 02-2068-2393(출판, 주문) |
| **등 록** | 제2015-000006호 (2015.1.16.) |
| **이메일** | moagbooks@naver.com |
| **ISBN** | 979-11-6804-313-8 (13560) |

이 책의 가격은 뒤표지에 있습니다.

Copyright ⓒ (주)모아교육그룹 Co., Ltd. All Rights Reserved.

이 책은 저작권법에 의해 보호를 받는 저작물이므로 저자와 출판사의 서면 허락 없이 내용의 전부 또는 일부를 이용하는 것을 금합니다.

## 전기기사 합격!
여러분의 합격은 모아의 보람입니다.

# 끊임없이 변화를
# 추구하는 교육기업
## 〽️ 모아교육그룹

**모아를 선택해주신 여러분께 감사드립니다.**

✔ 모아는 혁신적인 교육을 통해 인간의 사고(思考)를
  확장 및 변화시킬 수 있다고 믿고 있습니다.
✔ 모아는 미래를 교육으로 변화시킬 수 있다고 믿고 있습니다.
✔ 모아는 청년부터 장년, 중년, 노년까지의
  성인교육에 중점을 두고 사업을 진행하고 있습니다.

**초고령화, 불확실성의 시대**
모아는 당신의 미래를 함께 하는 혁신적인 교육 플랫폼이 되겠습니다.